高校土木工程专业规划教材

建筑设备

（第二版）

清华大学　王继明　卜　城　屠峥嵘　编
　　　　　杨旭东　谢　庚

中国建筑工业出版社

图书在版编目（CIP）数据

建筑设备/清华大学王继明等编．—2 版．—北京：中国建筑工业出版社，2007（2024.6重印）
高校土木工程专业规划教材
ISBN 978-7-112-08896-6

Ⅰ．建… Ⅱ．清… Ⅲ．房屋建筑设备-高等学校-教材 Ⅳ．TU8

中国版本图书馆 CIP 数据核字（2007）第 009280 号

本书在总结第一版使用情况的基础上进行了修订。全书共分三篇，给水排水工程部分包括：城镇给水工程、建筑给水工程、消防给水、热水与饮水供应、建筑排水工程、室外排水工程、水泵与水泵站；供热通风与空调部分包括：采暖系统及其分类、采暖系统设计热负荷、散热设备、热源及热力网、建筑通风、空气调节、制冷系统、空调消声防振及防火排烟；电气工程部分包括：电力系统及建筑供配电、建筑照明、建筑物的防雷与接地、火灾自动报警与安全防范、建筑物的智能化等。

本书可供高校土木工程等专业的学生使用，也可供相关专业工程技术人员参考。

* * *

责任编辑：朱首明　齐庆梅
责任设计：董建平
责任校对：沈　静　刘　钰

高校土木工程专业规划教材
建 筑 设 备
（第二版）

清华大学　王继明　卜　城　屠峥嵘　编
　　　　　　杨旭东　谢　庚

*

中国建筑工业出版社出版、发行（北京西郊百万庄）
各地新华书店、建筑书店经销
霸州市顺浩图文科技发展有限公司制版
北京圣夫亚美印刷有限公司印刷

*

开本：787×1092 毫米　1/16　印张：22½　字数：548 千字
2007 年 5 月第二版　2024 年 6 月第四十八次印刷
定价：49.00 元
ISBN 978-7-112-08896-6
（42604）

版权所有　翻印必究
如有印装质量问题，可寄本社退换
（邮政编码 100037）

本社网址：http://www.cabp.com.cn
网上书店：http://www.china-building.com.cn

第二版前言

本书自1997年出版以来,深蒙读者厚爱,陆续几次印刷,但时过9年,我国城镇建设迅速发展,大量建造居住及公共建筑房屋,建筑标准日渐提高,层数也愈来愈多,使用功能也越复杂,形式新颖多样化,如此促进了建筑设备学科的发展,不断涌现出新技术、新设备、新材料;同时技术标准、措施和设计规范也随之改变和革新,在此新的形势下,经磋商决定,将书本修订再版。在修订过程中,除将前版书中不足部分仔细加以修改,删繁就简,去旧革新,并增加很多新内容,尤其在供电部分是完全新增加的内容,使本书更加丰富和完善,以适合于教学要求,同时还在每章增加了例题和思考题,帮助读者进一步理解和巩固所学理论基础和技术知识。

本书根据国内有关的教学大纲按40学时编写,新修订教材又增加了供电工程部分,现按60学时编写教学内容。各校对本门课程的学时安排有所差异,可根据各校的教学要求,在各章节的内容上自行取舍。

本书共分三篇,第一篇给水排水工程除第五章第五节由王继明编写外,其他各章节由卜城编写,王继明审校;第二篇供热及锅炉工程由屠峥嵘编写,石兆玉审阅,空调工程由杨旭东编写,由朱颖心审校;第三篇电气工程由谢庚编写,由刘明奎、梅雪皎校阅。

在编写过程中,再次得到全国有关院校、设计单位的学者和专家们大力帮助,谨表示衷心感谢。

由于作者水平所限,不足甚至错误之处,在所难免,恳请读者指正。

第一版前言

建筑设备是一门内容广泛、综合性的学科。它能充分发挥建筑物使用功能,为人们提供卫生舒适和方便的生活与工作环境;为提高生产工作效率与产品质量,提供必要的环境保障条件;以及建筑消防在保护人民生命财产、经济建设安全等方面,都起着重要作用。它是现代化建筑的重要组成部分,其设置的完善程度和技术水平,已成为社会生产、房屋建筑和物质生活水平的重要标志。

一座现代化的建筑物是建筑、结构和建筑设备等几部分的完善结合体,在建筑规划、设计、施工和使用中,都是共同工作,缺一不可的,为此必须相互了解,协调工作,消除矛盾,解决工作中产生的问题,提高工程质量,做好建设工作,高效地发挥建筑物应有的功能。此外,建筑设备的建设,在建筑总投资比中,占有举足轻重的地位,因此建筑设备不仅关系到建筑物的使用性能,而且更影响到建筑物的经济性。为使建筑的功能齐全可靠,技术先进,经济合理,必然要求在建筑工程中工作量较大的建筑师和结构工程师要了解建筑设备的基本要求,充分研究考虑工作中最易产生的问题,有个初步估计,使以后工作事半功倍,居于主动,这就要求对建筑设备的基本原理和专业技术知识有一定的了解,并具有处理解决相互间问题的能力,知己知彼,才能在工作中主动全面地研究解决问题,不留隐患,多快好省地完成建设任务,为国家基本建设做出贡献。

本书是建筑工程专业的教材,也可作为建筑学专业的教材,内容主要包括给水排水工程和供暖、通风与空调工程两大部分。介绍了建筑设备的基本理论,规划设计原则,简要计算方法,应用材料设备,并概要论及建筑设备和结构工程间的密切配合等问题。同时对近年来专业发展的新技术,新材料及新设备也作了阐述,反映了本学科现代化的科学技术水平。

本书内容翔实,理论密切结合实际,深入浅出,通俗易懂,并在一些重要章节列入例题,以利学者进一步理解,巩固所学的基本理论和技术知识,更好地为国家建设服务。

本教材根据有关建筑工程专业的建筑设备教学大纲,按48学时编写的,各院校可根据各自的教学计划需要,有所取舍,以满足教学要求。

本书分两篇共23章,其中1~5章由王继明编写;6~9章由卜城编写,并由王中孚审校;10~14章由屠峥嵘编写,齐永系审校;15~23章由朱颖心编写,赵荣义审校。

在编写过程中,蒙有关院校及设计单位的专家学者大力协助,提供资料和宝贵意见,对此表示衷心感谢。

由于作者水平所限,不当或错误之处,在所难免,恳请读者指正。

编者

1997年

目 录

第一篇 给水排水工程

第一章 城镇给水工程 1
  第一节 城镇用水标准与用水量 1
  第二节 水源与取水工程 6
  第三节 净水与输配水工程 9
  第四节 给水管道、配件及设备 18
  思考题 23

第二章 建筑给水工程 24
  第一节 给水系统、给水方式及管道布置 24
  第二节 调蓄与增压设施 30
  第三节 给水管网计算 36
  第四节 高层建筑给水 43
  思考题 46

第三章 消防给水 47
  第一节 室外消防 47
  第二节 建筑消火栓消防给水 49
  第三节 自动喷水灭火系统 59
  第四节 其他灭火系统 68
  思考题 75

第四章 热水与饮水供应 76
  第一节 热水供应系统 76
  第二节 加热方法和加热器 82
  第三节 饮用水供应 86
  思考题 88

第五章 建筑排水工程 89
  第一节 排水水质指标与排放标准 89
  第二节 排水系统 92
  第三节 室内排水管的布置与敷设 96
  第四节 排水管道的水力计算 102
  第五节 建筑雨水排水和回收利用 108
  第六节 局部污水处理 120
  思考题 124

第六章　室外排水工程 ·· 125
　第一节　室外排水系统 ·· 125
　第二节　室外排水管道的布置与敷设 ··· 127
　第三节　室外污水管的设计计算 ·· 129
　第四节　雨水道设计 ··· 134
　思考题 ·· 138

第七章　水泵与水泵站 ·· 139
　第一节　离心泵的构造与基本参数 ·· 140
　第二节　离心泵的特性曲线和水泵装置的工作点 ································· 144
　第三节　水泵站 ··· 146
　思考题 ·· 151

第二篇　供热通风与空气调节

第八章　采暖系统及其分类 ·· 153
　第一节　热水采暖系统 ··· 154
　第二节　蒸汽采暖系统 ··· 163
　第三节　热风采暖系统与空气幕 ·· 166
　第四节　辐射采暖系统 ··· 171
　第五节　采暖系统的管路布置和主要设备 ··· 174
　思考题 ·· 177

第九章　采暖系统的设计热负荷 ·· 178
　第一节　围护结构耗热量 ·· 178
　第二节　加热进入室内的冷空气所需要的热量 ···································· 182
　第三节　采暖系统热负荷的概算 ·· 182
　第四节　高层建筑采暖热负荷计算的特点 ··· 183
　思考题 ·· 186

第十章　采暖系统的散热设备 ··· 187
　第一节　散热器的作用及常用类型 ·· 187
　第二节　散热器的计算 ··· 189
　第三节　散热器的布置 ··· 190
　思考题 ·· 192

第十一章　热源及热力网 ··· 193
　第一节　供热锅炉及锅炉房 ··· 193
　第二节　热力管网及热力引入口 ·· 205
　思考题 ·· 119

第十二章　建筑通风 ··· 210
　第一节　建筑通风概述 ··· 210
　第二节　通风量的确定 ··· 213
　第三节　自然通风 ·· 216

第四节　机械通风系统设备与构件 ································· 224
　　思考题 ··· 227

第十三章　空气调节 ··· 228
　　第一节　概述 ··· 228
　　第二节　空调系统的分类与组成 ································· 230
　　第三节　空调负荷和房间气流分布 ······························ 235
　　第四节　空气处理设备 ·· 245
　　第五节　能量输配系统 ·· 254
　　思考题 ··· 260

第十四章　制冷系统 ··· 261
　　第一节　概述 ··· 261
　　第二节　制冷循环与制冷压缩机 ································· 261
　　第三节　制冷机组 ·· 270
　　第四节　冷冻站设计 ··· 272
　　思考题 ··· 274

第十五章　空调消声防振及防火排烟 ································· 275
　　第一节　空调通风系统消声防振 ································· 275
　　第二节　空调建筑的防火排烟 ···································· 277
　　思考题 ··· 279

第三篇　电气工程

第十六章　电力系统及建筑供配电 ···································· 280
　　第一节　电力系统的基本概念及组成 ··························· 280
　　第二节　负荷等级及供配电系统 ································· 282
　　第三节　建筑电气设备及电线、电缆 ··························· 286
　　思考题 ··· 292

第十七章　建筑照明 ··· 293
　　第一节　建筑照明的基本概念 ···································· 293
　　第二节　室内、室外照明及应急照明 ··························· 296
　　第三节　建筑照明灯具及绿色照明 ······························ 298
　　思考题 ··· 299

第十八章　建筑物的防雷与接地 ······································· 300
　　第一节　建筑防雷 ·· 300
　　第二节　等电位联结与接地保护 ································· 305
　　思考题 ··· 310

第十九章　建筑物的火灾自动报警与安全防范 ······················ 311
　　第一节　火灾自动报警与联动控制系统 ························ 311
　　第二节　安全防范系统 ·· 317
　　思考题 ··· 321

第二十章　建筑物的智能化……………………………………………………322
　　第一节　智能建筑概述……………………………………………………322
　　第二节　综合布线系统……………………………………………………324
　　第三节　通信系统…………………………………………………………325
　　第四节　有线电视系统……………………………………………………326
　　第五节　楼宇自动控制系统………………………………………………326
　　思考题………………………………………………………………………328
附录一　给水管段设计秒流量计算表…………………………………………329
附录二　建筑物构件的燃烧性能和耐火极限…………………………………333
附录三　生产的火灾危险性分类………………………………………………334
附录四　室内排水横管的水力计算……………………………………………335
附录五　水力计算图表…………………………………………………………338
附录六　供热通风部分有关表格………………………………………………346
主要参考文献……………………………………………………………………351

第一篇　给水排水工程

给排水工程从工程内容上分，大致可分为三部分，一是室外给水工程，也称城镇给水工程，其内容包括取水、净水、输水管网的设计与建设。二是室内给排水工程，也称建筑给水排水工程。其内容是小区和建筑内的给水与排水，包括消防给水和雨水排除。近年来，提倡污水回用与雨水收集利用，小区和大型建筑的中水回用工程与雨水收集利用也是建筑给排水涉及的内容。三是室外排水工程，也称城镇排水工程，其内容包括城镇污水和雨水收集管系及污水处理厂。由于雨水相对污染较轻，除了要求严格的水体，需要将初期雨水处理后才能排入，一般的水体，可以直接受纳雨水，而不必要求处理。对于废水和污水，国家有法规规定，在排入水体前必须达到一定的水质标准，因此常常要设污水处理厂。

为给读者一个完整的城镇给水排水工程的概念，本书各用一章的篇幅介绍城镇给水和排水工程的内容。

第一章　城镇给水工程

第一节　城镇用水标准与用水量

城镇的给水工程应根据城镇发展规划、人口数量、生活标准、工商业情况等，分别按用水量标准计算出城镇用水总量，用以确定供水规模及分期发展计划。用水量是设计的基本数据，其大小直接关系到供水的安全和建设投资，正确计算用水量是非常重要的工作。城镇用水量可分为生活用水量、生产用水量、消防用水量和城镇其他用水量等。各项用水国家有标准定额，可以参考采用。

一、用水标准

（一）生活用水标准

城镇居民、机关单位工作人员以及工厂车间职工，日常生活均需一定量的用水，包括饮用、炊事及清洁卫生等用水，用水标准与生活水平、生活习惯、气候条件、水费、水质等有关。我国幅员辽阔，南北气温及生活习惯不同，用水量差异很大，国家根据全国情况制定各地区用水标准，作为计算用水量的依据。该标准载于《室外给水设计规范》（GB 50013—2006）。居住区生活用水标准可参看表1-1。当实际用水量与该标准有较大区别时，经审批部门同意，可按当地生活用水量统计资料作适当的调整，以符合实际情况。

表1-1中所列标准中已包括居住区内小型公共建筑用水量和正常漏水量。

综合生活用水定额 [L/(人·d)]　　　　　　　表 1-1

城市规模	特大城市		大城市		中、小城市	
用水情况 分区	最高日	平均日	最高日	平均日	最高日	平均日
一	260～410	210～340	240～390	190～310	220～370	170～280
二	190～280	150～240	170～260	130～210	150～240	110～180
三	170～270	140～230	150～250	120～200	130～230	100～170

注：1. 居民生活用水：指城市居民日常生活用水。
    2. 综合生活用水：指城市居民日常生活用水和公共建筑用水。但不包括浇洒道路、绿地和其他市政用水。
    3. 特大城市：指市区和近郊区非农业人口100万及以上的城市；大城市：指市区和近郊区非农业人口50万以上，不满100万的城市；中、小城市：指市区和近郊区非农业人口不满50万的城市。
    4. 一区包括：湖北、湖南、江西、浙江、福建、广东、广西、海南、上海、江苏、安徽、重庆；
       二区包括：四川、贵州、云南、黑龙江、吉林、辽宁、北京、天津、河北、山西、河南、山东、宁夏、陕西、内蒙古河套以东和甘肃黄河以东的地区；
       三区包括：新疆、青海、西藏、内蒙古河套以西和甘肃黄河以西地区。
    5. 经济开发区和特区城市，根据用水实际情况，用水定额可酌情增加。
    6. 当采用海水或污水再生水等作冲厕用水时，用水定额相应减少。

工业企业生活用水标准和沐浴用水定额，按表 1-2 确定。

工业企业建筑生活用水定额和淋浴用水定额　　　　　　　表 1-2

级别	车间卫生特征			生活用水（除淋浴用水外）			淋浴用水		
	有毒物质	粉尘	其他	用水定额 [L/(人·班)]	时变化系数	使用时间(h)	用水定额 [L/(人·班)]	时变化系数	使用时间(h)
1级	极易经皮肤吸收引起中毒的剧毒物质（如有机磷、三硝基甲苯、四乙基铅等）		处理传染性材料，动物原料（如皮毛等）	30～50	1.5～2.5	8	60	1	1
2级	易经皮肤吸收或恶臭的物质（如丙烯腈、吡啶苯酚等）	严重污染全身或对皮肤有刺激的粉尘（如碳黑、玻璃棉等）	高温作业、井下作业	30～50	1.5～2.5	8	60	1	1
3级	其他毒物	一般粉尘（如绵尘）	重作业	30～50	1.5～2.5	8	40	1	1
4级	不接触有毒物质或粉尘，不污染或轻度污染身体（如仪表、金属冷加工、机械加工等）			30～50	1.5～2.5	8	40	1	1

注：虽易经皮肤吸收，但易挥发的有毒物质（如苯等）可按3级确定。

（二）工业生产用水量标准

工业种类很多，各种工业生产用水量差异很大，即使同一种工业，由于工艺不同，用水量标准也不一样，用水标准应由工艺提供，并参考有关资料确定。

（三）消防用水量标准

消防用水应按《建筑设计防火规范》（GB 50016—2006）及《高层民用建筑设计防火规范》（GB 50045—95）（2005年版）执行。

（1）城镇居住区室外消防用水量，可按表 1-3 确定。

（2）工厂、仓库和民用建筑在同一时间内的火灾次数，不应小于表 1-4 的规定。

（3）建筑物室外消火栓用水量不应小于表 1-5 的规定。

城镇居住区室外消防用水量 表1-3

人数 N（万人）	同一时间内火灾次数（次）	一次灭火用水量（L/s）	人数（万人）	同一时间内火灾次数（次）	一次灭火用水量（L/s）
$N \leqslant 1.0$	1	10	$30 < N \leqslant 40.0$	2	65
$1 < N \leqslant 2.5$	1	15	$40 < N \leqslant 50.0$	3	75
$2 < N \leqslant 5.0$	2	25	$50 < N \leqslant 60.0$	3	85
$5 < N \leqslant 10.0$	2	35	$60 < N \leqslant 70.0$	3	90
$10 < N \leqslant 20.0$	2	45	$70 < N \leqslant 80.0$	3	95
$20 < N \leqslant 30.0$	2	55	$80 < N \leqslant 100.0$	3	100

注：城市室外消防用水量包括居住区、工厂、仓库、堆场储罐（区）和民用建筑的室外消火栓用水量。当工厂、仓库和民用建筑的室外消火栓用水量按表1-5计算，其值与本表计算不一致时，应取较大值。

工厂、仓库和民用建筑在同一时间内的火灾次数 表1-4

名　称	基地面积（万 m^2）	附有居住区人数（万人）	同一时间内火灾次数	备　注
工厂	$\leqslant 100$	$\leqslant 1.5$	1	按需水量最大的一座建筑物（或堆场、储罐）计算
工厂	$\leqslant 100$	> 1.5	2	工厂、住宅区各1次
工厂	> 100	不限	2	按需水量最大的两座建筑物（或堆场、储罐）之和计算
仓库、民用建筑	不限	不限	1	按需水量最大的一座建筑物（或堆场、储罐）计算

注：采矿、选矿等工艺企业，如各分散基地有单独的给水系统时，可分别计算。

建筑物室外消火栓一次灭火用水量（L/s） 表1-5

耐火等级	建筑名称及类别		建筑物体积 <1500	1501～3000	3001～5000	5001～20000	20001～50000	>50000
一、二级	厂房	甲、乙	10	15	20	25	30	35
一、二级	厂房	丙	10	15	20	25	30	40
一、二级	厂房	丁、戊	10	10	10	15	15	20
一、二级	库房	甲、乙	15	15	25	25	—	—
一、二级	库房	丙	15	15	25	25	35	45
一、二级	库房	丁、戊	10	10	10	15	15	20
一、二级	民用建筑		10	15	15	20	25	30
三级	厂房或库房	乙、丙	15	20	30	40	45	—
三级	厂房或库房	丁、戊	10	10	15	20	25	35
三级	民用建筑		10	15	20	25	30	
四级	丁、戊类厂房或库房		10	15	20	25	—	—
四级	民用建筑		10	15	20	25		

注：1. 用水量按消防需水量最大一座建筑物计算。成组布置的建筑物应按消防用水量较大的相邻两座计算。
2. 铁路车站、码头和机场的中转仓库，其室外消火栓用水量可按丙类仓库确定。
3. 国家文物保护单位的重点砖木或木结构建筑物，其用水量按三级耐火等级民用建筑物消防用水量确定。

（四）其他用水量标准

（1）浇洒道路、广场和绿化用水应根据路面、绿化和气候土壤条件而定。一般道路和广场为 $2\sim3 L/(m^2 \cdot d)$，绿化为 $1\sim3 L/(m^2 \cdot d)$。

（2）汽车冲洗用水，根据车辆用途、道路路面等级和污染程度以及冲洗方式，可按表1-6确定。

汽车冲洗用水标准定额 [L/(辆·次)] 表1-6

冲洗方式	软管冲洗	高压手枪冲洗	循环用水冲洗	抹车
轿车	200～300	40～60	20～30	10～15
公共汽车载重汽车	400～500	80～120	40～60	15～30

(3) 未预见水量，城镇未预见水及管阀漏失水量，分别按最高日用水量的 8%～12% 和 10%～12% 计算。

二、用水量变化

在生活和生产活动中，用水量是随着时间和季节不断变化的，夏季比冬季用水多，早晚用水比平时也多，而只是用平均数设计给水工程设备，显然不能满足用水要求，会影响生活、生产和消防保安工作。因此在计算用水量时，必须考虑用水的变化情况。一年之内，用水量最大的一天称为最高日用水量，它与平均日用水量的比值 K_d 称为日变化系数；在最高日内，其中用水量最大的 1 小时用水量称为最高时用水量，它与最高日平均时用水量的比值称为时变化系数 K_h。一般说来，大中城市用水人数越多，在用水高峰和用水时间上将会趋于均匀，K_h 值较小；小城市或村镇的 K_h 很大。K_d 及 K_h 计算如下：

（一）日变化系数 K_d

$$K_d = \frac{Q_{md}}{Q_d} \tag{1-1}$$

式中　K_d——日变化系数；
　　　Q_{md}——最高日用水量（m³/d）；
　　　Q_d——平均日用水量（m³/d）。

（二）时变化系数

$$K_h = \frac{Q_h}{Q_{md}} \times 24 \tag{1-2}$$

式中　Q_{md}——最高日用水量（m³/d）；
　　　Q_h——最高时用水量（m³/h）。

由式（1-1）及（1-2）计算出：

$$Q_h = \frac{K_h Q_{md}}{24} = \frac{K_h K_d Q_d}{24} = K \cdot \frac{Q_d}{24} \tag{1-3}$$

设 $K = K_h K_d$，即总变化系数。

由式（1-3）可以看出，最高时用水量为总变化系数与平均日平均时用水量的乘积。

城市供水中，时变化系数、日变化系数应根据城市性质、规模、经济与社会发展水平，根据实际情况分析确定。在缺乏资料的情况下，最高日城市综合用水的时变化系数宜采用 1.2～1.6；日变化系数宜采用 1.1～1.5，个别小城镇可适当加大。

三、用水量计算

用水量是设计给水工程系统的依据，应根据城市的地区位置、自然条件、建筑情况、人口数量、消防要求等因素，参照用水量标准及变化系数来计算各种用水量，包括生活、生产、消防及市政等用水量。

（一）生活用水量

1. 城市居住区的最高日生活用水量

可用计划的人口数与最高日生活用水标准来计算：

$$Q_1 = N q_1 \tag{1-4}$$

式中 Q_1——最高日生活用水量（m^3/d）；
q_1——最高日用水标准 [$m^3/(d·人)$]；
N——计划人口（人）。

2. 工业企业职工生活用水量

此项生活用水量为值班职工的生活和淋浴用水量之和即为 Q_2。

（二）生产用水量

生产用水量与生产规模、种类、工艺有关，用水标准由工艺提出，其最高日用水量为 Q_3。

（三）市政用水量

包括浇洒道路、城市公园及绿化等用水量为 Q_4。此外还应考虑城市的未预见用水量和城市给水管网的漏失水量，一般按城市最高日用水量的 18%～25% 计算。

因此城市最高日用水量，若采用统一给水系统时：

$$Q_d = (Q_1 + Q_2 + Q_3 + Q_4) \cdot (1.18 \sim 1.25)$$
$$= (1.18 \sim 1.25) \sum Q_{1 \sim 4} \tag{1-5}$$

最高日最高时的用水量 Q_h 为

$$Q_h = K \frac{Q_d}{24} \tag{1-6}$$

或

$$q = K_h \frac{Q_d}{24 \times 3.6}$$

q 即为给水管网须供给的最高日最高时的平均秒流量，城市给水管网以它作为设计流量。

（四）消防用水量

根据城市规模、人口数目、国家规定同时可能发生火灾的次数和每次火灾的消防用水量标准，参见表 1-3～表 1-5。

$$Q_f = N_f \cdot q_f \tag{1-7}$$

式中 Q_f——城市消防用水量（L/s）；
N_f——同时发生火灾次数；
q_f——每次火灾的消防用水量（L/s）。

【例 1-1】 华北某市计划居住人口 10 万，城区有工厂，共有职工 12000 人，三班制工作，内有 20% 工人在高温车间工作，另有 15% 工人在工作后需要淋浴；工业用水量为 15000m^3/d，试求该市最高日生活与生产用水量。

【解】

1. 生活用水量：

按二区中小城市确定用水标准为：200L/(人·d)。

最高日综合生活用水量为：$10 \times 10^4 \times 200 \div 1000 = 20000 m^3/d$；

工厂生活用水量：$12000 \times 20\% \times 60 \div 1000 = 144 m^3/d$；
$12000 \times 15\% \times 40 \div 1000 = 72 m^3/d$。

2. 生产用水量：15000m^3/d。

3. 最高日生活与生产总用水量：35216m^3/d。

第二节 水源与取水工程

一、水源

根据用水水质标准的不同，对水源的水质也有一定标准，凡是能满足水源水质标准的水都可用作水源，包括天然淡水、海水和再生水。用于城镇生活用水的供水水源主要是天然淡水，天然淡水可分为地下水与地表水两大类。

（一）地下水

我们所讨论的地下水是指储存在松散土石层、岩石裂隙及岩石溶洞中的可以自由流动的水，这些水的来源是大气降水入渗后形成的。按照含水地层的条件不同，地下水可分为潜水、承压水和溶洞水。

1. 潜水，是指地下最上一层不渗水的隔水层上面的地下水，它的上部为透水层，通过它与大气相通，并且可接受地表的渗水，潜水有自由水面，在重力作用下，由高水位流向低水位。

2. 承压水，在地下两个隔水层之间的水，由于上下隔水层的约束，这层水没有自由表面，在静水压的作用下流动，就像在有压管道中的流动一样，如果将其上方的隔水层开个孔口，水位会上升到某个高度，这个上升高度就是承压水的承压水头，这种井也称自流井。

3. 溶洞水，是指岩石溶蚀后形成的空洞，空洞相连，在适当的地表水渗透与补给的条件下形成溶洞水，有时溶洞水的储量会很大。以地下水作水源，优点是安全，并且水温较低而稳定，有利于作冷却用水，水质好，开采后，只需作简单消毒处理就可作为自来水向城镇供水，供水成本低。但地下水毕竟储存和补给有限，不能满足不断增大的开采量，过量开采会造成水位下降，地层下沉，水质变差，甚至水源枯竭的问题，近年来一些地区也有地下水受污染的问题，选择地下水水源时应给予注意。

（二）地面水

地面水包括江河湖泊和水库水。地面水水温随着季节变化。对地面水，比起地下水来说其优点是水量一般比较大，但水质不如地下水，尤其是江水和河水受地表径流的污染多，作水源时，需要经过完善的处理。湖泊和水库的水相对清澈，但也有藻类繁殖，影响水处理。

（三）水源地选择

水源地应设在水量、水质有保障和易于实施水源保护的地段，选用地表水作水源时，水源地应在城镇和工业区上游，地下水水源地应选在不易受污染的蓄水地段。

（四）水源的卫生防护

设计和使用水源时，应遵照我国《生活饮用水卫生标准》（GB 5749—1985）的规定，进行水源的卫生防护。

1. 地下水源的卫生防护

（1）取水构筑物的卫生防护范围主要取决于水文地质条件，取水构筑物的形式和附近地区的卫生状况。如覆盖层较厚、附近地区卫生状况较好时，防护范围可以适当减小。一般，在生产区外围不小于10m的范围内不得设立生活居住区、禽畜饲养场、渗水厕所、渗水坑；不得堆放垃圾、粪便、废渣或铺设污水渠道；应保持良好的卫生状况，并充分绿化。

（2）为了防止取水构筑物周围含水层的污染，在单井或井群的影响半径范围内不得使用工业废水或生活污水灌溉和施用有持久性或剧毒的农药，不得修建渗水坑、厕所、堆放废渣或铺设污水渠道，并不应从事破坏深层土层的活动。如果含水层在水井影响半径范围内不露出地面或含水层与地面没有互补关系时，含水层不易受到污染，其防护范围可适当减少。

（3）地下水回灌时，回灌水质应严加控制，其水质应以不使当地地下水质变坏，并不得低于饮用水水质标准。

2. 地表水源的卫生防护

（1）为防止取水构筑物及其附近水域受到直接污染，在取水点周围半径不小于100m的水域内，不得停靠船只、游泳、捕捞和从事一切可能污染水源的活动，并应设有明显的范围标志。

（2）为防止水体受到直接污染，在河流取水点上游1000m至下游100m的水域，不得排入工业废水和生活污水；其沿岸防护范围内，不得堆放废渣、设置有害化学物品的仓库或堆栈、设立装卸垃圾、粪便及有毒物品的码头；沿岸农田不得使用工业废水或生活污水灌溉及施用有持久性或剧毒的农药，并不应从事放牧。

供生活饮用的专用水库和湖泊，应视具体情况将整个水库、湖泊及其沿岸列入防护范围，其防护措施和上述相同。

至于潮汐河流取水点上下游的防护范围，湖泊、水库取水点两侧的范围，沿岸防护范围的宽度，应根据地形、水文、卫生状况等具体情况确定。

（3）在地表水源上游1000m以外，排放工业废水和生活污水，应符合国家规定的排放标准。

对于水源卫生防护地带以外的周围地区（包括地下水含水层的补给区），还应经常观察污水排放、传染病发病、事故污染等情况，如发现可能污染水源时，应采取必要措施保护水源水质。

二、取水工程

从水源取用原水的设施称取水构筑物。不同的水源，取水方式不同，分别介绍于后。

（一）地下水取水构筑物

1. 管井

管井是以直径300~400mm的管道作井壁，井内装水泵抽水的构筑物。管井是用凿井机在地层中打一个直径500~600mm的井孔，打到设计深度，将井管下入井孔，井管在地层的含水层的深度上装有滤水管，它是井管上开孔并缠包滤水网形成的。滤水管外围填砾石作滤水层，滤水层上部以黏土封闭，井管上端筑井室，井室内装配电设备、仪表及排水管道，参见图1-1。

2. 大口井

大口井是专用于取浅层地下水的构筑物，井径可达5~10m，井深在15m之内。大口井由井筒及井口组成。井筒用混凝土或砖石砌成，筒下设滤水孔和滤水层，以利于地下水渗入，井口需高出地面0.5m以上。井内设水泵，即形成水泵站，其构造如图1-2所示。

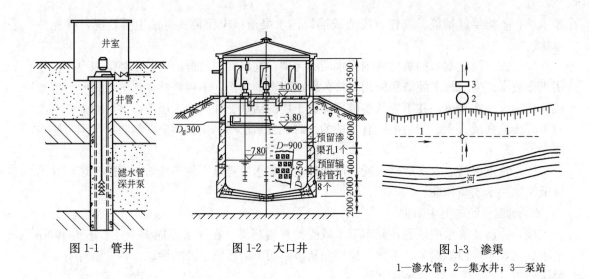

图 1-1 管井 　　图 1-2 大口井 　　图 1-3 渗渠
1—渗水管；2—集水井；3—泵站

3. 渗渠

渗渠也是集取地下水取水构筑物，可铺设于河流、水库等地面水体下或岸边，以利集取地下渗流水，埋深为 3~5m，渗水管管径及长度视集取水量而定。渗渠所取得的地下水的水虽较河水水质佳，但常不能直接使用，一般还需要简单的净化处理，如图 1-3 所示。

(二) 地面水取水构筑物

地面水取水构筑物类型很多，可分为固定式和活动式两大类，简介如下。

1. 固定式取水构筑物

固定式取水构筑物是永久性取水设施。具有运行、维护、管理简便的优点，适用于取水量大的情况。但固定式取水构筑物要考虑适应水源水位涨落和所处的地质条件、抗浮等问题，水下工作量大，一般工程复杂，投资亦大。固定式取水构筑物按进水间的位置不同，又可分岸边式和河床式。

(1) 岸边式：是进水间（又称进水口）设在岸边，这种形式的取水构筑物适合于河岸较陡，有足够水深的情况，如图 1-4 所示。

(2) 河床式：是将取水口（又称取水头部）伸入河床深处。而将泵站建在岸边。这种形式适用于在河岸平坦、枯水季节水深浅或取不到水、水质差的情况，如图 1-5 所示。

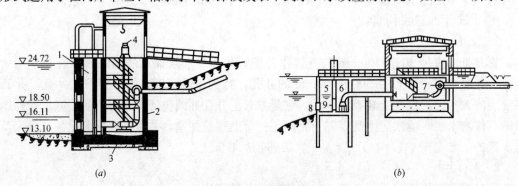

图 1-4 岸边式取水构筑物
(a) 合建式；(b) 分建式
1—进水井；2—泵站；3—立式泵；4—立式电机；5—进水间；6—吸水间；7—泵站；8—格栅；9—格网

2. 活动式取水构筑物

在水源水位变化幅度大且取水量不大的情况下，可采用活动式取水构筑物，活动式取水构筑物容易施工，投资少，建设快。缺点是可靠性稍差，操作比较麻烦。活动式取水构筑物有浮船式和缆车式两种。

浮船式取水构筑物是将取水泵安装在可浮动的船上，船和岸之间的输水管连接是采用可转动的"万向接头"以适应水位涨落浮船高低的变化。见图1-6。

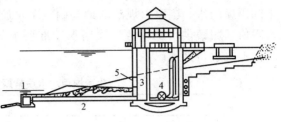

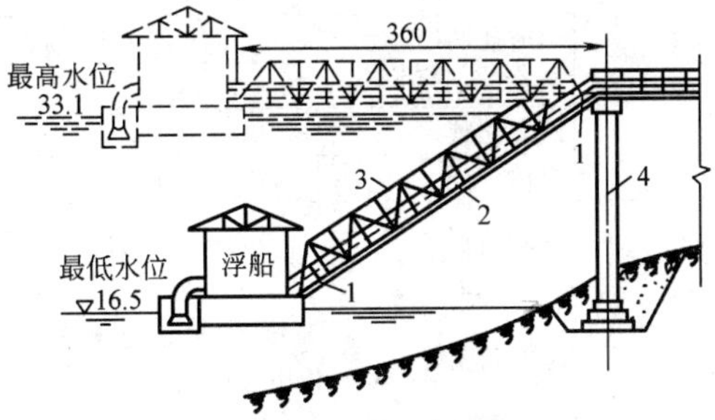

图1-5 河床式取水构筑物
1—取水头部；2—自流管；3—集水间；
4—泵房；5—高位进水口

缆车式取水构筑物是将取水泵站建在缆车上，岸边建倾斜的缆车轨道和固定的原水输水管道。倾斜的原水输水管上，每隔一段设一法兰接口，缆车上的水泵出水管通过其中一个法兰接口与原水输水管相接。其他未承担连接任务的法兰接口，被盲板封上。缆车沿斜轨上下移动，可适应河水位的变化。其缺点是缆车移动时，为改动水泵出水管与输水管的接口位置，需停止抽水，操作麻烦，只适用于小村镇或工矿企业。见图1-7。

图1-6 浮船式取水构筑物
1—橡胶短管；2—刚性联络管；3—活动钢引桥；4—支撑

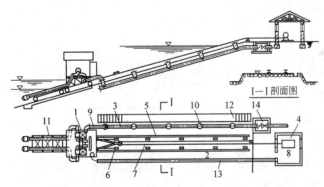

图1-7 缆车式取水构筑物
1—泵车；2—坡道；3—输水管；4—绞车房；5—钢轨；6—挂钩座；
7—钢丝绳；8—绞车；9—联络管；10—叉管；11—尾车；
12—人行道；13—电缆沟；14—闸门井

第三节 净水与输配水工程

一、水质标准

天然水或流经地表或穿行于地层，会不同程度地携带杂质，或受到污染，不能直接用于生活或生产，需要进行处理，使其达到使用要求的水质标准，方可提供使用。对于不同用途的水，国家以规范的形式制定了水质标准。表1-7为生活饮用水常规检验项目及限值。城镇供水是以生活饮用水标准要求的，其他更高要求的用水，则在饮用水的基础上再进行处理。

生活饮用水水质常规检验项目及限值　　　　　　　表1-7

项　　目		限　　值	项　　目		限　　值
感官性状和一般化学指标	色	色度不超过15度，并不得呈现其他异色	毒理学指标	砷	0.05 (mg/L)
				镉	0.005 (mg/L)
				铬(六价)	0.05 (mg/L)
	浑浊度	不超过1度(NTU)[1]，特殊情况下不超过5度(NTU)		氰化物	0.05 (mg/L)
				氟化物	1.0 (mg/L)
				铅	0.01 (mg/L)
	嗅和味	不得有异嗅、异味		汞	0.001 (mg/L)
	肉眼可见物	不得含有		硝酸盐(以N计)	20 (mg/L)
				硒	0.01 (mg/L)
	pH	6.5～8.5		四氯化碳	0.002(mg/L)
				氯仿	0.06(mg/L)
	总硬度(以CaCO₃计)	450(mg/L)	细菌学指标	细菌总数	100(CFU)[3]
	铝	0.2 (mg/L)			
	铁	0.3 (mg/L)		总大肠菌群	每100mL水样中不得检出
	锰	0.1 (mg/L)			
	铜	1.0 (mg/L)		粪大肠菌群	每100mL水样中不得检出
	锌	1.0 (mg/L)			
	挥发酚类(以苯酚计)	0.002(mg/L)		游离余氯	在与水接触30分钟后应不低于0.03mg/L，管网末梢水不应低于0.05mg/L，适用于加氯消毒
	阴离子合成洗涤剂	0.3 (mg/L)			
	硫酸盐	250(mg/L)			
	氯化物	250(mg/L)	放射性指标	总α放射性	0.1 (Bq/L)
	溶解性总固体	1000(mg/L)			
	好氧量(以O₂计)	3(mg/L)，特殊情况下不超过5(mg/L)[2]		总β放射性	1(Bq/L)

注：1. 表中NTU为散射浊度单位。
　　2. 特殊况包括水源限制等情况。
　　3. CFU为菌落形成单位。
　　4. 放射线指标规定数值不是限值，而是参考水平。放射性指标超过表1-7中规定的数值时，必须进行核素分析和评价，以决定能否饮用。

二、净化工艺与净水厂

1. 净水工艺流程

净水工艺是根据水源原水水质与用户对水质的要求来确定。城镇供水是按生活饮用水水质标准的要求供水的。对于不同水源原水，城镇净水厂净化工艺有所不同。

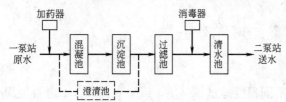

图1-8　地面水制备生活用水的净水工艺流程

（1）地面水处理工艺流程

一般地面水水源是选择不受人为污染的水体（如江河、湖泊、水库），尽管如此，大气降水流经地面时会带进泥沙、细菌等各种污染物。其处理工艺流程如图1-8所示。

(2) 地下水处理工艺流程

对于清洁的地下水,一般只需作消毒处理即可,但对于含有铁锰或含氟砷等有害物的地下水,应进行除铁锰、除氟除砷处理。其处理工艺流程如图 1-9 所示。

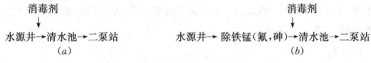

图 1-9　地下水处理工艺流程

2. 净水工艺

(1) 混凝沉淀

原水中一些十分细小的悬浮颗粒(包括细菌等),在水中受水分子的碰撞,可以被推着运动,水分子的碰撞力足以抵消重力的作用时它们不能靠重力下沉。另外它们比表面积大,在颗粒表面会选择性吸附带电离子而呈带电状态,同种悬浮颗粒,带同种电荷,在碰撞运动中,彼此相斥,不能相聚成大颗粒,因此它们在水中永远呈悬浮状态不能下沉。我们称这种带电悬浮颗粒为胶体颗粒。要去除这种颗粒,首先要消去胶体颗粒表面的电荷,使之呈电中性,然后创造条件,使这些悬浮颗粒彼此接触而聚结成较大的颗粒,再使它们在一个较为平稳的水力状态下通过重力作用沉淀下来。

为消除胶体颗粒表面的电荷而投加的药剂称混凝剂,在水中投加混凝剂后使药剂与水混合,并且创造条件,使胶体颗粒接触凝聚的设备称混凝池。

创造一个平稳水流条件,使凝聚后的悬浮物沉淀的设备称为沉淀池。也有将混凝和沉淀合在一起的构筑物称澄清池。图 1-10 为平流式沉淀池,图 1-11 为机械加速澄清池。

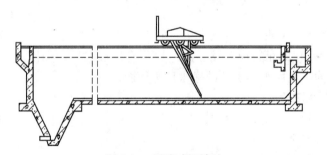

图 1-10　平流式沉淀池

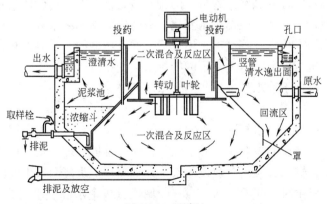

图 1-11　澄清池

(2) 过滤

过滤工艺是利用水流通过颗粒滤料,通过滤粒表面的吸附作用,将经过混凝后已经是电中性的悬浮颗粒去除的工艺。滤料表面的吸附作用有饱和的时候,达到饱和需要反冲,将被吸附物冲走后,再次工作。为节省滤料的吸附能力,一般是将过滤工艺放在沉淀之后,沉淀池未曾去除的小颗粒,由过滤工艺来去除,充分发挥其特长,提高其工作效率。过滤设备形式多样,图1-12为最典型的快滤池剖面示意图。

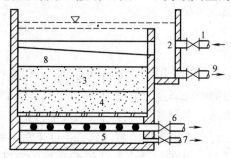

图1-12 快滤池
1—进水管;2—集水槽;3—滤料层;4—承托层;
5—排水系统;6—出水管;7—初滤水管;
8—洗砂排水槽;9—洗砂排水管

其工作时的水流走向是 1→2→8→3→4→5→6。反冲时的水流走向为 6→5→4→3→8→2→9。

过滤工艺对去除悬浮物很有效,一般在进水浊度20度左右,过滤后出水浊度在3度以下。过滤工艺对细菌、藻类和病毒都有去除能力,而且还发现可以去除部分溶解性有机物。

(3) 消毒工艺

经过混凝沉淀、过滤工艺处理后的水,仍然有残留的细菌、病原菌。为保证饮用水的安全,必须进行消毒处理。消毒的方式很多,主要有投加化学药剂(如加氯、氯胺、二氧化氯),采用臭氧、紫外线等。消毒,不但要求保证消毒的用药量,而且要求确保在水的输送管网内也保持一定浓度的消毒药剂以抑制病原菌的再度复活、繁殖。

3. 净水厂

净水厂宜选择在交通便捷及供电安全、取水和排水便利的地方,地下水水厂宜选择在取水构筑物附近。水厂的布置应紧凑,同时应留有发展余地,周围应设不小于10m的绿化地带。图1-13为一地面水为水源的净水厂平面图。

三、输水与配水工程

输水与配水系统由输水泵站、中途升压泵站、输水管和配水管网及调节构筑物组成。

1. 输水泵站与中途升压泵站

输水泵站又称二泵站,因水流从取水泵站算起是第二次被提升而得名。二泵站的任务是由水厂清水池抽水向管网供水。管网上的用水量是变化的,向管网供水所需的水压也随之变化。为省能耗,二泵站常根据用水变化,分时段用不同的水泵机组供水,做到大致适应用水的水量、水压变化。一些城市采用现代管网水压监控与水泵变频调速技术可使二泵站只用很少的水泵机组,很好地适应管网的用水量变化。

中途升压泵站是用于输水途中再次提升水压的泵站。

2. 输水管

输水管是负责向城镇配水管网送水的总管,它本身不直接担负向用户配水的任务。输水管的线路应简短,敷设的位置应在便于施工、便于维护管理、安全可靠、不易受损害的地方。为供水安全,输水管应同时敷设两条,并每隔一定距离两条管线间设联络管和相应的阀门以保证事故发生时不间断供水。当一个城镇有多个水源供水时或者有安全的贮水、允许短时间停水的情况,可只设一条输水管。

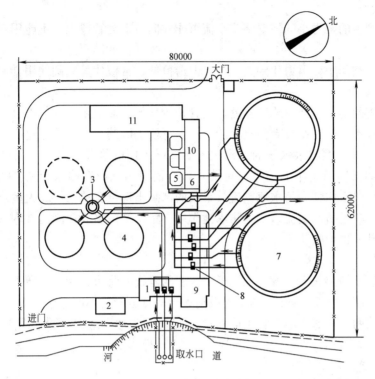

图 1-13 净水厂平面图

1——级泵房；2—加药间；3—配水井；4—澄清池；5—快滤池；6—加氯间；7—清水池；8—二级泵站；9—变电间；10—化验室；11—办公室

3. 配水管网

配水管网是负责向用户供水的管道。配水管网应与城镇建设同步，布满全部用水区。配水干管设在用水大的地区，力求简短地通向用水大户以节省管材、节省输送能量。配水管网也应布置在道路两侧、便于施工维修的地段，与建筑物和其他管道的间距、埋深应符合规范要求。

配水管网有两种布置形式：

（1）树枝式管网：也称枝式管网，管道呈树枝状布置，管线向供水区延展，管线随用户减少而减小，树枝式管网投资较少，但安全性稍差，一旦某处发生故障，其下游就可能停水，树枝管网的末端，水流停滞，易变质。树枝管网宜用于初建工程中，以后逐渐再完善成环网。

（2）环式管网：配水干管间互相连接成环状的管网，管中水流可以畅通，每条管，均可以两个方向供水，安全可靠性提高了，水力条件也好。其缺点是管道投资大。对于可靠性要求高的城镇多用环网。

4. 管网上的附属设备

为保证管网正常工作和维护管理，管道上常设置阀门、排气阀、泄水阀、消火栓。

（1）阀门

用于调节水流或截断水流的阀门，其种类很多，有闸阀、截止阀、蝶阀之分，接口方式有螺纹连接和法兰连接两种。管径小于50mm的阀门多用螺纹连接，管径大于50mm

的多用法兰连接。

希望阀门产生的阻力小的情况下或水流可能双向流动的管段上，不能用截止阀，而应用闸阀。

蝶阀安装占空间小，阻力比闸阀稍大，但造价低，常被代替闸阀使用，尤其是在空间窄小的情况下采用。

阀门设在管网的节点处，或分支处。在管长较长的管段上要设闸加以分段，以保证事故时断水的区段不太长，在设有消火栓的管段上每段上的消火栓不能超过5个。

减压阀是用来调控出水水压的，设在需要降低水压的管段上。排气阀设在输水管和管网的高处，以排除管道中的空气，见图1-17。而泄水阀设在输水管和管网的低处，为排除泥沙或事故泄水用。为防水流倒流，泵站的水泵出口设置单向阀。大型泵站设多功能阀，其作用为：一是防水倒流，二是防水锤作用。室外阀门多设在阀门井内（见图1-14），室内阀门可明装，也可暗装。

(2) 消火栓

消火栓是用于城镇灭火的设备。设于配水管网段线的路边、街口等便于发现和使用的地方，消火栓之间的间距不超过120m，设消火栓的管道管径不能小于100mm。消火栓有地上式和地下式两种，寒冷地区宜用地下式。图1-15为地上式消火栓，图1-16为地下式消火栓。

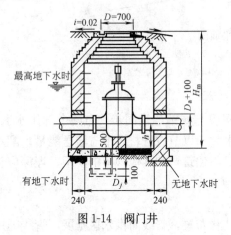

图1-14 阀门井

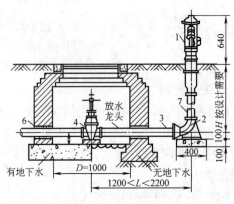

图1-15 地上式消火栓

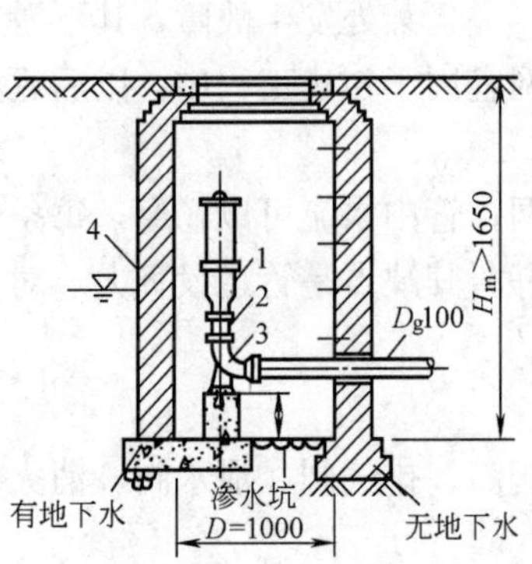

图1-16 地下式消火栓

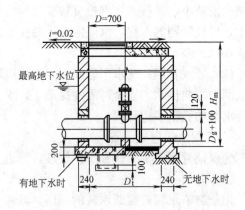

图1-17 排气阀

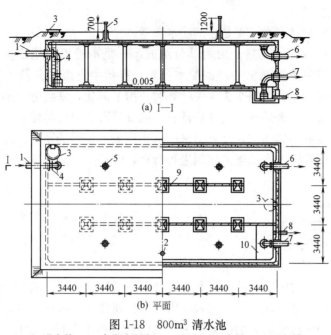

图 1-18 800m³ 清水池
1—进水管；2—水位监测孔；3—人口；4—爬梯；5—通气管；
6—溢流管；7—吸水管；8—放空管

5. 调节构筑物

调节构筑物有清水池、管网前后设的高地水池或水塔。清水池在水厂内，用来调节净水厂产水与二泵站向外供水的不平衡。水塔与高地水池设在供水区或配水管网前后，用来调节二泵站供水与用水水量的不平衡。用水低峰时，将水贮存起来，用水高峰时，贮存的水送入管网，这样可减小二泵站的高峰供水流量，又可保证水泵在稳定的水量和水压下工作，效率高，省能耗。但水塔和高地水池的高度要与管网供水水压相适应，建造费用高，而水塔调节容量有限，只适用于小城镇或工矿企业内部。图 1-18 为清水池图，图 1-19 为水塔图。

四、管网水力计算

管网水力计算有三个内容，一是确定计算管段上的流量，二是根据流量初选管径，三是根据管径和流量计算管段上的水头损失，最后求出管网在满足输送设计流量、保证供水区内的水压要求下的供水总水压。

$$H = H_A + \sum h \quad (1-8)$$

式中 H——供水总水头（m）；

H_A——供水区内最不利点 A 要求的水压（m）；

$\sum h$——管网供水从起点到最不利点沿途的水头损失总和（m）。

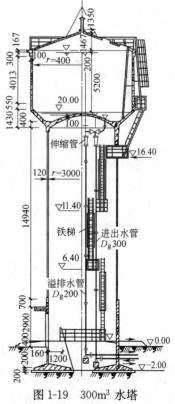

图 1-19 300m³ 水塔

1. 管段点的设计流量

输水管内的流量沿途不变,就是它的输水流量。

而对于配水管管段内的流量是由两部分组成,一是本管段沿线出流的配水流量 q_y,二是经过本管段的转输流量 q_z。沿线的配水流量,有集中出流和分散出流两种,此流量在管段内由大变为零。进行管路水头损失计算时,为了简化,常将分散出流的配水流量折算成流量不变的转输流量来计算,折减后计算出的管段水头损失与原来一样。

当这个折减系数取为 0.5 时,计算出来的水头损失有足够的精度。对于集中出流的流量,也可按出流点在管段上占长度的比例进行折算,将其折算成转输流量来计算。

设计流量:
$$q = q_z + \alpha q_y \tag{1-9}$$

式中 q_z——转输流量;
  q_y——沿线配水流量;
  α——折减系数,$\alpha=0.5$。

2. 根据流量选管径

管径选择有两个考虑因素,即投资和运行费用,管径越小投资越少,而管内水头损失大,运行费增加,反之亦然。综合优化后得出经济流速概念,即在经济流速下,投资和运行费用综合最省。经济流速的影响因素很多,与管材、施工条件、运行动力等都有关系,各地都会有所不同,但差别不是很大,作为一般计算时,可采用以下经验数据。

对于小管径: $DN100\sim400\text{mm}$,$v=0.6\sim0.9\text{m/s}$

对于大管径: $DN>400\text{mm}$,$v=0.9\sim1.4\text{m/s}$

由
$$Q = \omega v = \frac{1}{4}\pi d^2 v$$

可得:
$$d = \sqrt{\frac{4Q}{\pi v}} \tag{1-10}$$

式中 Q——流量(m³/s);
  ω——过水面积(m²);
  d——管径(m);
  v——经验经济流速(m/s)。

计算出的管径 d 与实际产品规格不一定完全吻合,选用与其最相近的商品管道。

3. 管段上的水头损失计算

(1) 计算公式

1) 沿程水头损失:
$$h_f = iL \tag{1-11}$$

式中 h_f——管段沿程水头损失(m);
  L——管长(m);
  i——单位管长上的水头损失(m/m)。

$$i = 10.5 C_h^{-1.85} d_j^{-4.87} q_g^{1.85} \tag{1-12}$$

式中 d_j——管道计算内径(m);
  q_g——给水设计流量(m³/s);
  C_h——海澄-威廉系数。

对各种塑料管、内衬（涂）塑料管 C_h＝14.0
铜管、不锈钢管、衬水泥、树脂的铸铁管 C_h＝13.0
普通钢管、铸铁管 C_h＝10.0

2) 局部水头损失：

$$h_i = \sum \xi \frac{v^2}{2g} \tag{1-13}$$

式中 h_i——管道的局部水头损失（m）；
v——管道内的平均流速；
ξ——局部阻力系数，通过试验测出，一般可从水力计算表上查到；
g——重力加速度 g＝9.81m/s^2。

3) 总水头损失：

$$h = h_f + h_i \tag{1-14}$$

(2) 树枝式管网的水头损失计算

树枝式管网管段是串联的，水流只向单一方向流动，沿着用水方向，管内流量逐渐减小。各管段上的流量确定后，管径也可确定。水力计算可从最不利用水点 A，倒退着向供水起点计算，计算出各管段的水头损失，最后得出总水头损失及所需要的总水压。

$$H = H_A + \sum h$$

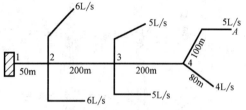

图1-20 树枝管网计算图

【例1-2】 一居住小区采用树枝式给水管网，如图1-20所示。图上已注明各点用水量及管段长度，最不利点 A，要求水压为20m时，试计算主干管的管径及给水起点1所需提供的水压。

【解】 首先确定选用的管材为铸铁管，根据各管道的流量、参照经济流速，并用铸铁管水力计算表，确定管段的根据和水头损失。计算结果列于表1-8。

管网水力计算表　　　　　　　　　　　　　　表1-8

管段编号	长管 L(m)	设计流量 Q(L/s)	管径 DN(mm)	流速 V(m/s)	水力迫降 i(‰)	水头损失 h(m)	累计损失 $\sum h$(m)	供水水压 H(m)
A								20.0
A-4	100	5	100	0.65	1.0	0.1	0.1	20.1
4-3	200	9	125	0.75	9.63	1.93	2.03	22.03
3-2	200	19	200	0.61	3.62	0.72	2.75	22.75
2-1	500	31	250	0.64	2.92	0.15	2.90	22.90

由表中可以看出，由供水起点向该小区供水总流量为31.0L/s，要求的供水水压为22.90m。

(3) 环网的水流计算

环网中各管段之间不仅有串联，还有并联。水流到达供水点，不只是一条路径，各管段内的设计流量可以有多种分配可能，常常是先根据经验设定管段中的流量、流向，但要求满足每个节点上流进与流出的流量保持平衡，即节点上$\sum Q$＝0。根据设定的流量，按经济流速的原则确定管径，并计算出管段上的水头损失 h。水流经过不同途径，由一个节点到达另一个节点的水头差应当平衡。如果在某一环内，将管段上的水头损失按顺时针或逆时针方向求代数和，水流方向与规定方向一致为正，相反则为负，其代数和应为零，称为闭合。但通常 $\sum h$ 的值不为零，而是 Δh。Δh 称为闭合差。闭合差的存在说明未能满足环内两个节点间的水头差平衡的条件，要对原设定的管段流量进行修正。修正后再行计算，以使闭合差逐渐减小，这个工作叫平差。

当 $|\sum h|\leqslant 0.5m$ 时，就可不再进行修正了。环网计算甚为烦琐复杂，一般用电脑编程计算。图 1-21 为某供水给水管网图。

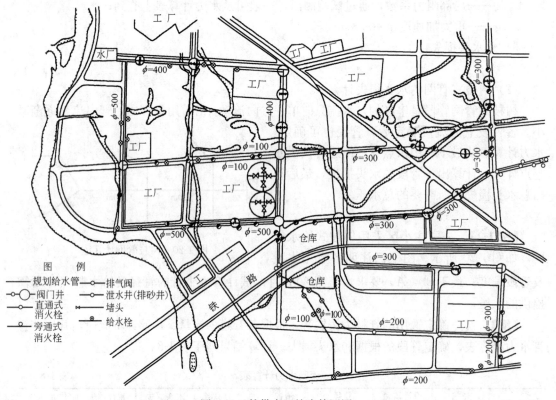

图 1-21 某供水区给水管网图

第四节 给水管道、配件及设备

管材及其配件是管网系统的主要材料，对管材的选用应综合考虑工作压力、敷设地段的条件、有无腐蚀性、放散电流影响、强烈振动、施工方法及造价等因素。正确选择管材时，工程质量、给水安全、维护和投资均有极大的关系。

给水管的材料可分金属管和非金属管。

一、金属管

分为黑色金属管（如铸铁管、钢管）、有色金属管（如铜管、铝合金管）。

（一）铸铁管

铸铁管有较强的耐腐蚀性，价格相对较低，经久耐用，适合于埋设地下，其缺点是质脆，不耐振动，自身重量大。铸铁管的接口方式有法兰和承插两种，如图1-22所示。铸铁管管径75～1200mm，每条管长3～6m，一般灰口铸铁管耐压1.0～1.5MPa，球墨铸铁管可达2.5MPa。为防腐一般都做水泥砂浆衬里。

（二）钢管

钢管分为焊接钢管和无缝钢管。焊接钢管又有直缝焊接管与螺旋缝焊接管两种。钢管强度高，普通钢管耐压不超过1MPa，无缝钢管可达1.5MPa或更高，耐振动，重量轻，每条钢管长度也较长，接口方式可用焊接、法兰连接，小口径管可用螺纹接口。钢管耐腐蚀性差，必须采取防腐措施。小口径（$DN \leqslant 100mm$）钢管表面可镀锌，镀锌管不能焊接，用螺纹接口或沟槽接口。

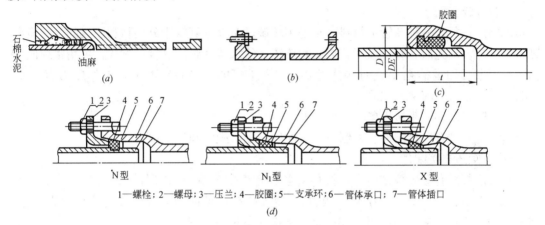

图1-22 铸铁管接口方式

(a)普通承插接口；(b)法兰接口；(c)T形滑入式接口；(d)柔性机械接口

（三）铜管与不锈钢管

铜管与不锈钢管具有很强的耐腐蚀性，在给水工程中常用于室内埋地管或嵌墙敷设的管道。铜管下游不宜与钢管直接相接，以防电化学腐蚀。

其接口方式为：铜管一般用嵌焊接口、卡套式或法兰连接，薄壁不锈钢管用卡压式、卡套式连接方式。

铜管与不锈钢管价格高，但水力性能较好。小管径多用于建筑给水系统中。

二、非金属管

非金属管品种很多，主要有钢筋混凝土管、预应力钢筋混凝土管、石棉水泥管、塑料管和玻璃钢复合管。非金属管具有耐腐性及耐久性，强度也较高，价格较金属管低，可代替金属管，近年来发展很快。

（一）钢筋混凝土管

钢筋混凝土管分三种，普通钢筋混凝土管、自应力钢筋混凝土管和预应力钢筋混凝土管。普通钢筋混凝土管常作排水管，接口方式为企口或平口抹带。而自应力和预应力钢筋混凝土管可作压力输水管，接口方式用承插式或套环连接。安装较方便，价格低，抗渗性、耐久性好，适于埋设地下。但重量大，质地脆，搬运不方便。

（二）石棉水泥管

石棉水泥管用于低压流体，表面光滑，重量较轻，耐腐蚀，耐久性好，但质地脆，用套环及胶圈接口。

（三）塑料管

塑料管种类很多，有给水硬聚氯乙烯（PVC-U）管、聚乙烯（PE）管、交联聚乙烯（PEX）管、聚丙烯（PP-R）管、改性聚丙烯（PPC）管、玻璃纤维增强聚丙烯（FRPP）管。

塑料管具有表面光滑、耐腐蚀性、重量轻、具有足够的耐压强度、加工方便，可以粘接、法兰接，聚乙烯管还可采用电热熔接、热熔对接。其缺点是受紫外线照射易老化、耐热性差，硬聚氯乙烯管使用温度45℃以下。聚丙烯（PP-R）管使用温度为70℃，交联聚乙烯（PEX）管可达95℃。

（四）玻璃钢管

玻璃钢管材是一种新管道材料，它是用玻璃丝布以环氧树脂分层粘和制成的，具有耐腐、耐压、表面光滑、管径较大，可代替传统的给水铸铁管。其接口方式：可用密封圈承插连接，也可用承插粘接或对接法兰接。管径自 $DN15$ 至 $DN4000$，工作压力有0.4、0.6、0.8、1.0、1.6MPa几种。

三、管道配件及附属设备

给水管配件有连接配件、控制及调节配件、配水配件和计量仪表。

（一）管道连接配件

直线连接配有套环箍；转弯连接件有各种角度的弯头（11.1/4°、22.5°、45°、90°）；分枝用的丁字管（三通、十字管（四通）、变径接头；可拆卸连接件有活接头、法兰盘、堵头等。铸铁管连接件参见图1-23，钢管连接件参见图1-24。

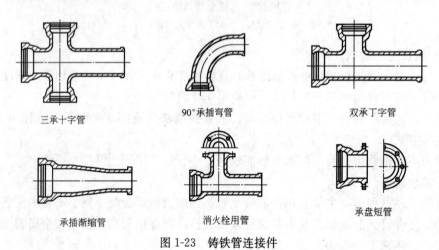

图1-23 铸铁管连接件

（二）控制及调节配件

控制水流的有阀门，包括球阀、闸阀、蝶阀、止回阀、水位控制的浮球阀。为降低水压的有减压阀；保证安全的安全阀；还有排气阀及消火栓等。如图1-25所示。

（三）配水配件

各种用水器具上的放水水龙头、冷热水混合龙头等都属配水设备，如图1-26所示。

（四）量测仪表

1. 压力表、真空表、温度表：压力表与真空表用于测量压力与真空值，一般装在水泵出水口和进水口、压力容器上；温度表用于热水设备上。这些仪表用于检测设备运行情况。

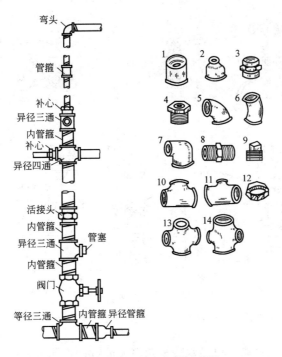

图 1-24 螺纹接口钢管连接件

1—管箍；2—异径管箍；3—活接头；4—补心；5—90°弯头；6—45°弯头；7—异径弯头；8—内管箍；9—管塞；10—等径三通；11—异径三通；12—锁紧螺母；13—等径四通；14—异径四通

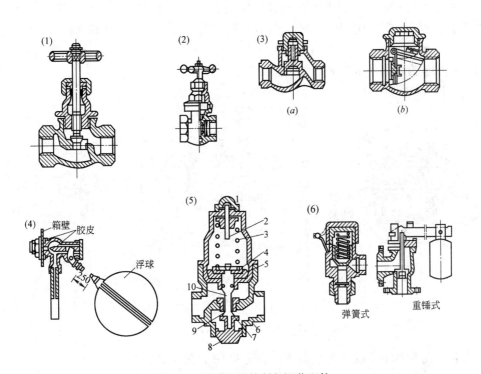

图 1-25 管道上的控制与调节配件

(1) 球阀；(2) 闸阀；(3) 止回阀（a 为升降式，b 为旋启式）(4) 浮球阀；(5) 减压阀；(6) 安全阀

21

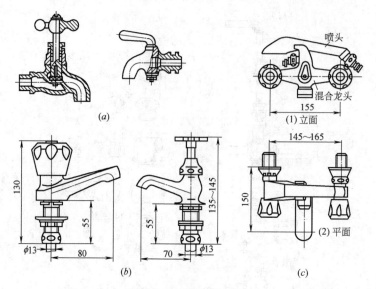

图 1-26 配水备件
(a) 普通水龙头；(b) 洗脸盆龙头；(c) 带喷头的浴盆龙头

2. 水量量测：包括水表、电磁水表、超声波流量计、孔板、文氏表。

电磁水表、超声波流量计、孔板、文氏表用于计量大水量的情况，而小水量的计量常用水表。

水表常用流速式，管径小于 50mm 时用旋翼式；大于 50mm 的用螺翼式。水表适用于温度低于 40℃、压力小于 1.0MPa 的清洁水。当计量的水量变化较大时，为计量准确，可采用复式水表，该表用大小两个水表组成，流量大时水流通过大表，流量小时水流通过小表，总水量为两表的水量和。参见图 1-27。

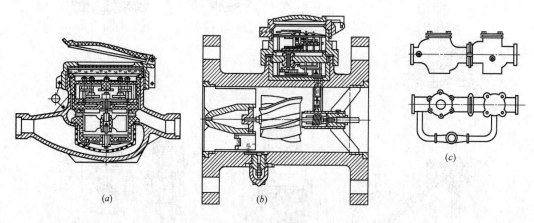

图 1-27 水表
(a) 旋翼式水表；(b) 螺翼式水表；(c) 复式水表

水表选用需要注意以下几个参数，参见表 1-9、表 1-10。

(1) 水表特性流量 Q_s　它是水流通过水表时，使水头损失达 10m 时的流量值，此值约相当于水表机件强度达极限时的流量。

旋翼式湿式水表技术数据 表 1-9

口径(mm)	特性流量 Q_s	最大流量 Q_{max}	额定流量 Q	最小流量 Q_{min}	灵敏度	最大示值
			(m^3/h)		(m^3/h)	(m^3)
15	3	1.5	1.0	0.045	0.017	10000
20	5	2.5	1.6	0.075	0.025	10000
25	7	3.5	2.2	0.090	0.030	10000
32	10	5	3.2	0.120	0.040	10000
40	20	10	6.3	0.220	0.070	100000
50	30	15	10.0	0.400	0.090	100000
80	70	35	22.0	1.100	0.300	1000000
100	100	50	32.0	1.400	0.400	1000000
150	200	100	63.0	2.400	0.550	1000000

螺翼式水表技术数据 表 1-10

直径(mm)	流通能力	最大流量	额定流量	最小流量	最小示值	最大示值
			(m^3/h)			(m^3)
80	65	100	40	3.0	0.01	1000000
100	110	150	60	4.5	0.01	1000000
150	300	300	150	7.0	0.01	1000000
200	500	600	300	12.0	0.01	10000000

(2) 最大流量 Q_{max}　它是水表在短时内，允许超负荷使用的上限值，约为 Q_s 之半数。

(3) 额定流量 Q　它是水表正常工作的流量上限值，约为 $0.3Q_s$。

(4) 最小流量 Q_{min}　它为水表能正确指示的流量下限值，约为 $(1.2\% \sim 1.5\%) Q_s$。

(5) 特性系数 K　它是反映水表水力特性的参数，与流量及水头损失的关系为：

$$H = \frac{Q^2}{K} \tag{1-15}$$

式中　H——水表水头损失 (m)；

Q——通过水表的设计流量 (m^3/h)；

K——特性系数 $\left(\frac{m^5}{h^2}\right)$，旋翼水表 $K = \frac{Q_s^2}{10}$；

Q_s——水表的特性流量，即水表的水头损失为 10m 时的通过流量 (m^3/h)。

思 考 题

1. 试述地面水和地下水各有哪些取水方式，它们适用于何种情况。
2. 地面水与地下水水质有何不同，试述它们的水质净化流程。
3. 试述清水池与高地水池、水塔的作用和异同。
4. 给水管道有哪些不同种类，试述它们的优缺点。

第二章 建筑给水工程

建筑给水的对象包括建筑小区、企事业单位内及各类建筑物内的生活、生产和消防给水。

第一节 给水系统、给水方式及管道布置

一、给水系统

（一）给水系统分类

按照不同用途和水质水压要求，常将给水管网分成不同的体系进行供水。常用的有生活给水系统、生产给水系统和消防给水系统。

1. 生活给水系统

生活给水系统是供人们日常生活用水的系统，其中包括饮用、烹饪、洗涤、沐浴及冲洗用水。由于生活用水涉及饮用，要求生活给水水质要满足饮用水标准。

2. 生产用水系统

生产用水的水质水压要符合生产工艺的要求，不同工业的生产工艺对水质要求不同。有的要求达到纯净水的标准，有的要求用去除钙镁离子的软水，有的相对要求不高。可以采用分质分压给水系统，以求供水可靠、安全、经济合理。

3. 消防给水系统

消防给水对水质无特殊要求，而要求水量和水压必须保证。消防给水中，根据消防方式不同，常分为消火栓系统、自动喷洒灭火系统。

上述三种是基本的给水系统，实际应用中，根据技术、经济、安全等方面的综合考虑后，可组合成联合给水系统，如生活-生产给水系统、生活-消防给水系统、生活-生产-消防给水系统。也可因供水压力不同，而分设不同系统。

（二）给水系统的组成

给水系统由下列各部分组成。

1. 引入管

对于一个小区，引入管是由城市供水管网进入小区的总进水管。对于一座建筑，引入管是指室外管网进入建筑物的总进水管。为安全起见，对于重要的建筑和小区宜设两条以上引入管。

2. 水表

在引入管上设总水表，在各用户设分户水表，总水表常设在户外水表井内，为便于维修，水表前后设闸，并设泄水管。

3. 干管、立管、支管及配件

干管：为连接引入管和其他支管的水平管，布设在建筑物底层的管沟中或地下室内。干管也可置于建筑顶层，形成由上而下的供水方式。

立管：为建筑内竖直布置的管道，在不同的供水方式中，立管中的水流可以是由下而

上，也可以是由上而下。

支管：由立管分水到各用水点的水平管道。

管道配件：包括阀门、减压阀和止回阀等。

4. 用水设备

如配水龙头、消火栓、生产用水设备等。

5. 附属设备

当室外供水水压不能满足室内供水所需水压时，在给水系统中还需附加高位水箱、储水池、加压水泵或气压给水装置等设施。图 2-1 为室内给水排水系统图。

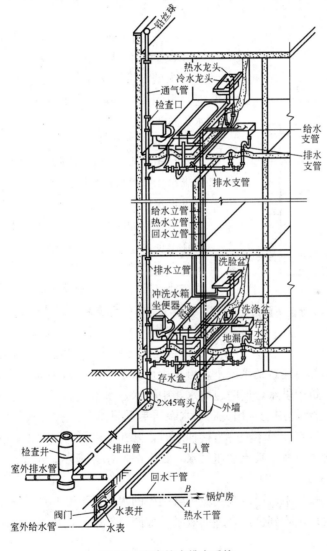

图 2-1 室内给水排水系统

二、给水方式

（一）建筑给水的供水压力

给水方式与供水压力有关，因此在讨论给水方式之前必须先讨论建筑给水所需的水压。向一座建筑物供水，其所需供水水压可用下式计算。

$$H = H_1 + \sum h + H_f \qquad (2-1)$$

式中　H——建筑供水所需水头（m）；

　　　H_1——室外供水管与建筑内最不利配水点的高差（m）；

　　　$\sum h$——由供水起点到最不利点管道中的总水头损失（H_L），包括水表水头损失（H_2）(m)；

　　　H_f——最不利用水点要求的工作水头（m）。

注：水头常用"m"表示，1m水头相当于0.01MPa。

作为建筑给水所需水头的估算，一般一层建筑为10m，二层为12m，三层以上每增加一层按增加 4m 水头计，如三层为 16m，四层为 20m，依此类推。图 2-2 为建筑给水所需水压图。

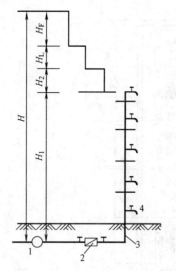

图 2-2　建筑给水所需水压图示
1—配水管；2—水表；3—立管；4—水龙头

（二）给水方式

1. 直接给水方式

当城市供水水压能保证满足建筑给水所需水压时，采用直接由城市给水管网上的水压向建筑内供水，这种供水方式最经济。如图 2-3（a）所示。

2. 设水箱的供水方式

城市给水水压有波动，用水高峰时，供水压力不能满足建筑给水所需水压，而当供水高峰过后又可满足供水水压的要求，这种情况下可用只设高位水箱的给水方式，如图 2-3（b）所示。平时水箱贮水，用水高峰出现水压不足时，水箱向外供水，这种方式供水简单方便，缺点是水箱有受二次污染的可能，水箱设置在建筑顶层，增加建筑荷载，对抗震不利。

3. 设水箱与水泵的给水方式

室外管网供水水压不能满足建筑物给水所需水压，且建筑内用水不均匀，用水量又不是很大，在取得城市管网管理部门同意的情况下，可采用设水泵和水箱的给水方式，水泵直接从管网上抽水，加压向建筑内供水，同时也向水箱中贮水，水箱充满后水泵停止运行，由水箱供水见图 2-3（c）；当水箱中的水用完时，水泵再启动供水。这种方式的优点是水泵与水箱互相配合。当室外供水管网不允许直接抽水时，常在室内设一贮水池，先均匀地将室外给水放入贮水池，水泵由池中吸水加压供水，如图 2-3（d）所示。

4. 分区供水方式

在多层与高层建筑中，可以利用城市管网中的水压供下部几层的用水，而上部再用水泵和水箱联合供水，可收到经济合理的效果。如图 2-3（e）所示。

5. 气压给水方式

气压给水系统包括水泵、贮水的气压钢罐。一般设在建筑底层，气压钢罐内充有一定体积的压缩空气。利用水泵向建筑供水的同时，也向气压罐内送水，此时的罐起贮水池的作用，当罐内的水充到一定值时，水泵停止工作，气压罐内的水在压缩空气的作用下向建筑供水。为了卫生，也为不使压缩气溶入水中，在水气之间设可变形的隔膜。气压给水的

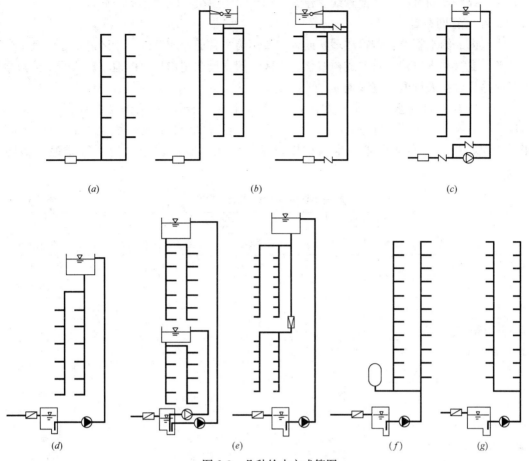

图 2-3 几种给水方式简图
(a) 直接给水方式；(b) 单设水箱的给水方式；(c) 设水泵和水箱的给水方式；
(d) 设水池、水泵、水箱的给水方式；(e) 分区给水方式；
(f) 气压给水方式；(g) 调频水泵给水方式

优点是不需占用建筑顶层面积设水箱，可以保证最高层有足够的水压，特别是消防水压要求较高时这一点更明显，因为水箱是重力给水，不易保证消防水压的要求。气压给水系统如图 2-3（f）所示，其缺点是能耗高。

6．调频水泵给水方式

水泵的出水量和出水水压，除了与水泵型号和叶轮大小有关外，还与水泵的转速有关。一般水泵型号确定了之后，出水量和水压也就基本确定了，这是因为其型号和叶轮尺寸、转速已经不可变动的缘故。

调频装置（变频装置）是可以通过改变水泵电机的供电频率来使水泵改变转速的装置，通过一套自动监控系统，使水泵自动按建筑供水水压来调整自己的转速，以满足建筑内供水的变化。这种方式可免去高位水箱，节省能耗。但设备投资较高。系统如图 2-3（g）所示。

三、管道布置及敷设

给水管道的布置应保证管道供水安全，不易损坏；力求管线简短，并使管线便于施工,便于维修,同时应与其他管线、建筑、结构协调解决可能产生的矛盾。

1. 小区管网布置

小区内的给水管道宜布置成环状或者与城镇给水管道连成环网,小区进水管网宜不少于两条,支管和进户管可布置成树枝状。小区干管宜设在用水量大的地段。为便于检修给水管应尽量设在人行道下或绿地内。

给水管与建筑物基础的水平净距,一般不宜小于3m,在条件受限且管径较小的情况下($DN150$以下)可减小到1.5～1.0m。给水管与其他管线也应保持一定间距,以满足砌筑井室的要求,也为维修时不损坏相邻管线。小区地下管线最小净距见表2-1。

居住小区地下管线间最小净距　　　　表2-1

	给水管		污水管		雨水管	
	水平净距	垂直净距	水平净距	垂直净距	水平净距	垂直净距
给水管			0.8～1.5	0.1～0.15	0.8～1.5	0.1～0.15
污水管	0.8～1.5	0.1～0.15			0.8～1.5	0.1～0.15
雨水管	0.8～1.5	0.1～0.15	0.8～1.5	0.1～0.15		
低压煤气罐	0.5～1.0	0.1～0.15	1.0	0.1～0.15	1.0	0.1～0.15
直埋式热水管	1.0	0.1～0.15	1.0	0.1～0.15	1.0	0.1～0.15
热力管沟	0.5～1.0		1.0		1.0	0.1～0.15
电力电缆	1.0	直埋 0.5 套管 0.15	1.0	直埋 0.5 套管 0.25	1.0	直埋 0.5 套管 0.25
通信电缆	1.0	直埋 0.5 套管 0.15	1.0	直埋 0.5 套管 0.15	1.0	直埋 0.5 套管 0.15
通信及照明电缆	0.5		1.0		1.0	
乔木中心	1.0		1.5		1.5	

注:净距指管外壁距离,管道交叉设套管外壁距离,直埋式热力管道指保温管壳外壁距离。

小区给水管的埋设深度,要满足防冻、防压坏的要求,一般在冰冻线下0.15m,车行道下覆土深度不小于0.7m。在共用沟内敷设的给水管应在污水管的上方、热水管的下方。

2. 建筑给水管道的布置与敷设

(1) 引入管与水平干管的布置

室内给水一般采用枝状管网单向供水,设一条引入管,而对要求不间断供水的重要建筑,应设两条引入管,且从室外管网不同管段上引入,若只能从同一管段上引入,则引入点应相隔不小于15m,且在这两引入点之间的室外配水管段上设闸门。

引入管与干管应设在用水设备集中、用水量大的地方,力求简短、直接。当用水点分散时,干管宜取其适中位置布置。干管应靠近立管。干管按建筑物性质要求,可布置成枝状、环状,或将两个引入管之间形成对接的布置形式。

(2) 立管与支管的布置

立管沿墙、柱垂直布置,贯串楼层。支管是立管与用水设备的连接管,常沿墙、梁水平敷设。立管应贴近用水设备,使支管简短,直接到达用水设备。支管不宜过长,过长会产生穿越门窗、梁柱的问题，还会增加与其他管线的矛盾。当出现多数楼层支管过长时，可适当增加立管的办法来减短支管。

(3) 管道敷设

引入管穿外墙必须留洞，管顶上方留有一定净空，一般为 0.1～0.15m，以防建筑沉降损坏管道，然后再用软性防水材料封堵。对引入管穿地下室外墙时，应加穿墙套管，套管与管道之间或用水泥作刚性密封或用软性填料作柔性密封。当建筑沉降量较大或抗震要求较高，墙两侧的管道上应设柔性接头。

水平干管可明敷在地下室内，无地下室时可设在地沟内，可设在专门的设备层或建筑的顶棚内，也可直接埋在地下土层内，这种埋地式管道检修十分困难，只有在管材有足够的耐久性、连接处十分可靠的情况下方可采用。

埋地管不得穿设备基础，或易被压坏、冻坏、震坏的地段，避免穿结构的梁、柱和沉降缝、伸缩缝，在不可避免要穿越时，应预留洞、预埋套管。

立管可明敷，也可暗敷。明敷，安装与维修方便，造价低；暗敷，美观，安装与维修较为困难，造价高，一般用于对装修要求高的场所。

暗敷可敷设在专门的管井中，管井中常常是与其他管道合用，各管线应保持间距，并且要有可供工人进出的检修门和检修的空间。另一种暗装方式是将立管明立于墙角、柱边，再用建筑装饰处理，同样也应留检修窗口。也有将立管嵌入墙槽内，外表用钢丝网水泥沙浆抹面，这种方式检修比较困难，采用时对管道的耐久性要求高，应保证中途连接件不渗漏。明装的立管应不影响美观和建筑的使用，不穿橱窗壁柜。给水管不得穿烟道、风道、污水槽和大、小便槽。立管穿越楼面和屋面时应预留套管，并做防渗。

暗装支管宜敷设在楼、地面的找平层内或嵌埋在墙槽内。水平嵌埋的支管直径不宜超过 25mm（塑料管），对于覆塑铜管和不锈钢管，不宜大于 20mm。

室内给水水平管应设支架或吊架，立管应设管卡作为支承（图 2-4）。支承的间距与管道的材质和管径大小也即刚度大小有关，见表 2-2。

给水管道支承间距　　　　　　　　　表 2-2

管径(mm)		15	20	25	32	40	50	63	75(80)	90(100)	110
钢管（水平管）	保温	2	2.5	2.5	2.5	3	3	4	4		
	不保温	2.5	3	3.25	4	4.5	5	6	6		
PVC-U	水平管		0.6	0.65	0.7	0.9	1.0	1.2	1.3	1.45	1.6
	立管		1.0	1.1	1.2	1.4	1.0	1.8	2.1	2.4	2.6
PVC-C	水平管		0.8	0.8	0.85	1.0	1.2	1.4	1.5	1.6	1.7
	立管		1.0	1.1	1.2	1.4	1.6	1.8	2.1	2.4	2.7
PEX 管	水平管		0.6	0.7	0.8	1.0	1.2	1.4			
	立管		0.8	0.9	1.0	1.3	1.6	1.8			

注：1. 钢管立管管卡设置：楼层高度≤5m，每层必须安装 1 个；楼层高>5m 每层不得少于 2 个；管卡安装高度，距地面 1.5～1.8m，2 个以上管卡应匀称安装，同一房间的管卡应安装在同一高度。
　　2. 括号内的数为钢管。

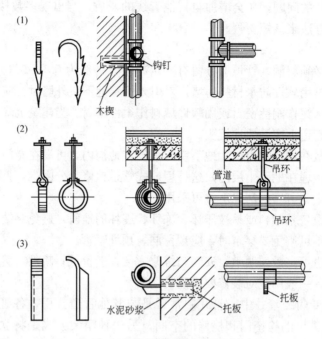

图 2-4 管道支架吊架及管卡
(1) 勾钉；(2) 吊环；(3) 托板

第二节 调蓄与增压设施

我国供水压力多采用低压供水制，供水水压可满足低层和多层建筑的供水要求，而对高层和要求供水水压高的用户，需自行采用调蓄和增压措施来解决。目前有以下几种。

一、单独设高位水箱

室外供水管网供水压力在部分时间出现周期性不足的情况下采用，水箱设在屋顶，平时水箱内蓄水，当外网供水不足时，由水箱供水，水箱起着贮水、调节供水量变化和稳定供水水压的作用。

1. 单设水箱的容积

单设水箱时，水箱的容积应包括调节容积、消防贮水量和生产事故贮水量。

(1) 调节容量

应根据室外供水量与室内用水量的逐时变化曲线计算而得，一般难以获得这方面的资料，可用式（2-2）计算，或者按最高日用水量的 20%～25%估算。

$$V_t = Q_m T \tag{2-2}$$

式中 V_t——水箱调节容积（m^3）；
Q_m——由水箱的最长连续供水时段内的平均用水量（m^3/h）；
T——需要由水箱供水的最长连续时间（h）。

对只有夜间进水供白天用水的水箱，其调节容积可用式（2-3）式计算。

$$V_t = q_g N / 1000 \tag{2-3}$$

式中 q_g——最高日用水定额［L/(d·人)］；
　　 N——用水人数。
(2) 消防贮水量

对需要设置消防的建筑，水箱中需贮备消防用水，供火灾初始时灭火用，一般建筑要求贮 10 分钟的灭火水量。

$$V_g = \frac{60 q_x T_x}{1000} \tag{2-4}$$

式中 V_g——水箱的消防贮水容积（m³）；
　　 q_x——室内消防设计流量（L/s）；
　　 T_x——水箱保证的消防供水时间（min）。

(3) 生产事故贮备水量

为保证不能停水的生产设备或产品不致因停水而损坏，水箱需贮备事故用水量。生产事故贮备水量的大小由生产工艺提供。一般非工业生产性建筑无需事故贮水。

2. 水箱设置高度

$$H = \sum h + H_f \tag{2-5}$$

式中 H——水箱出水管至最不利用水点之间的垂直高度（m）；
　　 $\sum h$——水箱到最不利用水点所经管道上的总水头损失（m）；
　　 H_f——最不利用水点要求的工作水头（m）。

由于消防用水的工作水头比一般的用水设备要高很多，单靠水箱高度全部满足顶层消防水头有困难，应另有补充措施，如设局部增压设备等。

3. 水箱构造

水箱可用钢板制作再作防腐处理，或用不锈钢制作，也可用非金属材料如无毒塑料、玻璃钢或钢筋混凝土。形状可以是圆形、方形、矩形。高度在 2.5m 以内，不宜太高。设在屋顶的水箱间内，应防冻、通风。箱底用钢梁或钢筋混凝土支墩支承，并垫以石棉、橡胶板等防腐材料。箱底宜留有 0.8m 空间，以利安装管道和维修。

水箱还应包含以下附件（见图 2-5）：

(1) 进水管：由箱顶或侧壁顶部进入，当利用室外配水管网压力进水时，进水管出口应设水位自动控制阀如浮球阀、液压控制阀，阀门的口径与进水管相同，且同时应设两个，还应设检修阀门。

当水箱与水泵共同工作时，水箱内设水位控制器，控制水泵运行。

(2) 出水口：出水口接出位置高出箱底 50mm，以保证不带走沉淀杂质。

(3) 溢流管：溢流管管径宜大于进水管 1～2 级，在箱底下 1m 后可缩为与进水管同径。溢流管上不设阀门，溢流管不准直接接入下水管，而应采用有间隙的间接排放。排放出口应设水封、滤网，以防灰尘或昆虫进入水箱。

(4) 泄水管：为泄空或洗刷排污用，从箱底最低处接出，设阀门，管径由排空时间长短确定，一般不小于 50mm，可与溢流管相连。

(5) 通气管：有通风和维持水箱内水面大气压的作用。通气管必须保证防止任何异物和昆虫进入水箱。其形式有弯管加滤网，有风帽形式的通风管其管径应能保证水位下降时的进气和水位上升时的排气需要，一般为 50mm。

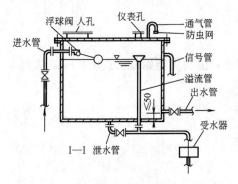

图 2-5 水箱附件

(6) 检修入孔与水位计。

二、水泵与水箱联合工作系统

室外供水水压经常不能满足室内供水水压的要求，或者只能满足某个高度以下的供水水压要求，其余不能满足的情况下，采用水泵与高位水箱联合工作系统。水泵用来增压，水箱用来调蓄，使水泵始终工作在高效区，也可减小水箱的调节容积。

1. 水泵的流量

水泵的供水流量，要根据用水量来确定，对只设置水泵不设水箱的情况，水泵的供水量应按供水的设计最大秒流量确定。而对有水箱、水泵的供水流量可采用建筑内最大小时用水量来确定。

2. 水泵的扬程

(1) 水泵直接从室外配水管中吸水时：

$$H_P = H + h_p - H_0 \tag{2-6}$$

式中 H_P——水泵的扬程（m）；
H——建筑物所需供水总水头（m）；
h_p——泵站内的水头损失（m）；
H_0——城镇配水管网内的水头（m）。

(2) 水泵由贮水池中抽水时：

$$H_P = H_1 + \sum h + H_f \tag{2-7}$$

H_1——由贮水池最低水位到最不利点的垂直高度（m）；
$\sum h$——管道的总水头损失（m）；
H_f——最不利用水点的工作水头（m）。

3. 水箱调节容积（生活用水）

水泵与水箱联合工作时，水箱的生活用水调节容积有以下两种情况：

(1) 水泵为自动控制时：

$$V_t = K \frac{Q_p}{4n} \tag{2-8}$$

V_t——水箱的调节容积（m）；
Q_p——水泵的出水量（m³/h）；
n——水泵每小时允许启动次数，取 4~8 次；
K——安全系数，取 1.5~2.0。

如果用经验数据设计，V_t 可取最高日用水量的 5%，或按最大小时用水量的 50% 计。

(2) 水泵为人工控制时：

$$V_t = \frac{Q_d}{n} - T_p Q_m \tag{2-9}$$

Q_d——最高日用水量（m³）；

n——水泵每天启动次数；

Q_m——水泵运行时段内平均用水量（m³/h）；

T_p——水泵启动一次的运行时间（h）。

V_t也可按最高日用水量的12%计算。

4. 水箱的总容积、安装高度及构造

（1）水箱的总容积 应是调节容积加上消防备用水量加生产事故备用水量。

（2）水箱的安装高度 应与水泵扬程相配，也应满足式（2-5）的要求。

（3）水箱构造 与单独设高位水箱时相同。

三、气压供水装置

气压供水装置是水泵与气压罐的联合工作装置，水泵在向楼层供水的同时，还须将水压入存有压缩空气的密闭罐内，罐内存水增加，压缩空气的体积被压缩，达到一定水位时水泵停止工作，罐内的水在压缩空气的推动下，向各用水点供水。其功能与高位水箱相似，所不同的是罐的送水压力是压缩空气而不是高位水箱的位置高度，因此只需调整好罐内空气压力。气压装置可以设在任何位置，如地下室、地面或楼层中。应用灵活，可替代屋顶层的高位水箱，减轻建筑屋顶荷载，有利于抗震。其缺点是水压变化大，而罐容量小，调节容量也小，水泵启闭频繁，电耗大，投资也高。适用于不宜设高位水箱的情况。

（一）气压装置的分类

气压装置有变压式和定压式两类。常见的为变压式气压装置。按罐体形式分有立式、卧式、球形之分。按罐内水气关系分有气水接触式和气水隔离式。

1. 变压式气压装置

气压罐向外供水是靠压缩气的压力，随着罐内的水量减少，压缩气体积增大，气体的压力减小，小到设定的最小值时，压力传感器通过控制系统启动水泵，水泵向气压罐和供水管供水，此时罐内空气再次被压缩，压力上升，当压力上升到设定的最大值，通过压力传感器，再次停泵，由气压罐供水。图2-6（a）为变压式气压罐示意图。

气压罐供水初期，气压高，水压也高，到气压罐供水末期，气压最小，水压也变小。其供水水压是在变化的，而且变化幅度较大。

2. 定压式气压装置

在要求供水水压稳定的情况下，可采用定压式气压装置。定压式装置可通过两条途径实现，一是在出水管上设一个调压阀，使阀后的水压保持稳定。二是增设压缩空气罐，称双罐气压装置，当水罐出水时，气罐向水罐中有控制地补气，在补气管上设自动恒压阀，以保持恒压。这时水泵的启闭不能以压力高低来控制而是以设定的水位来控制了。而且当水泵向水罐内进水时，水罐内的压缩气会因超出需要量而压力过高，因此还必须有排气阀。排气阀设定在气压超出设定的最高压力时启动，小于最高压力时是关闭的。图2-6（b）、（c）为定压式气压罐。

3. 气水接触式与气水隔离式气压装置

（1）气水接触式 气压罐内水和气是直接接触的。这种形式结构简单，造价相对低，管理也方便，是工程中常用的形式。

气水接触式气压装置中，压缩气在水中溶解度比常压下大，气体会随水流流失，为了

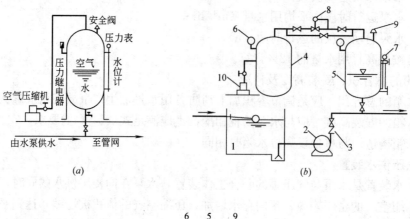

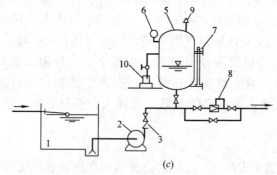

图 2-6 气压罐
(a) 变压式；(b) 双罐定压式；(c) 设补气及调节阀的定压气压罐
1—水池；2—水泵；3—止回阀；4—储气罐；5—气压水罐；6—压力信号器；
7—液位信号器；8—压力调节阀；9—排气阀；10—空气压缩机

补充流失的气体，需向罐内补气。补气有余量补气和限量补气两种。余量补气是补充的气多于气体损耗量，多余的气应设排气阀泄出。限量补气是每次补气量与损耗的气量相等，这是通过自动平衡补气器实现的。

（2）气水隔离式　气水隔离式气压装置是将罐内的水与空气隔离开，从而就避免因气体溶入水中而耗损的问题。其构造如图 2-7 所示。罐体用大法兰固定的平板形膜、蝶形或帽形膜，也有用封头小法兰固定的囊形隔膜。隔膜材料应有良好的气密性、抗挠曲性、无毒无味，对水质不产生污染，具抗老化性能。

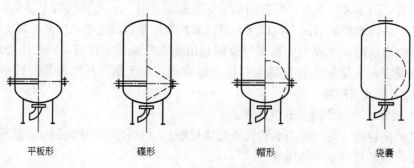

图 2-7 隔膜式气压罐

(二) 气压罐的设计计算

1. 气压罐的水容积 V_w

应包括调节容积、消防贮水和事故生产贮备水。调节水容积按水泵与水箱共同工作时的调节容积要求进行计算。

2. 气压罐的最低供水水压 P_1

最低供水水压以水头计，应当满足式（2-10）要求。

$$P_1 = H_1 + \sum h + H_f \tag{2-10}$$

式中 P_1——气压罐最低供水水压以水头计（m）；
H_1——气压罐最低水位到最不利用水点的高度（m）；
$\sum h$——气压罐到最不利用水点的总水头损失（m）；
H_f——最不利用水点的工作水头（m）。

3. 气压罐的总体积与最高工作压力计算

设气压罐总体积为 V，最大水容积为 V_w，最大工作气压为 P_2，根据气体性质有

$$P_1 V = P_2 (V - \beta V_w) \tag{2-11}$$

式中 P_1——气压罐最小工作压力，以水头 m 计；
P_2——气压罐最大工作压力，以水头 m 计；
V——气压罐总容积（m³）；
V_w——气压罐中水的总容积（m³）；
β——容积附加系数，立式罐 $\beta=1.1$，卧式罐 $\beta=1.25$，隔膜式 $\beta=1.05$。

由上式可以求得：

$$V = \frac{P_2 \beta V_w}{P_2 - P_1} = \frac{\beta V_w}{1 - \dfrac{p_1}{p_2}} = \frac{\beta V_w}{1 - \alpha} \tag{2-12}$$

式中 $\alpha = \dfrac{p_1}{p_2}$ 为工作压力比，一般取 0.65～0.85，有特殊要求时可在 0.5～0.9 范围内选用。其他符号同前。

$$P_2 = \frac{P_1 V}{V - \beta V_w} = \frac{P_1}{1 - \dfrac{\beta V_w}{V}} \tag{2-13}$$

式中符号同前。

四、变频调速水泵供水

当小区建筑物经常性水压不足，单独用水泵增压的方式解决时，必须能满足变化的用水量。在管道尺寸确定的情况下，用水量变化意味着管内阻力也在变化，我们知道供水管道内的阻力与管内流量的平方成正比，大流量时要求水泵提供高扬程，小流量时要求水泵提供低扬程。普通水泵自身的调节功能恰恰相反，出水量大时，扬程必须降低，出水量小时扬程升高，而且调节范围有限。因此同一台水泵不能同时满足上述要求。必须用多台大小不同的水泵分级供水，为此需增加多台水泵机组，且占地大，运行管理要求高，很少采用。

出现变频技术后，可以使水泵电机的转速随电流频率变化而改变，水泵在型号尺寸确定的条件下，其出流量与转速成正比，其扬程与转速的平方成正比。正好与上述要求相吻合。因此从原理上说可以用一台水泵适应供水中流量、扬程变化的要求，实现单独用水泵

供水。变频器由用水点上的传感器采集信号，并通过控制器来调整电流的频率，从而可适时地调整水泵的转速，使水泵的出水量、扬程与实际需要匹配，因此达到节省能耗的目的。但当用水量变化大时，一台大泵靠变频适应小水量，水泵机组的工作效率将会变得十分低下，反而增大了单位电耗，在这种情况下，可设几台水泵由变频器分段切换，以适应用水量变化的不同范围，在夜间用水极少时可设小型气压罐与小泵联合工作，可节省动力。

五、贮水池

当不允许水泵直接从室外供水管网抽水时，常常是设贮水池。贮水池的调节贮量应用水量与供水量变化曲线之间的最大差值确定，同时还应加上消防贮水量和事故生产贮备水量。

当无法获得用水与供水变化曲线时，贮水池的生活用水调节容积可按最高日用水量的20%～25%来估算。

贮水池宜分两格，并设连通闸。进水管上设不少于两个自动水位控制阀，其口径与管径相同，同样应设溢流管、排气管、通气管、人孔。贮存消防水时，应有确保平时不动用消防贮水的措施和防止出现死水区的措施。水泵吸水管穿贮水池壁时应设套管。水池设在采光和通风良好并便于维护、室温不低于5℃的房间内，且不宜与电气用房和住房毗邻或在其下方。贮水池可采用不锈钢、玻璃钢或钢筋混凝土建造。贮水池可设在室内、底层、地下室，也可设在室外，但要有保温和卫生防护措施。

六、水塔

水塔适合于小区内使用，其工作和结构原理与高位水箱基本相同，两者不同的是水塔建于室外，高度不受限制，需建专门的支承结构，水塔及其管道应十分注意保温防冻。

第三节 给水管网计算

给水管网计算的内容包括：确定各计算管段上的流量，确定管径，并计算出该管段上的水头损失，计算从供水起点到最不利点的总水头损失，核算供水压力是否能满足最不利点的要求，并以此作为是否需要采取调整管段管径或者增压设备等措施的依据，最后达到安全可靠、经济合理的供水的目的。

一、用水定额

1. 生活用水定额

（1）住宅的最高日生活用水定额及小时变化系数见表 2-3。

住宅最高日生活用水定额及小时变化系数（根据 GB 50015—2003）　　表 2-3

住宅类别		卫生器具设置标准	用水定额 [L/(人·d)]	小时变化系数 K_h
普通住宅	Ⅰ	有大便器、洗涤盆	85～150	3.0～2.5
	Ⅱ	有大便器、洗脸盆、洗涤盆、洗衣机、热水器和沐浴设备	130～300	2.8～2.3
	Ⅲ	有大便器、洗脸盆、洗涤盆、洗衣机、集中热水供应（或家用热水机组）和沐浴设备	180～320	2.5～2.0
别墅		有大便器、洗脸盆、洗涤盆、洗衣机、洒水栓、家用热水机组和沐浴设备	200～350	2.3～1.8

注：1. 当地主管部门对住宅生活用水定额有具体规定时，应按当地规定执行。
　　2. 别墅用水定额中含庭院绿化用水和汽车抹车用水。

(2) 集体宿舍、旅馆和公共建筑生活用水定额及小时变化系数见表2-4。

集体宿舍、旅馆和公共建筑生活用水定额及小时变化系数（根据GB 50015—2003）　表2-4

序号	建筑物名称	单位	最高日生活用水定额（L）	使用时数（h）	小时变化系数 K_h
1	单身职工宿舍、学生宿舍、招待所、培训中心、普通旅馆 　设公用盥洗室 　设公用盥洗室、淋浴室 　设公用盥洗室、淋浴室、洗衣室 　设单独卫生间、公用洗衣室	每人每日 每人每日 每人每日 每人每日	50～100 80～130 100～150 120～200	24	3.0～2.5
2	宾馆客房 　旅馆 　员工	每床位每日 每人每日	250～400 80～100	24	2.5～2.0
3	医院住院部 　设公用盥洗室 　设公用盥洗室、淋浴室 　设单独卫生间 　医务人员 　门诊部、诊疗所 　疗养院、休养所住房部	每床位每日 每床位每日 每床位每日 每人每班 每病人每次 每床位每日	100～200 150～250 250～400 150～250 10～15 200～300	24 24 24 8 8～12 24	2.5～2.0 2.5～2.0 2.5～2.0 2.0～1.5 1.5～1.2 2.0～1.5
4	养老院、托老所 　全托 　日托	每人每日 每人每日	100～150 50～80	24 10	2.5～2.0 2.0
5	幼儿园、托儿所 　有住宿 　无住宿	每儿童每日 每儿童每日	50～100 30～50	24 10	3.0～2.5 2.0
6	公共浴室 　淋浴 　浴盆、淋浴 　桑拿浴(淋浴、按摩池)	每顾客每次 每顾客每次	100 120～150 150～200	12 12 12	2.0～1.5
7	理发室、美容院	每顾客每次	40～100	12	2.0～1.5
8	洗衣房	每kg干衣	40～80	8	1.5～1.2
9	餐饮业 　中餐酒楼 　快餐店、职工及学生食堂 　酒吧、咖啡馆、茶座、卡拉OK房	每顾客每次 每顾客每次 每顾客每次	40～60 20～25 5～15	10～12 12～16 8～18	1.5～1.2 1.5～1.2 1.5～1.2
10	商场 　员工及顾客	每m²营业厅面积每日	5～8	12	1.5～1.2
11	办公楼	每人每班	30～50	8～10	1.5～1.2
12	教学、实验楼 　中小学校 　高等院校	每学生每日 每学生每日	20～40 40～50	8～9 8～9	1.5～1.2 1.5～1.2
13	电影院、剧院	每观众每场	3～5	3	1.5～1.2
14	健身中心	每人每次	30～50	8～12	1.5～1.2
15	体育场(馆) 　运动员沐浴 　观众	每人每次 每人每场	30～40 3	4	3.0～2.0 1.2
16	会议厅	每座位每次	6～8	4	1.5～1.2
17	客运站旅客、展览中心观众	每人次	3～6	8～16	1.5～1.2
18	菜市场地面冲洗及保险用水	每m²每日	10～20	8～10	2.5～2.0
19	停车库地面冲洗水	每m²每次	2～3	6～8	1.0

注：1. 除养老院、托老所、幼儿园的用水定额中含食堂用水，其他均不含食堂用水。
　　2. 除注明外，均不含员工生活用水，员工用水定额为每人每班40～60L。
　　3. 医疗建筑用水中含医疗用水。
　　4. 空调用水应另计。

(3) 工业企业建筑、生活用水和淋浴用水定额,按第一章表 1-2 确定。

(4) 农村生活用水定额见表 2-5,农村最高日用水量、时变化系数见表 2-6。

2. 生产用水定额,由生产工艺按照有关行业标准提出。

3. 消防用水量详见第三章。

4. 道路浇洒、绿化用水和冲洗汽车用水定额参考第一章。

5. 卫生设备的当量、额定流量与最低工作压力

(1) 卫生设备的当量是以一个洗涤盆水龙头在 2.0m 的工作水头下的出水流量 0.2L/s 为标准,称一个给水当量,其他卫生器具按其出水流量大小统一换算成当量数,以便计算。

(2) 卫生设备的额定流量、当量数和最低工作压力见表 2-7。

农村生活用水定额(最高日)   表 2-5

气候分区	供水条件	给水卫生设备类型及最高日生活用水量 [L/(人·d)]			气候分区	供水条件	给水卫生设备类型及最高日生活用水量 [L/(人·d)]		
		集中给水龙头	龙头安装到户				集中给水龙头	龙头安装到户	
			无洗涤池	有洗涤池或有洗涤池及沐浴设备				无洗涤池	有洗涤池或有洗涤池及沐浴设备
一	计量收费供水	20~35	30~40	40~70	一	免费供水		40~60	85~120
二		20~35	30~40	40~70	二			50~70	90~140
三		30~50	40~70	60~100	三			60~100	100~180
四		30~50	40~70	70~100	四			70~100	100~180
五		20~40	35~55	50~80	五			50~90	90~140

注:1. 本表所列用水量包括农家散养的猪、羊、禽类的饮用水量,但未包括大牲畜及集体和专业户饲养的猪、禽的饮用水量和浇庭院菜地的用水量。
2. 免费供水条件下,当龙头(包括户用与公用)安装在室外时,如排水方便,可在龙头下自由沐浴者,其用水量按有洗涤池的标准考虑。
3. 水网地区或地面水水质良好、使用方便的其他地区,设计时宜采用低值,缺乏良好地面水体或生活水平较高的地区宜采用高值。
4. 定时供水者,宜采用低值。
5. 按户或按人固定收费者,设计时应按免费供水标准选用。
6. 其他地区的农村生活饮用水量标准,可根据地区气候和人民生活习惯等具体情况,参照相似地区的标准确定。

农村最高日用水量时变化系数(K_h 值)   表 2-6

	村镇用水人数(人)	<500	500~1000	1000~3000	≥3000
K_h 值	全日供水	3.7~2.0	3.0~2.0	2.5~1.8	2.0~1.6
	定时供水 $t \geq 8h$	5.0~3.8	3.8~3.2		—

注:1. 工、商、副业较集中的城镇宜采用低值。
2. 人数少的小村应采用高值。

二、设计流量的计算

1. 住宅建筑的生活给水管道设计流量计算

住宅给水管的设计流量是按统计最大秒流量计算的,这个统计最大值与室内用水设备设置情况、用水标准和气候、生活习惯都有关系。国内外都作过一些实测研究,我国在 2003 年的《建筑给水排水设计规范》(GB 50015—2003) 中规定,按以下步骤计算。

卫生器具的给水额定流量、当量、连接管公称管径和最低工作压力　　表2-7

序号	给水配件	额定流量 (L/s)	当量	连接管公称管径 (mm)	最低工作压力 (MPa)
1	洗涤盆、拖布盆、盥洗槽 　单阀水嘴 　单阀水嘴 　混合水嘴	0.15～0.20 0.30～0.40 0.15～0.20(0.14)	0.75～1.00 1.50～2.00 0.75～1.00(0.70)	15 20 15	0.050
2	洗脸盆 　单阀水嘴 　混合水嘴	0.15 0.15(0.10)	0.75 0.75(0.50)	15 16	0.050
3	洗手盆 　感应水嘴 　混合水嘴	0.10 0.15(0.10)	0.50 0.75(0.50)	15 15	0.050
4	浴盆 　单阀水嘴 　混合水嘴(含带淋浴转换器)	0.20 0.24(0.20)	1.00 1.20(1.00)	15 15	0.050 0.050～0.070
5	淋浴器 　混合阀	0.15(0.10)	0.75(0.50)	15	0.050～0.100
6	大便器 　冲洗水箱浮球阀 　延时自闭式冲洗阀	0.10 1.20	0.50 6.00	15 25	0.020 0.100～0.150
7	小便器 　手动或自动自闭式冲洗阀 　自动冲洗水箱进水阀	0.10 0.10	0.50 0.50	15 15	0.050 0.020
8	小便槽穿孔冲洗管(每m长)	0.05	0.25	15～20	0.015
9	净身盆冲洗水嘴	0.10(0.07)	0.50(0.35)	15	0.050
10	医院倒便器	0.20	1.00	15	0.050
11	实验室化验水嘴(鹅颈) 　单联 　双联 　三联	0.07 0.15 0.20	0.35 0.75 1.00	15 15 15	0.20 0.20 0.20
12	饮水器喷嘴	0.05	0.25	15	0.050
13	洒水栓	0.40 0.70	2.00 3.50	20 25	0.050～0.100 0.050～0.100
14	室内地面冲洗水嘴	0.20	1.00	15	0.050
15	家用洗衣机水嘴	0.20	1.00	15	0.050

注：1. 表中括弧内的数值系在有热水供应时，单独计算冷水或热水时使用。
　　2. 当浴盆上附设淋浴器时，或混合水嘴有淋浴器转换开关时，其额定流量和当量只计水嘴，不计淋浴器，但水压应按淋浴器计。
　　3. 家用燃气热水器，所需水压按产品要求和热水供应系统最不利配水点所需工作压力确定。
　　4. 绿地的自动喷灌应按产品要求设计。

（1）根据住宅配置的卫生器具给水当量、使用人数、用水定额、使用时数及小时变化系数等，求出最高日最高时给水当量的平均出流概率。

$$U_0 = \frac{q_0 m K_h}{0.2 \cdot N_g \cdot T \cdot 3600}\% \qquad (2-14)$$

式中 U_0——一个给水当量在最高日最高时的平均出流概率;

q_0——最高日用水定额 [L/(人·d)];

m——每户用水人数;

K_h——时变化系数;

N_g——每户设置的卫生器具给水当量数;

T——用水时数 (h);

0.2——一个给水当量的额定出流量 (L/s)。

(2) 根据计算管段上的卫生器具给水当量,计算出该管段上卫生器具的同时使用(出流)概率(以当量计)。

$$U=\frac{1+\alpha_c(N_g-1)^{0.49}}{\sqrt{N_g}} \tag{2-15}$$

式中 U——计算管段上卫生器具的给水当量同时出流概率(%);

α_c——对应于不同 U_0 的系数,见表2-8;

N_g——计算管段所承担的给水当量总数。

$U_0 \sim \alpha_c$ 值对应表　　　　　　　表2-8

U_0%	α_c	U_0%	α_c	U_0%	α_c
1.0	0.00323	3.0	0.01939	5.0	0.03715
1.5	0.00697	3.5	0.02374	6.0	0.04629
2.0	0.01097	4.0	0.02816	7.0	0.05555
2.5	0.01512	4.5	0.03263	8.0	0.06489

(3) 根据计算管段上的给水当量同时出流概率,计算管段上的设计秒流量

$$q_g = 0.2 \cdot U \cdot N_g \tag{2-16}$$

式中 q_g——计算管段上的设计秒流量 (L/s)。

(4) 当干管上汇入两条或多条具有不同 U_0 的支管时,干管的 U_0 值应取其平均值。

$$\overline{U}_0 = \frac{\sum U_{0i} N_{gi}}{\sum N_{gi}} \tag{2-17}$$

式中 $\overline{U}_0$——给水干管上的给水当量平均出流概率;

U_{0i}——支管 i 上的卫生设备当量最高日最高时平均出流概率;

N_{gi}——支管 i 上的给水当量总数。

为了计算方便,有人已将管段上的设计秒流量制成表,只要计算出 U_0 值,再根据 N_g 值就可直接从秒流量计算表上查出流量来了。设计管段上的秒流量计算表见附录一。

2. 集体宿舍、旅馆、宾馆、医院、疗养院、幼儿园、养老院、办公楼、商场、客运站、会展中心、中小学教学楼、公共厕所等建筑的给水设计秒流量,用下式计算。

$$q_g = 0.2\alpha\sqrt{N_g} \tag{2-18}$$

式中 q_g——计算管段的给水设计秒流量 (L/s);

N_g——计算管段承担的给水当量总数;

α——根据建筑物用途而定的系数,见表2-9。

注：1. 若计算值小于该管段上一个最大卫生器具给水额定流量时，应采用一个最大的卫生器具的给水额定流量作设计秒流量。

2. 若计算值大于该管段上按卫生器具给水额定流量累加所得流量值时，应按卫生器具给水额定流量累加值采用。

3. 有大便器延时自闭冲洗阀的给水管道，大便器延时自闭冲洗阀的给水当量以 0.5 计，计算得到的 q_g 附加 1.10L/s 后，作为该管段的设计秒流量。

4. 综合楼建筑的 α 值应根据楼中各功能区不同的 α 值取加权平均值。

根据建筑物用途而定的系数 α 值 表 2-9

建筑物名称	α 值	建筑物名称	α 值
幼儿园、托儿所、养老院	1.2	医院、疗养院、休养所	2.0
门诊部、诊疗所	1.4	集体宿舍、旅馆、招待所、宾馆	2.5
办公楼、商场	1.5	客运站、会展中心、公共厕所	3.0
学校	1.8		

3. 工业企业的生活间、公共浴室、职工食堂或营业餐馆的厨房、体育场馆运动员休息室、剧院的化妆室、普通理化实验室等建筑的生活给水管道的设计秒流量。

$$q_g = \sum q_0 N_0 b \tag{2-19}$$

式中 q_g——计算管段的给水设计秒流量（L/s）；

q_0——同类型的一个卫生器具的给水额定流量（L/s）；

N_0——同类型卫生器具的数量；

b——卫生器具的同时使用百分数，可查《建筑给排水设计规范》(GB 50015—2003)。

注：1. 若计算值小于该管段上一个最大卫生器具给水额定流量时，应采用最大卫生器具的给水额定流量作为设计秒流量。

2. 大便器自闭冲洗阀应单列计算，当单列计算值小于 1.2L/s 时，以 1.2L/s 计；大于 1.2L/s 时，采用计算值。

不难看出，上述设计秒流量是计算管段内的最大秒流量的统计值。此外，对于建筑物的给水引入管上的设计流量有以下两种情况。

（1）建筑物内的生活给水全由室外管网直接供水时，按最大统计秒流量计。

（2）建筑物内的生活用水全部由自行加压供给时，引入管的设计流量应为贮水调节池的设计补水流量。

（3）建筑物内的生活用水既有室外管网直接供水，又有自行加压供水时，引入管上的设计流量取两者的叠加值。

4. 小区管网的设计流量计算

（1）居住小区规模小于等于 3000 人时，且小区室外管网为枝状管网时，管段中的生活用水的设计流量应按各类建筑的统计最高秒流量计算。

（2）居住小区规模大于 3000 人时，且小区室外给水管网为环网或与城镇管网形成环网供水时，小区中的住宅及配套的文体、餐饮娱乐、商铺及市场等设施按最高日最高时的平均秒流量来计算管网中的设计流量。

（3）小区内的文教、医疗保健、社区管理设施以及绿化、景观用水、道路及广场洒水、公共设施用水等，均以最高日最高时平均秒流量来计算。

(4) 居住小区的室外给水管道，如果兼作消防供水管道时，无论小区大小，都应在上述计算的秒流量的基础上叠加小区内一次火灾的消防流量，对管网进行水力校核，要求管路末梢的水压（从地面算起）不低于 0.1MPa。否则就应采取加大管径的办法来降低管路水头损失，提高管网水压。

对于设有消防贮水池和专用消防管道供应的消防流量，在管网的消防水力校核中应当扣除这部分流量。

三、管道水力计算

水力计算的目的是在保证满足供水要求的前提下，经济合理地确定各设计管段的管径。在计算前应画出计算草图，按同一管段有同一流量的原则划分计算管段，并编上号，从用水最不利点向着供水起点逐段进行计算。

1. 确定管径

根据流量公式：

$$q_g = \frac{\pi}{4} d^2 v \tag{2-20}$$

式中 q_g——管段中的设计流量（m³/s）；

d——管径（m）；

v——管内流速（m/s）。

在已知管内设计流量和设定管内流速的情况下就可以确定管径。管内流速应从经济流速和水流噪声控制考虑可以采用下列经验值：

d_j 15～20mm，$v \leqslant 1.0$m/s；d_j 25～40mm，$v \leqslant 1.2$m/s；d_j 50～70mm，$v \leqslant 1.5$m/s；$d_j \geqslant 80$mm，$v \leqslant 1.8$m/s，对于消火栓给水管道 $v < 2.5$m/s，自动喷洒灭火系统给水管 $v < 5$ m/s。生产和生活合用给水管 $v < 2.0$ m/s。

2. 管道的水头损失计算

水头损失由沿程损失和局部损失组成。

(1) 沿程损失可按规范计算（GB 50015—2003）。

$$i = 1.05 C_h^{-1.85} d_j^{-4.87} q_g^{1.85} \tag{2-21}$$

$$h_f = iL \tag{2-22}$$

式中 i——单位管长上的沿程水头损失（m/m）；

d_j——管道计算内径（m）；

q_g——给水设计流量（m³/s）；

C_h——海澄-威廉系数；（各种塑料管、内衬塑料管 $C_h = 140$；铜管、不锈钢管 $C_h = 130$；衬水泥、树脂的铸铁管 $C_h = 130$；普通钢管、铸铁管 $C_h = 100$）；

L——管段的长度（m）；

h_f——管段上的沿程水头损失（m）。

实际计算时，可根据管径和流量在水力计算表上很快查出 i 值，可以使计算工作变得简捷。

(2) 局部损失的计算：

局部损失是管道连接配件处由于水流流态变动而产生的水头损失，计算公式为：

$$h_m = \xi \frac{v^2}{2g} \tag{2-23}$$

式中 h_m——管件上的局部水头损失（m）；

ξ——配件上的局部阻力系数；

v——水流速度（m/s）；

g——重力加速度（m/s²）。

为了简便，可采用将管件折算成当量长度按沿程损失计算，也可用沿程损失的百分数进行估算。

1）对于生活给水管取沿程损失的25%～30%作为局部损失；2）对于生产给水、生产-生活给水、生产-消防给水或生活-消防给水取20%；3）对于消防给水管网取10%。

对于水表的水头损失应根据水表厂家所给的流量和特性系数单独进行计算，缺乏资料时可采用下述估算值：住宅入户水表取1m；小区引入管上的水表生活用水时取3.0m；消防时取5.0m。

（3）总水头损失计算

$$H_L = \sum h_f + \sum h_m \tag{2-24}$$

式中 H_L——从供水起点到最不利供水点的总水头损失（m）；

$\sum h_f$——从供水起点到最不利点的供水管道上的沿程损失总和（m）；

$\sum h_m$——从供水起点到最不利点的供水管道上的局部损失总和（m）。

3. 校核供水水压

要求室外供水水压满足下式要求：

$$H_0 \geqslant H + H_L + H_f \tag{2-25}$$

式中 H_0——室外供水管网上从地面算起的水压以水头计（m）；

H——建筑内最不利用水设备的距地面的高度（m）；

H_L——从供水起点到最不利水点的总水头损失（m）；

H_f——最不利用水设备所需要的工作水头（m）。

如果不能满足上式要求，则应根据供水水压相差的大小或采用调整给水管管径、降低水头损失的办法或采用增压的办法来解决。

第四节 高层建筑给水

一、高层建筑的特性

目前人们将10层与10层以上的居住建筑以及高度超过24m的公共建筑列为高层建筑的范围。

高层建筑楼层层数多、高度大、每栋建筑的面积大，在建筑内生活工作的人数多，使用功能也多。要求提供完善生活、工作保障设施，舒适卫生、安全的生活环境。因此高层建筑内设备多、管线多、管径大、标准高，在管线和设备布置中，各工种之间，与建筑和结构的矛盾也多，必须互相密切配合，协调工作。

为了使众多的管道整齐有序的敷设，在高层建筑中，常常设有设备层，在设备层中安装设备，并提供管线交叉和水平穿行的空间。垂直穿行的管线常布置在专设的管井中。垂直管道也可沿墙、柱明装，装饰要求高时，可用暗装或者在明装管道外加包装装饰。水平管可以沿墙和梁布置或埋在找平层内或墙槽内。

高层建筑的高度高,要求的供水水压也高,一般不能靠城镇供水管网上的水压直接供水,需要自设增压系统供水。由于高层建筑上下高差大,为避免下层水压过高,使得用水时出流速度过高产生噪声和喷溅,而上层会形成压力不足,甚至产生负压抽吸现象,高层建筑中常常沿垂直方向实行分区供水,以此来减小每区内的水压差。每区的高度应根据最低层用水设备允许的静水压力而定,一般而言,

住室、旅馆及医院:最大静水压宜为30～35m水柱高;

办公楼等公共建筑:35～40m水柱高

每区的最大静水压不得大于60m水柱高。

二、给水系统

高层建筑的给水系统与普通建筑一样,根据用途可分为生活给水系统、生产给水系统、消防给水系统三种基本系统,其中每个基本系统中又可按具体情况再行划分。

三、高层建筑的给水方式

高层建筑由于高度大,多数采用分区加压供水,其供水方式可分为重力式与压力式两大类。

1. 重力式供水

重力式供水,也即设水泵与水箱的供水方式,管网中的水压由水箱高度确定,水泵停止工作时,水流靠重力供给。重力供水按不同的布置图式可分为以下几种给水方式。

(1) 分区串联给水方式 如图2-8所示。分区设高位水箱及水泵,上部区从下部区的水箱抽水,因此下部区的水箱除满足本区的供水需要外,还充当上部区的水泵吸水池与贮水池。这种给水方式,水泵与本区的用水量和用水压力相适应,效率高,缺点是每区分别设水泵和水箱,且下一区水箱还需贮备上一区的调节水量,占地大。并且每一区的可靠性与前一区的可靠性有关,总体可靠性有所降低,水泵分设在各区,管理不便,而且有振动和噪声的问题。

(2) 分区并联多管给水方式 如图2-9所示。各区分设水箱与水泵,各分区的供水水泵全部集中在底层,由底层的贮水池分别且直接地向自己分区的水箱供水。这种方式的水箱相比分区串联方式的要小,水泵安装于底层便于管理,但有垂直输水的管线多的缺点。

(3) 分区单管给水方式

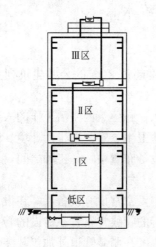

图2-8 分区串联给水方式

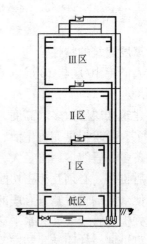

图2-9 分区并联多管给水方式

分区单管给水方式是指只设一条垂直供水管，向各分区供水，其中又可分为分区单管水箱减压给水方式、分区单管并联水箱给水方式、分区单管减压阀给水方式，见图2-10。

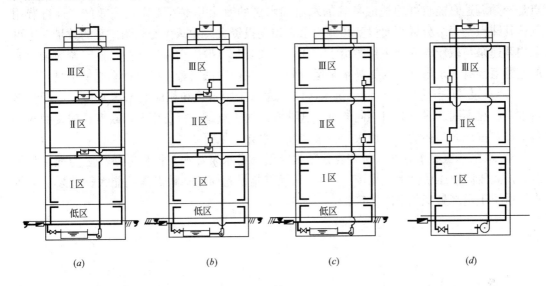

图 2-10 分区单管减压阀给水

(a) 分区单管水箱减压给水；(b) 分区单管并联水箱给水；(c)、(d) 分区单管减压阀给水

2. 压力式供水

压力式供水有以下几种：

(1) 气压给水。用气压罐代替高位水箱，可以将气压罐设在建筑底层，减轻建筑顶层荷载，节省楼层面积，对抗震有利。缺点是气压给水压力变化幅度大，气压罐效率低，能耗大，造价高。

气压给水方式有并联气压罐给水和气压罐减压阀联合工作给水方式两种，见图2-11。

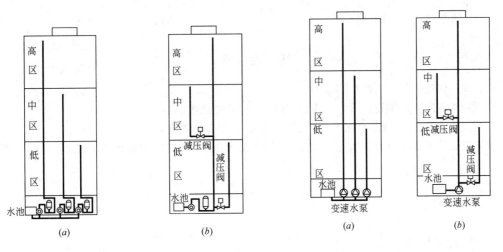

图 2-11 气压罐给水方式

(a) 并联气压罐给水方式；
(b) 气压罐减压阀联合工作给水方式

图 2-12 变频调速泵供水

(a) 并联调速泵供水；
(b) 调速泵与减压阀联合工作供水

45

(2) 水泵直接给水方式。水泵直接给水方式又分三种：

1) 变频调速泵给水方式 各供水分区各自选用变频调速水泵，各区自行供水，其优点是变频调速泵能较好地适应各区的水流和水压的变化基本上工作在高效区，运行费用低；其缺点是每个分区都要设变频调速泵，初期投资大。为减少变频调速泵的数量，也可采用调速泵与减压阀联合工作的给水方式，见图 2-12 (b)。实际运行中，由于调速泵可调的流量范围有一定限度，为提高水泵运行效率，在夜间低流量还应另设小流量水泵。

2) 多泵并联给水方式 同一供水区内，为适应用水量和相应的水压变化，可设置多台水泵，在不同的时段开启不同的泵。这种方式的优点是运行费用低；缺点是需要的水泵台数多，占地大，初期投资也大。多泵并联供水方式见图 2-13。

3) 水泵减压给水方式 所有各分区共同用一组水泵，水泵扬程以最高区为准，其他各区设减压阀减压后供水（见图 2-14）。其优点是设备简单；缺点是耗能大。水泵直接供水，适用于用水量变化小的建筑。

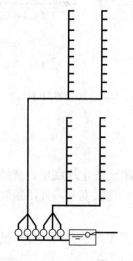
图 2-13 多泵并联给水方式

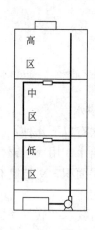
图 2-14 水泵减压给水方式

思 考 题

1. 试说明建筑给水的方式与适用条件。
2. 试归纳室内管道布置的原则。并具体考察一栋建筑的管道布置。
3. 室内管道的设计流量为什么不同类型的建筑采用不同的计算方法。
4. 高层建筑供水与一般建筑的供水有何不同？试述出三种以上高层建筑的给水方式，并评价其优缺点。

第三章 消防给水

消防给水是为扑灭火灾而设的给水系统，用水灭火仍是当今主要的灭火手段，因为水的热容量大，又容易润湿物体表面，可起到降温灭火的作用。当水被汽化时，其汽化吸热可达 2260kJ/kg，体积也可膨胀一千二百多倍，水蒸气是惰性的，可起隔离空气的作用而有利于灭火，此外水易于就地获取，价格低廉，便于用管道输送，使用简便。

对于一些遇水会造成事故和危害的场所的灭火可辅之以其他灭火方式，如惰性气体和泡沫灭火等。

第一节 室外消防

一、室外消防设置与用水量

1. 室外消防设置

室外消防多采用消火栓给水系统。我国《建筑设计防火规范》（GB 50016—2006）规定，在城镇、居住区应设市政消火栓。民用建筑、厂房（仓库）、储罐（区）、堆场应设室外消火栓。

对于人数不超过 500 人，且其建筑物不超过 2 层的居住小区和耐火等级不低于二级，且体积不超过 3000m³ 的戊类厂房可以不设消防给水系统。

关于建筑的耐火等级以及厂房的危险性分类表见附录二。

2. 室外消防用水量

（1）城镇或居住区消防用水量，应按同一时间内该区域同时发生火灾的次数和一次灭火所需的消防用水的流量确定。参见表 1-4。

（2）工厂、仓库和民用建筑消防用水量，也按同一时间内火灾次数和一次灭火的消防用水流量确定，参见表 1-5。

（3）建筑物的室外消防用水量不小于表 1-6 的规定。

（4）对于易燃、可燃材料露天、半露天堆场、可燃气体储罐及贮罐区的室外消防用水量可按《建筑设计防火规范》（GB 50016—2006）的规定计算。

3. 室外消防的水源

城镇与小区的消防用水一般是从城镇给水管网直接供给。对于就近有自然水体的且在枯水期仍有可靠保证的也可作为消防水源，当城镇管网上的供水水量不满足消防水量的需要时，常用蓄水池贮存消防水量。

二、室外消防给水系统

1. 室外消防供水的水压体制

消防给水水压有三种体制，如下所述。

（1）低压制给水　管网平时保持一般城镇生活、生产用水水压运行，消防时由消防车的水泵加压供水。要求管网在消防用水时仍能保证不小于 10m 水头（从地面算起）的水压。这种低压制消防供水适合于城镇和小区生活-消防、生活-生产-消防公用管网的情况，也是我国多数城镇常用的。

(2) 高压制给水　使消防供水管网内的水压直接保证达到建筑最高处水枪灭火所需要的水压要求（保证水枪的充实水柱不小于10m）。高压制消防给水使得消防供水安全，但耗能大，整个系统常年工作在高压下，增加维修管理费用。

(3) 临时高压制给水　在消防供水系统内设消防泵，消防泵是按消防时的水压、水量选定，平时不能保证消防水量，火灾发生时，启动消防泵，使管网内的水量和水压都能满足消防要求。

2. 室外消火栓消防系统的组成与布设

室外消火栓消防系统一般由消防管网、消火栓、消防水池和水泵结合器等组成。

(1) 消防管网

从消防管网是否与生活、生产供水管网共用，可将其分为不同的系统。

1) 生活、消防共用管网给水系统　中小城镇和居住小区、企事业单位常用，要求最大小时用水量发生时，管网仍可保证全部消防用水量的供给。

2) 生活、生产、消防共用管网给水系统　一般大中城市常用，要求生活、生产用水最大时（淋浴水按15%，浇洒和冲洗水可不计），管网仍应保证室内、外消防用水量。

3) 生产、消防共用管网给水系统　适用于工矿企业。要求管网在生产用水到达最大时，仍能保证消防用水量，生产设备检修时仍不致造成消防供水中断。

4) 专用消防供水系统　当消防用水与生活、生产用水合并，在技术上不合适时，可单独设消防系统，此时系统常采用高压或临时高压制供水。

消防管网有环状管网与枝状管网之分，为保证供水安全可靠，应采用环网，对于在建设初期或室外消防用水量小于15L/s时，可以采用枝状管网。

环网的输水干管不宜少于两条，当其中一条发生故障时，其余的干管仍应满足输送消防用水总量的要求。

为保证消火栓事故或检修时的供水安全，环状管道上应设阀门，将其分成若干独立的管段，每段内的消火栓的数量不宜超过5个。室外消防的最小管径不应小于100mm。

(2) 消火栓

室外消火栓是用于消防车取水和连接消防龙带和水枪扑灭火灾的。室外消火栓有两类，地上式和地下式。地上式要求有一个直径为150mm或100mm、两个直径为65mm的栓口，见图3-1(a)。室外地下式消火栓应有直径为100mm和65mm的栓口各一个，见图3-1(b)。地下式消火栓应设有明显的标志。

城镇室外消火栓，应沿道路设置。路宽超过60m时，宜在道路两边同时设消火栓。消火栓距路边不超过2m，与建筑外墙的距离不小于5m，并应靠近十字路口。消火栓的间距不超过120m，其保护半径不大于150m。并不宜只集中布置在建筑物的一侧。

在城市消火栓保护半径150m内的小区或建筑群，且消防用水量不超过15L/s时，可不另设室外消火栓。

每个消火栓的用水量应按10~15L/s计算。

(3) 消防水池

当生活-消防共用的市政管网，不能满足最大时用水量加消防用水量的要求时，应设消防水池；或者市政管道为枝状或只有一条市政进水管的情况下，且消防用水总量超过25L/s时，也应设消防水池。消防水池为平时从市政管网上以较为均匀的小流量向池内蓄水，火灾时集中取用。

消防水池的容积应满足火灾延续时间内的消防用水量的要求。火灾延续时间：居住区、工厂及丁、戊类仓库，按2h计算；甲、乙两类物品仓库、可燃气体储罐和煤、焦炭露天堆场的火灾延续时间按3h计算；易燃、可燃材料露天、半露天堆场（不包括煤、焦炭露天堆场）按6h计算；甲、乙、丙类液体储罐为4~6h；液化石油气储罐的火灾延续时间按6h计。自动喷洒灭火的延续时间按1h计算。

室外消防贮水池的消防保护半径不大于150m，池内应设消防车的取水口。取水口与被保护建筑物的距离不小于15m，与甲、乙、丙类液体储罐的距离不小于40m，与液化石油气储罐的距离不宜小于60m，若有防辐射热的措施时，可减为40m。也不宜大于100m，应保证消防车的吸水高度不超过6m。消防水池在火灾后的补水时间不宜超过48h，缺水地区或独立的石油库区可延长到96h。

消防水池往往也与生活用水、生产用水合用，此时的池容积除包含消防贮水量外，还应包含生活和生产的调节水量。同时应有保证消防水量在平时不被动用的措施。

消防水池的进水管应设两条，其管径应根据水池补水时的流量和管内水流流速来选定。

第二节 建筑消火栓消防给水

建筑消防给水系统是设置在建筑内的消防给水系统，又称室内消防给水系统，建筑消防给水系统中可分为消火栓消防系统和自动喷洒给水系统、喷雾消防系统，此外还有不用水而采用惰性气体的消防系统。消火栓消防系统是最基本的消防系统。本节着重讨论消火栓消防给水系统。

一、室内消火栓给水系统的设置范围

1. 低层和多层建筑消火栓设置范围

下列建筑应设置消火栓消防系统：

（1）建筑面积大于300m^{2}的厂房（仓库）；

（2）特等、甲等剧场，超过800座的其他等级的剧场和电影院等，超过1200座的礼堂、体育馆等；

（3）体积超过5000m^{3}的车站、码头、机场的候车（船、机）楼、展览建筑、商店、旅馆建筑、病房楼、门诊楼、图书馆建筑等；

（4）超过7层的住宅。当确有困难时，可只设干式消防竖管和不带消火栓箱的DN65的室内消火栓；

（5）超过五层或体积超过10000m^{3}的办公楼、教学楼、非住宅类居住建筑等其他民用建筑；

（6）国家级文物保护单位的重点砖木或木结构的古建筑。

（7）下列建筑物可不设室内消防给水：

1）对于耐火等级为一、二级且可燃物较少的单层、多层丁、戊类厂房（仓库）；

2）耐火等级为三、四级且建筑体积不超过3000m^{3}的丁类厂房和建筑体积不超过

$5000m^3$ 戊类厂房（仓库）、粮食仓库、金库；

3）室内没有生产、生活给水管道，室外消防用水取自贮水池，而且建筑体积不超过 $5000m^3$ 的戊类厂房（仓库），粮食仓库、金库可不设室内消火栓。

4）存有与水接触能引起燃烧爆炸的物品的建筑物和室内没有生产、生活给水管道、室外消防用水取自储水池且建筑体积小于等于 $5000m^3$ 的其他建筑可不设室内消火栓。

2. 高层建筑消火栓设置范围

高层建筑必须设置室内和室外消火栓给水系统，室外消火栓应沿高层建筑四周均匀布置，室内消火栓除无可燃物的设备层外，高层建筑和裙房的各层都应设置室内消火栓。

二、室内消火栓的用水量

室内消火栓的用水量，低层、多层建筑与高层建筑有所不同，详见表3-1、表3-2、表3-3。

低层与多层建筑室内消火栓用水量（GB 50016—2006）   表3-1

建筑物名称	高度、层数、体积或座位数		消火栓用水量（L/s）	同时使用水枪数量（支）	每支水枪最小流量（L/s）	每根竖管最小流量（L/s）
厂房	高度≤24m、体积≤10000m³		5	2	2.5	5
	高度≤24m、体积>10000m³		10	2	5	10
	高度>24m至50m		25	5	5	15
	高度>50m		30	6	5	15
科研楼、试验楼	高度≤24m、体积≤10000m³		10	2	5	10
	高度≤24m、体积>10000m³		15	3	5	10
仓库	高度≤24m	体积≤5000m³	5	1	5	5
		体积>5000m³	10	2	5	5
	24m<高度≤50m		30	6	5	15
	高度>50m		40	8	5	15
车站、码头、机场建筑物和展览馆等	5000≤V≤25000m³		10	2	5	10
	25000<V≤50000m³		15	3	5	10
	V>50000m³		20	4	5	15
商店、旅馆等	5001～10000m³		5	2	5	5
	10001～25000m³		15	3	5	10
	>25000m³		20	4	5	15
剧院、电影院、礼堂、体育馆等	801～1200个		10	2	5	10
	1201～5000个		15	3	5	10
	5001～10000个		20	4	5	15
	>10000个		30	6	5	15
住宅	层数≥8层		5	2	2.5	5
办公楼、教学楼等其他民用建筑	≥6层或体积≥10000m³		15	3	5	10
国家级文物保护单位得重点砖木、木结构得古建筑	体积≤10000m³		20	4	5	10
	体积>10000m³		25	5	5	15
病房楼、门诊楼等	5000m³<体积≤10000m³		5	2	2.5	5
	10000m³<体积≤25000m³		10	2	5	10
			15	3	5	10

注：1. 丁、戊类高层厂房（仓库）室内消火栓的用水量可按本表减少10L/s，同时使用水枪数量可按本表减少2支。
　　2. 消防软管卷盘或轻便消防水龙及住宅楼梯间中的干式消防竖管上设置的消火栓，其消防用水量可不计入室内消防用水量。

高层建筑室内外消火栓用水量（GB 50045—95）（2005年版）　　　表 3-2

高层建筑类别	建筑高度(m)	消火栓用水量(L/s) 室外	消火栓用水量(L/s) 室内	每根竖管最小流量(L/s)	每支水枪最小流量(L/s)
普通住宅	≤50	15	10	10	5
	>50	15	20	10	5
1. 高级住宅 2. 医院 3. 二类建筑的商业楼、展览楼、综合楼、财贸金融楼、电信楼、商住楼、图书馆、书库 4. 省级以下的邮政楼、防灾指挥调度楼、广播电视楼、电力调度楼 5. 建筑高度不超过 50m 的教学楼和普通的旅馆、办公楼、科研楼、档案楼等	≤50	20	20	10	5
	>50	20	30	15	5
1. 高级旅馆 2. 建筑高度超过 50m 或每层建筑面积超过 1000m² 的商业楼、展览楼、综合楼、财贸金融楼、电信楼 3. 建筑高度超过 50m 或每层建筑面积超过 1500m² 的商住楼 4. 中央和省级（含计划单列市）广播电视楼 5. 网局级和省级（含计划单列市）电力调度楼 6. 省级（含计划单列市）邮政楼、防灾指挥调度楼 7. 藏书超过 100 万册的图书馆、书库 8. 重要的办公楼、科研楼、档案楼 9. 建筑高度超过 50m 的教学楼和普通的旅馆、办公楼、科研楼、档案楼等	≤50	30	30	15	5
	>50	30	40	15	5

注：建筑高度不超过 50m，室内消火栓用水量超过 20L/s，且设有自动喷水灭火系统的建筑物，其室内、外消防用水量可按本表减少 5L/s。

三、室内消火栓给水管网、消火栓及消防水箱

（一）室内消火栓给水管网

1. 消火栓给水的方式

消火栓给水系统按照室内所需水压水量与室外管网能提供的水压水量的关系，可以分为不同的给水方式。

（1）室外管网在最高时用水量发生时仍能满足室内消防的水压与水量的要求时，可采用由室外管网直接供水的方式，既不设水箱也不设水泵加压，见图 3-1（a）。

（2）室外管网不能满足室内消防水压要求，但可满足水量要求，只采用设水泵与水箱的供水方式。条件是外网允许消防泵直接从外网上抽水。

室外管网不允许消防泵直接抽水时，则应设消防水池、消防泵和消防水箱。消防水箱是设在建筑物顶层的贮水箱，它贮存火灾初期 10min 的应急灭火用水。

（3）对于高层建筑，其底层可采用利用室外管网的水压直接供水，而其上部则采用设水池、水泵及水箱减压或减压阀减压分区供水方式。每区区内的压差不应超过 80m 水头，消火栓出口处水压过高时应设减压装置。消防给水方式可借鉴前面章节中介绍的室内给水方式。

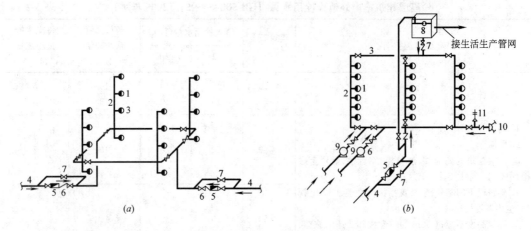

图 3-1 室内消防系统
(a) 室外管网直接供水的消火栓给水系统；(b) 设消防泵和水箱的消防给水系统
1—室内消火栓；2—室内消防立管；3—干管；4—进户管；5—水表；6—止回阀；
7—旁通管及阀门；8—水箱；9—水泵；10—水泵接合器；11—安全阀

2. 消火栓给水管网的布置
(1) 低层与多层建筑消火栓给水管网

消火栓给水管道的进水管，7～9 层的单元住宅和不超过 8 户的通廊式住宅，可采用枝状管网，一条进水管。而对于室内消火栓超过 10 个且室内消防用水量大于 15L/s 时，室内消防进水管至少有两条，或与室外管网连成环网，或室内管道自成环网，且每一条进水管应仍能满足全部用水量的供给。

6 层以上的塔式住宅和通廊式住宅、5 层以上的或体积大于 10000m³ 的其他民用建筑、超过四层的厂房和库房，当室内消防竖管为两条或两条以上时，应至少每两根竖管相连组成环状管道。

竖管在建筑平面上布置的位置，应靠消火栓的位置，以便保证有两支水枪的充实水柱同时到达室内的任何部位。其管径的确定应按最不利点的消火栓的出水流量和允许的管内流速来确定，竖管可明装，也可暗装。

室内消防给水管道上应设阀门，将其分成若干独立段，每段上的消火栓数量不超过 5 个，阀门为常开。并有明显的启闭状态标志。

(2) 高层民用建筑与高层工业建筑消火栓给水管网

要求进水管至少两条，要求水平管道和竖管都布置成环网。其管径除了要按最不利点的消防水量计算确定外，规范规定最小不小于 100mm。

用阀门将给水管道分成若干段，要求检修时，关闭停用的竖管不超过一条，当竖管超过四根时可关闭不相邻的两根。裙房内的消防管道按多层建筑布置。高层工业建筑的竖管超过三条时，检修时允许关闭两条。

对于 18 层及 18 层以下，每层不超过 8 户，且每层建筑不超过 650m² 的普通住宅，如果设两条消防竖管有困难时可只设一条消防竖管。

(二) 室内消火栓

1. 消火栓、水龙带和水枪

室内消火栓俗称消防龙头,是一个带有水龙带接口的阀门,有单出口和双出口两种,见图3-3,栓口直径有50mm和65mm两种。室内消火栓常和消防水带、水枪一起装入消火栓箱中(见图3-2),对于临时高压给水系统,每个消火栓处应设直接启动消防水泵的按钮。消火栓箱有嵌入墙内和挂于墙面两种,装有玻璃门,门上有鲜明标志,平时封锁,使用时击破玻璃,按开启消防泵的电钮,取出水枪和水龙带,打开消火栓阀灭火。

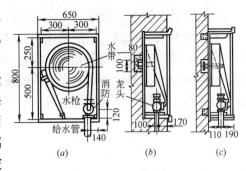

图 3-2 消火栓箱
(a)立面;(b)暗装侧面;(c)明装侧面

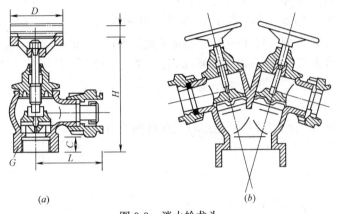

图 3-3 消火栓龙头
(a)单出口;(b)双出口

水龙带是从消火栓引水的软管,有麻织衬胶和尼龙衬胶两种,水龙带的直径有50mm和65mm两种,长度有10、15、20m等几种,但长度不宜超过25m。

水枪是锥形喷嘴,其喷口直径有13、16、19mm之分,水枪用铜铝合金、尼龙等不锈蚀的材料制作。

同一建筑内的消防器材应使用统一规格,以避免在消防急用时发生因器材规格不同而产生装接困难,延误灭火时间。

消火栓、水龙带及水枪规格的选择应根据要求的消防水量和消火栓、水枪的出水能力来选定。一般口径65mm的消火栓,配ϕ19mm或ϕ16mm的水枪,配ϕ65mm的水龙带。口径50mm的消火栓,配ϕ16mm或ϕ13mm的水枪,配ϕ50mm的水龙带。

2. 消火栓的布置

消火栓应设置在明显及使用方便的走廊、门厅及消防电梯旁的消火栓箱内,消火栓要求距地面的高度为1.1m,出水方向向下或与设置消火栓的墙面成90°。

在设置消火栓的建筑中,应在屋顶装有压力显示装置和检查用的消火栓。室内消火栓的设置应保证有两支水枪的充实水柱同时到达室内任何部位。建筑高度小于或等于24m时,且体积小于或等于5000m³的库房以及Ⅳ类汽车库及Ⅲ类、Ⅳ类修车库,可用一支水枪充实水柱到达室内任何部位。为此必须了解,消火栓的充实水柱和消火栓的保护半径。

(1) 水枪的充实水柱

充实水柱是指水枪射出的水流中，保持紧密而未发散的一段流束的长度，它在直径为 26~38mm 的圆断面上仍保留全部消防水量的 75%~90%，这段水柱具有最好的扑火能力。同时为防止火焰灼伤消防人员，要求消防人员与着火点有适当距离，要求有一定长度的充实水柱。所需充实水柱长度可用式（3-1）计算。

$$L_c = \frac{H_1 - H_2}{\sin\alpha} \tag{3-1}$$

式中　L_c——所需充实水柱长度（m）；

　　　H_1——室内最高着火点离地面高度（m）；

　　　H_2——水柱离地面高度（一般为 1m）；

　　　α——水枪上倾角，一般为 45°，最大不超过 60°。

最小充实水柱长度为：对于一般建筑要求充实水柱为 7m；对于 6 层以上的民用建筑、库房、人防工程和建筑高度不超过 100m 的高层建筑，充实水柱不应小于 10m；高架库房和高度超过 100m 的高层建筑，水枪的充实水柱应不小于 13m。

(2) 室内消火栓的保护半径

消火栓喷出的充实水柱必须到达建筑物的任何位置，不留空白，消火栓的保护半径可用下式计算。

$$R = KL_d + L_p \tag{3-2}$$

式中　R——消火栓保护半径（m）；

　　　L_d——水龙带长度（m）；

　　　K——水龙带折减系数，$K=0.8\sim0.9$；

　　　L_p——水枪充实水柱在平面上的投影长度（m），水枪上倾角一般按 45°计，这时 $L_p = S_k\cos 45° = 0.71 L_c$；

　　　S_k——充实水柱长度（m）。

(3) 消火栓的间距

室内只设一排消火栓，且只要求一股水柱消防时，消火栓间距为

$$L_1 = 2\sqrt{R^2 - b^2} \tag{3-3}$$

室内只设一排消火栓，而要求二股水柱同时到达室内任何部位时，消火栓间距为

$$L_2 = \sqrt{R^2 - b^2} \tag{3-4}$$

式中　L_1、L_2——分别为单排消火栓单股水柱和单排消火栓双股水柱的消火栓间距（m）；

　　　R——消火栓保护半径（m）；

　　　B——消火栓的最大保护宽度（m）。

消火栓斜射的充实水柱长度及消火栓布置见图 3-4、图 3-5、图 3-6。

3. 消火栓水力计算

消火栓水力计算包括水枪喷口所需水压计算，水龙带水头损失及消火栓栓口所需水压计算。

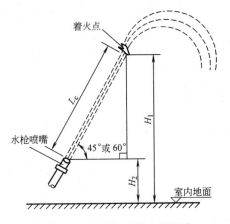

图3-4 斜射的充实水柱长度

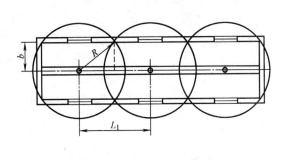

图3-5 单排单股水柱消火栓布置间距

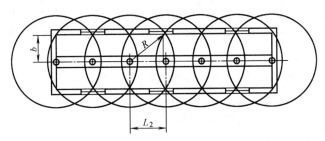

图3-6 单排双股水柱消火栓布置间距

(1) 水枪喷口所需压力

水枪喷口所需压力与充实水柱长度及喷嘴的口径情况有关,可用式(3-5)计算。

$$h_n = \frac{\alpha S_K}{1-\varphi \alpha S_K} \tag{3-5}$$

式中 h_n——水枪喷口所需水压,以水头计(m);

S_K——灭火要求的充实水柱长度(m);

α、φ——分别根据充实水柱长度和喷嘴口径而定的系数,见表3-3和表3-4。

由 S_K 确定的系数 α 值　　　　表3-3

S_K	6	8	10	11	12	13	14	15	16	17
α	1.19	1.19	1.20	1.20	1.21	1.21	1.22	1.23	1.24	1.25

由水柱口径确定的系数 φ 值　　　　表3-4

水柱喷嘴直径(mm)	13	16	19
φ	0.0165	0.0124	0.0097

(2) 水枪喷水量

水枪的喷射流量可用式(3-6)计算。

$$q = \mu \omega \sqrt{2gh_n} \tag{3-6}$$

式中 q——水枪喷射流量(L/s);

ω——喷口断面积(m^2);

h_n——喷口水压以水头计（m）；
g——重力加速度（m/s²）；
μ——流量系数。

上式可改写为

$$q=(\mu\omega\sqrt{2g})(\sqrt{h_n})$$

令 $B=(\mu\omega\sqrt{2g})^2$ 称为喷嘴的水流特性，量纲为 m^5/s^2，则式（3-6）可简化为

$$q=\sqrt{Bh_n} \tag{3-7}$$

B 值与水枪口径有关，可查表 3-5 求得。

水枪喷嘴的水流特性 B 值　　　　表 3-5

喷嘴直径(mm)	6	9	13	16	19	22	25
B 值	0.016	0.079	0.346	0.793	1.577	2.830	4.728

（3）水龙带水头损失

$$h_d=A_dL_dq^2 \tag{3-8}$$

式中　h_d——水龙带水头损失（m）；
　　　A_d——水龙带阻力系数（见表 3-6）；
　　　L_d——水龙带长度（m）；
　　　q——水龙带中的流量（L/s）。

水龙带阻力系数 A_d　　　　表 3-6

水龙带直径(mm)	A_d	
	麻织、帆布水龙带	衬胶水龙带
50	0.01501	0.00677
65	0.00432	0.00172
80	0.0015	0.00075

（4）消火栓栓口所需压力计算

$$H_{xh}=h_d+h_n \tag{3-9}$$

式中　H_{xh}——消火栓栓口所需压力以水头计（m）；
　　　h_d——水龙带的水头损失（m）；
　　　h_n——水枪喷口所需水压以水头计（m）。

（三）消防水池和消防水箱

1. 消防水池

室内消防水池的设置条件与室外消防水池设置的条件相同。

室内消防水池的容积

$$V=(q_x-q_p)t\frac{3600}{1000} \tag{3-10}$$

式中　V——消防水池的容积（m³）；
　　　q_x——室内消防用水量（L/s）；
　　　q_p——室外管网在消防时能连续补充的流量（L/s）；
　　　t——火灾延续时间（h）。

消防水池如与生活用水、生产用水的调节池共用时，其容积应加上生活用水、生产调节水量，而且消防泵与生产用水泵分开设置，且生活、生产水泵保证不动用消防水，具体措施有三：一是抬高生产水泵的吸水管标高，使其在消防水位以上；二是在水池中设矮墙，挡着消防水量；三是在生产泵吸水管的消防水位上开一个 $\phi 15mm$ 的真空破坏孔。见图3-7。消防水池应设进水管、溢流管和排空管，进水管上应设水位控制阀。

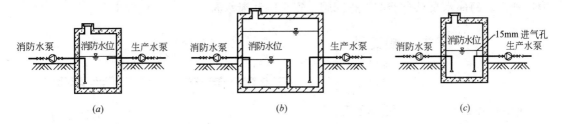

图3-7　消防水不被他用的措施
(a) 抬高生产水泵的吸水口标高；(b) 筑矮墙拦蓄消防水；(c) 吸水管上开孔

2. 消防水箱

(1) 室内消防给水系统中水箱设置条件

在低层、多层和高层建筑中，当采用临时高压消防时，为保证在火灾初期，5～10min 内消防系统中的消防泵尚未打开，还能及时灭火，这时的消防供水是采用消防水箱贮存水的办法来解决。

在高压制消防系统和气压给水的系统中，可以不设消防水箱，这是因为管网中已经有常备不懈的消防水可资利用了。

(2) 消防水箱的消防贮备水量

低层与多层建筑应贮备 10min 的室内消防用水量，一般二类高层民用建筑中的住宅不小于 6m³，公共建筑不小于 12m³，一类高层民用建筑中的住宅不小于 12m³，公共建筑不小于 18m³。当室内消防用水量超过 25L/s，经计算消防水箱的贮水量超过 18m³ 时，仍可采用 18m³。

消防水箱设置的高度，应满足由消防水箱到最不利点消火栓的全部水压要求，即要满足消火栓栓口水压要求和由水箱到消火栓的水流输送的水头损失要求。通常水箱靠自身的设置高度，不可能满足楼层最顶层的消防水压要求，对于这种情况应在最顶层另设增加设施如气压供水罐来满足局部之需。

消防水箱与生活、生产水箱共用时，其容积应包含生活、生产的调节容积。共同的水箱进水管与出水管分设在水箱两侧，进水管上应设水位控制阀，水箱上的消防出水管上应设止回阀，当消防泵启动后使消防水不能进入水箱。消防管与生活、生产供水管应分设，消防泵直接向消防管供水，而不向合用水箱的进水管供水。

(四) 水泵结合器和消防软管卷盘

1. 水泵结合器

水泵结合器是消防车向建筑内消防给水管网输水的接口设备。建筑发生火灾时，室内消防水量供给不足或消防泵发生故障造成室内消防供水困难时，须用消防车从室外消火栓上取水或从室外贮水池取水通过水泵结合器向室内供水。

水泵结合器接口口径有 65mm 和 80mm 两种，相应的管径也有 $DN100$ 和 $DN150$ 两种。每个水泵结合器的过水能力为 $10\sim15L/s$。

要求一个水泵结合器由一辆消防车和一个室外消火栓供水。一座建筑所需设水泵结合器的数量应由室内消防用水量和水泵结合器的过水能力来计算确定。

水泵结合器有三种形式：地上式、地下式和墙壁式。见图 3-8。地下式防冻，适用于寒冷地区。每座水泵结合器应设止回阀、安全阀和泄水阀。

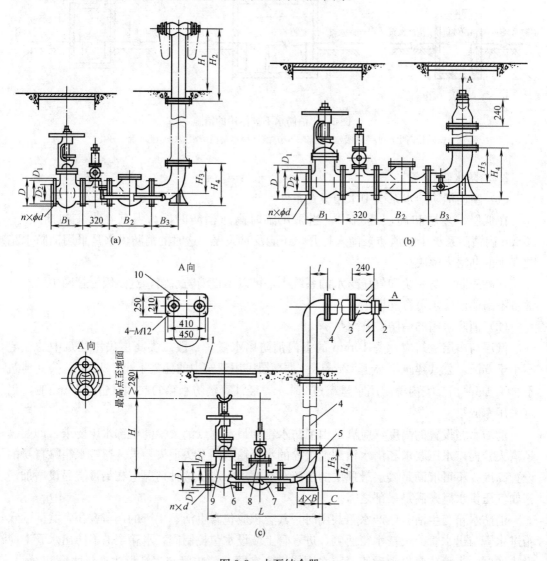

图 3-8 水泵结合器
(a) 地上式；(b) 地下式；(c) 墙壁式

1—井盖；2—接扣；3—本体；4—接管；5—弯管；6—防水阀；7—止回阀；8—安全阀；9—闸阀；10—标牌

2. 消防软管卷盘

消防软管卷盘又称消防水喉，是小口径自救式消火栓，用于火灾初期非专业消防人员灭火用。

要求设置消防软管卷盘的建筑：低层与多层建筑中，设有空气调节系统的旅馆、办公楼，超过1500座位的剧院、会堂以及剧院、会堂闷顶内安装有面灯部位的马道处；高层建筑中，高级旅馆，重要办公楼，一类建筑的商业楼、展览楼、综合楼等和建筑高度超过100m的其他建筑应设消防卷盘，其用水量可不计入消防用水总量。

消防软管卷盘的布置：要求设在便于取用的走道、楼梯附近，并能保证室内的任何部位都能有一股水流到达，一般常与消火栓同设在一起。

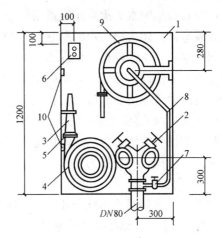

图 3-9 消火栓、消防软管卷盘组合
1—消火栓箱；2—消火栓；3—水枪；4—水龙带；
5—接扣；6—消防按钮；7—闸阀；8—软管或镀锌钢管；9—消防软管卷盘；10—合页

消防软管卷盘的栓口直径为25mm，水枪直径6mm，其工作水压在0.1～1.0MPa，软管口径19mm，长度有20、25、30m三种。有效射程在6.75～17m之间，流量在0.2～1.26L/s之间。消防软管卷盘的构造见图3-9。

第三节 自动喷水灭火系统

自动喷水灭火系统是在火灾发生时能够及时被系统中的控制元件感知，并能自动开启喷水元件，喷水灭火，同时能发出警报的系统。自动喷水灭火系统的应用，实践证明这种系统能及时有效地将火灾扑灭在初始阶段，成功率可达95％。对保护人身和财产安全、保护建筑物有着独特的优点。但由于该系统较为复杂，附属设备多，造价偏高，我国目前只是在高档的宾馆、大型公共建筑的重要部位和易燃、易爆的工厂、仓库中使用。随着经济的发展，高层建筑增多，自动喷水消防系统将会越来越普遍地采用。

一、自动喷水灭火系统的设置场所

自动喷水灭火系统应设在人员密集，不易疏散，外部增援灭火与救生较困难，建筑物性质重要，火灾危险性较大的场所。对于需设自动喷水灭火系统的场所《建筑设计防火规范》（GB 50016—2006）作了详细规定，需要时可查阅，在此不赘述。

二、自动喷水灭火系统的分类组成及适用条件

自动喷水灭火系统的分类有多种分法：以喷头的开闭形式分，可分为闭式和开式两类系统；还可分为普通型、洒水型、大水滴型、快速响应早期抑制型；从报警阀的形式分，可分为湿式系统、干式系统、干湿两用系统、预作用系统和雨淋系统。从其功能上可分为控火灭火型和防护型两类。下面将主要从报警阀分类的线索进行简单介绍。

（一）湿式自动喷水灭火系统

1. 组成

湿式自动喷水灭火系统由闭式喷头、管网、湿式报警阀组（包括延迟器、水力警铃）、探测器和加压装置等组成，见图3-10。

2. 系统特征

湿式自动喷水灭火系统在准备状态下，喷水管网内充满消防水，当发生火灾时温度升高到额定值，闭式喷头上的感温元件动作，使喷头打开，喷水灭火。由于喷头喷水，喷水管网喷水后，水压降低，供水管中的水顶开报警阀阀芯，进入喷水管网开始供水。原先被报警阀芯盖住的信号管口，此时也开始进水，水流经延迟器和压力继电器流向水力警铃报警，当压力继电器受水流压力作用后，立即向控制中心发信号，通过控制中心的控制盘启动消防泵。与此同时装在管网上的水流指示器也感知水的流动产生报警信号、现场的控制器和人工报警装置都可向控制中心报警，并启动消防水泵。但在自动喷水灭火系统中，仍以水力报警阀组的报警为主。

3. 适用条件

适用于常年温度不低于4℃且不高于70℃的场所，最大工作水压1.2MPa。

（二）干式自动喷水灭火系统

1. 系统组成

干式自动喷水灭火系统由闭式喷头、管网、干式报警阀组（包括延迟器、压力继电器、水力警铃）、排气装置、水流指示器、火灾探测器、消防水加压装置等组成，见图3-11。

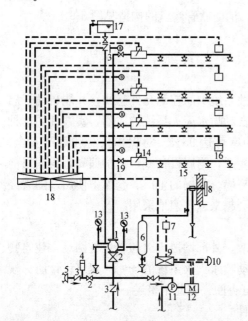

图3-10 湿式自动喷水灭火系统

1—湿式报警阀；2—闸阀；3—止回阀；4—安全阀；5—水泵接合器；6—延迟器；7—压力开关（继电器）；8—水力警铃；9—自控箱；10—按钮；11—水泵；12—电机；13—压力表；14—水流指示器；15—闭式洒水喷头；16—感烟探测器；17—高位水箱；18—火灾控制台；19—报警按钮

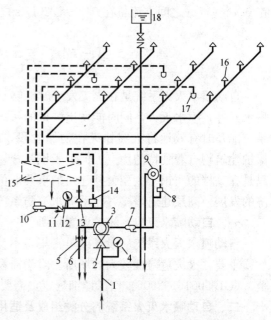

图3-11 干式自动喷水灭火系统

1—供水管；2—总闸阀；3—干式报警阀；4—压力表；5—试验用截止阀；6—排水阀；7—过滤器；8—报警压力开关；9—水力警铃；10—空压机；11—止回阀；12—气压表；13—安全阀；14—压力控制器；15—火灾控制台；16—闭式喷头；17—火灾探测器；18—水箱

2. 系统特征

干式自动喷水灭火系统在准备状态，喷水管网中没有水，而是充满有压气体，并只在报警阀前的管道中充满有压的消防水。报警阀的阀芯成为水气隔离部件，当火灾发生时，现场温度升高，达到额定值，闭式喷头打开，管内有压气体释放，气压力降低，干式报警阀芯两侧压力失去平衡，压力水进入喷水管网，经喷头喷水灭火。对于容量较大的干式喷水管网，在火灾发生时，为了加快管网内有压气体的排放速度，常增设排气加速器，加速系统内的气体排放。与湿式系统一样，报警阀阀芯浮起后，原先被压在阀芯下的信号管进水，进而推动压力继电器和水力警铃，继电器开启水泵而水力警铃报警。

3. 适用条件

可用于温度低于4℃或高于70℃的场所。干式报警阀本身应设在既不会冰冻，又不致使水汽化的场所，其允许承受的水压为1.2MPa。

由于该系统在喷水灭火前先要排除系统中的压缩气体，故喷水时间会有所迟延，且为了压缩气体系统，增加了系统的复杂程度，这是不如湿式系统的地方。

（三）干湿式自动喷水灭火系统

1. 系统组成

基本上与干式自动喷水灭火系统相同，所不同的是报警阀采用干湿两用阀，见图3-11。

2. 系统的特征

在冰冻季节，配水管网内充压缩气体，报警阀的动作与干式报警阀是一样的。当冰冻季节过去后配水管网中充以水，变成了湿式喷水系统。

3. 系统的适用条件

该系统是干式系统的改良型，既可适用于冰冻场所，也在一定时间内作为湿式系统使用。其缺点是系统较复杂。

（四）预作用自动喷水灭火系统

1. 系统组成

系统由闭式喷头、管网、预作用阀组、充气设备、供水设备、火灾探测报警系统等组成，如图3-12所示。

2. 预作用系统的作用原理与特征

预作用系统的喷水管网中充以低压空气或氮气，预作用阀阀前是接消防供水管，阀芯两侧的压力是不平衡的，阀芯是由销件来固定的。当火灾发生时，由火灾探测系统首先向控制系统发出信号并打开销件，开启预作用阀，使喷水管网中充满水。同时通过压力继电器系统开启水泵，水力警铃系统发出警报，并且要求管网充水时间在3min以内，为此常常限制系统的规模不超过800个喷头，这里预作用阀的开启首先是由探测器

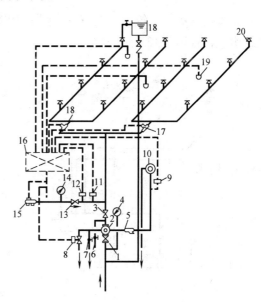

图3-12 预作用喷水系统

1—供水阀；2—预作用阀；3—出水阀；4—压力表；5—过滤器；6—试水阀；7—手动阀；8—电磁阀；9—报警压力开关；10—水力警铃；11—空压机开停信号开关；12—低压气报警开关；13—止回阀；14—气压表；15—空压机；16—火灾控制台；17—水流指示器；18—水箱；19—火灾探测器；20—闭式喷头

通过控制器进行的。以上这些动作是发生在喷头喷水之前，此时整个系统已充满水，相当于湿式喷水系统，当火灾现场温度进一步上升，达到喷头额定动作温度时，喷头打开喷水灭火。

为安全起见，预作用阀的控制系统还有备用系统，若火灾探测器发生故障，不能发出信号启动预作用阀时，可以通过现场的人工紧急按钮，开启预作用阀和水泵。若火灾时无人在场，则闭式喷头在升温后会自动打开，释放管网中的低压气体，管网内的气压降低会带动压力继电器向系统控制中心发出控制指令，打开预作用阀，开启消防泵和进行报警。

目前由于控制系统的发展，可以做到火灾发生时及时开启预作用阀，当火灾扑灭后，由于温度下降，可以由探测器发出信号，及时关闭预作用阀，停止喷水，此时可及时更换喷头作下次灭火准备。

3. 适用条件

预作用系统兼有湿式系统和干式系统的优点，可应用于干、湿系统适用的场所，但由于其自控系统较为复杂，造价高，故其使用受到限制，目前只用于对安全程度要求高的场所。

以上四种类型的喷水系统的喷头都是采用闭式喷头，闭式喷头的特点是依靠喷头本身的温度敏感元件的动作来打开喷口喷水的，其灭火的区域仅限于喷头能感知的局部区域。以下介绍开式喷头组成的灭火系统。

（五）雨淋喷水灭火系统

1. 系统组成

雨淋喷水灭火系统由开式喷头、配水管网、火灾探测系统、控制报警系统和加压供水系统组成，如图 3-13 所示。

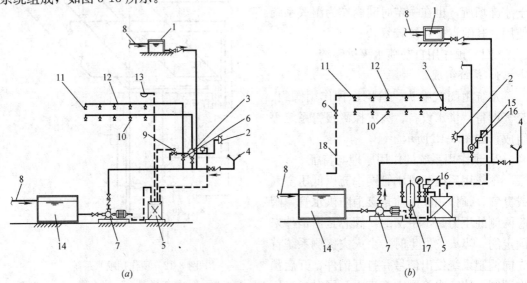

图 3-13 雨淋喷水灭火系统
(a) 电动启动的雨淋系统；(b) 传动管和易熔锁封的雨淋系统
1—高位水箱；2—水力警铃；3—雨淋阀；4—水泵结合器；5—电控箱；6—手动阀；7—水泵；8—进水管；
9—电磁阀；10—开式喷头；11—闭式喷头；12—传动管；13—火灾探测器；14—水池；
15—湿式报警阀；16—压力开关；17—压力罐；18—排水管

2. 系统工作原理和特征

雨淋系统的喷水管网是不充水的,且喷头是开口的,其探测和控制方式有三种:

(1)由电探测器探测(包括烟感、温感和火感探测器),探知火灾发生时,立即通过自动控制系统开启雨淋阀,消防水通过雨淋阀冲向喷水管网供水,喷水灭火。

(2)带易熔封锁的钢丝绳系统,见图3-13(b)和图3-14。易熔封锁的钢丝绳传动控制系统安装在房间的天花板下,用拉紧弹簧和连接器,使钢丝绳保持25kg的张力,从而使连接在传动管上的传动阀保持密闭状态。传动管内充满压力水,火灾发生时易熔封锁被烤化,脱开,钢丝绳松开,传动阀打开放水,传动管内的水压下降,传动管是与雨淋阀的压力控制部分相连的,传动管中的水压突然降低,使雨淋阀打开,雨淋喷水管网进水,喷头喷水灭火。

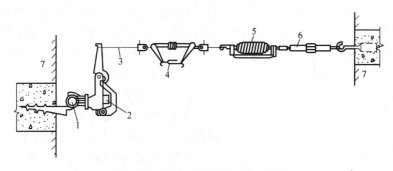

图3-14 易熔锁封钢丝绳传动系统
1—传动管网;2—传动阀;3—钢索绳;4—易熔锁封;
5—拉紧弹簧;6—拉紧连接器;7—墙壁

(3)另设闭式喷头和充水管道系统,常称传动管系统,如图3-15所示。传动管连接到雨淋阀的雨淋控制部分。闭式喷头设于消防场所,闭式喷头感知火灾时,打开喷口,传动管中的压力水喷出,管内水压迅速下降,带动雨淋阀的控制部件动作,打开雨淋阀阀瓣,消防压力水流向开式喷水管网,喷水灭火,在雨淋阀打开后,在向管网供水的同时,水流同时流经压力继电器(压力开关)和水力警铃,由压力开关传信号给控制箱,启动水泵,水力警铃报警。在这个系统中闭式喷头及其充水管网,只是起探测火灾和传递控制信号作用,其本身不起灭火作用。实际使用时,为了安全可同时使用这两种探测和控制系统,并且还要加人工手动的按钮控制系统。

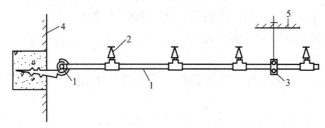

图3-15 雨淋阀闭式喷头传动控制系统
1—传动管网;2—闭式喷头;3—管道吊架;4—墙壁;5—顶棚

雨淋系统与闭式喷水系统最基本的不同点是闭式喷水系统只是在被高温烤到的喷头喷水,其他喷头可以不动作,因此喷水是局部的。而雨淋系统在喷水时,是同一个系统内的所有喷头同时喷水,整个被保护的场所像降雨一样在洒水。雨淋系统反应速度快,作用面积大,有利于大面积控制火灾蔓延。但全系统喷口喷水,其用水量也大。

3. 雨淋系统适用条件

(1) 雨淋系统适用于火灾蔓延快,而闭式喷头不能及时有效地覆盖火灾的场所;

(2) 净空高度超过 8m 的民用建筑和工业厂房,净空高度超过 9m 的仓库和采用快速响应早期抑制喷头的仓库,当仓库不设货架内喷头时,室内净空高度超过 12m 时;

(3) 严重危险级的Ⅱ级的场所如 100m² 以上生产和使用硝化棉、喷漆棉、火胶棉、赛璐珞胶片的厂房;60m² 以上或储存超过 2t 的硝化棉、喷漆棉、硝化纤维的库房;日装瓶 3000 瓶的液化石油贮备站;灌瓶间、实瓶库、舞台葡萄架下部、摄影棚。应设雨淋喷水灭火系统。

(六) 水幕系统

1. 水幕系统的组成

水幕系统由开式水幕喷头、给水管网和雨淋阀及其控制设备所组成,见图 3-16。

2. 水幕系统的特征与工作原理

水幕系统的特征是其喷头布置呈条状,喷水时形成水帘状的水幕,用以封阻火灾时火焰穿过开口部位,或者用以冷却防火分割物,使其提高耐火性能。因此水幕系统主要是隔离火场和冷却防火隔离物的。

其工作原理与雨淋系统相同。当火灾发生时,火灾探测器或人员发现火灾,由电动控制系统或者用人工手动开启雨淋阀,消防水进入喷水系统喷水灭火。

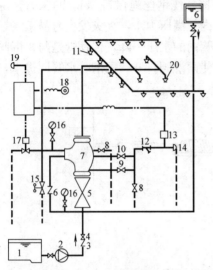

图 3-16 水幕系统图

1—水池;2—水泵;3—止回阀;4—阀门;5—供水闸阀;6—水箱;7—雨淋阀;8—放水阀;9—试警铃阀;10—警铃管网;11—开式喷头;12—滤网;13—压力开关;14—水力警铃;15—手动快开阀;16—压力表;17—电磁阀;18—紧急按钮;19—电铃;20—感温喷头

3. 设置场所

在应设置防火隔离墙而又不能设的部位可设水幕;相邻建筑之间的防火间距不能满足要求时,其相邻建筑间的门、窗口及可燃屋檐处应设水幕;剧院舞台台口上方设水幕系统以阻止舞台火势向观众蔓延,与防火卷帘、防火幕配水使用。

三、自动喷水灭火系统的主要部件

(一) 喷头

喷头是自动喷水灭火系统中的重要部件,它装在喷水管网上。灭火时,喷头的水由管网供给。

喷头分两大类:闭式和开式。每大类中又因使用场所与构造不同分为很多种。

1. 闭式喷头

闭式喷头在其准备状态时是关闭状态,当火灾发生时,温度升高,达到设定的温度时,喷头上的热敏元件解体,喷头被打开,喷头喷水灭火。

闭式喷头以其封口支承材料的不同分为玻璃器闭式喷头和易熔合金闭式喷头两种。

(1) 玻璃球闭式喷头

玻璃球闭式喷头的构造见图 3-17。内部充有膨胀液的薄壁玻璃球作为闭式喷头封口阀盖的支撑物使用。当火灾发生时，温度升高到一定程度，玻璃球被膨胀破，喷头的封口阀盖脱落，喷口喷水灭火。

(2) 易熔合金闭式喷头

喷头封口支撑元件用低熔点的合金制成，调节合金的配比，可制成不同温度下熔化的支撑元件。火灾发生时，温度达到设定动作时，合金熔化，支撑元件脱落，喷口被打开。易熔合金闭式喷头适用于无腐蚀气体的场所。其构造见图 3-18。闭式喷头的公称动作温度及其色标可查有关手册。

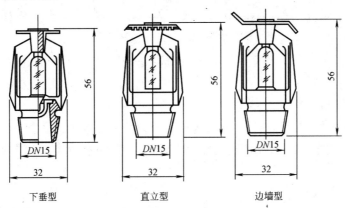

图 3-17 玻璃球闭式喷头

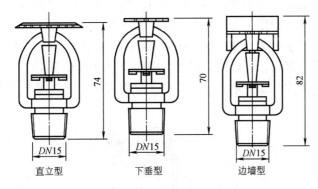

图 3-18 易熔合金闭式喷头

2. 开式喷头

开式喷头是开口的，不带有热敏元件。按不同用途做成不同形式，有开式洒水喷头、水幕喷头和喷雾喷头，见图 3-19。

3. 喷头的喷水流量

喷头的出流量与口径和喷头前工作水压有关，其一般的计算式为

$$q = \mu F \sqrt{2gH} \tag{3-11}$$

式中　q——喷口出流量（m^3/s）；

μ——孔口系数，0.6～0.7；

F——喷口截面积（m^2）；

g——重力加速度（9.8m/s²）；
H——喷口前的工作水头（m）。

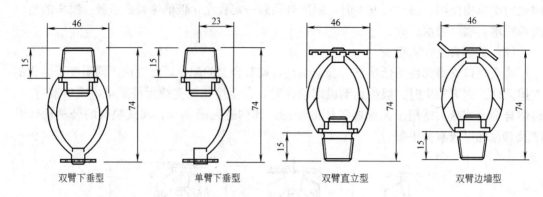

图 3-19 开式喷头

（二）报警阀组

报警阀组由报警阀、延迟器、水力警铃、压力开关等组成。报警阀有湿式、干式、干湿两用阀和雨淋式之分，分别用于湿式喷水系统、干式喷水系统、干湿两用喷水系统和雨淋系统。

（1）湿式报警阀组

湿式报警阀组见图 3-20。湿式报警阀的构造见图 3-21。湿式报警阀的工作原理是在准备状态时，阀芯两边都有有压水，阀芯受重力作用，落在阀座槽内，盖住了通向水力警铃的信号管进口，警铃不动作。当发生火灾时，喷头喷水阀芯上方水压降低，而阀芯下方连着供水管，下方的水压大于上方，阀芯被顶开，向管网供水，此时阀芯离开阀座槽，信号管进水，水流先进延迟器，它是用来吸纳供水管网中由于水锤等原因引起的压力波动而引起阀芯波动继而进入信号管的水流的，以免产生误报警，延迟器上有小孔可向外排水，

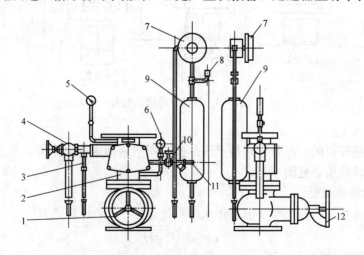

图 3-20 湿式报警阀组

1—控制阀；2—报警阀；3—试警铃阀；4—放水阀；5、6—压力表；7—水力警铃；
8—压力开关；9—延时器；10—警铃管阀；11—滤网；12—软锁

可保证延迟器内不积水，当发生火灾，信号管大量进水时，由于小孔排水量受限，延迟器立刻被充满，水流流入水力警铃中的水轮，水轮带动小锤，敲响警铃，并且同时流经压力开关，使其动作发出信号到控制中心（或控制箱），启动消防水泵，并产生声、光报警信号。

（2）干式报警阀

干式报警阀原理见图3-22。干式报警阀，阀体内有一双盘阀板，大盘在上，小盘在下，称做差动双盘阀板，阀板前后分别充水与气，气体压力作用于大盘上，小盘盖住供水管。准备状态时，喷水管网中充有压气体，阀板压着阀座，供水管中的水不能流入喷水管网，同时水也不能流进通向警铃的信号管。当喷水管网上有压气体通过喷头，或者被自动控制机构释放时，气压降低，供水管中的压力水顶开阀板，流入喷水管网。同时水流也进入通向警铃的信号管，使警铃报警，压力开关传送信号到控制中心，启动水泵，这些都与湿式报警阀类似。

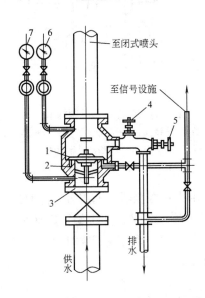 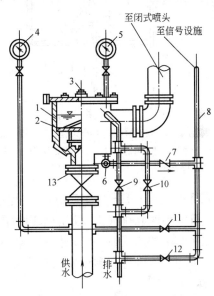

图3-21　湿式报警阀构造

1—阀芯；2—阀座凹槽；3—控制阀；
4—试铃阀；5—排水阀；6、7—压力表

图3-22　干式报警阀原理图

1—阀体；2—差动双盘阀板；3—充气塞；4、5—压力表；6—角阀；
7—止回阀；8、9、10、11—截止阀；12—小孔；13—控制阀

（3）干湿式报警阀

干湿式报警阀由湿式和干式报警阀依次串接而成，见图2-23。在喷水管网中充气时，干式报警阀的上室与其相通，都充满压缩气，干式报警阀的下室及湿式报警阀都充满水。当有火情，喷水管网上的气体通过闭式喷头或其他测控设备释放时，气压下降，降到一定值，干式阀阀板和湿式阀阀板都被顶开，水流流向喷水管网，同时水流通过信号管，进行报警，水流通过装在信号管上的压力开关，启动消防水泵。

当气候温暖，系统改用湿式喷水系统时，只要将干式阀中的阀板取出，此时全由湿式报警阀承担报警任务。

（4）雨淋阀

雨淋阀的构造见图3-24。

（5）预作用阀组

预作用阀组通常是将雨淋阀和湿式报警阀串联，雨淋阀在前，湿式报警阀在后，喷水

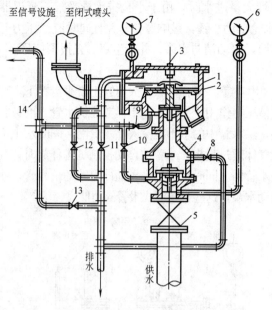
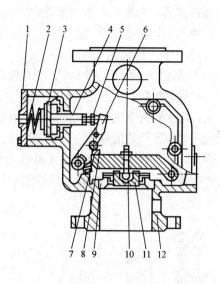

图 3-23 干、湿式报警阀
1—干式报警阀；2—差动阀板；3—充气塞；4—湿式报警阀；5—控制阀；6—阀前压力；7—阀后压力表；8、9、10、11、12—截止阀；13—小孔阀；14—信号管

图 3-24 杠杆式雨淋阀构造
1—端盖；2—弹簧；3—皮碗；4—轴；5—顶轴；6—摇臂；7—锁杆；8—垫铁；9—密封圈；10—顶杠；11—阀瓣；12—阀体

管网内充低压气（0.01～0.025MPa），火灾发生时，先由火灾探测器提前报警，并通过控制系统打开雨淋阀和排气阀，消防水通过湿式报警阀进入喷水管网，并报警，启动水泵，此时装在系统上的闭式喷头尚未打开，管网内已充满了压力水，系统成了临时湿式喷水系统。当火灾现场温度升高到预先设定值时，闭式喷头打开。

第四节 其他灭火系统

一、水雾灭火系统

1. 系统的组成与工作原理

水雾灭火系统是在喷水灭火系统的基础上发展而来的，它在系统的组成上与喷水灭火系统类似。由开式水雾喷头、喷雾配水管网、雨淋阀组、火灾探测控制系统和高压给水设备组成，见图 3-25。高压给水设备可以是水泵机组。

水雾灭火系统与喷水灭火系统所不同的是，水雾喷头喷出的不是水，而是细小的水雾，水雾在火场温度作用下极易汽化，汽化吸热量很大，可以冷却燃烧体，同时水雾汽化其体积成千倍的增大，水汽是惰性的不可燃气体，且具有一定的电绝缘性，因此水汽可以用来隔绝空气，窒息灭火，特别适合于那些不宜用水来灭火的场所。

系统工作的机理是：当火灾发生时，设置在火灾现场的探测器向电控中心发出信号，开启雨淋阀，并发出声、光警报，雨淋阀开启后，立即向喷雾管网中供水，并向水力报警管中进水，带动压力开关，使消防泵启动，水力警铃报警。雨淋阀组的控制，也可用闭式温感喷头和传动管来进行，闭式温感喷头在达到一定温度时破裂，传动管内的有压气被释

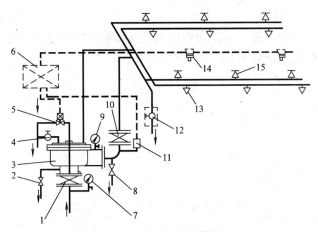

图 3-25 水雾灭火系统图
1—进水阀；2、8—截止阀；3—雨淋阀；4、12—球阀；5—电磁阀；6—控制盘；7、9—压力表；10—阀；11—压力开关；13—水雾喷头；14—火灾探测器；15—感温闭式喷头

放，压力降低，通过传动管传到雨淋阀的隔膜室，开启雨淋阀。

无论是采用电控还是传动管控制，同时都应设手动控制设备，并设在火灾时人容易接近的地点。

2. 水雾灭火系统的设置场所

水雾灭火系统可用于扑救固体火灾，闪点高于 60℃ 的液体火灾和电气火灾。并可用于可燃气体和甲、乙、丙类液体的生产、储存装置或装卸设备的防护冷却；在民用建筑中，用于保护燃油、燃气锅炉房、柴油发电机房和柴油泵房等场所，对于细水雾（粒径在 100～200μm），可用在电缆夹层、电缆隧道；计算机房、交换机房等电气火灾；图书馆和档案馆的火灾场所。

水雾灭火系统不能使用于遇水后发生剧烈反应的物品堆放场所；不能用于无溢流设施、无排水设施、无盖的可燃性液体容器，也不适于装有 120℃ 以上可燃性液体的无盖容器，以及那些水雾喷射后会产生严重损害的场所。

图 3-26 为 ZSTWA 型和 ZSTWB 型两种水雾喷头。

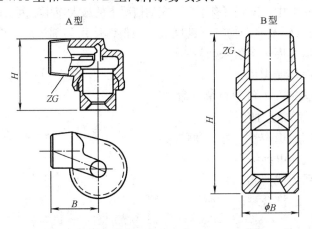

图 3-26 ZSTWA 型、ZSTWB 型水雾喷头

3. 喷头布置

(1) 水雾喷头布置的数量与间距应保证满足被保护面积上达到规定的喷雾强度。水雾喷水锥体锥底部半径可用公式（3-13）计算

$$R = B \cdot \operatorname{tg} \frac{\theta}{2} \tag{3-13}$$

式中　R——水雾锥底半径（m）；
　　　B——水雾喷口与保护物之间的距离（m）；
　　　θ——喷头的雾化角，取值为 30°、45°、60°、90°、120°。

(2) 水雾喷头与带电设备之间的安全距离见表 3-7。

水雾喷头及管道与高压电气设备的安全距离　　　表 3-7

额定电压 (kV)	最高电压 (kV)	设计基本绝缘 水平(kV)	最小间距 (mm)	额定电压 (kV)	最高电压 (kV)	设计基本绝缘 水平(kV)	最小间距 (mm)
13.8	14.5	110	178	230	242	900	1930
23	24.3	150	254			1050	2134
34.5	36.5	200	330	345	362	1050	2134
46	48.5	250	432			1300	2642
69	72.5	350	635	500	550	1500	3150
115	121	550	1067			1800	3658
138	145	650	1270	765	800	2050	4242
161	169	750	1473				

注：本表数据适用于海拔高度 1000m。海拔高度每增高 100m，表中的距离数值增加 1%。

二、气体灭火系统

（一）气体灭火剂选择

1. 气体灭火剂应具有的性质

(1) 具有良好的灭火性能，首先应是惰性的，不可燃不助燃，呈气态时其密度应比空气大，以利于覆盖和淹没被保护物。

(2) 低毒或无毒，对环境无损害或低损害，用合成物灭火剂要求在大气中存在的时间短。毒性用两个指标来反映：

NOAEL—动物试验中，未观察有不良反应的情况下的最大使用浓度（以体积百分比计）；

LOAEL—可观察到试验动物有不良反应的，最低使用药剂浓度（以体积百分比计）。

对环境的损害情况用三个值来衡量：

ODP—臭氧层破坏能力值；

ALT—合成灭火剂在大气中存留寿命（年）；

GWP—使气候变暖能力值。

(3) 本身有良好的稳定性，可长期贮存。

(4) 有良好的气相电绝缘性。

(5) 蒸发汽化后无残留物。

(6) 价格适当，经济合理。

2. 气体灭火剂

20 世纪 60 年代到 80 年代，人们普遍采用哈龙灭火剂-1211，即二氟-氯-溴甲烷，

1301即三氟-溴甲烷。哈龙灭火剂有很好的灭火效果,但被证明它们对大气臭氧层造成损害,国际社会通过缔约和《蒙特利尔议定书》,达成一致,停止使用。我国于2000年1月1日起,全部停止1211的生产,2010年1月1日起全部停止1301的生产。

哈龙灭火剂的替代物研究从20世纪90年代开始,目前被推荐使用的有以下四种。

(1) CO_2 灭火剂

CO_2 是一种不燃烧、不助燃的惰性气体,密度比空气大,对空气的相对密度为1.529,临界温度31.35℃,临界压力7.395MPa,易于液化灌瓶贮存。瓶装分高压贮存5.17MPa和低压贮存2.07MPa两种。CO_2 不导电,且汽化后不留痕迹。

CO_2 灭火的机理,一是窒息灭火,二是冷却吸热。火灾时,CO_2 从高压钢瓶中释放出来,喷向燃烧区,液态的 CO_2 迅速膨胀为气体,是个吸热过程,这可使火焰大大降温。同时 CO_2 气迅速覆盖火焰,将空气排除或稀释,致使火场的含氧浓度低于燃烧所需的最低值时,火焰被窒息而灭。当空气中含30%~50%的 CO_2 时,能使一般可燃物窒息,当 CO_2 在空气中含量达43.6%时能抑制汽油蒸气及其他易燃气体的爆炸。

CO_2 灭火淹没覆盖性能好,不产生残留的有毒有害物,不产生臭气物质,不腐蚀设备,CO_2 不导电绝缘性能好,这些是优点。不足的是灭火时用量大,液态 CO_2 低压贮存时需要设备制冷,采用 CO_2 灭火时,系统的规模大,CO_2 灭火时对人会产生毒性危害。

(2) 混合气体(IG-541)灭火剂

IG-541灭火剂是由52%的氮、40%的氩、8%的 CO_2 组成的混合气体,其密度略高于空气。无色无味,不导电,属于惰性气体灭火剂,采用高压液化贮存。临界温度为 -78.5℃,贮存压力为15MPa、20MPa两个等级。

IG-541是天然气体组成的,对臭氧的破坏能力ODP为0,对于大气变暖的能力值GWP也为0,无毒性、无腐蚀性,灭火后无任何残留物。

IG-541的灭火也是窒息灭火,是纯物理作用,灭火时用量也较大。

(3) 七氟丙烷(HFC-227ea)灭火剂。

这是一种化学合成灭火剂,商标名称为FM-200,无色无味,不导电,气态时的密度为空气的6倍。采用高压液化贮存,临界温度为 -131.1℃,临界压力0.9MPa,其贮存压力分别为4.2MPa和2.5MPa。

七氟丙烷灭火剂不会破坏大气臭氧层,在大气中残留时间短,毒性小。七氟丙烷灭火主要是灭火剂在火焰或高温下分解产生活性游离基,夺取燃烧反应过程中生成的活性物质使燃烧反应链中断而灭火。同时附近物体中产生微量氢氟酸有刺鼻气味和腐蚀作用。但由于灭火使用的体积浓度小,对人体不会产生影响。

(4) 三氟甲烷(HFC23)灭火剂

三氟甲烷为无色无味、不导电的惰性气体,其密度大约为空气的2.4倍。其灭火原理主要是降低空气中的氧含量,使燃烧窒息而灭,同时也伴有灭火剂在火焰中产生破坏燃烧链的物质使燃烧链中断,这是化学作用。

三氟甲烷对臭氧层无破坏作用,毒性低,加之灭火时的使用浓度低,对人体影响很小。其贮存压力为4.7MPa。

(二) 气体灭火系统的设置场所

气体灭火系统可用于扑救电气火灾、可燃液体火灾或可溶性的固体火灾,可以切断气流的气体火灾和固体表面火灾。但不适用于含氧化剂的化学制品及其混合物、活泼金属如钾、钠、镁、钛、锆、铀等物品的灭火，也不适用于金属氢化物如氢化钾、氢化钠及能自行分解的化学物质如过氧化氢、联胺等物品的灭火，也不适用于不需要空气就能燃烧的物质以及人员密集的场所。

（三）气体灭火系统

1. 系统的组成

不同的灭火剂采用的组件，具体规格尺寸、系统的气压大小有所不同，但组件的类型大致是相同的。气体灭火系统通常都由气体灭火剂气源贮瓶组、管网及其附件、喷嘴、阀门、火灾探测及启动装置组成。图3-27为气体灭火系统图。

2. 系统启动方式

系统启动方式有三种：电动、机械启动和气体启动。

（1）电动：来自探测器的信号传到控制盘，指令设在气体贮瓶上的容器阀启动，并开启装在通向不同防区的管路上的选择阀（图3-28）。这样灭火剂就进入发生火灾的防护区了。

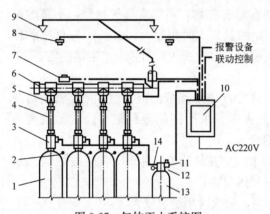

图 3-27 气体灭火系统图

1—灭火剂储罐；2—压力表；3—平头阀；4—高压软管；
5—单向阀；6—集流管；7—压力信号器；8—探测器；
9—喷头；10—控制盘；11—电磁启动器；12—启动平
头阀；13—氮气启动瓶；14—压力表

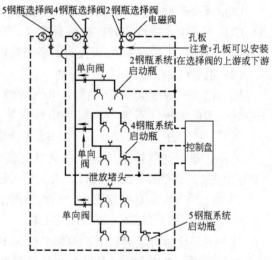

图 3-28 电动启动选择阀安装示意

（2）机械启动：用固定在容器阀上部的拉杆启动器来启动，这种启动方式可就地启动，也可采用远距离传动的拉索传动装置来启动。见图3-29。

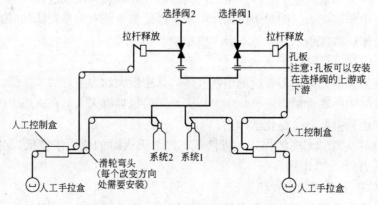

图 3-29 人工启动选择阀安装示意图

(3) 气体启动：用一个小钢瓶装满高压氮气，当探测器发现火灾时，传出信号由控制盘发出指令开启小钢瓶，再由小钢瓶中的高压氮气推动工作活塞打开贮气瓶上的容器阀。选择阀在大的系统中，由电动系统联动开启，见图 3-27。实际使用时为了保险，在使用电动启动时，常将气动作为第二种启动方法使用，并且必须有人工手动作为备用的装置。

三、泡沫灭火系统

泡沫灭火系统是利用惰性的泡沫覆盖于燃烧物表面来隔绝氧气，抑制燃料蒸发，并起冷却作用来使火灾熄灭的系统。

1. 泡沫剂

泡沫是泡沫剂加水产生的。泡沫剂用发泡剂、泡沫稳定剂、降黏剂、抗冻剂、助溶剂、防腐剂组成。按照发泡的方式可以分为化学泡沫剂和空气泡沫剂。

(1) 化学泡沫剂　是由化学反应产生泡沫。有酸性发泡剂，如硫酸铝；有碱性发泡剂，如碳酸氢钠。其反应式如下：

$$Al_2(SO_4)_3 + 6NaHCO_3 \longrightarrow 3Na_2SO_4 + 2Al(OH)_3 + 6CO_2$$

反应生成的 CO_2 在溶液中形成泡沫。化学泡沫剂目前用于小型手提式或推车式的灭火器中，在大型灭火系统中被空气发泡剂代替了。在此不作进一步介绍。

(2) 空气发泡剂　发泡剂与水混合后自己并不生成泡沫，而是靠一种泡沫发生器的机械装置，加入空气、混合、切割，形成泡沫。当然无论是化学泡沫剂还是空气发泡剂，它们最终能形成稳定的泡沫，还有其他药剂的作用在内。

按照发泡后的泡沫体积与泡沫液的体积比可将泡沫液分低倍数泡沫液（发泡倍数≤20、中倍数泡沫液（发泡倍数 20～200）和高倍数泡沫液（发泡倍数 200～1000）。

中、低倍数泡沫系统适用于液体灭火，如油罐灭火。高倍数泡沫系统一般用于保护大范围的固定式灭火系统，如飞机库、汽车库等。

泡沫灭火系统不宜扑救带电设备、金属火灾、气体火灾和浓酸场所火灾。

2. 泡沫发生装置

泡沫发生装置由泡沫液比例混合器、压力水供水泵、泡沫液贮罐、输液管道和泡沫产生器组成。

(1) 比例混合器

比例混合器相当于一个水射器，它的任务是按比例配制水和泡沫液的混合液。压力水通过水射器时，在泡沫液的吸入口处形成负压，吸入泡沫液，水和泡沫液在水射器的出口处被强烈混合，形成混合液。对于高倍数的比例混合器，靠水射器的负压已不够，常采用压力式比例混合器。图 3-30 为环泵式比例混合器的装置图。

(2) 泡沫发生器

泡沫混合液还未形成泡沫，要产生泡沫，还需向混合液中加入空气，这个任务由泡沫发生器来完成。

泡沫发生器的工作原理仍然是一个水射器，泡沫混合液通过泡沫发生器时，在其喉部产生负压，吸入空气，形成泡沫。这种泡沫发生器主要用于低倍数和中倍数泡沫系统。对高倍数泡沫系统，靠负压吸入的气量不够，要用风扇或鼓风机鼓风。为了使空气与发泡液很好地形成泡沫，将发泡混合液用喷嘴喷向一个发泡网上，在网眼上与风机吹来的风形成

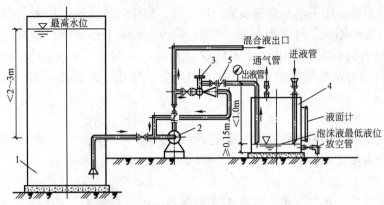

图 3-30　环泵式比例混合器装置图

1—储水池；2—泡沫混合液泵；3—泡沫比例混合器；4—泡沫液储罐；5—止回阀

泡沫，这与人们吹肥皂泡的原理相似，见图 3-35。

3. 泡沫灭火系统

泡沫灭火系统可分为喷淋式、固定式、半固定式、移动式。图 3-31 为低倍泡沫喷淋灭火系统，图 3-32 为固定式泡沫灭火系统，图 3-33 为半固定式泡沫灭火系统，图 3-34 为移动式泡沫灭火系统（它的泡沫发生器在消防车内），图 3-35 为高倍数泡沫发生器。

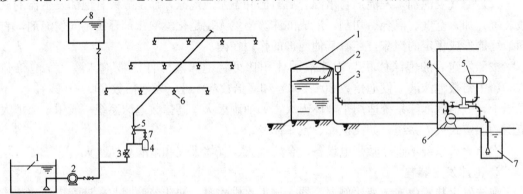

图 3-31　低倍泡沫喷洒系统

1—水池；2—泵；3—湿式报警阀；4—泡沫液罐；
5—比例混合器；6—喷头；7—调和控制阀；
8—高位水箱

图 3-32　固定式液上泡沫喷射灭火系统

1—油罐；2—泡沫产生器；3—泡沫混合液管；
4—比例混合器；5—泡沫液罐；6—泡沫
混合液泵；7—水池

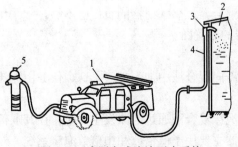 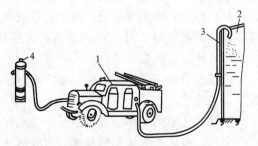

图 3-33　半固定式泡沫灭火系统

1—泡沫消防车；2—油罐；3—泡沫发生器；
4—泡沫混合液管；5—地上式消火栓

图 3-34　移动式泡沫灭火系统

1—泡沫消防车；2—油罐；3—泡沫钩管；
4—地上式消火栓

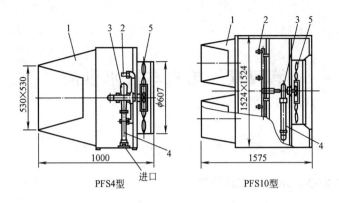

图 3-35 高倍数泡沫发生器
1—发泡网；2—喷嘴；3—水轮机；4—进液管；5—叶轮

思 考 题

1. 试述消防给水的水压体制及它们的优缺点。
2. 试述什么样的情况下需设室内消火栓。
3. 在什么情况下需设消防水池和消防水箱，它们的容积是根据什么考虑的。
4. 试述哪些地方应设置自动喷水灭火系统，自动喷水灭火系统有几种不同的形式，以及它们各自应用的适用的场所。
5. 试描述水喷雾灭火系统、气体灭火系统及泡沫灭火系统的特点。

第四章 热水与饮水供应

第一节 热水供应系统

一、热水用水定额、水温与水质要求

1. 热水用水定额

(1) 生活热水用水定额

住宅和公共建筑内,生活热水用水定额与卫生设备完善程度、热水供应时间、当地气候、生活习惯以及水资源丰富情况有关。在集中供应热水时,各类建筑的用水定额应按规范确定,见表4-1。卫生器具的一次和小时热水以上定额见表4-2。

热水用水定额 表4-1

序号	建筑物名称	单位	最高日用水定额(L)	使用时间(h)
1	住宅:有自备热水供应和淋浴设备 　　　有集中热水供应和淋浴设备	每人每日	40～80 24～60	24
2	别墅	每人每日	70～110	24
3	单身职工宿舍、学生宿舍、招待所、培训中心、普通旅馆 　设公用盥洗室 　设公用盥洗室、淋浴室 　设公用盥洗室、淋浴室、洗衣室 　设单独卫生间、供应洗衣室	每人每日	25～40 40～60 50～80 60～100	24 或定时供应
4	宾馆客房:旅客 　　　　　员工	每床位每日 每人每日	120～160 40～50	24
5	医院住院部:设公用盥洗室 　　　　　设公用盥洗室、淋浴 　　　　　设单独卫生间 　医务人员 　门诊部、诊疗所 　疗养院、休养所住房部	每床每日 每床每日 每床每日 每班每人 每病人每次 每床每日	60～100 70～130 110～200 70～130 7～13 100～160	24 8 24
6	养老院	每床每日	50～70	24
7	幼儿园、托儿所:有住宿 　　　　　　　无住宿	每人每日 每人每日	20～40 10～15	24 10
8	公共浴室:淋浴 　　　　淋浴、浴盆 　　　　桑拿浴(淋浴、按摩池)	每客每次 每客每次 每客每次	40～60 60～80 70～100	12
9	理发室、美容院	每客每次	10～15	12
10	洗衣房	每千克干衣	15～30	8
11	餐饮厅:营业厅 　　　快餐店、职工及学生食堂 　　　酒吧、咖啡厅、茶座、卡拉OK房	每客每次	15～20 7～10 3～8	10～12 11 18
12	办公楼	每人每班	5～10	8
13	健身中心	每人每次	15～25	12
14	体育场(馆)运动员淋浴	每人每次	25～35	4
15	会议厅	每座每次	2～3	4

注:1. 热水温度按60℃计;
　　2. 表内所列用水定额均已包括在生活用水定额中了。

卫生器具一次和小时热水用水定额及使用水温　　　　表 4-2

序号	卫生器具名称	一次用水量(L)	小时用水量(L)	使用水温(℃)
1	住宅、旅馆、别墅、宾馆 　带有淋浴器的浴盆 　无淋浴器的浴盆 　淋浴器 　洗脸盆、盥洗槽水嘴 　洗涤盆(池)	 150 125 70～100 3 —	 300 250 140～200 30 180	 40 40 37～40 30 50
2	集体宿舍、招待所、培训中心淋浴器 　有淋浴小间 　无淋浴小间 　盥洗槽水嘴	 70～100 — 3～5	 210～300 450 50～80	 37～40 37～40 30
3	餐饮业 　洗涤盆(池) 　洗涤盆:工作人员用 　　　　　顾客用 　淋浴器	 — 3 — 40	 250 60 120 400	 50 30 30 37～40
4	幼儿园、托儿所 　浴盆:幼儿园 　　　托儿所 　淋浴器:幼儿园 　　　　托儿所 　盥洗槽水嘴 　洗涤盆(池)	 100 30 30 15 15 —	 400 120 180 90 25 180	 35 35 35 35 30 50
5	医院、疗养院、休养所 　洗手盆 　洗涤盆(池) 　浴盆	 — — 125～150	 15～25 300 250～300	 35 50 40
6	公共浴室 　浴盆 　淋浴器:有淋浴小间 　　　　无淋浴小间 　洗脸盆	 125 100～150 — 5	 250 200～300 450～500 50～80	 40 37～40 37～40 35
7	办公楼　洗手盆	—	50～100	35
8	理发室、美容院:洗脸盆	—	35	35
9	实验室　洗脸盆 　　　　洗手盆	— —	60 15～25	50 30
10	剧场　　淋浴器 　　　　演员用洗脸盆	60 5	200～400 80	37～40 35
11	体育场馆　淋浴器	30	300	35
12	工业企业生活间 　淋浴器:一般车间 　　　　脏车间 　洗脸盆或盥洗槽水嘴:一般车间 　　　　　　　　　　　脏车间	 40 60 3 5	 360～540 180～480 90～120 100～150	 37～40 40 30 35
13	净身器	10～15	120～180	30

注：一般车间指《工业企业设计卫生标准》中规定的 3、4 级卫生特征的车间；脏车间指该标准规定的 1、2 级卫生特征的车间。

(2) 生产热水用水定额

生产用热水用水定额，应根据生产工艺的要求确定。

2. 热水水质

生活热水水质应符合生活饮用水水质卫生标准的要求；对于热水制备的用水还要求其硬度不能过高，过高的硬度，特别是重碳酸钙硬度过高时，会在加热设备中形成水垢，产生水垢的加热设备传热效率低。因此，当日用水量等于或大于 $10m^3$ 的生活热水时，水温按 60℃ 计，如果热水制备用水中的总硬度（以碳酸钙计）大于 300mg/L 时，宜进行软化处理；而对于热水日用量大于等于 $10m^3$ 的洗衣房，水中总硬度（以碳酸钙计）大于 300mg/L 时，必须进行软化处理。

3. 热水水温

热水水温视不同设备和用途有所不同，水温过高，使用时须混合冷水，使用不方便且有烫伤和浪费水的可能；水温过低，也不方便应用。一般情况下的热水供应水温为：

(1) 盥洗用热水包括洗脸、洗手等用的热水，供水水温为 30~35℃；

(2) 沐浴用热水包括淋浴、盆浴的供水温度为 35~40℃；

(3) 洗涤用热水包括洗衣用水、洗餐具用水供水温度为 60℃。

美英等国有调查资料表明，在水温低于 50℃ 的水系环境中，能够生存和繁殖军团菌，这是一种会引起伴有严重胃肠炎症状的肺炎的病菌，而在 60℃ 和 60℃ 以上的水系中，未发现这种病菌，故有人提议在医院等易滋生病菌的集中热水供水系统中，加热设备的供水温度宜为 60~65℃；其他类型建筑的集中热水供应系统中加热设备的供水温度宜为 55~60℃。

二、热水供应系统

1. 热水供应系统的分类

(1) 按照热水供应范围分：可将其分为局部热水供应、集中热水供应和区域热水供应三种。

1) 局部热水供应：适用于供水点少，如普通家庭、食堂、理发室、小型餐馆、带有 2~3 个淋浴器的淋浴室。

局部热水供应系统的加热设备可以用炉灶、煤气热水器、电热水器以及太阳能热水器等，设备简单、使用方便、造价低，在无集中热水供应的建筑中被广泛使用。

2) 集中热水供应：适用于热水供应范围较大、用水量多的建筑。集中热水供应有一个集中的水加热、贮存设施，由统一的管网向各用水点配送热水。集中热水供应便于管理，热效率高，但管网投资大，多用于大型宾馆、高级住宅、医院、疗养院、公共浴室、大中型中餐馆、体育馆。

3) 区域热水供应：这是在一个小区内集中建锅炉房或热交换站，并用输水管网向区内每一座建筑供应热水的方式。其优点是不需要在每一栋建筑内设加热设备，便于集中管理、热效率高、环境污染小。缺点是设备复杂、管理技术要求高、投资大。

(2) 按热水管网循环方式分：可分为无循环热水供应系统、半循环热水供应系统、全循环热水供应系统。

(3) 按热水管网布置图式分：可分为上行下给系统、下行上给系统。

(4) 按热水供应系统是否敞开分：可分为开式热水供应系统、闭式热水供应系统。

热水供应管网布置图式见图 4-1～图 4-4。

2. 热水供应系统的组成

热水供应系统由水加热设备、热水管网及其附属设备组成。其加热方式可分为直接加热和间接加热两种。直接加热是指利用煤、燃油、燃气燃烧来制取热水，其设备如锅炉、燃气热水机组等；间接加热是指利用热媒体经过热交换器来制取热水，可作热媒体的有热水、蒸汽或其他可利用的高温流体。图 4-1（a）为一间接加热热水供应系统的示意图，图 4-1（b）、（c）为直接加热系统。

热水管网中包括热媒输送管及其放热后的回水管。附属设备包括控制阀、回水泵、膨胀设备和放气设备等。

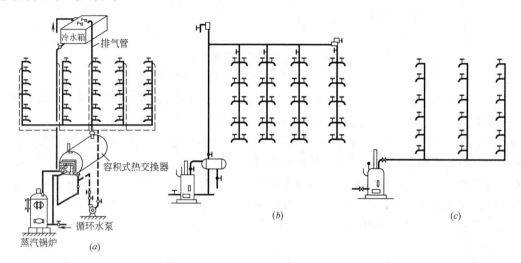

图 4-1 热水供应系统示意图
(a) 间接加热系统；(b) 直接加热上行式；(c) 直接加热下行式

3. 集中式热水供应管网布置图式

热水管网布置图式可分为以下几种。

（1）无循环热水系统管网 无循环即没有循环管道。该系统又分上行下给式和下行上给式，如图 4-1（b）、（c）所示。无循环热水管网的缺点是在不用热水时，管内热水因散热而冷却，再次使用时需放走管内凉水后才能得到热水，使用不便且费水。

（2）半循环热水系统管网 半循环热水系统是只设干管循环系统，见图 4-2。该系统能使干管中的热水在循环中保持温度，但其支管上的水仍然有上述缺点。半循环式，可用于定时供应热水的低层、多层建筑。在供水前半小时左右用循环泵进行干管循环，而支管上的冷水排放可以减少。

（3）全循环热水管网布置图式 全循环热水系统又分上行下给式和下行上给式，见图 4-3。上行下给式的优点是配水立管可兼作回水管，管路简单，但干管设于建筑顶层顶板下或顶棚内，维护和管理不便。这种图式适宜于全日要求供应热水的建筑。

下行上给式，其干管可布置在低层，空间上容易安排，但回水管显然比上行下给式长。

（4）高层建筑分区热水供应管网布置图式 有三种形式：分区设高位水箱和加热器的独立系统；共用冷水箱分区设减压阀和加热器的系统；共用加热器，管网上分区设减压阀的分区系统，见图 4-4。

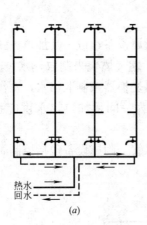 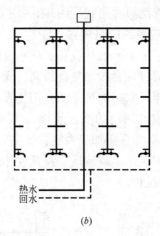

图 4-2 半循环热水管网图式
(a) 下行上给热水管网；(b) 上行下给热水管网

(5) 开式和闭式系统　上述管网图式中，还可分为开式和闭式两类系统。所谓的开式系统即管网中设有与大气相通的高位水箱或膨胀管的系统，如图 4-2 (b) 所示，图 4-4 (a)、(b) 即为开式系统；闭式系统，管网不与大气相通。闭式系统解决热水膨胀问题是采用安全阀和膨胀罐。膨胀罐有隔膜式和胶囊式两种，在隔膜的一侧或胶囊内充气，并将隔膜或胶囊的另一侧与管网相接，当热水膨胀时，罐内气体被压缩，以此来吸纳热水膨胀的体积。安全阀的作用是：当热水膨胀管网中水压升高，达到设定值时，安全阀打开，向外泄水释放压力，确保管网安全。图 4-5 即为闭式系统。

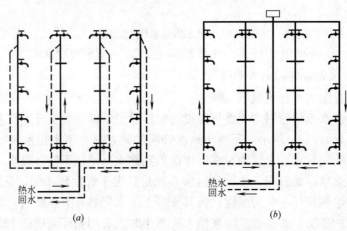

图 4-3 全循环热水管网布置图式
(a) 下行上给式；(b) 上行下给式

三、热水管的布置与敷设

1. 热水管布置原则

在满足供水要求的前提下，管路力求简短，同时管道的布置应方便使用，便于管理和维修，并兼顾室内的整齐美观。

2. 热水管道的敷设

热水管道的敷设与给水管道基本相同。上行下给系统的水平干管设于顶层或在顶板

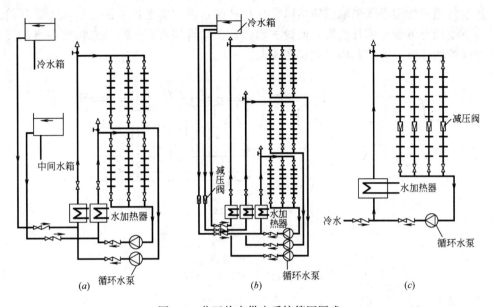

图 4-4　分区热水供应系统管网图式
（a）分设水箱加热器的系统；（b）共水箱分设加热器的系统；（c）共加热器减压阀分区

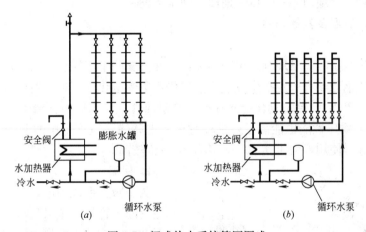

图 4-5　闭式热水系统管网图式
（a）上行下给式；（b）下行上给式

下、或在顶棚内，沿墙敷设。回水水平干管或设于一层的地沟内或设在地下室顶板下。

下行上给的水平干管可设在地沟内或地下室、或设在专用的设备层内，供水管应设在回水管之上，热水管应在冷水管之上。

立管可设在管井内，也可设在卫生间或无人居住的房间内。水平支管一般明装。暗装时，管槽应设在用水器具下方，以求墙面整洁美观。热水管应做保温，回水管可不保温。热水管网必须考虑排气问题。为了排气，水平管应有不小于 0.003 的坡度，向上坡坡向设在最高点的排气阀，以免热水中排出的气体阻塞管路。而下行上给的热水系统可不设专门的排气阀，其气体可由热水龙头中排出，为避免气体进入回水管，立管上的回水管应在最高点以下 0.5m 处接出。

管网的最低处应设泄水阀，以利排污或泄空。

热水管道的伸缩必须采取措施给以吸收与补偿，否则将会产生巨大的应力破坏管道。在管道直线段上可设伸缩补偿器，或设 π 形弯。在立管与水平干管的连接采用 S 型连接，以补偿立管的伸缩。伸缩器的形式见图 4-6。

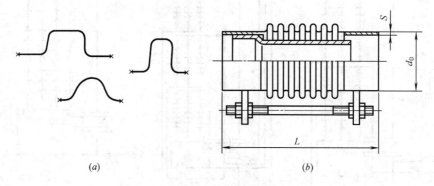

图 4-6 伸缩器
(a) π 型伸缩器；(b) 波形伸缩器

热水管网中立管的起始端、回水立管的末端应设阀门，横枝管的起端应设阀门，以便维修。为防止热水倒流，在加热器、贮水罐的进、出口设阀门及止回阀。热水管穿楼板，应加套管，套管高出地面 5cm，以免地面上积水下漏。

四、管材、保温及其他附件

1. 管材

热水管因为水温较高易腐蚀，也易结垢，选择管材除了应注意耐热性，还应注意防腐性能。热浸镀锌钢管，有一定抗腐蚀能力，但仍不免受电化学腐蚀，使用寿命 8 至 10 年；交联聚乙烯管（PEX）、铝塑复合管都有很好的耐蚀性，且内表面光滑不易结垢，它们可耐 80℃ 的温度，耐压性能也能满足要求；对于要求高的建筑可采用薄壁铜管，耐热性和抗腐蚀性都很好，使用寿命可达 20～40 年，但造价较高。

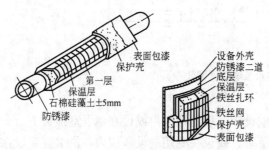

图 4-7 预制式保温

2. 保温

为了减少系统的散热，在加热设备、热水箱及配水管外应做保温，保温材料应选传热系数小、耐腐、不燃、施工方便，而且价格低廉的材料。常用的有泡沫混凝土、膨胀珍珠岩、矿渣棉、玻璃棉等，见图 4-7。近年来有用发泡高分子材料现场浇铸的。

3. 其他附件

其他附件有排气阀、排除蒸汽凝结水的疏水器、调节加热温度的温度调节器等，还有回水泵将在后面章节中讨论。

第二节 加热方法和加热器

一、加热方法

热水的加热方法，可分为直接加热和间接加热法两种。

(一) 直接加热法

加热水是利用燃料直接烧锅炉将水加热，或利用清洁的热媒如蒸汽与被加热水混合而加热水。在燃料缺少时，如当地电力充足和有供电条件时，也可采用电力热水；在太阳能源丰富地区可采用太阳能加热水。这些都是一次换热的直接加热方式，具有加热方法直接简便、热效率高的特点。但要设置热水锅炉或其他水加热器，占有一定的建筑面积，增加维护管理工作，有条件时宜用自动控制水的加热设备。

(二) 间接加热法

此法是被加热水不与热媒直接接触，而是通过加热器中的传热面的传热作用来加热水的。如用蒸汽或热网水等来加热水，热媒放热后，温度降低，仍可回流到原锅炉房复用，因此热媒不需要大量补充水，既可节省用水，又可保护锅炉不生水垢，提高热效能。间接加热法所用的热源，一般为蒸汽或过热水，如当地有废热或地热水时，应先考虑作为热源的可能性。在热源充足方便、热水用量较大时，可采用间接热水法，供水稳定可靠，安静卫生，环境条件较好，是大型工程中广泛应用的热水方法。

二、加热器

(一) 直接热水加热器

根据建筑情况、热水用水量及对热水的要求等，选用适当的锅炉或热水器。

1. 热水锅炉

热水锅炉有多种形式，有卧式、立式等，燃料有烧煤、油及燃气等，如有需要可查有关锅炉设备手册。近年来生产一种新型燃油或燃气的热水锅炉，采用三回程的火道，可充分利用热能，热效率很高，结构紧凑，占地小，炉内压力低，运行安全可靠，供应热水量较大，环境污染小，是一种较好的直接加热的热水锅炉。

2. 汽水混合加热器

将清洁的蒸汽通过喷射器喷入贮水箱的冷水中，使水汽充分混合而加热水，蒸汽在水中凝结成热水，热效率高，设备简单、紧凑，造价较低，但喷射器有噪声，需设法消除。

3. 家用型热水器

在无集中热水供应系统的居住建筑中，可以设置家用热水器来供应洗沐热水。现市售的有燃气热水器及电力热水器等，前者已广泛应用，唯在通气不足的情况，容易发生使用者中毒或窒息的危险，因此禁止将其装设在浴室、卫生间等处，必须设置在通风良好的地方。

4. 太阳能热水器

太阳能是一种巨大、清洁、安全、到处都有、可再生的能源。利用太阳能加热水是一种简单、经济的热水方法，常用的有管板式、真空管式等加热器，其中以真空管式效果最佳。真空管系两层玻璃抽成真空，管内涂选择性吸热层，有集热效率高、热损失小、不受太阳位置影响、集热时间长等优点。但太阳能是一种低密度、间歇性能源，辐射能随昼夜、气象、季节和地区而变，因此在寒冷季节，尚需备有其他热水设备，以保证终年均有热水供应。我国广大地区太阳能资源丰富，尤以西北部、青藏高原、华北及内蒙地区最为丰富，可作为太阳灶、热水器、热水暖房等热能利用，见图4-8。

(二) 间接热水加热器

间接热水加热器是热媒通过加热器中的加热管将水加热的设备，按有无贮存水量，可分为容积式、半容积式、即热式和半即热式等。

1. 容积式热水加热器

容积式加热器内贮存一定量的热水量，用以供应和调节热水用量的变化，使供水均匀稳定，它具有加热器和热水箱的双重作用。热水器内装有一组加热盘管，热媒由封头上部通入盘管内，冷水由热水器下进入，经热交换后，被加热水由上部流出，热媒散热后凝水由封头下部流回锅炉房，如图4-9所示。容积式加热器供水安全可靠，但有热效低、体积大、占地位多的缺点。近年来经过改进，在器内增设导流板，加装循环设备，提高了热交换效能，较传统的同型加热器的热效提高近两倍。热媒可用热网水或蒸汽，节能、节电、节水效果显著，已列入国家专利产品中。

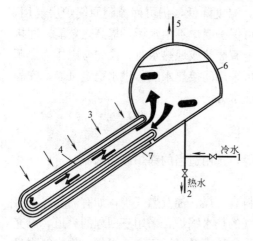

图4-8 电子管太阳能热水器

1—冷水；2—热水；3—太阳光；4—真空管；
5—排气管；6—贮水箱；7—漫反射板

注：本图源自清华大学太阳能电子厂。

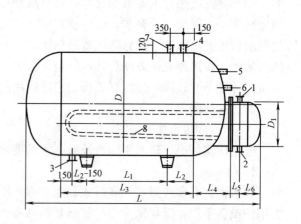

图4-9 卧式容积水加热器

1—热媒入口；2—回水管；3—冷水管；4—热水管；
5—接压力表；6—接温控阀温包；7—安全阀；8—盘管

闭式加热器有卧式和立式之分，一般多用卧式，其高度较小，易于安置；还有用开式的容积式加热器，如设于建筑上部与冷水箱并列，可使冷热水供水压力较为均匀，便于使用。

2. 半容积式加热器

这种半容积式加热器是近年来生产的一种新型加热器，其构造的主要特点是将一组快速加热设备安装于热水罐内，由于加热面积大，水流速度较容积式加热器的流速大，提高了传热效果，增大了热水产量，因而减小了容积。一般只需贮存10～20min的贮存水量。体积缩小，节省占地面积，运行维护工作方便，安全可靠。经使用后，效果比原标准容积式加热器的效能大大提高，是一种较好的热水加热设备。

3. 快速热水器

这种加热器也称为快速式加热器，即热即用，没有贮存热水容积，体积小，加热面积较大，被加热水的流速较容积式加热器的流速大，提高了传热效率，因而加快热水产量。此种加热器适用于热水用水量大而均匀的建筑物。由于利用不同的热媒，可分为以热水为热媒的水—水快速加热器及以蒸汽为热媒的汽—水快速加热器两类。图4-10为水—水快速加热的装置图。加热器由不同的筒壳组成，筒内装设一组加热小管，管内通入被加热水，管筒间通过热媒，两种流体逆向流动，水流速度较高，提高热交换效率，加速热水。

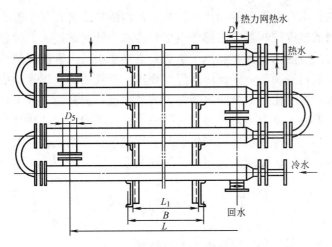

图 4-10 水—水快速加热器

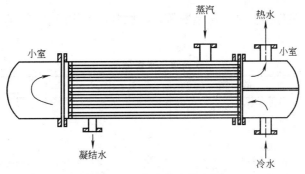

图 4-11 蒸汽快速热水器

可根据热水用量及使用情况，选用不同型号及组合节筒数，满足热水用量要求。

还可利用蒸汽为热媒的汽—水快速加热器，器内装设多根小径传热管，管两端镶入管板上，热水器的始末端装有小室，起端小室分上下部分，冷水由始端小室下进入器内，通过小管时被加热，至末端再转入上部小管继续加热，被加热水由始端小室上部流出，供应使用。蒸汽由热水器上部进入，与器内小管中流行的冷水进行热交换，蒸汽散热成为凝结水，由下部排出，如图 4-11 所示。其作用原理与水—水快速加热器基本相同，也适用于用水较均匀有蒸汽供应的大型用水户，如用于公共建筑、工业企业等。

4. 半即热式热水加热器

此种加热器也属于有限量贮水的加热器，其贮水量很小，加热面大、热水效率

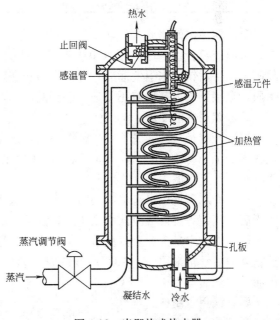

图 4-12 半即热式热水器

高、体积极小。它是由有上下盖的加热水筒壳、筒内的热媒管及回水管、管上装置的多组加热盘管和极精密的温度控制器等三部分组成。冷水由筒底部进入，被盘管加热后，从筒上部流入热水管网供应热水，热媒蒸汽放热后，凝结水由回水管流回锅炉房。热水温度以独特的精密温度控制器来调节，保证出水温度要求。盘管为薄壁铜管制成，且为悬臂浮动装置。由于冷热水温度变化，盘管随之伸缩，扰动水流，提高换热效率，还能使管外积垢脱落，沉积于加热器底，可由加热器排污时除去。此种半即热式加热器，热效率高、体形紧凑、占地面积很小，是一种较好的加热设备。适用于热水用量大而较均匀的建筑物，如宾馆、医院、饭店、工厂、船舰及大型的民用建筑等。图 4-12 为某厂生产的此种热水器。

第三节 饮用水供应

饮用水包括开水、温水和饮用自来水及冷饮水。

一、饮用水定额

根据建筑性质、工作条件和地区情况等，我国制订了饮用水定额标准及用水的时变化系数，参见表 4-3。

饮用水供水量标准 表 4-3

建筑名称	单位	水量标准(L)	时变化系数
办公楼	每人每班	1～2	1.5
集体宿舍	每人每日	1～2	1.5
教学楼	每学生每日	1～2	2.0
医院	每病床每日	2～3	1.5
招待所、旅馆	每客每日	2～3	1.5
影剧院	每观众每日	0.2	1.0
体育馆	每观众每日	0.2	1.0
一般车间	每人每班	2～4	1.5
热车间	每人每班	3～5	1.5
工厂生活间	每人每班	1～2	1.5

二、饮用水的水质

水质应符合《生活饮用水卫生标准》的要求，参见表 1-7。对于饮用冷水或冷饮水，除满足《生活饮用水卫生标准》外，为防止在贮存、运送过程中的再次污染和进一步提高水质，在接到饮水装置前还需进行必要的过滤及消毒处理。

三、饮用水的温度

（1）开水是我国人民一般日常饮用水，这是为保证卫生健康和饮茶的需要，制备开水须将水烧至 100℃，并持续 3min 以上，在旅馆、饭店、办公楼、机关、学校及家庭均饮用开水，计算水温为 100℃。

（2）冷水多饮用自来水，为防止中途二次污染的危害，在饮用前需进行处理，国内一些饭店及宾馆等有设置冷饮水系统的，水温一般为 10～30℃。

（3）冷饮水是工业企业夏季劳保供应的饮用水，水温视工作条件和性质而不同，在高温重体力劳动常采用 14～18℃；重体力劳动用 10～14℃；轻体力劳动用 7～10℃；高级饭店、冷饮店等为 4.5～7℃。

四、饮用水制备

（一）开水的制备

制备开水可用燃料如煤、燃气和电力直接以开水炉烧制开水或用清洁蒸汽与冷水混合制备开水；也常用蒸汽间接加热法制备开水。

1. 开水用水量计算

根据饮用开水人数或床位数及定额计算。

$$q_1 = m_0 q_0 \tag{4-1}$$

式中　q_1——开水用水总量（L/d）；

　　　q_0——用水用量定额，见表4-3；

　　　m_0——饮用开水单位数。

设计最大时开水量为

$$q = K \frac{q_1}{T} \tag{4-2}$$

式中　q——设计开水供应量（L/h）；

　　　T——供应开水时间（h）；

　　　K——时变化系数，见表4-3。

制备开水所需的热量

$$W = K_c \cdot q \cdot c \cdot \Delta t / 3600 \tag{4-3}$$

式中　W——制备开水所需的功率（kW）；

　　　Δt——由冷水温度烧至100℃时的温度差（℃）；

　　　K_c——开水系统的热损失系数，取1.10~1.15。

可以根据设计开水量或所需的加热开水的功率，选用适宜的开水炉或沸水器。

2. 开水供应

开水供应方式有很多种，可以集中也可以分散，根据建筑性质及使用要求而定。

（1）集中制备集中供应。在锅炉房或开水间，设开水炉或沸水器，集中烧制开水，并设置取水龙头集中取用开水，这是小范围内供开水常用的方法，如图4-13所示。

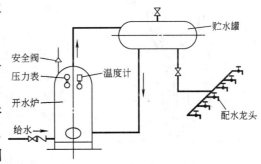

图4-13　开水炉集中取水

（2）集中制备管道输送。锅炉房中集中烧制开水，然后以管道输到各饮水点供取用，参见图4-14。为了保证取水点的开水水温，管道需要保温外，还应设置循环管道系统。

（3）分散制备分散供应。在有条件的建筑物之内，可将热源蒸汽、燃气或电力送至各开水制备点，分散制备，分散取用，使用极为方便，并能保证开水温度，在大型多层或高层建筑中常采用这种开水供应方式。图4-15为利用蒸汽制备开水的供水系统，蒸汽放热后凝结成水，流回锅炉房。

此种供应开水系统能保持开水温度，便于泡茶及热饮料用。

开水炉应装设温度计及声光等信号设备，以利运行管理，如采用燃气为热源时，开水间还应有良好的通风设备，以免燃气泄出发生事故。冷水如硬度较高时，可在锅炉进水管上安装磁水器或电子除垢器，减少炉内结垢，沉积于炉底的浮垢可由每日排污除去，可以

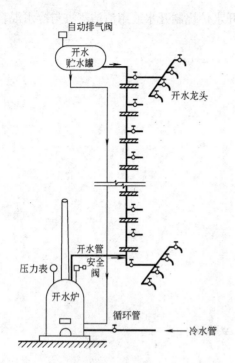

图 4-14 由管道配水的集中开水供应系统　　图 4-15 分散蒸汽开水供水系统

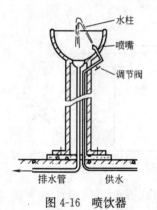

图 4-16 喷饮器

提高热效率,延长开水炉运行时间,供应开水更为可靠。

(二) 冷饮水供应

冷饮水的供应是指提供水质合格的常温或低温的饮用水。冷饮水的水源一般采用自来水,如能保证水质不在输送途中污染,可以装设喷饮器,由饮用者取用,如公园、大型体育场等的喷饮水池,见图 4-16。如果水质不能保证时,须经过适当的处理,如过滤或消毒等。在工厂等劳保供冷饮水时,还要经过冷冻,加入调味剂等供应冷饮水。对于重体力劳动和高温作业场所的冷饮水中,还应加入一定量的食盐,以补充由于出汗过多而失去的盐分。

思 考 题

1. 试述热水供应的几种方式,比较它们的优缺点。
2. 热水管网布置中应注意哪些问题。
3. 试述饮用水供应的方式,比较它们的优缺点。

第五章 建筑排水工程

第一节 排水水质指标与排放标准

一、排水水质指标

建筑物内的污水与废水的收集、输送排出及进行局部处理是建筑排水工程讨论和研究的内容。建筑物内排出的污水与废水都不同程度受到了污染，污染物的种类繁多，为了简单方便，常用水质指标来概括表示。常用的水质指标有悬浮物、有机物、pH 值、色度和有毒物质等。

1. 悬浮物

悬浮物常用 SS 来表示，它是指不溶于水的颗粒物，其粒径在 $1\mu m$ 以上，可以用普通滤纸将它与水分离。悬浮物在水中会使水变得浑浊不清。悬浮物在排水工程中用每升水中含多少毫克悬浮物表示，写成 mg/L。在给水工程中用浊度来表示，浊度的度量单位是度，它是一种光学性质的度量单位，其最初的规定是，在 1L 水中均匀地混入 1mg 硅藻土，它所表现出的浊度为 1 度。

2. 有机物

水中有机物的来源有二，一是来源于生活污水和工业废水中的有机物质，二是自然界动、植物的残骸进入水体产生的。在排水工程中所遇到的水中有机物主要是生活污染和工业污染物。有机物在水中的害处是它是细菌和微生物的养料，有机物在水中为各种细菌和微生物的繁殖提供了良好的条件，从卫生上看这是很不安全的；其次，有些有机物本身就是有毒的，因此水中有机物含量是污水和废水的一个重要水质指标。

有机物是一个总称，其种类及组成极其繁多复杂，用直接测定各种有机物方法来表示有机物多少是有困难的，一般常用氧化有机物所消耗的氧的数量——耗氧量来间接表示有机物的数量。有两类耗氧量：生化耗氧量和化学耗氧量。

(1) 生化耗氧量（或称生化需氧量），BOD。用生物方法将有机物在好氧的条件下分解成稳定的物质所消耗的氧量，称生化耗氧量。记作 BOD，用 mg/L 表示。

BOD 的测定其全过程需要在恒温下 20 多天，为了缩短测定时间同时又不致有很大误差，一般用 5 天的 BOD 值，写作 BOD_5。

(2) 化学耗氧量，COD。用化学氧化剂（重铬酸钾或高锰酸钾）在规定的条件下将有机物氧化成稳定的物质，所耗的氧量称化学耗氧量，记作 COD，单位用 mg/L 表示。

用重铬酸钾作氧化剂时对有机物氧化得较为彻底，而用高锰酸钾作氧化剂时对有机物的氧化能力不如重铬酸钾。因此，同样一种水两种方法测定的结果不相同，为了区别常在结果上标明测定方法。

3. 色度

色度是表示水显示的颜色深淡。天然水的色度主要是水中植物性物质及泥沙或矿物造成的,多呈浅黄色、浅褐色。常用氯铂化钾(K_2PtCl_6)、氯化钴($CoCl$)配成的标准液用比色法进行测定含1mg/L铂和0.5mg/L钴组成的溶液所呈现的色度称1度。

对其他颜色,用上述方法已不很适应,对水的色度的描述常用稀释倍数来表示,即将带色的水用无色的蒸馏水稀释,直到刚好看不出颜色,记录此时稀释的倍数,用以表示水中颜色的深浅。

水的色度有碍于感观,同时有些色度是由有毒有害物质造成的,更应引起重视。

4. 水的pH值

pH值反映水的酸碱程度,纯净的水pH=7.0,受酸污染的水pH值低于6.0,受碱性物质污染的水其pH值大于8.5。太高的pH值和太低的pH值对水环境都是有害的,天然水的pH值多在7~8.5范围内。

5. 有毒物质

有毒物是针对具体的物质用其浓度来表示的。属于有毒有害物质的种类已有几十种,并且还在不断增加。

二、污水排放标准

建筑排水的出路有两条,一是排入水体,即江、河、湖、海中;二是排入城镇排水管道中。对排入城镇下水道和水体的污水和废水都有一定的排放标准。

1. 排入城镇下水道的水质标准

(1) 严禁排入腐蚀下水道设施的污水;

(2) 严禁倾倒垃圾、积雪、粪便、工业废渣和排放易于堵塞下水道的物质;

(3) 不得向城镇下水道排放剧毒物质(氰化钠、氰化钾等)、易燃易爆物质(汽油、煤油、重油、润滑油、煤焦油、苯系物、醚类及其他有机溶剂)和有害气体;

(4) 含有病原体的污水必须经过严格消毒处理方能排入城镇下水道;

(5) 放射性污水还必须按《放射防护规定》执行;

(6) 排入城镇下水道的水质标准见表5-1。水质超过标准的污水不得用稀释的方法降低其浓度。

污水排入城市下水道水质标准(CJ 18-86) 表5-1

单位:mg/L(除水温、pH值及易沉固体)

序号	项目名称	最高允许浓度	序号	项目名称	最高允许浓度
1	pH值	6~9	16	氟化物	15
2	悬浮物	400	17	汞及其无机化合物	0.05
3	易沉固体	10mL/L 15min	18	镉及其无机化合物	0.1
4	油脂	100	19	铅及其无机化合物	1
5	矿物油类	20	20	铜及其无机化合物	1
6	苯系物	2.5	21	锌及其无机化合物	5
7	氰化物	0.5	22	镍及其无机化合物	2
8	硫化物	1	23	锰及其无机化合物	2
9	挥发性酚	1	24	铁及其无机化合物	10
10	温度	35℃	25	锑及其无机化合物	1
11	生化需氧量(5d20℃)	100(300)	26	六价铬无机化合物	0.5
12	化学耗氧量(重铬酸钾法)	150(500)	27	三价铬无机化合物	3
13	溶解性固体	2000	28	硼及其无机化合物	1
14	有机磷	0.5	29	硒及其无机化合物	2
15	苯胺	3	30	砷及其无机化合物	0.5

注:1. 括号内数字适用于有城市污水处理厂的下水道系统。
  2. 汞、镉、六价铬、钾、铅及其无机化合物,以车间或处理设备排水口抽检浓度为准。其他控制项目,以单位排水口的抽检浓度为准。

2. 直接排入地面水体的排放标准

（1）地面水体分类。依据地面水域和保护目标将地面水体分为五类：

Ⅰ类：源头水、国家自然保护区。

Ⅱ类：集中式生活饮用水水源地一级保护区、珍贵鱼类保护区、鱼虾产卵场等水域。

Ⅲ类：集中式生活饮用水水源地二级保护区，一般鱼类保护区及游泳区。

Ⅳ类：一般工业用水区及人体非直接接触的娱乐用水区。

Ⅴ类：农业用水区及一般景观水域。

（2）排放标准及分级。按地面水域的使用功能要求对排入的污水分别执行一、二、三级排放标准，排放标准如表5-2、表5-3所示。表5-2为第一类污染物，它们会在环境或动植物体内蓄积，对人体健康产生长远的不良影响。污水中含第一类污染物时，不分地面水体类别，不分行业和排放方式，一律按表5-2执行。而且是在车间出口或处理设施排出口取样的浓度。

第一类污染物最高允许排放浓度（mg/L）　　　　　　　　　　表5-2

	污染物	最高允许排放浓度		污染物	最高允许排放浓度
1	总汞	0.05①	6	总砷	0.5
2	烷基汞	不得检出	7	总铅	1.0
3	总镉	0.1	8	总镍	1.0
4	总铬	1.5	9	苯并(a)芘②	0.00003
5	六价铬	0.5			

注：① 烧碱行业（新建、扩建、改建企业）采用0.005mg/L。
　　② 为试行标准，二级、三级标准区暂不考核。

第二类污染物最高允许排放浓度（mg/L）　　　　　　　　　　表5-3

	标准值 规模 污染物	标准分级				
		一级标准		二级标准		三级标准
		新扩改	现有	新扩改	现有	
1	pH值	6～9	6～9	6～9	6～9①	6～9
2	色度(稀释倍数)	50	80	80	100	—
3	悬浮物	70	100	200	250②	400
4	生化需氧量(BOD$_5$)	30	60	60	80	300③
5	化学需氧量(COD$_{Cr}$)	100	150	150	200	500③
6	石油类	10	15	10	20	30
7	动植物油	20	30	20	40	100
8	挥发酚	0.5	1.0	0.5	1.0	2.0
9	氰化物	0.5	0.5	0.5	0.5	1.0
10	硫化物	1.0	1.0	1.0	2.0	2.0
11	氨氮	15	25	25	40	—
12	氟化物	10	15	10	15	20
				20④	30④	
13	磷酸盐(以P计)⑤	0.5	1.0	1.0	2.0	—
14	甲醛	1.0	2.0	2.0	3.0	—
15	苯胺类	1.0	2.0	2.0	3.0	5.0
16	硝基苯类	2.0	3.0	3.0	5.0	5.0
17	阴离子合成洗涤剂(LAS)	5.0	10	10	15	20
18	铜	0.5	0.5	1.0	1.0	2.0
19	锌	2.0	2.0	4.0	5.0	5.0
20	锰	2.0	5.0	2.0⑥	5.0⑥	5.0

注：① 现有火电厂和粘胶纤维工业，二级标准pH值放宽到9.5。
　　② 磷肥工业悬浮物放宽至300mg/L。
　　③ 对排入带有二级污水处理厂的城镇下水道的造纸、皮革、食品、洗毛、酿造、发酵、生物制药、肉类加工、纤维板等工业废水，BOD$_5$可放宽至600mg/L；COD$_{Cr}$可放宽至1000mg/L。具体限度还可以与市政部门协商。
　　④ 为低氟地区（系指水体含氟量<0.5mg/L）允许排放浓度。
　　⑤ 为排入蓄水性河流和封闭性水域的控制指标。
　　⑥ 合成脂肪酸工业新扩改为5mg/L，现有企业为7.5mg/L。

第二类污染物其长远影响小于第一类污染物,其排放浓度的测定可以在排污单位的排出口取样。

（1）对特殊保护的水域（地面水Ⅰ、Ⅱ类水体），不准新建排污口；

（2）对重点保护的水域（地面水Ⅲ类水域），要求排入的污水达到一级排放标准；

（3）对一般保护水域（地面水Ⅳ、Ⅴ类水域），要求排入的污水达二级标准；

（4）排入城镇下水道并进入城镇污水厂进行生物处理的污水，要求达到三级排放标准；

（5）排入未设二级污水处理厂的城镇下水道的污水，应根据城镇污水最终进入的水体的类别执行相关的标准。

第二节 排水系统

一、建筑排水分类

按照污水和废水产生的来源，可将其分为三类：

1. 生活污水

生活污水是人们日常生活用水后排出的水，生活污水包括粪便污水、厨房排水、洗涤和沐浴排水。

生活污水无毒，由于包含了粪便污水，因此含有大量悬浮物和有机物。其 BOD_5 在 300mg/L 左右，SS 也在 250mg/L 左右，容易滋生细菌，卫生条件差。

如果按水质将生活污水稍加区分，可将其分为生活废水和粪便污水两类。生活废水是指人们日常洗涤、沐浴等排出的水，相对来说受污染的程度较轻，其 BOD 在 100~150mg/L 左右，SS 也在 100~150mg/L 左右。粪便污水是厕所冲洗排水，含有更高浓度的有机物和悬浮物，其 BOD 在 1000mg/L 左右，悬浮物在 800~1500mg/L 左右。

2. 工业废水

工业废水是指工业生产中排出的水。工业废水的水质和水量随不同的工业、不同产品、不同的生产工艺有很大的差别。有的工业废水含有毒有害物质，有的工业废水则比较洁净。通常人们根据工业废水受污染的程度将其分为两类：生产污水及生产废水。生产污水是指工业生产中排出的受污染严重的水，而生产废水则是受污染轻微的水，如工业冷却水。

3. 雨水和雪水

雨水和雪水一般都比较清洁，可以直接排入水体或城市雨水系统。

二、排水系统的分类

在分流制排水中，要用几个不同的管道系统分别排泄建筑内的污水和废水，这样就形成了不同的排水系统。一般常用的排水系统可以有以下几类：

1. 粪便污水排水系统

在需要单独处理粪便污水时采用。如为减小化粪池容积，可将粪便污水单独收集后进化粪池。在需要回收洁净的洗涤沐浴水时，也要将粪便污水与洗涤沐浴废水分开。

2. 生活废水排水系统

收集和排泄盥洗沐浴废水的系统，一般在需要回收利用这部废水时采用该系统。

一般情况下生活废水与粪便污水多合在一起形成一个管道系统，这个系统称为生活污水系统。

3. 工业废水排水系统

工业废水排水系统是排除工业废水的管道系统。工业废水只是一个总称，各种工业的水质差别很大，即使是同一种工业，其内部生产过程中产生的废水其水质也不相同，因此工业废水排水系统中还是可以有多个排水系统，这主要是考虑如何对工业废水的后续处理。

一般可以将工业废水分成两个排水系统：生产污水排水系统和生产废水排水系统。前者为受污染重的工业废水排水系统，后者为比较洁净的废水排水系统。

4. 雨水排水系统

雨水排水系统是排除屋面雨水和雪水的。雨水和雪水比较清洁，可以不经处理排入水体。

三、排水系统的组成

排水系统由以下各部分组成：

1. 污水和废水收集器具

污水和废水收集器具往往就是用水器具，如洗脸盆它是用水器具，同时也是排水管系的污水收集器具，在生产设备上收集废水的器具是其排水设备，屋面雨水的收集器具是雨水斗。

2. 排水管道

排水管道又可分为以下几种：

（1）设备排水管：由排水设备接到后续管道排水横管之间的管道。

（2）排水横管：水平方向输送污水和废水的管道。

（3）排水立管：接受排水横管的来水，并作垂直方向排泄污水的管道。

（4）排出管：收集一根或几根立管的污水，并从水平方向排至室外污水检查井的管段。

3. 水封装置

水封装置是在排水设备与排水管道之间的一种存水设备，其作用是用来阻挡排水管道中产生的臭气，使其不致溢到室内，以免恶化室内环境。常用的水封装置有地漏和存水弯。普通地漏为扣碗式，阻力大，易堵，现已不用了，直通式地漏本身无水封，需在其后加存水弯，新型地漏大都能满足水封深度不小于 50mm 的要求。存水弯有两种，即 S 形和 P 形，规范要求其水封深度不小于 50mm。图 5-1 为地漏，图 5-2 为存水弯。

普通型地漏

直通地漏

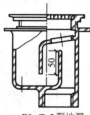
DL-T-2 型地漏

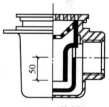
DL-T-3 型地漏

图 5-1 地漏

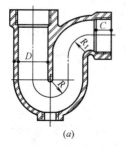
(a)

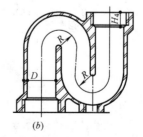
(b)

图 5-2 存水弯

(a) P 形存水弯；(b) S 形存水弯

4. 通气管

通气管的作用是保证排水管道与大气相通，以避免在排水管中因局部满流——柱塞流时水流后会形成负压，产生抽吸作用致使排水设备下的水封被破坏。同时通气管还有散发臭气的作用。

一般建筑的通气管是将排水立管的上端伸出屋顶一定高度，并在其顶上用铅丝网球或风帽罩上，以防堵塞。

对于排水量大的多层建筑或高层建筑中除了将立管伸出屋顶作为通气管外，还要设专门的通气立管。

5. 清通部件

一般的清通部件有：检查口、清扫口和检查井。检查口设在立管或横管上，它是在管道上设有一个孔口，平时用压盖和螺栓盖紧的，发生管道堵塞时可打开进行检查或清理。

清扫口安装在排水横管的端部或中部，它像一截短管安装在承插排水管的承口中，它的端部是可以拧开的青铜盖，一旦排水横管中发生堵塞，可以拧开青铜盖进行清理。

检查井一般是设在埋地排水管的拐弯和两条以上管道交汇处，检查井的直径最小为700mm，井底应做成流槽与前后的管道衔接。图5-3为排水系统图，图5-4、图5-5为检查口、清扫口。

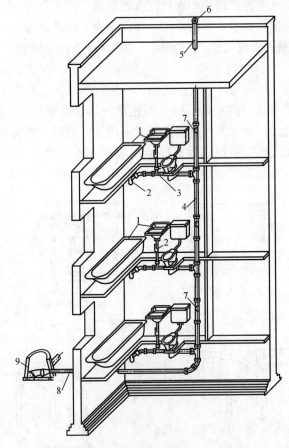

图 5-3 排水系统
1—排水设备；2—存水弯；3—排水横支管；4—排水立管；5—通气管；
6—铅丝球；7—检查口；8—排出管；9—检查井

6. 提升设备

建筑物的地下室或人防建筑，其内部标高低于室外排水管网的标高，常需要用水泵将地下室的污水抽送出去，需设提升泵进行提升。

7. 污水局部处理设备

当建筑内的污水水质不符合排放标准时，需要在排放前先进行局部处理。此时在建筑排水系统内应设局部处理设备。常用的有：隔油池、酸碱中和池、化粪池等，对医院排水系统还要求有沉淀消毒设备，当医院污水直接排入水体时，要求有沉淀和生物处理，并且要求有严格的消毒保证。

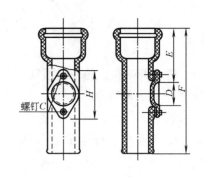

图 5-4　检查口

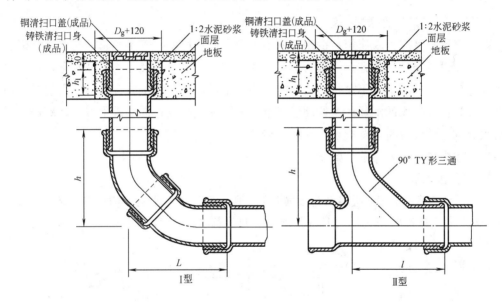

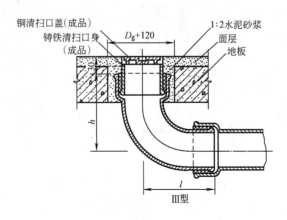

图 5-5　清扫口

说明：Ⅱ型用于水平干管中途。Ⅲ型仅适用于地下室顶板上部。

第三节 室内排水管的布置与敷设

一、排水管道布置的一般原则

1. 排水管道的特点

排水管道所排泄的水，一般是使用后受污染的水，含有大量的悬浮物，尤其是生活污水排水管道中会有纤维类和其他大块的杂物进入，容易引起管道堵塞。在管道布置时要充分予以注意。排水管一般比较粗大，又由于所排的水温度较低，在夏天管壁外侧会产生凝水。排水管一般用排水铸铁管，随着塑料工业的发展，塑料管的强度、耐高温性能不断提高，且塑料管光滑阻力小、耐腐蚀、施工方便的优点明显，近年来被普遍采用。

2. 排水管道布置的原则

排水管道布置应力求简短，少拐弯或不拐弯，避免堵塞。管道不布置在遇水会引起原料、产品和设备损坏的地方。排水管不穿卧室、客厅，不穿行贵重物品储藏室，不穿变电室、配电室和通风小室，不穿行炉灶上方，不穿烟道。排水管不宜穿越容易引起自身损坏的地方，如：建筑物的沉降缝、伸缩缝、重载地段和重型设备的基础下方、冰冻地段。如果必须穿越这些地段时，要有切实的保护措施。

二、室内排水管的布置与敷设

1. 设备排水管

设备排水管是连接用水设备和排水横管的管段，在设备排水管上应设存水弯。见图5-6。有些用水设备上自带水封装置，如坐式大便器内自身有水封构造，此时可不另设水封装置。

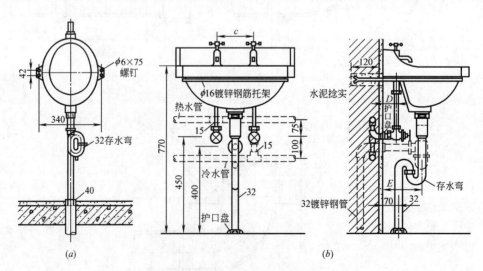

图5-6 设备排水管及存水弯
(a) 小便斗；(b) 洗脸盆

有些排水设备不宜直接与下水道连接，如饮用贮水箱的排水管，要求与排水管承接口有空隙。图5-7与表5-4为间接排水口的最小空气间隙要求。

间接排水口最小空气间隙 表5-4

间接排水管管径(mm)	排水口最小空气间隙(m)	间接排水管管径(mm)	排水口最小空气间隙(m)
≤25	50	>50	150
32～50	100		

2. 排水横支管

排水横支管是连接设备排水管和立管的管段。它的走向受排水设备和立管位置的影响，应力求使排水横支管简短，少拐弯。排水横支管一般沿墙布置，明装时，可以吊装于楼板下方，也可在用水设备下地面以上沿墙敷设，横管中水流是重力流，要使管道有一定坡度。横管沿外墙敷设时，要注意一不挡窗户，二不穿建筑大梁。在装修标准要求高的建筑内，可将排水横支管安装在楼板下的吊顶内，在建筑无吊顶、装修标准又高的情况下，可采用局部包装的办法，将管道包起来，但在包装时要留有检修的活门。排水横管与墙壁之间应保持35～50mm的施工间距。

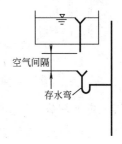

图5-7 间接排水

靠近排水立管底部的排水横支管与立管管底应有一定高差，以免立管中水流形成的正压波及横支管，而使横支管上所连接的水封遭到破坏。更有甚者，立管底部阻塞会使与之相连的横支管发生泛水。最低横支管接入立管处，与仅设伸顶通气管的立管底的垂直距离要求不小于表5-5中的数值。

最低横支管接入立管处与立管底的垂直距离 表5-5

立管连接卫生器具的层数	垂直距离(m)	立管连接卫生器具的层数	垂直距离(m)
≤4	0.45	13～19	3.0
5～6	0.75	≥20	6.0
7～12	1.2		

注：1. 当与排出管连接的立管底部放大一号管径或横干管比与之连接的立管大一号管径时，可将表中垂直距离缩小一挡。
2. 当塑料排水立管的排水能力超过表5-5中铸铁排水立管排水能力时，不宜按注1执行。

3. 排水立管

排水立管垂直方向由上向下排除污水的管道，它承接各层的排水横支管的来水，直达建筑的最底层，与水平干管相接或与底层的排出管直接相接。排水立管与排出管端部的连接，宜采用两个45°弯头或曲半径不小于4倍管径的90°弯头。排水立管的位置应设在排水量最大、而且含杂质最多的排水设备如大便器的附近。这是因为排水横管的排水能力和输送悬浮物的能力比立管小得多的缘故。

排水立管一般设在墙角或沿墙、柱布置，立管不应穿越卧室、病房，也不应穿越对卫生、安静要求较高的房间，也不宜靠近与卧室相邻的内墙。

为清通立管方便，在排水立管上从第一层起每隔一层应设检查口，检查口距地面1.0m。

在管道暗装时，排水立管常布置在管井中，管井上有检修门或检修窗，见图5-8。立管穿楼层应设套管，立管底部架空时，应在底部设支墩或其他固定措施，地下室与排水管转弯处也应设置支墩或其他固定措施。

4. 排水横干管与排出管

排水横干管是汇集几条立管的水平干管，横管的泄水能力和输送悬浮物的能力比立管小，容易堵塞。因此横干管不宜过长，力求简短，不拐弯，尽快排出室外。横干管可以设

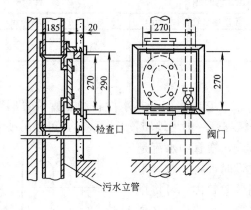

图 5-8 管道检修门

在建筑物底层的地下，当建筑物有地下室时，可设在地下室的顶板下或地下室的地面上。横干管穿越承重墙时，为避免建筑物下沉时压坏管道，应在墙上留洞，管顶到洞上皮的间隙不小于 0.15m。

排水横干管穿越地下室外墙时，为防止地下水渗入室内，应做穿墙套管，并有防止建筑物下沉时管道被压坏的措施。

排出管是室内与室外检查井之间的排水管道，一般是排水立管最底部直接拐向室外，这时要求使水流顺畅，立管拐弯处以两个 45°弯头相接。排出管也可是排水横干管的延伸部分。排出管与室外排水管交接处设检查井，井中心与建筑外墙的间距不宜小于 3m，同时排出管的长度不宜太长，以便于清通。排出管的最大长度见表 5-6。

排出管的最大长度　　　　　　　表 5-6

管径(mm)	50	75	100	100 以上
最大长度(m)	10	12	15	20

注：排水管长度以立管到室外检查井中心计，或从横干管上的检查井到室外检查井中心。排出管的水流方向与室外排水管的水流方向的夹角不大于 90°，当排出管与检查井中的水流有大于 0.3m 的落差时，其夹角可不受此限制。

5. 通气管

通气管的作用有二：一是为使排水立管中保持正常大气压，使与立管相连的横支管上所连接的水封不致因立管内的压力变化而被破坏；二是排除水管中的臭气。通气管的做法有以下几种：

(1) 伸顶通气管

将排水立管伸出屋顶作通气管，管顶装设风帽或网罩，立管伸出屋面的高度不小于 0.3mm，并大于当地积雪高度，当通气管周围 4m 内有窗户时伸出 0.6m；当屋面经常有人停留时，通气口应高出屋面 2m。其管径宜与立管相同，但在寒冷地区最冷月平均温度不低于 −13℃时，通气管应比立管放大一号，开始放大的位置在室内吊顶下 0.3m 处，塑料管材的最小管径不宜小于 110mm。伸顶通气管多用于低层与多层建筑中。伸顶通气管系统参见图 5-9 (a)。

(2) 专用通气立管

当立管中的设计流量大于仅设伸顶通气立管的排水立管最大排水能力时

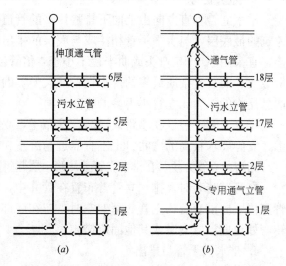

图 5-9 通气管

(a) 伸顶通气管排水系统；(b) 专用通气管排水系统

（见表 5-16），或 10 层及 10 层以上的高层建筑的生活污水立管，或建筑标准要求高的多层建筑和公共建筑中，采用专用通气立管。专用通气管系统见图 5-9（b）。专用通气立管与污水立管并列敷设，在最高层的卫生设备以上 0.15m 处或在污水立管最高检查口以上用斜三通将专用通气立管与污水立管的伸顶管相接，专用通气立管的下端在最低污水横支管以下与污水立管以斜三通连接；在中间段、每隔两层设结合通气管与污水立管连接。结合通气管是连接污水立管与专用通气立管的管段，其下端接在排水横支管之下与污水立管连接，上端在卫生设备之上 0.15m 的高度上与专用通气管以斜三通连接。当采用 H 形管代替结合通气管时，其连接应在卫生器具上缘 0.15m 处。结合通气管不得小于通气立管管径，当通气立管管径大于排水立管管径时，结合通气管不得小于排水立管管径。通气管的管径不宜小于排水管管径的 1/2，其最小管径可按表 5-7 确定。

通气管最小管径　　　　　　　　　　　　　　　表 5-7

通气管名称	污水管管径(mm)							
	32	40	50	75	90	100	125	150
器具通气管	32	32	32	—	—	50	50	—
环行通气管	—	—	32	40	40	50	50	—
通气立管	—	—	40	50	—	75	100	100

注：1. 表中通气立管系指专用通气立管、主通气立管、副通气立管。
　　2. 表中排水管管径 90 为塑料排水管公称外径，排水管管径 100、150 的塑料排水管公称外径为 110mm、160mm。
　　3. 通气立管长度大于 50m 时，其管径（包括伸顶通气部分）应与排水立管管径相同。
　　4. 通气立管长度不大于 50m 时，且两根及两根以上排水立管同时与一根通气立管相连，应以最大一根排水立管来确定通气立管管径，且管径不宜小于其余任何一根排水立管管径，伸顶通气部分管径应与最大一根排水立管管径相同。
　　5. 两根或两根以上排水立管的通气管汇合连接时，汇合通气管的断面积应为最大一根通气管的断面加其余通气管断面积之和的 0.25 倍。

（3）环行通气管

在下列条件下应设环行通气管：1）连接 4 个及 4 个以上卫生器具，并与立管的距离大于 12m 的污水横支管；2）连接 6 个及 6 个以上大便器的污水横支管；3）不超过上述规定，但建筑物性质重要、使用要求较高时。

环行通气管的起点位于排水横支管起点的第一、二用水器具之间，环行通气管与排水横支管交接时用 90°或 45°三通向上接出，与通气立管垂直相接，其相接的坡度向上坡向通气立管。此时的通气立管称作主通气立管，主通气立管与污水立管之间在顶层与底层用 45°三通相连接，在楼层中间，每隔 8～10 层用结合通气管相连。环行通气管见图 5-10（a）。

（4）器具通气管

对于在卫生和安静方面要求高的建筑，生活排水管道可设器具通气管。器具通气管是从每个排水设备的存水弯出口处引出通气管，然后从卫生器具上缘 0.15m 处以 0.01 的上升坡度与通气立管相接。见图 5-10（b）。

环行通气管与器具通气管管线较多，构造复杂，只适用于高层高级住宅与高级宾馆。

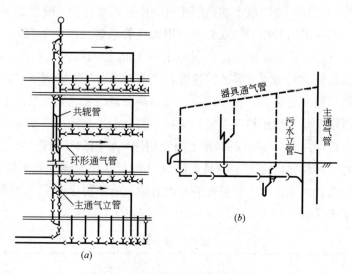

图 5-10 环行通气管与器具通气管
(a) 环行通气管排水系统；(b) 器具通气管系统

(5) 采用特殊管件的单立管通气系统

10层与10层以上的高层建筑应设专用通气管，当由于管井间或卫生间空间限制而难以设置专用通气立管时，可采用特殊管件的单立管通气系统，但对于应设环行通气管的排水系统及排水立管中，流量超过表 5-16 中仅设伸顶通气管的数值的排水立管不宜采用特殊管件的单立管通气系统。

特殊管件的种类很多，本文只介绍以下几种：

1) 苏维托系统　它是在伸顶通气管的基础上加上两种特殊的管件即气水混合管件和气水分离管件组成的。气水混合管件装在各个排水横支管接入排水立管的地方，而气水分离管件装设在立管的底部。

气水混合管件（见图 5-11）本身带一个乙字弯，在管件内部对着排水横支管入口处有一个隔板，管件在此处有一个扩大了的小空间，乙字弯可以减缓上游立管中流下来的水流的速度，上游水流流经隔板处可以从隔板的缝隙处吸入混合器空腔中及排水横支管中的空气与之混合，使其成为气水混合体，以减轻其密度，减小其下落速度，且减轻对水流上方产生的抽吸作用，同样也减小了对水流下方管道的增压作用。水气混合管件的隔板另一个作用是挡住排水横支管内入流的水流，使其只能沿着隔板的一侧引入立管，有引导水流呈附壁流的作用。这样在一定程度上改善了立管中的通气条件，使立管中的气压稳定。

水气分离管件是装在立管底部，它的构造见图 5-12。气水分离管件正对立管轴线处有一个突块，用以撞击立管上部流下的水流。水流被撞击之后，水中夹带的气体在分离室被分离，分离室就在突块的对面，分离室的上方有个跑气口，被分离的空气通过分离室上的跑气口跑出，并被导入排出管排走。图 5-13 为苏维托系统。

苏维托通气系统改善了排水立管中的水流状态，使气流畅通，保护用水设备上的水封不被破坏，这种系统可用于一般的高层建筑。它是瑞士弗里茨·苏玛于1959年提出的。

2) 旋流单立管排水系统　这种系统也是由伸顶通气管发展而来的，它也有两个管件起关键作用，一是旋流器，二是立管底部与排出管相接处的导流弯头。

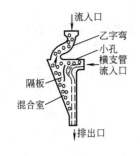

图 5-11 气水混合管件

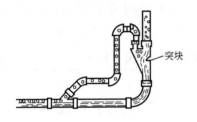

图 5-12 气水分离管件

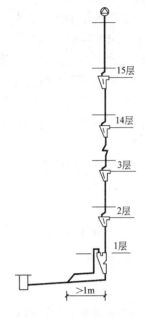

图 5-13 苏维托系统

旋流器装在立管与横支管相接处，横支管上的来水进旋流器后，水流被旋流器内的导流叶片整理成沿立管纵轴呈旋流状态进入立管，这样有利于保持立管中心部位的空气柱，使立管中气流上下畅通，维持立管中气压平稳。

导流弯头是在弯头突边有一叶片，叶片迫使水流贴向凹边流动，其作用是减缓由上而下的水流的冲击，理顺水流，避免在拐弯处水流因能量转换而产生拥水，从而避免封闭立管中的气流，而使立管底部出现过大的正压。旋流单立管系统的允许流量是受限制的，超过了限制流量就不能确保水封不受破坏了。特殊配件的单立管最大排水能力见表 5-16。旋流单立管系统及其管件见图 5-14。

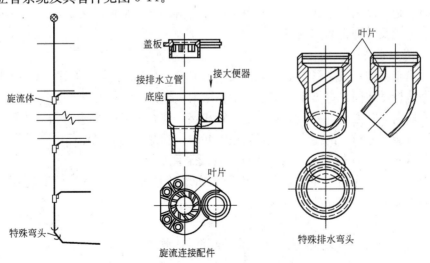

图 5-14 旋流单立管排水系统

（6）螺旋管排水系统

螺旋管排水系统是采用管内壁带有螺旋翼线的塑料管作排水立管的伸顶通气系统。在系统的构造上要求顶端设伸顶通气管，立管底部和排出管应比立管大一档的管径。

管内的螺旋翼线对立管中的水流起导流作用，使下降的水流沿管壁呈螺旋形下降，这种流态可以最大限度地保持管中心的空气压力平稳，以此来保护存水弯中的水封不被破坏。螺旋管排水系统可适用于10层或10层以上的高层建筑中应设专用通气管但受条件限制的场合。由于螺旋排水立管的排水能力有限，超过其规定的最大排水能力时，不能只用螺旋管来代替专用通气管了。另外应当设置环行通气管的排水系统中不宜采用螺旋管排水系统代替专用通气管。螺旋管立管的最大排水能力见表5-16。

螺旋管系统，最底层横支管接入立管处与立管底部排出管的垂直距离应按表5-8的要求做。

螺旋管最低横支管接入立管处与立管底部排出管的垂直距离　　　　表5-8

立管连接卫生器具的楼层数	≤6	7～15	13～19	≥20
垂直距离(m)	0.45	0.75	1.20	3.00

三、同层排水管道的布置与敷设

随着住宅的商品化、社区住户社会化、邻里之间不熟悉不来往的现象越来越多，加上住房成为私有空间，有权谢绝他人进入的情况，给管道隔层维修工作带来不便，而生活排水管道常常容易堵塞，为此会引发邻里矛盾。《建筑给水排水设计规范》（GB 50015—2003）提出住宅卫生间的排水管不宜穿越楼板进入他户的课题，即用户的排水管道要在自己的室内排入立管，而立管可设在卫生间内，也可设在管井内。同层排水管的布置可采用以下几种。

1. 不设地漏，横支管在地面上敷设

一般的卫生设备其排水管可以布置在卫生器具和地面之间的空间内，而浴盆的排水口稍低，但也可采取适当填高的措施，使其接入同层排水横支管内，对于大便器也可采用后排式的型号接入同层排水横支管内。不设地漏的卫生间，对于溅滴在地面上的水的排除有些不便，但还是可以用抹布抹去，住户用得仔细的情况下还是可以接受，而且还避免地漏中常因存水不能及时补充而出臭气。

2. 楼板降层布置

将卫生间布置排水横支管的沿线的楼板降低0.3～0.6m形成一条宽约0.6～1.0m的槽，槽口做盖板做地面，将排水横支管布置在槽内，维修时，打开盖板进行操作。槽内底应有坡度，坡向立管方向，并做地漏，与立管相接，或在槽端做集水管与立管用45°角相接，以排除可能漏入槽内的污水。立管设在管井内，管井的地面也作相应降低。

3. 在卫生间的一侧做管井，将排水横支管设于管井内

此时管井的长度应与卫生间内的卫生器具布置的长度相同，管井的宽度在1.0m左右，管井的地面低于卫生间的地面0.3～0.6m。卫生器具布置在靠管井一侧。

第四节　排水管道的水力计算

排水管道水力计算的内容是：确定计算管段的设计流量，确定设计管段的管径和

坡度。

一、生活污水量与工业废水量

1. 生活污水量

居住区生活排水系统的排水定额是其相应生活给水系统用水定额的85%～95%。在具体计算某个计算管段时，是以该管段所承担的排水设备多少来确定的。为了便于统计在住宅、医院、宿舍、旅馆和机关学校中，像计算给水管段的水量一样，将排水设备折算成"当量排水设备"简称"当量"，"当量"是以洗涤盆为标准，其排水量为0.33L/s，因此有

$$1 \text{ 排水当量} = 0.33 \text{L/s}$$

其他排水设备，可根据其排水流量的大小，折算成相应的当量，见表5-9。

卫生器具排水的流量、当量、排水管径和管道最小坡度　　　表5-9

序号	卫生器具名称	喷水流量(L/s)	当量	排水管管径(mm)	管道最小坡度
1	洗涤盆、污水盆(池)	0.33	1.00	50	
2	餐厅、厨房洗菜盆(池)				
	单格洗涤盆(池)	0.67	2.00	50	
	双格洗涤盆(池)	1.00	3.00	50	
3	盥洗槽每个水嘴	0.33	1.00	50～75	
4	洗手盆	0.10	0.30	32～50	
5	洗脸盆	0.25	0.75	32～50	
6	浴盆	1.00	3.00	50	
7	淋浴器	0.15	0.45	50	
8	大便器				
	高水箱	1.50	4.50	100	
	低水箱				
	冲落式	1.50	4.50	100	
	虹吸式、喷射虹吸式	2.00	6.00	100	
	自闭式冲洗阀	1.50	4.50	100	
9	医用倒便器	1.50	4.50	100	
10	小便器				
	自闭式冲洗阀	0.10	0.30	40～50	
	感应式冲洗阀	0.10	0.30	40～50	
11	大便器				
	≤4个蹲位	2.50	7.50	100	
	>4个蹲位	3.00	9.00	150	
12	小便槽(每米长)				
	自动冲洗水箱	0.17	0.50	—	
13	化验盆(无害)	0.20	0.60	40～50	
14	净身器	0.10	0.30	40～50	
15	饮水器	0.05	0.15	25～50	
16	家用洗衣机	0.50	1.50	50	

注：家用洗衣机排水软管，直径为30mm有上排水的家用洗衣机排水软管内径为19mm。

2. 工业废水量

工业废水水量，应根据生产工艺具体统计。

各类建筑中卫生设备的设置标准，应根据建筑设计标准和《工业企业卫生标准》

确定。

二、排水管段内的设计流量

在管道的水力计算中所讨论的设计流量是一种统计流量,它反应了管段内在一定概率下的最大可能发生的流量。这是为了保证管段内水流能畅通,同时也兼顾经济。排水管段中的生活污水流量与建筑物的功能和所担负的排水当量数量有关,以下分别进行介绍。

1. 住宅、集体宿舍、旅馆、医院、疗养院、幼儿园、养老院、办公楼、商场、会展中心、中小学校教学楼等建筑

生活排水管道设计秒流量可按下式计算:

$$q_P = 0.12\alpha\sqrt{N_P} + q_{max} \tag{5-1}$$

式中 q_P——计算管段排水设计秒流量(L/s);
N_P——计算管段的卫生器具排水当量总数;
α——根据建筑物用途而定的系数,可按表5-10确定;
q_{max}——计算管段上最大一个卫生器具的排水流量(L/s)。

根据建筑物用途而定的系数 α 值　　　　表5-10

建筑物名称	住宅、宾馆、医院、疗养院、幼儿园、养老院的卫生间	集体宿舍、旅馆和其他公共建筑的公共盥洗室和厕所间
α 值	1.5	2.0~2.5

注:如计算所得流量值大于该管段上按卫生器具排水流量累加值时,应按卫生器具排水流量累加值计。

2. 工业企业生活间、公共浴室、洗衣房、职工食堂或营业餐厅的厨房、实验室、影剧院、体育场、候车(机、船)室等建筑的生活管道

$$q_P = \sum q_0 N_0 b \tag{5-2}$$

式中 q_P——计算管段排水设计秒流量(L/s);
q_0——同类型的一个卫生器具的喷水流量(L/s);
N_0——同类型卫生器具数量;
b——卫生器具的同时排水百分数,按给水管道中的同时使用百分数计算。冲洗水箱大便器的同时排水百分数应按12%计算。

当计算排水流量小于一个大便器排水流量时,应按一个大便器的排水流量计算。

三、排水管道的水力计算

(一)排水横管的水力计算

1. 排水横管的水力计算公式

$$v = \frac{1}{n}R^{2/3}I^{1/2} \tag{5-3}$$

$$q = vW \tag{5-4}$$

式中 v——管道流速(m/s);
R——水力半径 $R = \frac{W}{x}$;
W——过水断面积(m²);
x——湿周,进水断面上,水与管壁接触的长度(m);
I——排水管的坡度;

n——排水管壁的粗糙系数，见表 5-11；

q——管中流量（m³/s）。

排水管、渠壁粗糙系数 表 5-11

管道材料	塑料管、玻璃钢管	石棉水泥管、钢管	铸铁管陶土管	混凝土管水泥砂浆抹面渠道	浆砌块石渠道	干砌块石渠道	土明渠（包括带草皮）
n 值	0.009～0.011	0.012	0.013	0.013～0.014	0.017	0.020～0.025	0.025～0.030

为了简化计算，常将上述计算式做成计算表，表中列出各种排水管管径在不同的坡度和充满度下的排水能力及相应的流速。当已知管道内的设计流量时，可以设定管径、坡度和充满度，由表中可查得此时排水管的排水能力和管内流速。如果排水能力与设计流量相等，则表示所设管径、坡度与充满度合理。否则应重新设定，直到合适为止。

室内排水横管的水力计算表见附录四附表 4-1、附表 4-2。

2. 排水横管水力计算中的几项技术规定

（1）最小管径

污水中含悬浮杂质，容易堵卡管道，经验证明管径小的管道更容易被堵卡。为此对一些从排水能力上考虑只需要很小管径的管道，从防止和减少堵塞的角度考虑，规定了"最小管径"。

1）一般排水设备的横支管及其立管、排出管，管径不应小于 50mm。

2）小便器后的排水管、食堂含油脂废水的排水管、医院污物洗涤盆、污水盆的排水管管径不得小于 75mm。

3）大便器后的排水管、浴池的泄水管管径不小于 100mm。

4）工业废水排水管，按《工业企业设计卫生标准》和具体情况参照上述规定确定最小管径。

（2）设计流速的规定

排水管内的流速对水中杂质的输送能力有直接的关系，为了避免污水中的杂质沉积，管内应保持的最低流速称"自清流速"，排水管道的自清流速如表 5-12 所示。

同时为了防止管道的冲刷磨损，排水管道对管内的最大流速也作了限制，见表 5-13。

排水管道的自清流速 表 5-12

污水类别	生活污水			雨水管及合流管道	明渠
	$D<150$mm	$D=150$mm	$D=220$mm		
自清流速(m/s)	0.6	0.65	0.70	0.75	0.4

排水管道的最大允许流速 表 5-13

管道材料 污水类别	生活污水	含有杂质的工业废水及雨水	管道材料 污水类别	生活污水	含有杂质的工业废水及雨水
金属管	7.0	10.0	混凝土及石棉水泥管	4.0	7.0
陶土管	5.0	7.0			

（3）排水管道的坡度

排水管道内的水流是重力流，水流流动的动力来自管道坡降造成的重力分量，管道的坡降直接影响管内水流速度和输送悬浮物的能力。为了保证排水管道不产生或少产生沉积物，应使管道保持一定坡度。最小坡度是针对那些管径较小、管内不能保证经常维持设计流量而规定的。对于大型管道，由于水流相对稳定，其"淤积"的问题是通过保证管内水流速度来解决的。

表 5-14 中列出了管道的最小坡度与标准坡度，在有条件的地方宜用标准坡度，受条件限制时可用最小坡度。表 5-15 为塑料排水横管的最小排水坡度。

（4）充满度

充满度是指排水管道中水深与管径之比的比值。排水管一般采用非满流。非满流的优点是：1）排水管水面上有一空间，可作空气流通的通路，有利于有害气体的排出，以维持管内压力平衡；2）水面上的空间用来调节管内流量的变化；3）非满流管道有较佳的水力性能，其排水能力大于满流状态，见图 5-15、图 5-16。

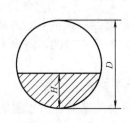

图 5-15 管道充满度

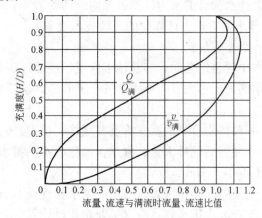

图 5-16 圆形管充满度与流量、流速的关系

铸铁排水管的坡度与最大充满度 表 5-14

废水类别 坡度或充满度 管径(mm)	生活污水			工业废水			
				生产废水		生产污水	
	标准坡度	最小坡度	最大充满度	最小坡度	最大充满度	最小坡度	最大充满度
50	0.035	0.025	0.50	0.020	0.6	0.030	0.6
75	0.025	0.015	0.50	0.015	0.6	0.020	0.6
100	0.020	0.012	0.50	0.008	0.7	0.012	0.7
125	0.015	0.010	0.50	0.006	0.7	0.010	0.7
150	0.010	0.007	0.60	0.005	0.7	0.006	0.7
200	0.0008	0.005	0.60	0.004	1.0	0.004	0.8
250	—	—	—	0.0035	1.0	0.0035	0.8
300	—	—	—	0.003	1.0	0.003	0.8

注：1. 生产污水中含有铁屑或其他污物时，则管道的最小坡度应按自清流速计算确定；
2. 排水沟的最大充满度为 0.8。

塑料排水横干管的最小坡度与最大设计充满度 表 5-15

外径(mm)	最小坡度	最大设计充满度	外径(mm)	最小坡度	最大设计充满度
110	0.004	0.5	160	0.003	0.6
125	0.0035	0.5	200	0.003	0.6

注：塑料排水横支管的标准坡度应为 0.026。

（二）排水立管的水力计算

排水立管的排水能力与相同管径的排水横管相比，其排水能力要大得多，但立管中的水流流态很复杂。当立管中接受横支管的排水量较小的时候，水流是沿着立管管壁作螺旋状向下流动的，此时，立管中的主要空间是气体，气压稳定；当进入立管的水量增大，大到一定程度后，水流不再作螺旋状流动，而是沿管壁形成一层水膜，直接由上而下地流动，称为"附壁流"。这时立管的中间仍然是上下流通的一根空气柱，气压仍然是稳定的，而且等于大气压；随着立管中流量的再增大，附壁水膜的厚度也增厚，管中水流速度也增大了，水膜与管中心的空气之间的摩擦阻力也增大，当立管中水量占据管断面1/4～1/3时，附壁水膜会由于受中心部分空气的阻力作用，形成像竹节一样的一道道封闭的隔膜，这种隔膜使管中心的空气柱被分割成互不相通的部分，隔膜上下的气压不稳定，这时的水流状态称为"隔膜流"；当立管中的流量进一步增大，"隔膜"将会发展成"水塞"，此时的水流状态称为"柱塞流"。柱塞流使立管内的气压更不稳定，并且殃及横支管中的气压，使器具排水管上的水封遭到破坏，这种情况在设计排水立管时应尽力避免。

排水立管的泄水能力是以避免破坏与立管相通的排水设备上的水封为基本要求，根据现有积累的实践经验来确定的，不作理论计算。排水立管的排水能力见表5-16、表5-17。

设有通气管系统的排水立管最大排水能力（L/s）　　　　表5-16

排水立管管径(mm)	仅设伸顶通气管					有专用通气立管或主通气立管	
	铸铁管	塑料管	设混合器单立管	设螺旋器单立管	塑料螺旋管	铸铁管	塑料管
50	1.0	1.2	—	—	—	—	—
75	2.5	3.0	—	—	—	5.0	—
90	—	3.8	—	—	—	—	—
100	4.5	5.4	6.0	7.0	7.0	9.0	10.0
125	7.0	7.5	9.0	10.0	10.0	14.0	16.0
150	10.0	12.0	13.0	15.0	15.0	25.0	28.0

注：1. 表中100mm、150mm塑料管其外径为110mm、160mm。
　　2. 表中塑料立管的排水能力是在立管底部放大一号管径的条件下的通水能力，如不放大时，则其排水能力应按铸铁管的数据取用。

不通气的生活排水立管最大排水能力　　　　表5-17

立管工作高度(m)	立管管径(mm)				
	50	75	100	125	150
≤2	1.00	1.70	3.80	5.00	7.00
3	0.64	1.35	2.40	3.40	5.00
4	0.50	0.92	1.76	2.70	3.50
5	0.40	0.70	1.36	1.90	2.80
6	0.40	0.50	1.00	1.50	2.20
7	0.40	0.50	0.76	1.20	2.00
≥8	0.40	0.50	0.64	1.00	1.40

注：1. 排水立管工作高度按最高排水横支管和立管连接处距排出管中心线间的距离计算。
　　2. 如立管工作高度在表中是列出的两个高度值之间时，可用内插法求得排水立管的最大排水能力数值。
　　3. 排水管管径为100mm、150mm，塑料管外径为110mm、160mm。

第五节 建筑雨水排水和回收利用

降落到屋面上的雨雪水,必须妥善设置管道沟渠、通畅排泄,并加以回收利用,如此既可避免屋面积水、漏水、泛水和造成灾害影响人们生活和生产活动,又能实现雨水的资源化,达到节约用水、消减水患、降低雨水排放投资,还可收到涵养地下水源、减小地面沉降、改善生态环境等综合效益,意义十分重大。本节将介绍雨水排水系统及其回收利用两部分。

一、雨水排水系统

设计雨水排水系统,应根据地区规划、建筑结构形式、屋面面积和式样、气象及建筑要求等综合考虑。在技术上先进、经济合理的情况下来确定雨水排水系统。现有两种常用的系统:一种是有压不满流雨水排水系统;另一种为虹吸流雨水系统或称压力流雨水系统。

(一)有压不满流系统又分建筑外排水和内排水。

1. 建筑外排水系统

雨水外排水系统是将全部排水系统设置在建筑物之外,这样较为安全卫生和简单经济,在条件允许时,应尽量采用外排水系统。

(1)檐沟排水

在一般民用建筑、公共建筑或较小的工业厂房等常采用檐沟排水,即在房屋外檐口处设置檐沟收集屋面降水,沟内设雨水口,并沿墙设置雨落管将雨水引到散水排放或排入庭院排水沟中,参见图 5-17。再引入雨水集水池以备回收利用。水落管可以是矩形或圆形,尺寸可为 100mm×80mm,或 ϕ100mm,材料可用镀锌薄钢板。在较高建筑中须采用铸铁管或用承压的塑料管,直径选用 DN100~150,或根据暴雨强度和汇水面积来确定。在一般建筑中选用 ϕ75~100mm 的水落管,间距可用 12~16m;工业厂房可用 ϕ100~150mm,间距为 18~24m。

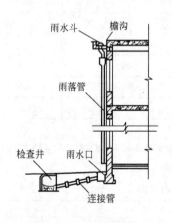

图 5-17 檐沟外排水系统

(2)天沟外排水

在厂房两跨之间的低谷处做成排水天沟,汇集屋面雨雪水,经沟端立管排至地面或管渠的检查井中,然后排到雨水干管内。

天沟的布置如图 5-18 所示,为避免天沟穿越厂房的伸缩缝或沉降缝而造成漏水,天沟应以两缝为分水线,向两侧排水。天沟的长度不宜大于 50m,坡度不小于 0.003。天沟断面积应根据屋面汇水面积和降雨强度大小通过水力计算确定。为了改善排水情况和防止杂物堵塞排水立管,应在立管雨水入口处设置雨水斗。同时在天沟末端的山墙、女儿墙上设溢流口,以利超设计降雨量的排泄,避免天沟积水,甚至溢水而造成危害。天沟溢流口如图 5-19 所示。

天沟外排水方式结构简单、施工方便、节省投资、应用较安全,是厂房首选的雨水排水形式。

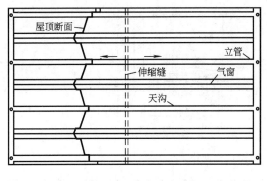

图 5-18 天沟的布置

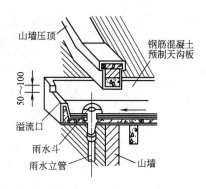

图 5-19 天沟穿山墙端壁设溢流口

2. 建筑内排水系统

建筑内排水系统是将管道设在建筑物内，降水通过室内排水系统，将雨水排到室内或室外地下雨水管道中去，参见图 5-20，图中设有三种雨水系统：右（a）部由雨水斗、连接管、悬吊管、立管、排出管等排入室外检查井中排放；中（b）部由雨水斗、连接管、立管和排出管排入室内检查井中排放；最后（c）部的辅助建筑，由于屋顶面积小而低，采用檐沟雨落管排到地下沟管中。最后由室外地下雨水管系统排到雨水利用系统或排放到城市雨水管道系统中去。

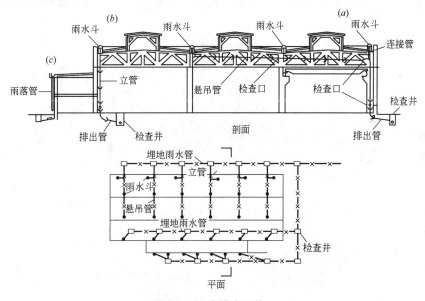

图 5-20 内排水系统
(a) 多斗系统；(b) 单斗系统；(c) 雨落管

内排水系统由雨水斗、连接管、悬吊管、立管、排出管、检查井和埋地管等组成。由于系统接连的斗数不同，可分连接一个斗的单斗系统及连接两个斗以上的多斗系统。单斗系统的排水量大，但应用的管材较多，施工较复杂，多用于小面积和特殊情况排水。埋地管用普通检查井连接的称为敞开式系统。由于雨水斗排水时带入大量空气，使管道系统形成压力排水，因而易发生室内检查井冒水，现已不采用，如必须在室内设置埋地管时，则须改用封闭检查井连接，以防井中冒水，参见图 5-21，平时管口用盖板封住，防止冒水。

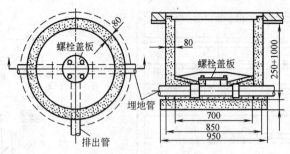

图 5-21 封闭式检查井

井间距不得大于 30m，管材须用承压材料如铸铁管、石棉水泥管及 UPVC 管等，造价较高，应用者不多见。

(1) 内排水系统的布置

内排水系统布置应按其组成部件顺序进行：

1) 雨水斗　雨水斗是设在天沟中雨水系统的进水口，它具有拦阻杂物和输导水流的作用，目前使用得较好的有 65 型及 87 型，其特点是斗前水深小，水流平稳，排水量大，掺气量小等。参见图 5-22 及图 5-23。雨水斗的布置和间距应考虑暴雨强度、汇水面积和斗的排水能力以及有利于管道的连接等问题。同时应以伸缩缝或沉降缝为分水线向两侧坡降；若在伸缩缝或防火墙处设有雨水斗时，应在其两侧各设一个斗。如图 5-24 所示。雨

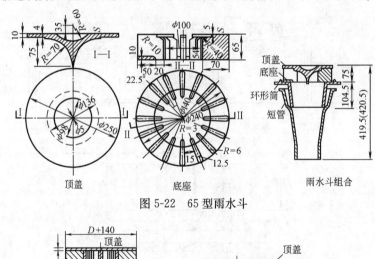

图 5-22　65 型雨水斗

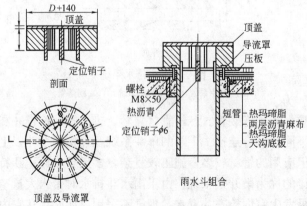

图 5-23　87 型雨水斗

水斗不要直接设在立管顶上，避免大量吸入空气，降低排水量；各斗布置应在建筑同一层面上，高差不应过大，以使排水较均匀；一幢建筑斗数不应少于两个，以免一个斗被堵塞时，屋顶泛水；在寒冷地区，斗应设在靠近屋面易受热影响区域；设在供人们活动的平屋顶、屋顶花园及窗井等处的雨水斗，可采用平箅式斗。如图 5-25 所示。

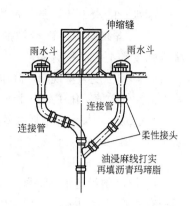

2) 连接管 它是雨水斗和悬吊管之间相连接的一段短管，管径应与雨水斗径相同，并牢固地装在建筑物的承重结构上。

3) 悬吊管 承接各连接管输来的降水量，它是横向的输水管，把水引入立管。悬吊管一般沿屋架敷设，需保持一定坡度并不宜小于 0.005。为便于维修工作，每隔 15～20m 应设检查口，悬吊管不应设在精密机械或电气设备上空，以防凝水损伤。管材可采用铸铁或塑料管，易受振动影响处可用钢管，管径一般不超过 300mm。

图 5-24 伸缩缝等两侧雨水斗装置

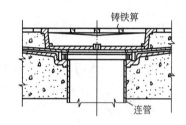

4) 立管 立管是接收悬吊管流来的降水，并将其排入排出管，再经检查井引入埋地管道。立管沿墙柱敷设，其管径不小于悬吊管的管径。高低跨悬吊管的雨水应单设立管排放，以免互相干扰，甚或产生反溢危害。

图 5-25 平箅雨水斗

如有必要连在同一立管上，则低跨悬吊管应接在立管距底部 1/2 立管高度以上之处，以免低跨悬吊管产生倒流溢水。立管底部距地面以上 1m 设检查口，以利维修工作。立管材料与悬吊管材料相同。

5) 排出管 排出管是连接立管与检查井的短管，其管径应不小于立管管径，因其是承压管，最好将管径放大一号，并以两个 45°弯头或长径 90°弯头与立管相接，以改善其水流入检查井的水流状况，减小受水流冲击甚或冒水危害。

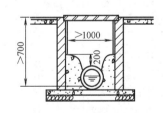

图 5-26 高流槽检查井

6) 检查井 检查井是排水管道接合的井点，由于排水管一般是重力流，为了管道接合、施工和检修等方便，以检查井代管道零件，因而在管道交叉、转弯、变坡、变径及太长等情况处，均应设检查井。排出管与埋地接连处设高流槽检查井，这种井是在普通井中将流槽自管顶上增高 0.2m，以减缓水流冲击，如图 5-26 所示。

7) 埋地管或庭院雨水管 是承接排出管排入雨水系统的地下横管，如此管装于室外，也称为庭院雨水管。为了便于维护，最小管径不宜小于 200mm，坡度不小于 0.005。敞开式的管材可用缸瓦管、石棉水泥管、混凝土管或钢筋混凝土管等。室内用密闭式埋地管时，需用承压的铸铁或塑料管等。

以上仅讨论了一般建筑雨水排水系统概况，但在实际工程中，会遇到多种多样的工业厂房或奇形怪状的公共建筑，应根据建筑物的特点，因地制宜，采用不同的雨水系统，以满足建筑物的排水要求。

(2) 建筑雨水管道的水力计算

雨水管的水力计算是根据当地的一定雨量来确定雨水排水系统的各部尺寸。

1) 雨量的计算　雨量是指进入雨水管道内的设计雨水流量，以 L/s 为单位。雨量与降雨强度和汇水面积有关。

a. 降雨强度与重现期　降雨强度是单位面积上某个降雨时段的降雨量被该时段的历时除而得到的数值，用 L/(s·hm²) 或 mm/h 表示，1mm/h 相当于 2.78L/(s·hm²)。重现期是指大于或等于某个降雨强度的降雨过程重复出现的周期（P），以年表示。如 $P=1$ 年，即表示一年出现一次等于或大于该降雨强度的降雨量，P 愈长，降雨强度越大。一般建筑屋面雨水排水系统中常采用 $P=1\sim 5$ 年来计算降雨强度，对较重要建筑可采用 $5\sim 10$ 年。

b. 设计雨量与汇水面积　雨水管中雨水设计流量，不仅与降雨强度有关，还与汇水面积有关。最大雨水流量是发生在全部汇水面积上的雨量正好到达雨水管进口的时刻。此时设计流量可用式（5-5）计算：

$$q = F \cdot q_5 / 10000 \tag{5-5}$$

式中　q——雨水管设计流量（L/s）；

F——屋面雨水的汇水面积（m²）；

q_5——降雨历时为 5min 时的降雨强度[L/(s·hm²)]；

10000——由 L/(s·hm²) 换算为 L/(s·m²) 的系数。

当屋面坡度大于 2.5% 时，汇水时间常小于 5min，故式（5-5）中 q 要乘以修正系数 $K=1.5\sim 2.0$。我国重要城市重现期 $1\sim 5$ 年暴雨强度 q_5 参见表 5-18。

我国重要城市 1～5 年暴雨强度 q_5[L/(s·hm²)]　　　　表 5-18

地区 \ 重现期(年)	1	2	3	4	5
北京	323	401	448	481	506
上海	336	419	467	502	529
天津	277	348	389	419	442
重庆	307	369	402	425	442
石家庄	276	351	393	425	449
济南	286	352	390	417	438
郑州	331	435	495	538	572
西安	134	187	221	243	261
乌鲁木齐	39	49	54	58	62
太原	231	292	327	352	372
长春	341	411	452	481	503
沈阳	286	357	397	426	448
哈尔滨	267	339	381	411	434
南京	292	351	386	410	429
合肥	304	373	414	443	465
杭州	298	374	418	449	474
南昌	423	510	562	598	626
福州	348	413	452	479	500
汉口	313	383	424	453	476
广州	380	441	477	502	522
昆明	315	388	432	463	483
贵阳	296	353	390	414	432
长沙	275	331	264	387	405
南宁	402	456	483	501	513
拉萨	257	315	349	372	391
兰州	147	189	214	231	245
包头	227	292	333	361	383
苏州	221	275	306	328	345
青岛	210	254	280	298	312
海口	421	471	501	522	538

2) 天沟排水水力计算

a. 天沟计算　天沟为屋顶上的明渠,可用曼宁公式进行计算:

$$q = wv \tag{5-6}$$

$$v = \frac{1}{n} R^{2/3} I^{1/2} \tag{5-7}$$

上式已在排水管水力计算中介绍过。可根据设计雨水流量,确定天沟的过水断面和坡度。也可按经验定出过水断面和坡度,核算其排水能力,如满足要求即可应用,否则须进行修改。

b. 天沟的保护高度　保护高度是防止天沟泛水,可按表 5-19 确定。

c. 天沟排水立管　天沟立管计算,是按天沟的设计雨水流量,确定雨水排水立管的管径,管径可根据表 5-23 来确定雨水立管的管径。

天沟和边沟的最小保护高度 (mm)　　　　　　　　　　　　表 5-19

含保护高度在内的沟深 h_z	最小保护高度
<85	25
85~250	$0.3 h_z$
>250	75

3) 雨水内排水管系统计算

a. 雨水斗的排水能力　雨水斗的排水能力与斗型、斗前水深和斗的直径有关,表 5-20 列出 65 型与 87 型雨水斗的排水能力。查用时,单斗系统可用高限值;多斗系统中,靠近立管斗的排水量大,可用高限值,其他各斗的排水量依次按减小 10% 水量计算。

65 型和 87 型雨水斗的排水能力 (L/s)　　　　　　　　　　表 5-20

口径(mm)	50	75	100	150	200
排水能力	4	8	12~18	26~36	40~56

b. 连接管　是承接雨水斗流来的雨水量,管段较短,一般连接管径可与斗径相同。

c. 悬吊管　悬吊管内水流掺气,在管内形成负压排水。负压值在悬吊管末端达最大值,其值与雨水斗在悬吊管上的高度大、雨水流量 q、管径 d 及管材有关。由其所造成的水力坡度 I 远远超过管坡,管坡可以不设置,但为了管道维修放空,还需设置最小管坡,一般不小于 0.005。水力坡度 I 可用 $I=(h+0.5)/L$ 计算,式中 0.5m 为设定的管末端的安全负压值,L 为管道长度。计算时,根据计算的 q 和 I 及所选用的管道材料查表 5-21 或表 5-22 来确定悬吊管的管径 d 值。

多斗悬吊管 (铸铁管、钢管) 的最大排水能力 (L/s)　　　　表 5-21

公称直径 DN(mm) / 水力坡度 I	75	100	150	200	250	300
0.02	3.1	6.6	19.6	42.1	76.3	124.1
0.03	3.8	8.1	23.9	51.6	93.5	152.0
0.04	4.4	9.4	27.7	59.5	108.0	175.5
0.05	4.9	10.5	30.9	66.6	120.2	196.3
0.06	5.3	11.5	33.9	72.9	132.2	215.0
0.07	5.7	12.4	36.6	78.8	142.8	215.0
0.08	6.1	13.3	39.1	84.2	142.8	215.0
0.09	6.5	14.1	41.5	84.2	142.8	215.0
≥0.10	6.9	14.8	41.5	84.2	142.8	215.0

多斗悬吊管（塑料管）的最大排水能力（L/s）　　　　　表 5-22

管道外径 D_e(mm)　　水力坡度 I	90×3.2	110×3.2	125×3.7	160×4.7	200×5.9	250×7.3
0.02	5.8	10.2	14.3	27.7	50.1	91.0
0.03	7.1	12.5	17.5	33.9	61.4	111.5
0.04	8.1	14.4	20.2	39.1	70.9	128.7
0.05	9.1	16.1	22.6	43.7	79.2	143.9
0.06	10.0	17.7	24.8	47.9	86.8	157.7
0.07	10.8	19.1	26.8	51.8	93.8	170.3
0.08	11.5	20.4	28.6	55.3	100.2	170.3
0.09	12.2	21.6	30.3	58.7	100.2	170.3
≥0.10	12.9	22.8	32.0	58.7	100.2	170.3

d. 立管的计算　立管内水流速度较高，排水量大，最大允许排水流量见表5-23。立管管径不应小于悬吊管管径。高低跨的雨水量不宜接入同一根立管，以免低跨排水困难，甚至造成倒流危险。如须接入，低跨悬吊管应接在立管中点以上处。建筑高度低于12m时，应采用表中低值，高层建筑不应超过表中高限值。

立管的最大排水流量　　　　　表 5-23

管径(mm)	75	100	150	200	250	300
排水流量(L/s)	10～12	18～25	40～55	70～90	130～155	210～240

e. 排出管　排出管一般不作计算，可采用与立管同径。为了降低管内流速，改善流入检查井中水流状况，管径可放大1～2号。

f. 检查井　是连接排出管与埋地管的结合点，流入水流掺气，在井中冲击放气，阻碍水流排放，为此在有排出管接入的井，用高流槽井。

g. 埋地管计算　埋地管按重力不满流计算。不满流情况已在本章横管计算中讨论过，为发挥管道排水能力，充满度按表5-24规定。根据雨水流量及充满度规定，制成埋地管允许排水量表（表5-25）供设计应用。计算时可按雨水流量及充满度在表中确定所需的管径和坡度。

埋地管最大设计充满度　　　　　表 5-24

管径 mm	≤300	350～450	≥500
最大设计充满度	0.5	0.65	0.80

雨水埋地管允许排水量（L/s）　　　　　表 5-25

管径(mm)	管道坡度									
	0.003	0.005	0.008	0.010	0.012	0.014	0.016	0.018	0.020	0.025	0.030
200	8.34	10.77	13.62	15.23	16.68	18.02	19.26	21.43	21.54	24.08	26.38
250	15.12	19.52	24.69	27.61	30.24	32.67	34.92	37.04	39.05	43.65	47.82
300	24.59	31.75	40.16	44.90	49.18	53.12	56.79	60.23	63.49	70.99	77.76
400	80.12	103.43	130.83	146.27	160.24	173.07	185.02	196.25	206.86	231.28	253.35
500	187.72	242.34	306.54	342.72	375.44	405.52	433.52	459.81	484.68	541.89	593.61
600	305.25	394.08	498.47	557.31	610.50	659.41	704.95	747.71	788.15		

注：1. d≤300mm 以充满度0.5计算；d=350～450mm 时以充满度0.65计；d≥500mm时，充满度以0.8计。
　　2. 本表数据是以粗糙系数 n=0.014计。

【例5-1】 北京某车间全长144m,宽度为三跨,每跨宽为18m,采用天沟外排水系统,$P=1$年,试计算天沟与立管管径。天沟布置如图5-27所示。

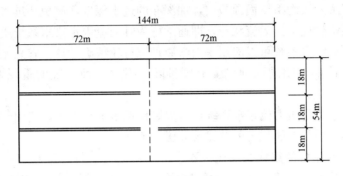

图5-27 天沟排水平面图

【解】 首先将屋面分水线设在中间,雨水分向两侧流行,雨水立管设在天沟末端。

1. 计算天沟的雨水流量

天沟汇水面积$=72\text{m}\times18\text{m}=1296\text{m}^2$;

天沟雨水设计流量:查表5-18北京$P=1$年的q_s强度为323L/(s·hm^2),修正系数为1.16,

$$323\text{L/(s·hm}^2)\times1296\text{m}^2\times1.16=48.56\text{L/s}$$

2. 天沟尺寸:天沟为混凝土槽$n=0.02$,$I=0.003$

设断面为宽×深$=0.45\times0.2$,断面积$W=0.09\text{m}^2$

3. 天沟过水能力校核:按式(5-7)计算流速v

先计算R:$R=\dfrac{W}{X}=\dfrac{0.09}{0.45+2\times0.2}=0.106\text{m}$

$$v=\frac{1}{n}R^{2/3}I^{1/2}=\frac{0.106^{2/3}\times0.003^{1/2}}{0.02}=0.6133\text{m/s}$$

$$Q=Wv=0.09\times0.6133=55.20\text{L/s}$$

由以上计算可知:天沟排水能力55.20L/s超过雨水量48.56L/s,天沟排水是安全的。

4. 立管直径确定:由设计雨量55.20L/s查表5-23,确定立管直径为200mm,其排水量为75L/s。

【例5-2】 北京某高校建设18层住宅楼,屋顶面积为30m×25m,计算雨水排水系统。屋面面积为$30\text{m}\times25\text{m}=750\text{m}^2$,$P=1$年,$q_s=323\text{L/(s·hm}^2)$,屋面降水量$=1.16\times323\text{L/(s·hm}^2)\times750\text{m}^2=28.10\text{L/s}$。

选用两个65型单斗系统,每个斗的排量为15L/s,超过降雨量28.1/2=14.05L/s,可满足排水要求。雨水斗可设在屋面上左右两侧各1个,斗不能直接设在立管顶上,必须距立管约有1m距离,以免雨水大量掺气。另外在1层及18层的立管上距地面1m处设置检查口,其他每隔3层也要设置检查口,以利日常维护工作。

(二)虹吸流雨水排水系统

前面已讲过一般雨水排水系统即有压不满流雨水排水系统,其雨水斗设在天沟底上,斗前水深只有60~80mm,在此情况下,斗排水时带气是不可避免的,因而系统设计是按不满流的。如果将斗前水深加高,掺气量将减少,当加到一定深度后,斗中排水将不再掺气,排水量增加,管道排水较为经济。但屋面天沟中水深不能太高,为此制成沉降式雨水斗,使斗体下部沉入天沟下屋面顶板内,加深斗的进水深度,避免斗进水中掺气,这样可使雨水排水的系统呈现负压满流状态,即通常称为虹吸流雨水排水系统或称为压力流雨水排水系统。虹吸流雨水系统可以应用水力学原理进行较精确计算。它只能排除设计重现期内的雨水,超设计重现期的雨须设溢流管排除,因此这种系统的重现期应采用较大些为宜。

虹吸流雨水系统是压力流排水系统,可以装设很多个雨水斗,它用于大型屋面积的建筑物,如仓库、厂房及大面积的公共建筑等房屋类。

1. 虹吸流雨水系统的组成及设置

此种系统的组成部分基本上与一般常用雨水系统相似,但具体要求不同,现分述如下。

(1) 雨水斗 虹吸流雨水系统须使用沉降式雨水斗,斗是由拦污栅、斗体、导流罩及排水管等部分组成,拦污栅设在天沟底面的斗体上面,斗体置于屋顶板内,如此加深了进水水位,可使水中不掺气,形成平稳水流进入管道中,呈现虹吸流排水。图5-28是我国某公司开发的虹吸流雨水斗,品种有d50mm~d150mm,材料为铸铁、铸铝和不锈钢等,现已应用在大型屋面建筑物中,效果很好。在安装时,每个排水区域内各雨水斗的装设高度均应在同一水平面上,不能产生高差排水。同时要求在同一个排水区内的斗数不能少于2个,以备其中一个发生堵塞或其他问题时,另一个可排除雨水,保证排水安全。图5-29是虹吸流雨水斗的屋面安装图。

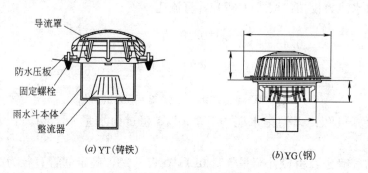

图5-28 虹吸流雨水斗

(2) 连接管 承接雨水斗排水,为使水流顺畅,由雨水斗到悬吊管之间高度应不小于1m,连接管的管径可与雨水斗径相同。

(3) 悬吊管 承接各连接管来水的横向管,由于管内是负压满流排水即虹吸流排水,可以不设管道坡度,但为了维修排空或便于排除小于设计重现期的小雨流量,最好设有最小的管道坡度为宜。管道材料可采用承压铸铁管、不锈钢管及高密度聚乙烯管等耐腐蚀材料。管道装置于专用的吊架上,安全稳固。每条悬吊可装接许多个斗,若斗数过多,也可分装于两个对称布置的悬吊管上,然后排入立管,这样可使悬吊管短小一些,方便施工装设。

(4) 立管 承接悬吊管排水,立管管径可以比悬吊管径小,多沿墙柱敷设,距地面上1m设检查口,以利维护工作。管材与悬吊管相同。

(5) 排出管 承接立管排入水量,为了降低流速和稳定水流,有利检查井排水,排出

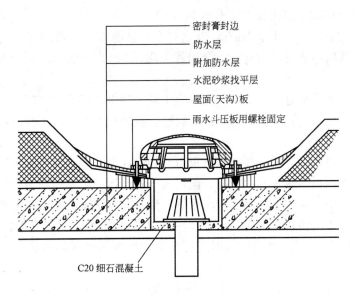

图 5-29 虹吸流雨水斗安装图

管管径放大，使其近于重力流排水状态。

(6) 埋地管 埋地管设于建筑物外，与一般地下排水管相同，最小管径不小于 200mm，检查井距不超过 30m。

2. 虹吸流雨水系统计算要点

虹吸流雨水排水系统的计算是按压力流计算，其设计计算要点如下。参见图 5-30。

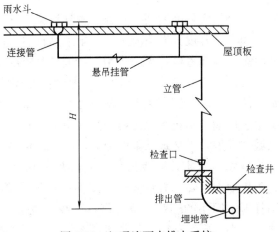

图 5-30 虹吸流雨水排水系统

(1) 虹吸流雨水系统必须应用沉降式雨水斗，斗的排水流量可按表 5-26 选用，每个独立的排水区至少应设两个斗；

虹吸式雨水斗的泄流量　　　　表 5-26

口径(mm)	50	75	100	150	200
泄流量(L/s)	6	12	25	60	120

117

(2) 连接管到雨水斗之间高度应不小于 1m;

(3) 悬吊管内流速应不小于 1m/s,以利自净。悬吊管与立管的交接点是管道系统中负压最大的点,其值与管道材料有关,金属管可用 80kPa,塑料管可用 70kPa,大口径还可低些;

(4) 立管 立管中水直下,流速较大,为了减小噪声,流速不宜超过 6m/s;

(5) 排出管 排出管要放大管径,降低流速,减缓检查井中水流冲击,有利于埋地管顺利排水;

(6) 埋地管 埋地管可按一般排水管重力流方法计算,检查井可采用高流槽井;

按照上述要求,根据建筑屋面情况、面积大小和当地一定重现期的降雨强度来计算降雨量,选用适宜的雨水斗,设置雨水排水系统,然后计算系统的总水头损失,其值应小于雨水斗到排水管出口间的总高度 H 值,并留有一些压力余量。另外还要求管道系统各节点间水头损失差值在 10kPa 之内。如不满足要求,须重新改变某些管径进行调整,以满足设计需要。

虹吸流雨水系统计算比较繁琐,本节不做详细讨论,读者如有需要,可参考有关《建筑给水排水工程》等书籍。

(三) 地面雨水排水

以前讨论了屋面雨水排除的问题,此外尚有大量的地面上的雨水需要排放,例如庭院、广场、道路、车站、码头等处的雨水,必须妥善排除和利用,以免妨碍生活、交通、卫生及安全等,同时还将其回收利用,以收到节水、防灾和有利生态环境等效益。室外雨水排除详见第六章。

二、雨水的回收利用

世界经济快速发展,用水量大幅度增加,水源又遭到污染,使可用水量不断减少,很多国家出现缺水现象,必须大力开展开源节流工作。雨水是自然水循环中的重要环节,其对调节地区的水资源和生态环境起着极重大的作用。我国是水资源缺乏国家,人均水资源占有量只有世界人均占有量的 20%~25%,再加上人为对自然环境的破坏,工农业对水源的污染及用水的浪费,使可用水量逐渐减少,现全国有 2/3 城市出现缺水,影响建设发展,为此必须大力保护生态环境、防止水源污染、节约用水、开辟新水源,其中雨水回用具有重要意义。近年来城乡发展,不透水承雨面加大,渗水量减小,雨水径流量增加,大量雨水白白流失,而且形成水旱灾害,造成极大损失,因此雨水回用不仅可缓解缺水困扰,还能涵养地下水、防止地面沉降、海水入侵、改善生态环境等。国外很多国家如德、法、丹麦、日本等国均有雨水回用的经验,值得借鉴。我国也已开始此项工作,2006 年建设部已开始制订《建筑与小区雨水利用工程技术规范》,推动建筑雨水回用发展。雨水回用涉及给水排水、建筑、园林景观及总图等,必须通力合作,达到节水防灾,涵养地下水,修复生态,收到综合效益。

(一) 雨水水质

雨水是高空中水蒸汽凝结的水滴,通过大气层降落到屋面、地面上形成的径流,在经过大气层及流经屋面、地面过程中,雨水受到严重的污染,雨水中的 COD(化学需氧量)SS(悬浮固体)及色度较高,还有一些总氮、磷及其他杂质等。各种物质含量与流行路径、时间、气温等有关,一般说初降雨水污染较严重,如流经油毛毡屋面的初期雨水COD达1000mg/L以上，但在雨降到2mm以后即降到100mg/L左右，雨水水质大为改善，有时将初期2mm雨水放掉不用，称为"弃流"水量，可简化雨水处理流程以求适用、经济。在上海有的单位为改善油毛毡平顶建筑的顶层闷热环境，将平顶改为坡顶瓦面，得到房屋隔热降温、减少漏水、降低雨水污染和美化城市等多种好处，虽然多花了一些钱，却收到良好的环境效益和社会效益，值得提倡。总之通过瓦屋面、混凝土屋面等的雨水水质比地面雨水水质好，且回收方便，因此雨水经处理后直接利用时，多采用屋面雨水为宜。

（二）雨水收集

前面已经讨论过的屋面雨水排水，包括室内外排水系统和地面雨水排水系统，都是为雨水收集而设置。根据处理系统的要求，建筑屋面雨水和地面雨水两系统可以分别进行回用，也可以合流进行回用或排放。如区域地处低洼，雨水不能自行流入处理设备或排放时，需建雨水泵站来提升雨水。泵站与居住等用房须有一定距离，并应有隔声防振措施，周围还应绿化，不能扰民及有碍环境保护工作。

（三）雨水的回收利用

地面或屋面雨水经收集后，根据需要进行利用，可分为下列三种方式：

1. 直接利用　这种方法是将集流后的雨水，通过管道输送到相应的处理设备，改善水质后，根据要求可用于生活杂用水、冷却水、水景、洗车、浇洒用水、消防、绿化等。具有节约用水，减少雨水排放水量，有利防洪减灾，缩小排放设施等优点。雨水水质含有较高的COD及SS，可生化性较低，一般可采用物理或物化法进行处理，水质可达到一般杂用水水质标准。处理流程如图5-31所示。

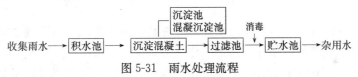

图5-31　雨水处理流程

由于降雨强度及降雨时间难于确定，且有季节性的变化，须设有适量的储水池进行水量调节。如果同时有中水设备，是否纳入中水处理系统，应慎重考虑中水系统扩大的规模及运行中季节性水量变化和水质等问题，以免将来运行时出现问题。

2. 间接利用　在雨水不宜直接利用或有用后多余的水量，且当地土地有一定的天然渗透能力或作人工渗透土层时，通过地面或沟、管、绿地等可将雨水渗透入地下，有时还可回灌地下，但要求不能污染地下水。

雨水渗滤法在土层渗透性好的地区，渗透系数大于1×10^{-5}m/s，可铺设渗水路面、行人道铺渗水砖或空格砖、渗水管渠，有条件时也可排入低地及池塘等处，由雨水直接下渗涵养地下水，丰富地下水源，减少灾害，还可防止地面下沉，沿海地区可防止海水入侵等。

3. 其他方面的利用方式

（1）直接渗透绿化　绿化渗透可铺渗水砖等，花卉灌木可作花池集水，乔木在根部作树坑，坑面上盖孔板以策安全，既可浇灌花木，多余水下渗涵养地下水源。我国古人对渗透绿化早有创造，如北京北海团城利用雨水渗透灌溉古树，团城高出地面5m以上，城中古树枝繁叶茂，其生长水分系由独特的雨水渗透系统供应，该系统以梯形砖铺砌，大面朝上，小面向下，接缝用透水材料；环城建有地下沟道，并设有数个带孔盖的集水井，沟满水后,由沟端溢出,沟中存水外渗,供古树生存用水。该工程使城中绿化受益已几百年,是为雨水绿化的杰出工程。

(2) 屋顶花园 设置屋顶花园是雨水回用的较好方法,可作为雨水预处理、消减雨水量、增加绿化面积、美化环境又可就地利用雨水和储存雨水量,还可起到屋顶隔热作用,可收到多种效益。国外应用很广,图 5-32 为一种屋顶花园种植示意图。所选用土壤应为渗透性好的轻质土,并与种植的植物的品种相适配,以利生长养殖。图 5-33 为设有排水系统的屋顶花园的种植情况,土壤下设渗滤无纺布,隔阻土壤下落,布下装设塑料制的渗排水材料,既可支承上部土层又可顺利排水,雨水排到排水管后,流入雨水斗排走,其下设防水层防止漏水,防水层下为屋顶板,此式屋顶花园构造简单、轻便、造价较低,可以试用。

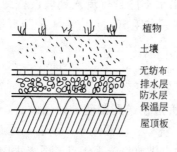

图 5-32 屋顶花园种植示意图

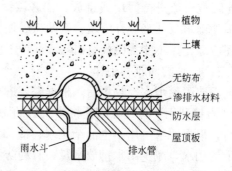

图 5-33 屋顶花园雨水排水系统

(3) 其他

雨水回用的途径很广,除上述各项外,还可利用天然或人工湿地或池塘等,养殖水生动植物,如鱼虾、水禽和菱莲等。回用工作既可减少雨水排泄量、构筑物造价,降低各种灾害的发生率,又可节约用水、美化环境、涵养地下水源、调节小气候,是一种意义极重要的公益事业,应予大力推行。

雨水回用工作必须注意安全卫生问题。雨水在降落和收集过程中,会受到污染,COD、SS 及杂物甚多,虽经一定处理改善,水质远未达到饮用标准,应预防误饮误用。因此必须在供水管道上涂色或作标志,注明"雨水"以防误接、误用及误饮。

第六节 局部污水处理

污水或废水排入城镇下水道或排入水体要满足排放标准。为达到排放标准,有时需在污水或废水排出前作一些处理。对远离市区的居住小区、工厂的污水或废水,就近作净化处理后排放是经济合理的。在一些城市,对大型建筑要求有废水回收利用的"中水系统",这种情况下,也需要建立废水处理设施。常用的处理设施介绍于后。

一、化粪池

化粪池是用来截留生活污水中大块悬浮物的构筑物。经过化粪池处理的生活污水,在外观上有所改善,但还不能达到直接排入水体的标准,还需进一步处理才能排放。化粪池拦截污水中的粪便及其他悬浮物。在池内大部分有机物质在微生物的作用下进行消化,使其转化为无机的消化污泥，每隔一定时间将消化污泥清掏出去作为肥料。化粪池的构造见图5-34。化粪池的计算介绍如下：

1. 化粪池容积计算

化粪池的容积由两部分组成：污水部分和污泥部分。

$$V=V_1+V_2 \tag{5-8}$$

式中　V——化粪池总容积；
　　　V_1——化粪池污水部分容积；
　　　V_2——化粪池污泥部分容积。

（1）污水部分的容积：

$$V_1=\frac{Nqt}{24\times1000} \tag{5-9}$$

式中　N——化粪池实际使用人数，在计算单独建筑物的化粪池时，总人数应乘以"使用人数百分数"，其值见表5-27。
　　　q——每人每天生活污水量，L/(人·d)，q与用水量相同，当粪便污水单独排出时，可采用20～30L/(人·d)；
　　　t——污水在化粪池中的停留时间，根据污水量的多少采用$t=12$～24h。

化粪池使用人数百分数　　　　　　　　　　　　　　表5-27

建筑物名称	百分数%	建筑物名称	百分数%
医院、疗养院、养老院、幼儿园(有住宿)	100	职工食堂、餐饮业、影剧院、体育场(馆)、商场和其他场所(按座位)	10
住宅、集体宿舍、旅馆	70		
办公楼、教学楼、试验楼、工业企业生活间	40		

（2）污泥部分的容积：

$$V_2=\frac{aNT(1.00-b)K\times1.2}{(1.00-c)\times1000} \tag{5-10}$$

式中　a——每人每天的污泥量，L/(人·d)，当粪便污水与生活废水合流排出时取$a=0.7$，当粪便污水单独排出时取$a=0.4$；
　　　N——化粪池实际使用人数（同前）；
　　　T——污泥清掏周期（d），根据污水温度的高低和当地气候条件，采用$T=90$～360d；
　　　b——进入化粪池的新鲜污泥的含水率，按95%计；
　　　c——化粪池中发酵浓缩后的污泥的含水率，按90%计；
　　　K——污泥发酵后体积缩减系数，按0.8计；
　　　1.2——清掏污泥后考虑遗留20%的熟污泥量的容积系数。

2. 化粪池的构造

化粪池视其容积大小，有做成单井式的，也有做成矩形分格的。矩形化粪池有砖砌的，也有用钢筋混凝土的。

矩形化粪池一般分成二格或三格，隔墙上开孔，开孔位置有两种——低孔位和高孔位。低孔位，孔中心到池底的距离为有效水深的40%；高孔位为有效水深的60%或70%，但孔位一是要在沉泥有效高度之上，同时又在水面以下。图5-34为4号化粪池。

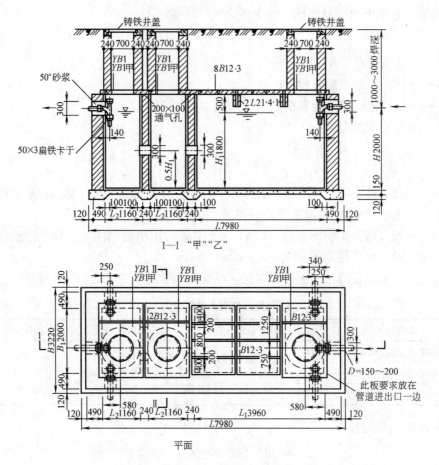

图5-34 矩形4号砖砌化粪池

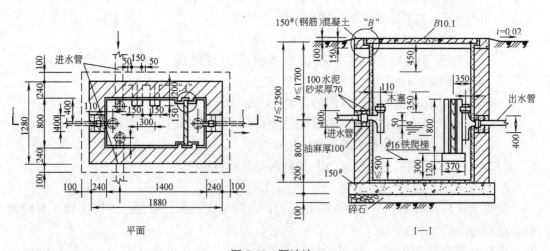

图5-35 隔油池

二、隔油池

餐厅、厨房和食品加工车间等排出的水中含油脂，油脂会凝固在排水管壁上，堵塞管道。还有些地方的排水，如汽车洗车水，机加工车间的排水中也含有油，这些油是汽油或机油，在管道中挥发后遇火会引起火灾。因此，这些含油水在排入管网前应先除油。去除浮油一般用隔油池。

图 5-35 所示为食堂排水隔油池的构造，图 5-36 为一斜板隔油池的构造。隔油池中应控制水流的流速不大于 5mm/s。图 5-37 为平流式除油池。

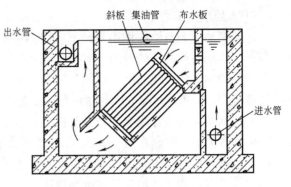

图 5-36 波纹斜板式除油池

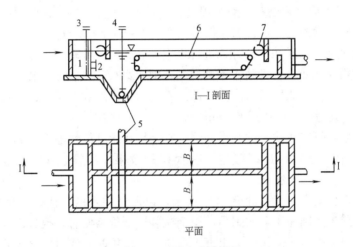

图 5-37 平流式除油池

1—布水间；2—进水孔；3—进水阀；4—排渣阀；5—排渣管；6—刮油刮泥机；7—集油管

三、中水处理

为了节约水资源，一些城市规定，面积超过 2 万 m^2 的大旅馆、饭店及公寓；面积超过 3 万 m^2 的机关、研究单位、大专院校应建立中水系统。中水是利用废水进行净化处理后再回用的水，一般利用中水进行厕所冲洗、浇洒绿地、作冷却水等。因中水的水质有别于饮用水，故以中水来命名。

1. 中水处理的流程

（1）以洗脸、沐浴等废水为原水的中水处理流程：

调节池 → 生物接触氧化反应器 → 沉淀 → 过滤 → 消毒 → 中水池 → 回用。

（2）以居住区生活污水作原水的中水处理流程：

生活污水 → 调节池 → 沉沙地 → 沉淀池 → 生物反应池 → 二沉池 → 过滤 → 消毒 → 中水池 → 回用。

（3）应用膜技术的处理流程：

生活污水 → 调节池 → 沉沙地 → 沉淀池 → 生物反应池 → 超滤膜 → 消毒 → 中水池 → 回用。

2. 中水处理构筑物

(1) 调节池，调节池的作用是调节水量和水质。由于废水的量和水质是变化的，而处理设备的工作是希望稳定的，为了解决这两者之间的矛盾，设调节池，以调节进水的水质和流量的不均匀。调节池的调节功能与其容积和构造有关，容积应根据水质水量逐时变化曲线计算确定。一般采用6~12h的平均废水流量的容积。调节池一般设在建筑物的地下。

(2) 沉淀池：为去除废水中悬浮物而设，沉淀池中要创造一个让悬浮物下沉的环境，要求池中的水流流速控制在5~7mm/s，水流在池内的停留时间在1~2h。

(3) 生物反应池：生物反应池在中水处理中采用的多半是好氧生物接触氧化工艺，该工艺的主要特点是利用"填料"作生物载体，在供给空气的情况下，对水中有机物进行生物降解。生物接触氧化工艺处理生活污水，需要的水力停留时间为2~4h，有机物的去除率可达90%以上。生物处理设备一般体积大且重量大，应设在建筑物底层。

(4) 过滤设备：常用的过滤设备是砂滤，滤料是0.7m厚的石英砂，当滤层被拦截下来的悬浮颗粒堵塞后采用反冲洗的方式进行再生。砂滤池的处理能力以滤速来表示，一般砂滤池的滤速采用6~8m/h，即每平米滤池每小时可以处理6~8m^3水。

除了砂滤池外，还有双层滤料滤池，即滤料由无烟煤粒和石英砂两层滤料组成，每层厚350~400mm。其滤速一般也用6~8m/h。

此外，近年来有研究成功一种纤维滤池。它是用化学纤维作滤料、利用纤维提供的巨大表面积，对水中悬浮颗粒进行吸附，有很好的效果及很高的效率，滤速可达20~30m/h，反冲周期也可大大延长。

(5) 消毒设备：消毒是为了杀灭水中病菌，以保证中水的卫生。常用的消毒剂有液氯、次氯酸钠。前者是制碱工业的副品，用钢瓶装运，价格便宜，投加方便。但由于氯气对人体有毒，在出事故时泄漏氯气会出现人身伤亡，使用时要注意安全设施，要有通风设备和安全水池，当氯瓶有泄漏时，将其推入水池中，泄漏的氯为水池中的碱性水溶液吸收。次氯酸钠是由次氯酸钠发生器产生的，其原理是食盐经电解产生次氯酸钠溶液，这种溶液浓度不太大，不会对人产生危害，使用安全，缺点是需要用电和食盐。次氯酸钠发生器市场上有售，可根据需要选购。

除了氯气、次氯酸钠消毒剂以外，还有臭氧、二氧化氯消毒，后两种消毒剂的优点是不会产生三氯甲烷一类的有害化合物，但它们的设备较复杂，价格也高一些。

思 考 题

1. 为什么要制定污水和废水的排放标准，且排入城市下水管网和各种水体的标准不同？
2. 试述建筑排水系统的组成及它们的作用。
3. 试述建筑排水管道布置应注意的问题。
4. 建筑雨水系统如何分类？各适用于何种情况。厂房雨水排除为何应首先考虑采用外排水系统？
5. 雨水斗有何作用？虹吸流斗有何特点？试述两种内排水系统的工作原理有何不同？
6. 试述雨水收集利用的意义。

第六章 室外排水工程

第一节 室外排水系统

室外排水工程的任务是排除城镇生活污水、工业废水和大气降水,以保障城镇的正常生产与生活活动。

一、排水体制

污水与雨水是用一套管系排除,还是用不同的管道系统排除的问题称为排水体制的问题。排水体制可分为以下几种:

1. 直泄式完全合流制系统

将生活污水、工业废水和雨水全部纳入一套管道系统中直接排入河道的系统称直泄式完全合流制排水系统。合流制管道的基建投资最省。我国多数老城市的排水体制是这种体制,并且无城市污水处理厂,常常将污水和雨水直接排入河道,造成环境污染,随着城市的发展污染日益严重。

2. 截流式合流制

这是在直泄式完全合流制系统上改造而成的系统,该系统是将合流制管道的各排河口上设截流井,截流井将污水截下,并通过沿河岸敷设的截流干管将污水送到污水处理厂进行处理,如图6-1所示。这样可以大大减少污水对河道的污染。但需兴建城市污水处理厂。

由于受污水处理厂规模的限制,截流井不能将全部雨水和污水都收集到污水厂进行处理,只能收集初雨雨水和部分雨水,当大雨时,水量过大,截流井又起溢流井的作用,它将一部分雨水和污水的混合水溢入河道。截流的雨水量与旱流污水量的比值称截流倍数,用 n_0 表示,n_0 的取值要视接受溢水河道的环境质量的要求来定,一般采用 $n_0=1\sim 5$。n_0 取小值可降低污水厂处理量和截流干管的尺寸,n_0 取大值对减少对河道的污染有利。图6-2为溢流堰式截流井。

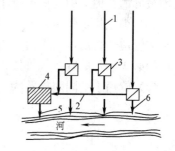

图6-1 截流式合流制排水系统
1—合流干管;2—截流主干管;3—溢流井;4—污水厂;5—出水口;6—溢流出水口

截流式合流制管道在晴天的水流量小,易发生污染物的沉积。这些沉积物虽在雨天可以被冲走,但平时流态不好。晴天和雨天的水质水量变化大,对污水处理厂的运行操作不便。

针对截流式合流制排水管系对河道还存在着污染的问题及对污水处理厂的冲击问题,有人提倡将雨天溢流入河道的雨、污混合水,用蓄水池贮存起来,待到晴天时再送到污水厂进行无害化处理,这样既不使污水厂容量增大很多,又可使污水不入水体。但这种办法要有很大的蓄水池才能实施。

3. 完全分流制

将雨水与城市污水（包括生活污水和工业废水）分开排放，即称为分流制。分流制中雨水可以直接排入水体，而城市污水单独用管道送入污水处理厂。图6-3为分流制排水系统。

分流制的优点是污水量稳定了，对于管道中的流态和污水厂的操作都有利。其缺点是要建两套管道系统，投资高。

4. 不完全分流制

对于新建城市，先建污水排水管道系统，雨水暂时不建管道系统，而是利用道路边沟、地面坡度，直接将雨水泄入河道，这种体制称不完全分流制如图6-4所示。

不完全分流制可以节省初期投资。

5. 混合制排水系统

在一些老城市中，由于原始条件和自然条件各区不同，在同一个城市可能是多种排水体制共存的情况，一般称其为混合排水体制。

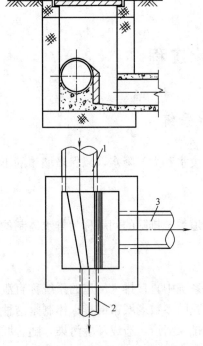

图6-2 溢流堰式溢流井
1—合流管道；2—截流干管；3—排出管道

二、室外排水系统的组成

对城市污水系统与雨水排水系统作简单介绍。

1. 城市污水排水系统的组成

（1）庭院或街坊管道系统。庭院或街坊排水管道系统是接受房屋排出管排出的污水，并将其排泄到街道排水管去的管道系统。它们是敷设在庭院或街坊内的排水管道系统。由出户管、检查井、庭院排水管道组成。庭院管道的终点设控制井，控制井的井底标高是庭院内最低的，但必须与街道排水管的标高相衔接。

（2）街道排水管道系统。街道排水管道系统是敷设在街道下的，它是承接庭院与街坊排水的管道。街道排水管由支管、干管和主干管及相应的检查井组成。街道排水管道的最小埋深必须满足庭院排水管接入的需要。

（3）管道上的附属构筑物。包括跌水井、倒虹吸等。

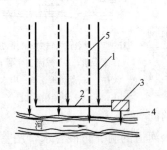

图6-3 分流制排水系统
1—污水干管；2—污水主干管；3—污水厂；
4—出水口；5—雨水干管

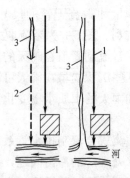

图6-4 不完全分流制
1—污水管道；2—雨水管渠；3—原有渠道

(4) 中途提升泵站。当管道由于坡降造成埋深过大时，需设提升泵站提升后再输送。

(5) 污水处理厂。污水处理厂在管网的末端将污水处理后，排入水体或进行再利用。

(6) 排出口及事故出水口。污水管排入水体的出口称排出口，它是排水系统的终端。事故出水口常设在泵站前或污水处理构筑物前，为应付事故而设的临时排出口。

2. 室外雨水排水系统的组成

(1) 雨水口。是收集地面径流雨水的构筑物，它由井室、雨水箅子和联接管组成。

(2) 雨水管。雨水管由庭院或街坊、厂区雨水管，街道下雨水支管，雨水干管和雨水主干管组成。

(3) 出水口。即雨水排入水体的排放口。

(4) 排洪沟。城镇外围大流域雨水的排水管渠。

对于合流制排水系统，其管道系统的组成是上述两系统的综合，在截流管上增加了溢流井。

第二节 室外排水管道的布置与敷设

排水系统的布置应与当地的地形、地貌和污水厂的位置因地制宜地布置。

一、街道排水支管的布置

街道排水支管的布置应以简捷、尽可能在埋深小的条件下，使庭院和街坊排水管道都能靠自流接入。

街道排水支管的布置形式有低边式、围坊式、穿坊式三种，见图 6-5。

低边式是将排水支管设在街坊的低侧，街坊内的排水管可以顺着地形坡度进入街道支

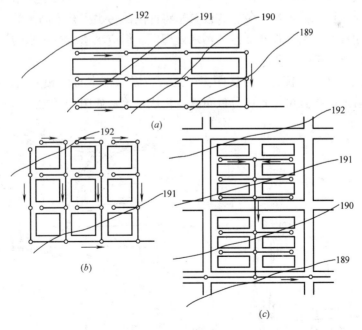

图 6-5 污水支管的布置形式
(a) 低边式；(b) 围坊式；(c) 穿坊式

管，这样可以减小支管和街坊管道的埋深。

当街坊较大，且地势平坦，将街道排水支管围绕街坊布置，可以使街坊内的排水管长度减短，也即减小了埋深。

当街坊内部的建筑规划已经确定的情况下，可以将街道排水支管贯穿街坊，与街坊内管道形成一体，有利于减短街道支管和街坊内排水管的长度，减小埋深。

二、排水干管的布置形式

排水干管的布置形式有以下几种：

（1）正交式：指排水干管与地形等高线正交与河道流向成 90°相交的布置形式。这样的布置形式可使排水长度短，最大地利用地形坡度，管径小。这种形式在老城市的合流制管道中多有应用，但它多为直接排入河流，有污染环境的问题，因此，现今多为截流式所替代。在雨水排水管道布置中还有广泛应用。见图 6-6。

（2）截流式：见图 6-7。

（3）平行式：当地形坡度较大时，为不使管内流速过大，常将干管和主干管的走向与地形等高线基本平行。见图 6-8。

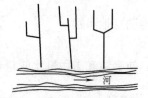
图 6-6 正交式排水系统

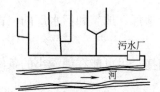
图 6-7 截流式排水系统

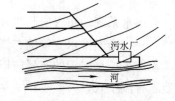
图 6-8 平行式排水系统

（4）分区式：当一个城市的地形高差相差很大时，可分别设两个排水区，如果只设一座污水处理站时视污水处理站的位置或设泵站将低区的污水提升入高区的污水处理厂，或将高区的污水用重力流引入设在低区的污水处理厂。但应尽量减少污水的提升量，以节省能源。图 6-9 为分区式排水系统。

（5）分散式：当城市较大，各区距离较远，或者城市本身由相隔较远的组团区镇组成。这时排水管道的布置可按各区分散布置，自成系统，如图 6-10 所示。

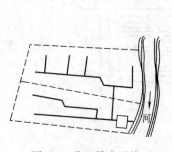
图 6-9 分区排水系统

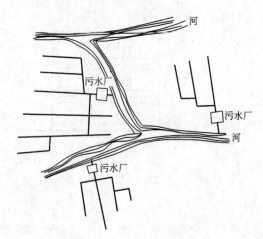
图 6-10 分散式排水系统

三、排水管道敷设的位置

排水管道需要经常维护和管理。因此，排水管道应避免敷设在交通繁忙的街道下，宜敷设在道路边绿地或人行道下，使得排水管检修和维护时不致影响交通。当街道宽度超过40m时，为避免排水管穿越马路的次数过多，可以在马路两边同时设两条排水管。污水管道免不了要向外漏渗污水，这对于建筑的基础和其他管线如电缆、煤气管道、给水管道和热力管道都有不利的影响，因此，排水管道还必须与其他管线和建筑物保持一定的间距，见表6-1。

排水管道与其他管线（构筑物）的最小净距 表6-1

名 称		水平净距(m)	垂直净距(m)	名 称	水平净距(m)	垂直净距(m)
建筑物		见注①		乔木	见注③	
给水管		见注②	0.15②	地上柱杆	1.5	
排水管		1.5	0.15	道路侧石边缘	1.5	
煤气管	低压	1.0		铁路	见注④	
	中压	1.5		电车路轨	2.0	轨底1.2
	高压	2.0	0.15	架空管架基础	2.0	
	特高压	5.0		油管	1.5	0.25
				压缩空气管	1.5	0.15
热力管沟		1.5	0.15	氧气管	1.5	0.25
电力电缆		1.0	0.5	乙炔管	1.5	0.25
				电车电缆		0.50
通信电缆		1.0	直埋 0.5 穿埋 0.15	明渠渠底		0.50
				涵洞基础底		0.15

注：1. 表列数字除注明者外，水平净距均指外壁净距，垂直净距系指下面管道的外顶与上面管道基础底间净距。
2. 采取充分措施（如结构措施）后，表列数字可以减小。
① 与建筑物水平净距，管道埋浅于建筑物基础时，一般不小于2.5m（压力管不小于5.0m）；管道埋深深于建筑物基础时，按计算确定，但不小于3.0m。
② 与给水管水平净距，给水管管径小于或等于200mm时，不小于1.5m，给水管管径大于200mm时，不小于3.0m。
　与生活给水管道交叉时，污水管道、合流管道在生活给水管道下面的垂直净距不应小于0.4m。当不能避免在生活给水管道上面穿越时，必须予以加固。加固长度不应小于生活给水管道的外径加4m。
③ 与乔木中心距离不小于1.5m；如遇现状高大乔木时，则不小于2.0m。
④ 穿越铁路时应尽量垂直通过。沿单行铁路敷设时应距路堤坡脚或路堑坡顶不小于5m。

当地下设施十分拥挤而道路交通又十分繁忙的情况下，可以采用地下管廊的做法，将所有管道集中在管廊中统一布置。管廊中污水管在其他管线之下。雨水管因为太大，一般不设在管廊中。

排水干管与主干管的定位，还应考虑到地质情况，应将管线选在地基坚实的位置，遇到劣质地基时，或考虑绕道，或采取切实的加固措施方能通过。

排水管道是重力流，为了不设或少设中途泵站，应尽力保持设计坡度，不跌水，当与其他管线交叉时，有压管道让无压管，并多注意做好协调工作。

第三节　室外污水管的设计计算

一、污水量计算

污水量包括两部分：生活污水量和工业废水量。

1. 生活污水量

(1) 居住区生活污水量 可用下式计算：

$$Q_1 = \frac{nN \cdot K}{24 \times 3600} \tag{6-1}$$

式中 Q_1——居住区生活污水设计流量（L/s）；
  n——生活污水水量标准[L/(人·d)]；
  N——设计人口；
  K——总变化系数。

生活污水量标准应当基本上与生活给水量标准相当，考虑到有些生活用水不能全部排入下水道以及下水道的渗漏等因素，取生活污水量为80%~90%的生活给水量来计算。

变化系数是指污水流量的某一时段的瞬时值与平均值之比。有时变化系数 K_h、日变化系数 K_d 和总变化系数 K 之分，其定义如下式表示：

$$K_h = \frac{\text{最高日最高小时流量}}{\text{最高日平均时流量}} \tag{6-2}$$

$$K_d = \frac{\text{年最高日流量}}{\text{年平均日流量}} \tag{6-3}$$

$$K = K_h \cdot K_d \tag{6-4}$$

根据统计，K 可用式（6-5）表示，也可按表6-2计算。

$$K = \frac{2.7}{Q^{0.11}} \tag{6-5}$$

式中 Q——平均日平均时污水流量，L/s。

生活污水量总变化系数　　　　表6-2

污水平均日流量(L/s)	5	15	40	70	100	200	500	≥1000
总变化系数(K)	2.3	2.0	1.8	1.7	1.6	1.5	1.4	1.3

注：当污水平均日流量为中间数值时，总变化系数用内插法求得。

(2) 工业企业生活污水量：

$$Q_2 = \frac{\sum A \cdot B \cdot K_h}{3600T} + \frac{\sum C \cdot D}{3600} \tag{6-6}$$

式中 Q_2——工业企业生活污水量（L/s）；
  A——车间最大班人数；
  B——相应车间职工生活污水量标准一般采用30~50L/(人·班)；
  K_h——相应车间生活污水量变化系数，K_h=1.5~2.5；
  C——车间最大班使用淋浴人数，淋浴时间以60min计算；
  D——相应车间淋浴污水量标准，按表5-14采用；
  T——每班工作时数。

2. 工业废水量

$$Q_3 = \frac{m \cdot M \cdot K}{3600T} \tag{6-7}$$

式中 Q_3——工业废水流量（L/s）；

m——生产单位产品的平均废水量（m³/单位产品）；

M——产品的平均日产量；

T——每日生产时数；

K——总变化系数，不同工业不同生产工艺 K 不同，一般 $K_d=1.0$；$K_h=1.0 \sim 2.0$。

3. 城市污水设计流量

$$Q = Q_1 + Q_2 + Q_3 \tag{6-8}$$

式中 Q_1——居民生活污水量；

Q_2——工业企业生活污水量；

Q_3——工业废水量。

二、城市排水管道设计中的几项规定

1. 充满度

城市排水管中的水流是按不满流设计的。最大充满度见表6-3。

最大设计充满度（GB 50014—2006） 表6-3

管径(D)或暗渠高(H)（mm）	最大设计充满度 ($\frac{h}{D}$ 或 $\frac{h}{H}$)	管径(D)或暗渠高(H)（mm）	最大设计充满度 ($\frac{h}{D}$ 或 $\frac{h}{H}$)
200~300	0.55	500~900	0.70
350~450	0.65	≥1000	0.75

注：1. 在计算污水管道充满度时，不包括淋浴或短时间内突然增加的污水量，但当管径小于或等于300mm时，应按满流复核。
2. 合流制管道按满流计算。
3. 明渠超高不得小于0.2m。

2. 设计流速

设计流速是指流量为设计流量时的平均流速。设计流速不宜过小，这是因为污水中的固体杂质会沉积，保持一定的流速可使其不发生淤积。设计流速又不宜过大，过大的水流速度会对管壁造成冲刷损坏。见表6-4、表6-5。

3. 最小管径和最小设计坡度

最小设计坡度和最小管径是在污水管道的起始段采用的。这时管内的设计水量常常很小，在正常充满度下保证自清流速常常也很难做到，或者为保证上述要求要将管径做得很细很细，这样一是选不到实际管材，二是管径太小容易堵塞，为此规范规定了最小管径。

最小设计流速（GB 50014—2006） 表6-4

管道种类	最小设计流速(m/s)	管道种类	最小设计流速(m/s)
设计充满度下的污水管	0.60	明渠	0.40
合流制管道满流时	0.75		

注：1. 当起点污水管段中不能满足以上规定时，应符合最小管径和最小设计坡度要求。
2. 设计流速不满足最小设计流速要求时，应增设清淤措施。

最大设计流速 表 6-5

材 质	最大设计流速(m/s)	备 注
粗砂或含亚黏土	0.80	
亚黏土	1.0	
黏土	1.2	$h<0.4m$,最大设计流速乘以 0.85 系数
石灰岩或中砂岩	4.0	$1.0<h<2.0m$,乘系数 1.25
草皮护面	1.60	$h\geq2.0m$,乘系数 1.40
干砌块石	2.0	h 为水流深度
浆砌块石或浆砌砖	3.0	
混凝土	4.0	
非金属管	5.0	压力流排水管道,设计流速宜用
金属管	10.0	$0.7\sim2.0m/s$

管道的坡度,在重力流下反映了水流的水力坡度,水力坡度越大,水流速度也越大。为保证在污水管内不发生或少发生淤积,规范规定了城市污水管道的最小坡度。见表 6-6。

排水管最小管径和最小设计坡度 表 6-6

管	别	最小管径(mm)	最小设计坡度
居住小区支管 (GB 5001—2003)	塑料管	160	0.005
	混凝土管	200	0.004
居住小区干管 (GB 5001—2003)	塑料管	200	0.004
	混凝土管	300	0.003
污水管、雨水管、合流管(GB 50014—2006)		300	塑料管 0.002,其他管 0.003
雨水口连接管(GB 50014—2006)		200	0.01

注:管道坡度不能满足上述要求时,可酌情减小,但应有防淤、清淤措施。

4. 污水管道的埋设深度

污水管道的埋设深度有两个含义:覆土深度和埋设深度。前者指管道外壁顶部到地面的距离;后者指管道内壁底到地面的距离。

管道埋设深度受三个因素的影响。

(1) 冰冻深度:为不致使管道冻坏,管道须埋设在冰冻线以下,但一般城市污水的温度都在 4~10℃以上,有的工业废水也有较高的水温。因此,可以将污水管道的管底设在冰冻线以上 0.15m,而其基础仍在冰冻线下。

(2) 地面活荷载:为避免管壁被地面活荷载压坏,要求管道有一定的覆土深。覆土深度越大,活荷载向下传递的力被分散得越多,传到管道上的荷载就越小。规范规定在车行道下管道的覆土厚度不宜小于 0.7m。在采取措施后能确保管道不受损坏时,可以将覆土深度酌情减小。

(3) 街道排水管与街坊(居住小区)排水管的衔接:街道排水管的埋深要保证街坊内的排水管能正常接入。街道排水管的埋深可用式(6-9)计算。

$$H=h+iL+z_1-z_2+\Delta \quad (6-9)$$

式中 H——街道排水管的埋深(m);

h——街坊或庭院排水管起端最小埋深(m);

z_1——街坊（小区）排水管接入街道排水管处检查井的地面标高（m）；

z_2——街坊或庭院排水管起端检查井处地面标高（m）；

i——街坊内排水管的坡度；

L——街坊内排水管总长（m）；

Δ——连接支管与街道排水管的内底高差（m）。

5. 管道的衔接

排水管道的衔接有三种情况：

（1）上下游管径相同，流量相同：按管底正常坡度衔接，或称"管底平"衔接。

（2）上下游管径相同，但下游流量有所增大：这种情况，下游的水深一定比上游增大。为不使上游管段产生拥水现象，上下游管段可按"水面平"的方式衔接。

（3）上下游管径不同，下游的水量也增大：这时可采用"水面平"接，也可采用"管内顶平"的方式衔接。"管顶平"衔接，使下游管道埋深增加更多一些，而"水面平"衔接可节省一些埋深。图 6-11 所示为管道衔接。

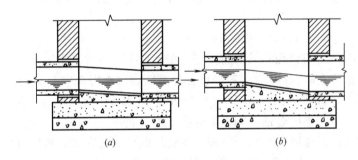

图 6-11 污水管道的衔接
(a) 水面平接；(b) 管顶平接

6. 检查井设置

由于排水管道内排泄的污水含杂质多，常会产生淤积，又由于排水管道接口和连接井处会有渗漏，常会有树根之类的植物根系在管内生长，造成排水管道流水不畅。排水管道必须经常养护管理，为便于清理管道，在排水管的直段上每隔一定距离要设检查井，见表6-7。并在管道拐弯、两管连接处都应设检查井。检查井的井筒和井室尺寸应便于养护和检修，应设爬梯或脚窝。

检查井的最大间距（GB 50014—2006） 表 6-7

管径或暗渠净高（mm）	最大间距(m)		管径或暗渠净高（mm）	最大间距(m)	
	污水管道	雨水(合流制)管道		污水管道	雨水(合流制)管道
200~400	40	50	1100~1500	100	120
500~700	60	70	1600~2000	120	120
800~1000	80	90			

三、排水管道水力计算

1. 计算公式

为了简化计算工作，城市污水管道的水力计算中假定水流是均匀流，采用谢才公式（6-10）进行计算：

$$Q = \frac{1}{n} \cdot \omega \cdot R^{2/3} \cdot I^{1/2} \tag{6-10}$$

式中 Q——设计算段的流量（m/s）；
 ω——过水断面积（m²）；
 R——水力半径；
 I——水力坡度；
 n——管内壁粗糙系数（见表 5-11）。

2．计算步骤

（1）计算管段划分：管道中流量相同，管径和坡度相同的连续管段称一个设计管段。一个设计计算管段可以较长。

（2）计算管段内的设计流量：它包括本管段的水量，也应包括上流管段上流入的转输流量和某处排入的集中流量。沿线流量在城市干管的计算中是将其看做从管段起点开始进入的流量来计算的，这样既简化了问题，也是偏安全的。

（3）采用计算图表，列表计算各管段的管径、流速、坡度及埋深。

3．管段水力计算

管段水力计算中，共有六个基本参数：Q、D、v、n、h/D 和 I。一般只能知道设计流量 Q，要求出应选用的管径和采用的坡度。在计算中一般常采用先设定管材，即确定粗糙系数 n，并设定管径 D 和坡度 I，这样可在计算图表内查得对应于 n、D、I 及 Q 的充满度 h/D 及管内流速 v。看求出的 h/D 与 v 是否符合要求。如果符合上述规定中的要求，则就表示设定的管径与坡度合适。如果不合适，重新设定，直到合适为止，记下管段的计算结果，算出本管段的坡降与埋深，就表示本管段的计算已完成，再接着往下计算。计算图表见附录五。表 6-8、表 6-9 为污水管流量计算表和水力计算表的格式。

污水干管设计流量计算表　　　　　表 6-8

管段编号	居住区生活污水量 Q_1							集中流量		设计流量 (L/s)
	本 段 流 量			转输流量 q_2 (L/s)	合计平均流量 (L/s)	总变化系数 $K_{总}$	生活污水设计流量 Q_1 (L/s)	本段 (L/s)	转输 (L/s)	
	街坊编号	街坊面积 (hm²)	比流量 q_0 (L/s·hm²)	流量 q_1 (L/s)							
1	2	3	4	5	6	7	8	9	10	11	12

污水干管水力计算表　　　　　表 6-9

管段编号	管道长度 L (m)	设计流量 Q (L/s)	管径 (mm)	坡度 i	流速 (m/s)	充满度		降落量 iL (m)	标 高 (m)						埋设深度 (m)	
						h/D	h (m)		地面		水面		管内底			
									上端	下端	上端	下端	上端	下端	上端	下端
1	2	3	4	5	6	7	8	9	10	11	12	13	14	15	16	17

注：管内底标高计算至小数后三位，埋设深度计算至小数后二位。

第四节　雨水道设计

降雨造成的地面径流，大则会造成灾害，小则给交通、生产和生活带来不便。及时排除降雨的径流是雨水道设计的任务。

雨水道系统由雨水口、雨水管渠和检查井、雨水出口等部分组成。雨水道的设计包括：（1）雨水管道的定线布置；（2）确定当地的暴雨强度；（3）划定设计管段，并计算管段中的设计流量，确定其管径、坡度；（4）定出管段的标高及埋深。

一、雨水道系统的布置

1. 雨水口

雨水口是收集地面径流的构筑物，它是一个设于地下的小井，其上部与地面平，有雨水箅子盖在其上，雨水径流通过雨水箅子上的缝隙进入井室，井室内有一连接管将雨水送入雨水管道。雨水口的构造见图6-12。

雨水口宜设在地面径流的汇集处，并应设在街坊、庭院的最低处。对不设雨水管道的庭院或街坊，雨水口应设在雨水流经的路口，并设在单位出入口的上游路口。

雨水口在街道上的布置，一般是设在道路两边，在十字路口雨水口应设在

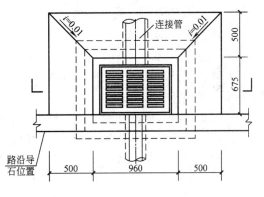

图 6-12 平箅雨水口

水流的上游，如图6-13所示。雨水口布置原则是不使雨水漫过路面。

雨水口设置的数量应视其汇水面积和汇水量的大小，并且还要根据雨水口的泄水能力来确定。雨水口的泄水能力见表6-10。雨水口还有单箅、双箅、三箅和四箅之分，在雨水汇集量大的地方可设双箅甚至三箅雨水口。雨水口的间距一般为25～60m。

雨水口形式及泄水能力　　　　　　　表6-10

形　式	给水排水标准图集		泄水能力 (L/s)	适　用　条　件
	原　名	图　号		
道牙平箅式	边沟式	S235　3	20	有道牙的道路
道牙立箅式	—	—	—	有道牙的道路
道牙立孔式	侧立式	S235　16	约20	有道牙的道路，箅隙容易被树叶堵塞的地方
道牙平箅立箅联合式	—	—	—	有道牙的道路，汇水量较大的地方
道牙平箅立孔联合式	联合式	S235　6	30	有道牙的道路，汇水量较大，且箅隙容易被树枝叶堵塞的地方
地面平箅式	平箅式	S235　8	20	无道牙的道路、广场、地面
道牙小箅雨水口	小雨水口	S235　10	约10	降雨强度较小城市有道牙的道路
钢筋混凝土箅雨水口	钢筋混凝土箅雨水口	S235　18	约10	不通行重车的地方

注：大雨时易被杂物堵塞的雨水口，泄水能力应按乘以0.5～0.7的系数计算。

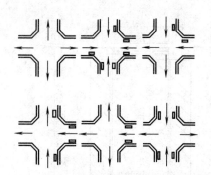

图 6-13 雨水口布置

2. 雨水管线的布置

雨水支管应布置在地势低的一侧,且应与道路平行,雨水管道宜设在道路边的绿地下或人行道下,不宜设在快车道下,以免在管道维护时妨碍交通,甚至破坏道路。

雨水干管在路宽大于 40m 的情况下可以分别在道路两侧分设,以免雨水支管穿越马路过多。雨水干管和主干管应力求简短,就地分散地将雨水排入水体。

雨水干管的竖向布置中,有时为了节省埋深,避免与其他管线发生过多交叉,可以采用暗沟浅埋的做法,雨水暗沟上盖盖板,其位置可以做在路边,但其盖板应考虑车载。雨水管道一般尺寸巨大,而且是重力流,要十分注意节省埋深。在城市管网交叉中,常常给其他管道的穿行造成困难,要互相协调、妥善解决。

二、雨水管道的计算

1. 雨量分析要素

(1) 降雨量:降雨量常用降雨深度 h 来表示,单位用 mm,也可用单位面积上降雨体积来表示,单位用 m^3/hm^2。

(2) 降雨历时:降雨历时是指连续降雨的时间,这个时间可以指降雨过程的总时间,也可指降雨过程中的某一连续降雨时段,用 t 表示,单位为 min 或 h。

(3) 降雨强度:某一连续降雨时段内,单位时间内的降雨量,用 i 来表示。

$$i = \frac{h}{t} \tag{6-11}$$

式中 i——降雨强度 (mm/min);

h——降雨历时 t 内的降雨深度 (mm);

t——降雨历时 (min)。

实际工程中常用单位时间内、单位面积上的降雨体积来表示:

$$q = \frac{10000 \times 1000 i}{1000 \times 60} = 167 i \tag{6-12}$$

式中 q——降雨强度 [L/(s·hm²)];

i——以降雨深度表示的降雨强度 (mm/min)。

(4) 降雨的重现期与降雨频率:降雨重现期是指等于或大于该降雨强度的降雨每发生一次的统计时间间隔,以字母 P 表示,单位为年。如果说重现期为 20 年,即指这种降雨每出现一次的统计时间间隔为 20 年。

(5) 径流系数:雨水降落到地面后能够流入雨水道系统的部分称径流。其他部分的雨水有的渗入土壤,有的为地面坑洼所截留。泾流只是降雨的一部分,二者之间的比值称径流系数,记作 φ。

$$\varphi = \frac{径流量}{降雨量} \tag{6-13}$$

径流系数的大小取决于地面性质,还与降雨历时有关,地面种有草皮者径流少而屋面及沥青路面径流大。长时间降雨下渗少径流大。各种地面的径流系数见表 6-11。在一个区域内有各种地面,径流系数可按不同地面的面积用加权平均法求得平均径流系数。

各种地面的径流系数值 表 6-11

地 面 种 类	径流系数 φ	地 面 种 类	径流系数 φ
各种屋面,混凝土和沥青路面	0.90	干砌砖石和碎石路面	0.40
大块石铺砌路面和沥青表面处理的碎石路面	0.60	非铺砌土路面	0.30
配碎石路面	0.45	公园或草地	0.15

2. 暴雨强度公式

用数学式来表达暴雨强度与重现期、降雨历时的关系式即是暴雨强度公式。经过气象部门长期观测和给排水工作者的统计,全国绝大多数的城市都有自己的暴雨强度公式。公式的形式为:

$$q=\frac{167A_1(1-c\lg P)}{(t+b)^n} \tag{6-14}$$

式中　　q——降雨强度 $[L/(s \cdot hm^2)]$;

t——降雨历时(min);

P——重现期(年);

A_1、b、c、n——为参数,根据各地雨量资料分析求得。

3. 计算管段的划分

一条计算管段是指管径相同、坡度相同和管内流量也相同的连续管段。计算管段划分在有支管接入的地方或者划在管道坡度有改变的地方。在雨水干管与主干管的计算中,常将管道上沿线进入的雨水看做是从起端开始的,这样可以简化计算。在划分计算管段的同时,也应将各计算管段上的汇水面积进行划分。

4. 计算管段内的流量计算

计算管段内的流量决定于降雨强度、径流系数和汇水面积。用下式计算

$$Q=\varphi q F \tag{6-15}$$

$$Q=\varphi F \frac{167A_1(1+c\lg P)}{(t+b)^n} \tag{6-16}$$

式中　Q——雨水管内的设计流量(L/s);

φ——径流系数;

q——降雨强度 $[L/(s \cdot hm^2)]$;

F——设计管段所服务的汇水面积(hm^2);

P——重现期(年);

t——降雨历时(min)。

在利用上述公式时要注意正确选择重现期 P,一般在平坦地区并且稍有一些积水不会造成损失的,可采用 $P=0.5$ 年;对交通频繁、地形坡度较大的地区,这些地区积水可能造成交通中断或造成其他损失,可采用 $P=1\sim2$ 年;对重要地区,或者短期积水就会引起严重后果的地区可采用更长一些的重现期如 $P=2\sim5$ 年。

对于式（6-16）中的降雨历时，应以下式进行计算：

$$t = t_1 + mt_2 \tag{6-17}$$

式中 t_1——地面集水时间，即地面最远处的雨水流到雨水收集口的时间，视距离远近可取15~20min；

t_2——水流在管内的流行时间，这个时间应根据管长和管内流速计算而得，$t_2 = \dfrac{L}{v}$ (min)；

m——考虑管道内容积利用的折减系数对于暗管采用 $m=2.0$；对于明渠采用 $m=1.2$。

5. 管段的水力计算

雨水管和合流制管道是按满流计算的。水力计算一般是列表进行（见表6-13），在表中列出设计管段的长度、汇水面积、水流流到本管段的历时。据此，可以计算出降雨强度 q、本管段的设计流量。有了设计流量，先设定管径和坡度，再由水力计算图表上可查出管内流速，如果合适（指满足最小流速和最大流速的规定，又满足下游管道内的流速不小于上游管段内的流速），则记下计算结果：管径、坡度、坡降及管段起点与终端的埋深。再进行下一管段计算。

雨水管道水力计算表 表6-13

管段编号	管长 l (m)	集水面积 F (hm²)			流速 v (m/s)	管内流行时间 (min)		单位面积径流量 q_0 [L/(s·hm²)]	设计流量 Q (L/s)	管径 D (mm)	管底坡降 i	两端高差 il (m)	标高				管底埋深 (m)		
		沿程	转输	合计		$\sum t_2$	t_2						地面		管底		起点	终点	平均
													起点	终点	起点	终点			
1	2	3	4	5	6	7	8	9	10	11	12	13	14	15	16	17	18	19	20

思 考 题

1. 室外排水体制应当推荐哪种，对旧城镇若已有合流制排水管系应当如何改造？
2. 室外排水管道的布置有几种形式，它们适用于何种地形。
3. 排水管道敷设中应注意些什么问题？在水力计算中排水管和雨水管有什么不同？

第七章 水泵与水泵站

水泵是提升和输送水及其他液体的机械,水泵的应用遍及各行各业。无论在城市供水、排水工程中还是在矿山、石油工业中都需要应用水泵。

水泵的种类很多,有叶轮泵、容积泵、射流泵、气提泵等等。其中叶轮泵用得最普遍。

叶轮泵按照其工作原理的不同又可分为离心泵、轴流泵和混流泵三种。离心泵是靠高速旋转的叶轮带动叶轮中的水作圆周运动,产生离心力,水流在离心力的作用下获得压能,被输送出去。而轴流泵是靠螺旋桨般的水泵叶片将水流推升的。而混流泵的工作原理是介于这两者之间。

离心泵的种类也十分繁多,有单吸泵、双吸泵、立式泵、液下泵等等。

我国水泵制造业已有相当规模,水泵生产无论在品种和规格上都比较齐全,今后将向着大型化、系列化和标准化发展。图7-1～图7-4为几种不同型号的水泵。

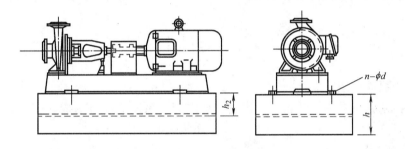

图7-1 IS型泵外形图

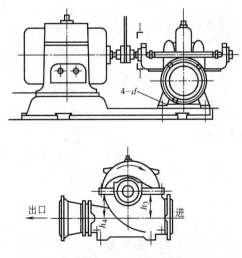

图7-2 S型双吸离心泵配带底座外形

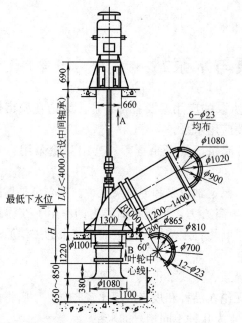

图 7-3 700ZLD 型立式轴流泵安装外形尺寸图

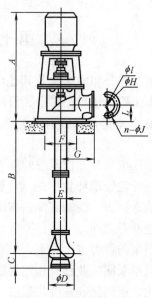

图 7-4 LP 型泵外形图

第一节 离心泵的构造与基本参数

一、离心泵的构造

离心泵由泵壳、泵轴、叶轮、吸水管、压水管、泵座等部分组成。图 7-5、图 7-6 为单级离心泵构造图。

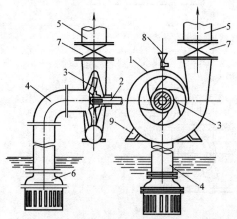

图 7-5 单级单吸式离心泵的构造
1—泵壳；2—泵轴；3—叶轮；4—吸水管；5—压水管；6—底阀；7—闸阀；8—灌水漏斗；9—泵座

1. 叶轮

叶轮是离心泵的主要部件，叶轮的材料是耐磨耐腐蚀的铸铁、铸钢、青铜、不锈钢或陶瓷等。离心泵有单吸式和双吸式之分，它们的叶轮也稍有差异，见图 7-7 至图 7-9。叶轮按其两侧的盖板情况又可分为封闭式叶轮、敞开式叶轮和半开式叶轮三种。

2. 泵轴

泵轴是用来固定叶轮，同时也用来向叶轮传递能量的构件，轴的一端装着叶轮，而另一端是与电动机的轴相连的，电动机转动带着叶轮旋转，使叶轮工作。

3. 泵壳

泵壳是包在叶轮外面的呈蜗壳状的零件。泵壳的作用有三：一是连通吸水管，将水引入叶轮的吸入口。使水进入叶轮，并得到叶轮传递给它的能量后，沿着叶片进入泵壳特殊的涡壳，涡壳的断面沿流程逐渐扩大，水

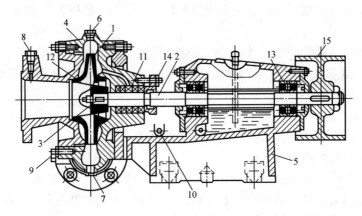

图 7-6 单级单吸卧式离心泵

1—叶轮；2—泵轴；3—键；4—泵壳；5—泵座；6—灌水孔；7—放水孔；8—接真空表孔；
9—接压力表孔；10—泄水孔；11—填料盒；12—减漏环；13—轴承座；
14—压盖调节螺栓；15—传动轮

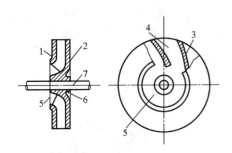

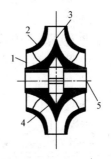

图 7-7 单吸式叶轮

1—前盖板；2—后盖板；3—叶片；4—叶槽；
5—吸水口；6—轮毂；7—泵轴

图 7-8 双吸式叶轮

1—吸入口；2—轮盖；3—叶片；4—轮毂；5—轴孔

(a)   (b)   (c)

图 7-9 叶轮形式

(a) 封闭式叶轮；(b) 敞开式叶轮；(c) 半开式叶轮

流在涡壳中的流速逐渐减小，使水流的动能转化为压能，这是泵壳的第二个作用。泵壳的第三个作用是：它是进水管和压水管的连接基体，它使叶轮、泵轴、吸水管和压水管形成了一个整体。泵壳上还有放气和灌水用的小孔，有的泵壳上还有冷却轴承用的出水孔。在吸水口和压水口上有装真空表和压力表用的小孔。在泵壳的底部有泄水孔。

4. 泵座

泵座的作用是将泵壳固定，泵座通过螺栓被固定在泵与电机共同的底座上，底座通常是铸铁铸成。大型水泵，泵与电机就没有共同的底座，它们都是直接安装在混凝土基础上。

5. 密封装置

（1）填料函：水泵轴穿入泵壳，轴与泵壳之间有间隙，这里必然有漏气的问题。解决这个问题是采用填料函的构造。

填料函是在泵壳与轴相交的地方做成一个筒状空腔，称为填料函，在其中装有轴封套、水封环，并加上填料，填料外加上压盖。在水封环的部位泵壳上有一小孔，该小孔外接水封管，水封管从泵壳顶部引压力水进入水封环，进入水封环的水充满轴与环之间的缝隙，起了水封的作用，阻止缝隙漏气。这部分水是不断更换的，其中一部分被压入泵壳内，另一部分会顺着轴与填料的间隙向外渗漏。图7-10、图7-11为填料函结构与水封环。

填料是油浸的石棉绳或者是石墨稠黄油浸透的棉织盘根，盘根填满后用压盖压紧，压盖是用螺栓调节松紧的。盘根被压得越紧，它与泵轴之间的压力越大，漏水越小，但轴与盘之间的摩擦也越大，过紧了会磨损盘根和轴套，盘根的松紧程度宜控制在让水可以从轴与盘根之间有薄薄一层渗出来，渗出的速度以每分钟60滴为宜（30mL/min）。如果这个渗水不正常了，说明盘根与轴之间的缝隙不是过窄就是过宽。

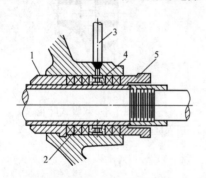 

图7-10　压盖填料型填料盒　　　　　　　图7-11　水封环
1—轴封套；2—填料；3—水封管；4—水封环；5—压盖　　　1—环圈空间；2—水孔

（2）减漏环

在叶轮的入口处，叶轮与泵壳之间存在间隙，虽然这里没有向泵壳外漏水的问题，但此处的间隙会造成叶轮出口的压力水穿过叶轮与泵壳之间的间隙，回流入叶轮的进水口，形成泵体内的回流，使水泵的效率降低。解决这个问题的办法是减小这两者之间的间隙，延长回流的路径，使其阻力大大增加，以减小回流量。具体的做法是在泵壳上和叶轮上都镶上一个环——减漏环，这两个环之间配合很好，其间隙在0.1~0.5mm。同时，为了增长回水的路径，减漏环可做成企口配合和迷宫式的配合，见图7-12。减漏环在磨损后还可以更换。

6. 泵轴的支承——轴承座

泵轴是通过轴承和轴承座支承的，见图7-13。

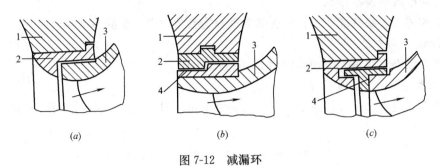

图 7-12 减漏环

(a) 单环型；(b) 双环型；(c) 双环迷宫型

1—泵壳；2—镶在泵壳上的减漏环；3—叶轮；4—镶在叶轮上的减漏环

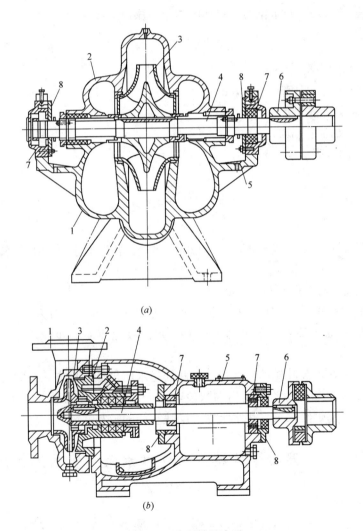

图 7-13 水泵轴的支承

(a) 卧式单级双吸泵；(b) IH 型泵（后开式）

1—泵体；2—泵盖；3—叶轮；4—轴；5—托架部件；
6—联轴器；7—轴承；8—轴承盖

二、离心泵的基本参数

用来描述离心泵性能和工作情况的数据称为参数,离心泵的基本参数如下:

1. 流量

反映水泵出水水量大小,单位用 m^3/h 或 L/s 表示。

2. 扬程

反映水泵能将水提升的高度,一般用高度单位 mH_2O 表示,简化后用 m 表示,也有用 kPa 和 MPa 表示的。

$$1MPa = 100mH_2O \quad 1kPa = 0.1mH_2O$$

3. 轴功率、有效功率和效率

轴功率是指电机输给水泵的总功率,以 N 表示,单位用千瓦(kW)表示。

有效功率是指水泵提升水做的有效功的功率,用 N_u 表示。

$$N_u = \gamma Q H \tag{7-1}$$

式中 N_u——有效功率(kW);

γ——液体的重力密度(kN/m^3);

Q——水泵流量(m^3/s);

H——水泵扬程(m)。

水泵效率:用 η 表示

$$\eta = \frac{N_u}{N} \tag{7-2}$$

4. 转速

水泵叶轮转动的速度,以 n 表示,单位为 r/min。转速对水泵的出水水量和扬程都有很大影响。

5. 允许吸上真空高度及气蚀余量

允许吸上真空高度是指在标准状态下(水温为 20℃,水面压力为一个大气压),水泵工作时允许的最大抽水高度。单位为 mH_2O。允许吸上真空高度反映水泵的吸水性能。用 H_s 来表示。

气蚀余量是指在水泵叶轮的进水口——此处是水压最低的地方,在此处水体所具有的压力比在 20℃时水的饱和蒸汽压高出的数值,用 H_{sv} 表示,单位用 mH_2O 表示。气蚀余量常用在轴流泵、锅炉给水泵、热水泵中,反映它们的吸水性能。

第二节 离心泵的特性曲线和水泵装置的工作点

一、离心泵的特性曲线

离心泵中六个基本参数:流量 Q、扬程 H、功率 N、转速 n、效率 η 和吸水高度 H_s 一般常常选择转速 n 为常数,将其他的参数与流量之间的关系用曲线 $H—Q$、$N—Q$、$\eta—Q$ 来表示,这些曲线称为水泵的特性曲线。见图 7-14 水泵特性曲线。水泵特性曲线反映了水泵的性能。推求水泵特性曲线的理论依据是水泵的基本方程式。但实际生产上常常是用水泵的实际测试来绘制出水泵的特性曲线。水泵特性曲线是工程设计中选用水泵的重要依据。在水泵 $Q-H$ 的特性曲线上，有两个波纹线，波纹线之间的区间是水泵工作的高效区。选泵就应该使泵的工作在高效区内。

水泵的流量与其扬程是一一对应的。水量改变，扬程也随之而变。

二、管路的特性曲线

一条输水管道，在其管线长度和管径确定之后，管路总的阻力系数也就确定了，管路中的阻力损失（用 m 水柱高度表示）和管道中的流量有下述关系：

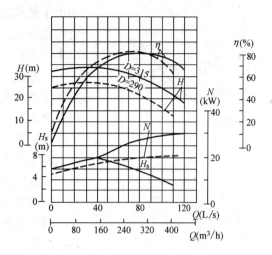

图 7-14　8B29 型泵性能曲线

$$H_L = SQ^2 \tag{7-3}$$

式中　H_L——管路中的总水头损失（mH_2O）；
　　　S——管路的总阻力系数；
　　　Q——管道中的流量（m^3/s 或 L/s）。

式（7-3）可以用 $Q \sim H_L$ 曲线来表示，这条曲线称为管路水头损失特性曲线。见图 7-15。

考虑到管路输水到达用户还需要满足一个静扬程 H_W。因此，管路正常供水需要的总水头应当如下：

$$H = H_W + H_L = H_W + SQ^2$$

即

$$H = H_W + SQ^2 \tag{7-4}$$

式（7-4）用曲线表示见图 7-16，称管路特性曲线。

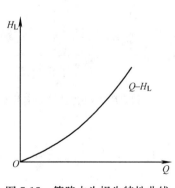

图 7-15　管路水头损失特性曲线

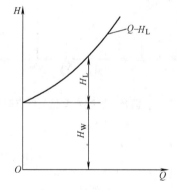

图 7-16　管路特性曲线

三、水泵的工作点

水泵与管道组成一个系统共同工作时，水泵提供的水量和扬程，必须要满足在同一个流量下管道中的静扬程加管路水头损失，即 $H_W + SQ^2$，才能正常工作。也即水泵的出水量 Q 与扬程必须同时落在水泵的特性曲线上和管路的特性曲线上，此时水泵才能有稳定

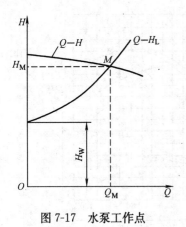

图 7-17 水泵工作点

的出水量和稳定的扬程,同时水泵的功率和效率也有对应的稳定值。这个稳定的工作状态,在特性曲线上反映出来,它是一个点,一般称之为水泵的工作点或工况点。

水泵的工作点是既满足管路特性曲线的要求,又满足水泵特性曲线的要求,因此可以用这两条特性曲线的交点来求得。图 7-17 中的 M 点即为水泵的工作点。

四、工作点的改变

在水泵不变和管线确定的情况下,水泵的工作点还是可以改变的,其改变的途径有以下两种情况:

1. 提升高度 H_W 的改变

提升高度变化,反映在管路特性曲线上是它的截距 H_W 变化了,而它的形状不变。这时虽然水泵的特性曲线未变,但它们的交点 M 变了。这时水泵的出水量和扬程也就变了。这种情况常发生在水泵向高位水塔供水时,水塔中的水位变化造成了 H_W 的变化,使水泵的出水量也在变化。见图 7-18。

2. 管路阻力改变

管路阻力会因为管路上的闸门开、关引起变化,使得管路特性曲线陡与缓的改变,这样也会造成水泵工作点的改变。见图 7-19。

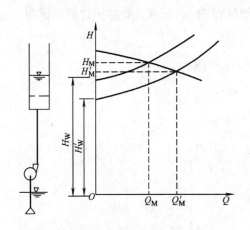

图 7-18 提升高度改变引起工作点改变

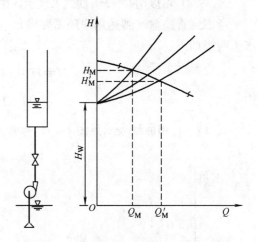

图 7-19 管道阻力改变引起工作点改变

第三节 水 泵 站

一、水泵选择

选择水泵要根据两个主要参数:一是流量,二是扬程。在总流量确定了之后,每台泵的流量还与同时工作的水泵台数有关。因此,总流量 Q、水泵工作台数和扬程在选泵之前首先要解决。

1. 设计总流量

对于建筑内的供水水泵，设计供水总流量应根据生活用水量和时变化系数进行计算。消防泵应按消防规范规定的消火栓同时工作的数量和每个消火栓的流量计算。

对于城市供水应根据有关标准计算，得出总供水流量。

2. 扬程

水泵的扬程可用下式计算

$$H = H_W + H_L + H_F \tag{7-5}$$

式中　H——水泵扬程（m）；

　　　H_W——水泵吸水井最低水位到供水最高点的地形高差（m）；

　　　H_L——从吸水井到供水最不利点的水头损失（包括沿程的和局部的）（m）；

　　　H_F——最不利点用水设备要求的自由水头。

3. 同时工作水泵台数的确定

水泵台数的选定要考虑以下几方面的因数，一是满足最大用水量的要求，二要适应用水量的变化，三是要考虑备用，以防突发事故时，不致影响正常运转。

对总水量较大的泵站，可以考虑选2～3台同时工作的泵，即每台水泵负担$\frac{1}{2}$～$\frac{1}{3}$总水量的输送任务。同时要考虑一台备用泵。对大型泵站，水泵台数超过5台时，可备用二台。对于雨水泵站，因为它是雨天工作，平时可以进行水泵的保养，因此可以不设备用泵。对于小水量的泵房，有时只要一台水泵，这时需要备用泵，小水量水泵的流量调节不再用水泵台数的增减来进行，而是用高位水箱或者气压给水罐进行。

4. 水泵型号的确定

一个泵站采用多种型号的水泵时，有运行调度灵活、方便的优点，但对于维修和备用零件带来不便，一般应使型号减少或采用同一型号的泵。

水泵的具体型号的确定，应根据具体的使条件和安装场地的限制等确定。

二、水泵房的平面布置

1. 水泵房的平面布置形式

水泵房内的水泵机组布置形式有以下几种。

（1）单排并列式：机组轴线平行，并列成一排，见图7-20。这种布置使泵房的长度小，宽度也不太大。适宜于单吸式的悬臂泵如IS型、BA型泵的布置。

（2）单行顺列式：水泵机组的轴线在一条直线上，呈一行顺列，如图7-21所示。这种形式适合于双吸式水泵，双吸式水泵的吸水管与出水管在一条直线上，进出水水流顺畅，管道布置也很简短。缺点是泵房的长度较长。

（3）双排交错并列式：见图7-22，这种布置可缩短泵房长度，缺点是泵房内管道挤而有些乱。

（4）双行顺列式：见图7-23，优点是可将泵房长度减小，缺点是泵站内显得挤。

（5）斜向排列：见图7-24，这种布置也是为了省一些长度，但水流不很畅。

2. 泵房平面尺寸

泵房平面尺寸要根据水泵机组的布置形式，由水泵机组本身所占尺寸、泵与泵之间所要求的间距，同时还应考虑维修和操作要求的空间来确定。

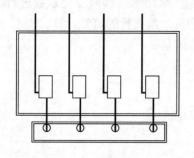

图 7-20 单排并列式

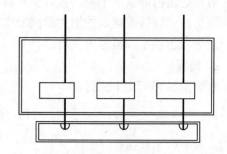

图 7-21 单行顺列式

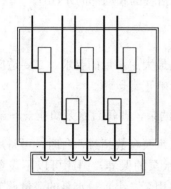

图 7-22 双排交错并列式

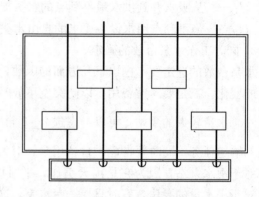

图 7-23 双行交错顺列式

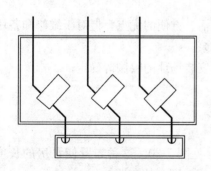

图 7-24 斜向排列

（1）水泵之间要求的通道间距：功率大于 55kW 的水泵机组，通道宽不小于 1.2m；功率小于 55kW 的水泵机组，通道宽不小于 0.8m；功率小于 20kW 的水泵机组，通道不小于 0.7m。

（2）水泵机组间检修操作间距：为拆卸水泵轴和电机转子，要求走道的宽度比转子或轴的长度大 0.2m 以上。

（3）机组与墙的间距：作为主要通道时不小于 1.2m，一般通道不小于 0.7m。泵的吸水管一侧与墙的净距为 0.8～1.0m。泵的压水管一侧与墙的净距应有一块面积作为现场检修拆卸的机组的场地，并要考虑在检修时，仍可有一个人通行的场地。

（4）泵房尺寸与建筑模数：泵房的最终尺寸的确定还应符合建筑模数，即要求建筑的长度与宽度成为 0.3m 的整倍数。同时，水泵的进、出水管应不穿建筑的承重柱和其他主要承重部位。

将上述各方面的要求和矛盾协调满足了之后，水泵房的平面尺寸也就可确定了。

3. 水泵的安装高度

水泵的安装高度受到水泵允许吸水高度的限制，要求水泵轴到被吸水体的最低水位的高度 $H_{安}$ 应满足下式要求

$$H_{安} = H_s - \frac{v^2}{2g} - \sum h_{损} \tag{7-6}$$

式中 $H_{安}$——水泵的安装高度（m）；

H_s——水泵的允许吸水高度（m）；

v——水泵吸水管中的水流速度（m/s）；

$\sum h_{损}$——吸水管中的水头损失总和（m）；

g——重力加速度（m/s²）。

图 7-25～图 7-28 为几种不同类型的泵站。

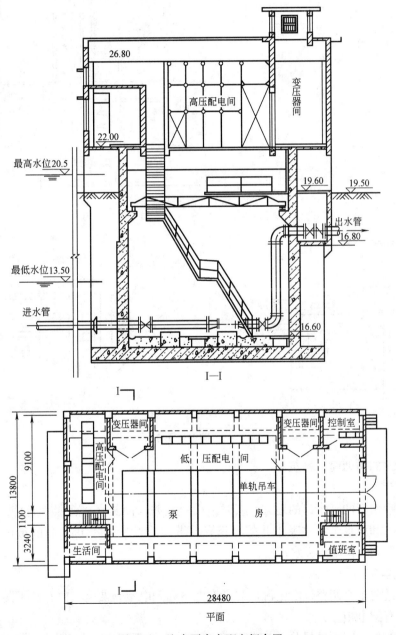

图 7-25 取水泵房变配电间布置

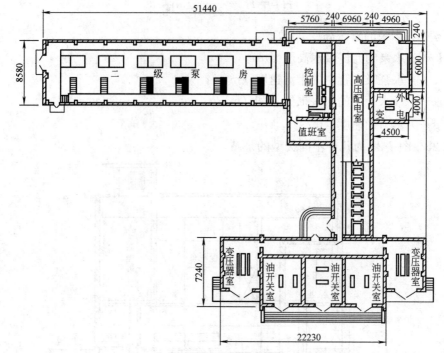

图 7-26 城市供水泵站

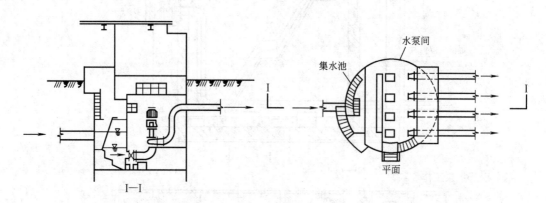

图 7-27 圆形排水泵站

三、泵站的辅助建、构筑物

1. 吸水井

为安装吸水管的吸水口的地方,有时不设吸水井,而是直接将吸水管伸入贮水池中。对于污水泵站和雨水泵站对吸水井的容积有要求,前者是最大泵的 5~6min 的流量,后者为 30s 的最大一台泵的吸水流量。

2. 变配电室

大型泵站要求有两路供电电源,常设变电室和配电室。变电室内有变压器、高压开关柜,配电室有配电柜。

高压开关柜,正面的操作空间为 1.8~2.0m,低压配电柜的正面操作空间为 1.2~

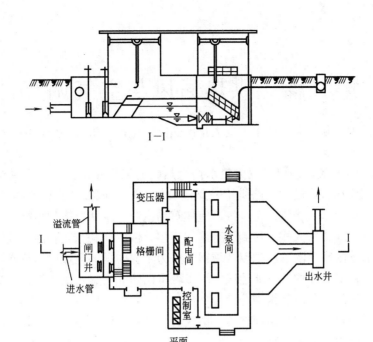

图 7-28 矩形排水泵站

1.5m，柜后应有检修通道，其宽度为 0.8~1.0m。

低压电有时只装开关柜或开关箱，不设专门的配电室。这时应注意留有足够的操作和检修空间，距离其他设备不小于 1.2m。

3. 值班室

水泵房的值班室要求有不小于 $12m^2$ 的面积，并且要求布置在便于与机房和配电室联系的位置，并要有良好的采光、通风及隔声措施，此外还应设有卫生间。

思 考 题

1. 如何理解水泵的气蚀余量与水泵的允许吸水高度的关系。

2. 如何理解水泵工作点与水泵特性曲线和管路特性曲线的关系。试举例说明在何种情况下会引起水泵工作点的变动。

3. 试述水泵站的布置形式及其优缺点。

第二篇　供热通风与空气调节

人们在日常生活和社会生产中需要大量的热能。生产、输配和应用中、低品位热能的工程，称作供热工程。

19世纪初期，开始出现以蒸汽或热水作为热媒的采暖系统。在采暖系统中，由一个锅炉产生的蒸汽或热水，通过管路供给一座建筑物各房间取暖。1877年在美国建成了区域供热系统，由一个锅炉房供给全区许多座建筑物生产、生活所需的热能。

区域供热技术在二次大战后得到了普遍的应用，俄罗斯和东欧各国区域供热的热源以热电厂为主，而美国和西欧各国则以区域锅炉房为主。中国的区域供热事业，解放后得到了较大的发展。目前，在中国三北地区的许多城市已建立了集中供热系统，其主要热源为热电厂、区域锅炉房、分散小锅炉房。

从一个或多个热源通过热网向城市、镇或其中某些区域热用户供热，称作集中供热。

集中供热系统由三大部分组成：

（1）**供热热源**：将天然的或人造的能源形态转化为符合供热要求的热能装置，如热电厂、区域锅炉房、分散小锅炉房、核能热电厂、低温核能供热堆、工业余热、地热、太阳能利用等。

（2）**热网**：由热源向热用户输送和分配供热介质（热水和蒸汽）的管线系统。

（3）**热用户**：从供热系统获得热能的用热装置，如采暖系统、通风空调系统、热水供应系统、生产工艺消耗热能装置。

以热水为热媒的区域锅炉房集中供热系统，如图Ⅱ-1所示。它利用循环水泵2使水在系统中循环。水在热水锅炉1中被加热到需要的温度后，通过供水干管输送到各热用户，供取暖用热与加热生活用热水。循环水在各热用户被冷却后，又通过循环水泵送入锅炉重新加热。系统中损失和消耗的水量由补给水泵3补充经过净化、除氧和除硬度物质的净水。系统内的压力由压力调节阀4控制。

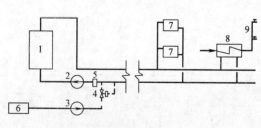

图Ⅱ-1　区域热水锅炉房供热系统
1—热水锅炉；2—循环水泵；3—补给水泵；
4—压力调节阀；5—除污器；6—补充水
处理装置；7—采暖散热器；8—生活
热水加热器；9—生活用热水

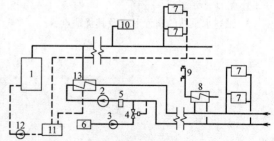

图Ⅱ-2　区域蒸汽锅炉房供热系统
1—蒸汽锅炉；2—循环水泵；3—补给水泵；4—压力调节阀；
5—除污器；6—补充水处理装置；7—采暖散热器；8—生活
热水加热器；9—生活用热水；10—生产用蒸汽；11—凝结
水箱；12—锅炉给水泵；13—热网水加热器

安装蒸汽锅炉的区域锅炉房供热系统如图Ⅱ-2所示。从蒸汽锅炉1产生的蒸汽,通过蒸汽干管输送到各热用户,供生产、生活和采暖用热。各用户的凝结水,经过凝结水干管流回锅炉房的凝结水箱11,再由锅炉给水泵12注入锅炉。从锅炉产生的蒸汽,也可以通过热网水加热器13,加热热水供热管网的循环水输送到各热用户。

安装背压式汽轮发电机组的热、电联合生产的热电厂供热系统如图Ⅱ-3所示。从蒸汽锅炉产生的高压、高温蒸汽进入背压式汽轮机,在汽轮机中进行膨胀,推动汽轮机转子高速旋转,带动发电机发出电能供给电网。蒸汽膨胀后压力降为$(8\sim13)\times10^5$Pa,由汽轮机排出,进入蒸汽供热系统,供给各蒸汽用户;也可以进入热网水加热器,加热热水采暖系统的循环水,供给热水热用户。蒸汽供热系统的凝结水和热网水加热器的凝结水集中回收后,经适当处理,作为锅炉的给水。

安装具有可调节抽汽口的汽轮发电机组的热电厂供热系统如图Ⅱ-4所示。具有可调节抽汽口的供热汽轮发电机组的抽汽量,可以根据热用户的热负荷的变化而进行调节。从锅炉产生的高压、高温蒸汽进入汽轮机,蒸汽在汽轮机中膨胀作功,推动汽轮发电机组高速旋转,发出电能。在汽轮机中当蒸汽膨胀至压力降为$8\times10^5\sim13\times10^5$Pa时,可根据该区域用热负荷变化抽出适量的蒸汽供热;剩余的蒸汽继续在汽轮机中膨胀作功,直到压力降为冷凝器所能维持的真空度时,排入冷凝器凝结为水。这种系统的其他部分的工作原理基本上与前述几种系统相同。

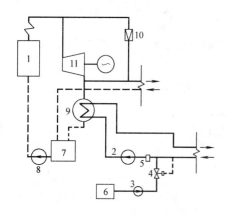
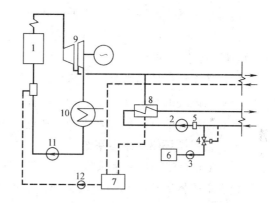

图Ⅱ-3 背压式热电厂供热系统

1—蒸汽锅炉;2—循环水泵;3—补给水泵;
4—压力调节阀;5—除污器;6—补充水处理
装置;7—凝结水回收装置;8—锅炉给水泵;
9—热网水加热器;10—减压减温装置;
11—背压式汽轮发电机组

图Ⅱ-4 抽汽式汽轮机的热电厂供热系统

1—锅炉;2—热水网循环水泵;3—补给水泵;
4—压力调节阀;5—除污器;6—水处理设备;
7—凝结水箱;8—热网水加热器;9—汽轮发
电机组;10—冷凝器;11、12—凝结水泵

第八章 采暖系统及其分类

在冬季,室外温度低于室内温度,房间的围护结构(墙、屋顶、地板、门窗)不断向室外散失热量,室外冷空气由门窗等空气通道进入室内,使房间温度变低,影响人们的正常生活和工作,为使室内保持所需要的温度,就必须向室内供给相应的热量,这种供给热

量的技术叫做采暖。

为使建筑物达到采暖目的,而由热源或供热装置、散热设备和管道等组成的网络,叫做采暖系统。

热源和散热设备分别设置,由热源通过管道向各个房间或各个建筑物供给热量的采暖方式,叫做集中采暖。

在集中采暖系统中,把热量从热源输送到散热器的物质叫做"热媒",这些物质有热水、蒸汽和热空气等。

热源、热媒输送和散热设备在构造上合为一体的就地采暖方式叫做分散采暖。

这类采暖系统包括火炉采暖、天然气采暖及电热采暖。它们的装置简单,容易实现,可作为集中采暖的补充形式。

以热水和蒸汽作为热媒的集中采暖系统,在工业和民用建筑中得到普遍的应用。它们具有供热量大、节约燃料、减轻污染、运行调节方便、费用低等优点。

第一节 热水采暖系统

以热水作为热媒的采暖系统,称为热水采暖系统。它是目前广泛使用的一种采暖系统。

热水采暖系统可按下述方法进行分类:

(1)按热媒参数分 低温热水采暖系统(热媒参数低于100℃)和高温热水采暖系统(热媒参数高于100℃)。

(2)按系统循环动力分 自然循环(即重力循环)和机械循环系统。

(3)按系统的每组立管根数分 单管和双管系统。

(4)按系统的管道敷设方式分 垂直式和水平式系统。

一、自然循环热水采暖系统

图 8-1 是自然循环热水采暖系统工作原理图。在这系统中不设水泵,依靠锅炉加热和主要依靠散热器散热冷却造成供、回水温度差而形成水的密度差,来维持系统中水的循环,这种水的循环作用压力称为自然压头。

在分析讨论自然压头时,为了简化计算,先忽略水沿管路流动时的冷却,而假设水温只在两处发生变化,即在锅炉内(加热中心)和散热器内(冷却中心)。供水管水温为 t_g(℃),密度为 ρ_g(kg/m³)。冷却后的回水管水温为 t_h(℃),密度为 ρ_h(kg/m³),系统内各点之间的距离分别用 h_0、h_1、h_2 和 h_3 表示。假设在图 8-1 的循环环路最低点的断面 A-A 处有一个假想阀门,若突然将阀门关闭,则在断面 A-A 两侧受到不同的水柱压力,这两侧所受到的水柱压力之差就是驱使水进行循环流动的自然压头。

对于经过第一层散热器的循环环路:

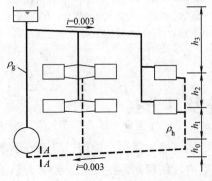

图 8-1 自然循环热水采暖系统工作原理图

断面 A-A 右侧的水柱压力为：

$$P_1=g(h_0\rho_h+h_1\rho_h+h_2\rho_g+h_3\rho_g)$$

断面 A-A 左侧的水柱压力为：

$$P_2=g(h_0\rho_h+h_1\rho_g+h_2\rho_g+h_3\rho_g)$$

该环路的自然压头 ΔP_1 为：

$$\Delta P_1=P_1-P_2=gh_1(\rho_h-\rho_g) \tag{8-1}$$

对于经过第二层散热器的循环环路：

断面 A-A 右侧的水柱压力为：

$$P_1'=g(h_0\rho_h+h_1\rho_h+h_2\rho_h+h_3\rho_g)$$

断面 A-A 左侧的水柱压力为：

$$P_2'=g(h_0\rho_h+h_1\rho_g+h_2\rho_g+h_3\rho_g)$$

该环路的自然压头 $\Delta P_1'$ 为：

$$\Delta P_1'=P_1'-P_2'=g(h_1+h_2)(\rho_h-\rho_g) \tag{8-2}$$

然后再考虑因管壁散热水温沿途降低而附加的自然压头 ΔP_2，它的大小与系统供水管路的长短、加热中心与各层散热器中心（冷却中心）的垂直距离、楼层数以及所计算的冷却点与锅炉的水平距离等因素有关。其数值参见附录六附表 6-1。

因此，经过计算立管第一层散热器的循环环路的自然压头 ΔP 为

$$\Delta P=\Delta P_1+\Delta P_2 \tag{8-3}$$

其中 ΔP_2 的数值因计算立管而异。

经过计算立管第二层散热器的循环环路的自然压头 $\Delta P'$ 为

$$\Delta P'=\Delta P_1'+\Delta P_2 \tag{8-4}$$

对同一计算立管，(8-3) 式和 (8-4) 式中的 ΔP_2 值是相同的。

当第一、二层房间热负荷相同，采用的立管、支管管径相同时，由于 $\Delta P'>\Delta P$，使流过上层散热器的热水量多于实际需要量，流过下层散热器的热水量少于实际需要量。这样会造成上层房间温度偏高，下层房间温度偏低。

在 4 层或 4 层以下的楼房中，当总立管和计算立管之间的水平距离≤100m 时，ΔP_1 或 $\Delta P_1'$ 的数值总是大于 ΔP_2 的数值，所以应对 ΔP_1 和 $\Delta P_1'$ 的数值予以注意。当供、回水温度一定时，ΔP_1 和 $\Delta P_1'$ 的数值与锅炉中心到相应的散热器的中心的垂直距离成正比。由于自然压头的数值很小，所能克服的管路的阻力亦很小，为了保证输送所需的流量，系统的管径又不致过大，要求锅炉中心与最下层散热器中心的垂直距离一般不小于 2.5～3.0m。

自然循环采暖系统中水流速度较慢，水平干管中水的流速小于 0.2m/s；而干管中空气气泡的浮升速度为 0.1～0.2m/s，在立管中约为 0.25m/s；所以水中的空气能够逆着水流方向向高处聚集。在上供下回自然循环热水采暖系统充水与运行时，空气经过供水干管

聚集到系统最高处，再通过膨胀水箱排往大气。因此，系统的供水干管必须有向膨胀水箱方向上升的坡向，其坡度为 0.5‰～1‰。

这种系统由于自然压头很小，因而其作用半径（总立管到最远立管沿供水干管走向的水平距离）不宜超过 50m，否则系统的管径就会过大。

但是由于这种系统不消耗电能，运行管理简单，当有可能在低于室内地面标高的地下室、地坑中安装锅炉时，一些较小的独立的建筑中可以采用自然循环热水采暖系统。

二、机械循环热水采暖系统

这种系统由锅炉、输热管道、水泵、散热器以及膨胀水箱等组成。图 8-2 是机械循环热水采暖系统（双管上供下回式）简图。

在这种系统中，水泵装在回水干管上，水泵产生的压头促使水在系统内循环。膨胀水箱依靠膨胀管连在水泵吸入端。膨胀水箱位于系统最高点，它的作用是容纳水受热后所膨胀的体积，并且在水泵吸入端膨胀管与系统连接处维持恒定压力（高于大气压），由于系统各点的压力均高于此点的压力，所以整个系统处于正压下工作，保证了系统中的水不致汽化，避免了因水汽化而中断水的循环。

系统的循环水在锅炉中被加热，通过总立管、干管、立管、支管到达散热器，沿途散热而有一定的温降，在散热器中放出大部分所需热量，沿回水支管、立管、干管重新回到锅炉被加热。

在这种系统中，为了顺利地排除系统中的空气，供水干管应按水流方向有向上的坡度，并在最末一根立管前的供水干管的最高点处设置集气罐。

在双管上供下回式热水供暖系统中，除了水泵造成的机械循环压头外，同时还存在自然压头，它是由于供、回水温度不同而密度不同所致，通过各层散热器的回路造成了大小不同的自然压头，自然压头的存在使得流过上层散热器的水量多于实际需要量，并使流过下层散热器的水量少于实际需要量。这样，上层房间温度会偏高，下层房间温度会偏低。

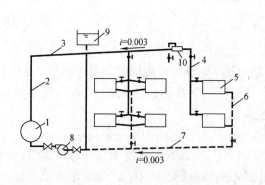

图 8-2 机械循环双管上供下回式热水采暖系统

1—锅炉；2—总立管；3—供水干管；4—供水立管；5—散热器；6—回水立管；7—回水干管；8—循环水泵；9—膨胀水箱；10—集气罐

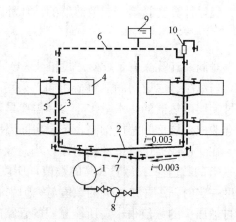

图 8-3 机械循环双管下供下回式热水采暖系统

1—锅炉；2—供水干管；3—供水立管；4—散热器；5—回水立管；6—空气管；7—回水干管；8—循环水泵；9—膨胀水箱；10—集气罐

楼层愈高，这种垂直失调的现象就愈严重。因此，双管系统不宜在4层以上的建筑物中采用（参见自然循环采暖系统部分）。

图8-3是机械循环双管下供下回式热水采暖系统示意图。在这种系统中，供、回水干管都敷设在底层散热器之下。在平屋顶建筑内当顶层的顶棚下难以布置供水干管时，或在有地下室的建筑物内，常采用这种系统。

它可以通过空气管或顶层散热器上的跑风门进行排气。

这种系统的垂直失调现象较上供下回式要弱一些。由图8-3可见，虽然第一层的自然作用压力最小，但流经第一层散热器的循环环路也最短；当楼层越高时，虽然自然循环作用压力越大，但是，楼层越高，管路越长，阻力越大，这样，各层环路阻力平衡起来就比上供下回式容易。

图8-4是机械循环单管热水采暖系统示意图，左侧为单管顺流式系统，右侧为单管跨越式系统。在单管式系统中散热器以串联方式连接于立管，来自锅炉的热水顺序地流经各层散热器，逐层放热后返回到锅炉中去。

单管式系统因为和散热器相连的立管只有一根，比双管式系统少用立管，立、支管间交叉减少，因而安装较为方便，不会像双管系统因存在自然压头而产生垂直失调，造成各楼层房间温度的偏差。

经单管立管流入各层散热器的水温是递减的，因而下层散热器片数多，占地面积大。

采用单管跨越式系统可以消除顺流式系统无法调节各层间散热量的缺陷。一般在上面几层加装跨越管，并在跨越管上加装阀门，以调节经跨越管的流量。

上述介绍的各种系统，通过各立管的循环环路流程不同，这种系统称为"异程系统"。由于各环路总长度有可能相差很大，各立管环路的压力损失就难以平衡。有时在最靠近总立管的立管选用了最小管径$DN15$时，仍有很多的剩余压力，这就会出现严重的水平失调现象，造成近立管所在房间温度偏高，远立管所在房间温度偏低。为了消除或减轻这种现象，有时采用"同程系统"，如图8-5所示。同程系统的特点是经过各立管的循环环路流程相同。通常人们认为同程系统容易实现系统环路的压力损失平衡，但实际上，当立管阻力过小时，系统中间的立管，常常出现滞流、甚至倒流，垂直失调现象更为严重。因此，当建筑楼层低于3层时，不宜采用同程系统。

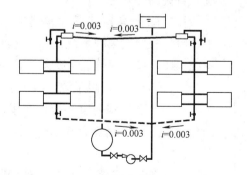

图8-4　机械循环单管热水采暖系统

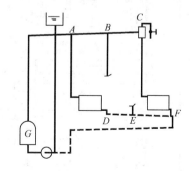

图8-5　同程式热水采暖系统

同程系统的管道长度较大，管径稍大，因而比异程系统多耗管材，这是同程系统存在的另一缺点。

图8-6是水平顺流式系统。顺流式系统最省管材，但每个散热器不能进行局部调节，它只能用在对室温控制要求不严格的建筑物或大的房间中。

水平式系统的排气可以采用在散热器上部专门设一空气管（DN15），最终集中在一个散热器上由放气阀集中排气（见图8-6）的方式。它适用于散热器较多的大系统。而当系统较小时，或当设置空气管有碍建筑使用和美观时，可以在每个散热器上安装一个排气阀进行局部排气。

图8-7是水平跨越式系统。它的放空气的措施与水平顺流式系统相同。这种连接方式允许在散热器上进行局部调节，适用于需要局部调节的建筑物。

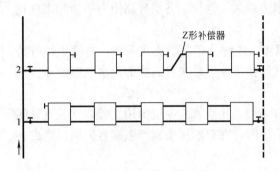

图8-6 水平顺流式系统　　　　图8-7 水平跨越式系统

水平单管式系统的优点是管路简单，便于快速施工。少穿楼板，沿墙没有立管，不影响室内美观。总造价比垂直式系统少很多，并且可以随房屋的建造进度逐层安装采暖系统。缺点是系统较大时有较多的散热器处于低水温区，尾端的散热器面积可能较垂直式系统的要大些。在系统较大时，水平管道设置Ω形热补偿器，造成房间使用上的不方便。

目前水平式系统发展很快，已用于大面积、多层民用或公共建筑物的采暖系统。

三、高层建筑热水采暖系统

高层建筑热水采暖系统水静压力大，应根据散热器的承压能力、外网的压力状况等因素来确定系统形式和室内外管网的连接方式。在确定系统形式时，还应考虑系统垂直失调等问题。

目前国内高层建筑采暖系统可分为：（1）分层式采暖系统；（2）双线式系统；（3）单、双管混合式系统。

（一）分层式采暖系统

高层建筑热水采暖系统，在垂直方向分成若干个系统称为分层式采暖系统。

下层系统一般都作成与室外网路直接连接。由室外网路的压力工况和散热器的承压能力决定下层系统的高度。上层系统与外网采用间接连接（见图8-

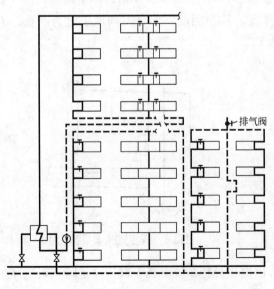

图8-8 分层式热水采暖系统

8),热能的交换是在水—水换热器中进行的,而上层系统与外网没有压力状况的联系,互不影响。当采用一般的铸铁散热器时,因为承压能力较低,多采用这种间接连接的方法。

(二)双线式系统

双线式系统分为垂直式和水平式两种形式。

1. 垂直双线单管采暖系统(图 8-9)

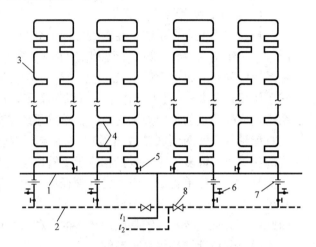

图 8-9 垂直双线单管采暖系统
1—供水干管;2—回水干管;3—双线立管;4—散热器;
5—截止阀;6—排水阀;7—节流孔板;8—调节阀

垂直双线单管采暖系统的立管是在竖向成门形结构,一根是上升立管,另一根是下降立管,因此各层散热器的平均温度可近似地认为是相同的,可以避免垂直失调。散热器采用蛇形管或辐射板式(单块或砌入墙内形成整体式结构)。

由于单管立管阻力较小,容易引起水平失调,可以在回水立管(下降立管)上设置节流孔板。

2. 水平双线单管采暖系统(图 8-10)

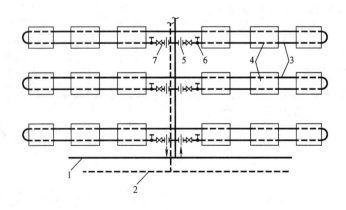

图 8-10 水平双线单管采暖系统
1—供水干管;2—回水干管;3—双线水平管;4—散热器;
5—节流孔板;6—截止阀;7—调节阀

水平双线单管采暖系统具有单管水平式采暖系统的特点，如能够进行分层调节，在热负荷计算不够准确的系统可用运行初调节来解决热量在各层的分配问题。

这种系统常在各环路上设置节流孔板，以保证各环路的阻力平衡和流量分配。

（三）单、双管混合式系统

单、双管混合式系统，在垂直方向上分为若干组，每组为若干层，每一组均为双管系统，而各组之间用单管连接（图 8-11）。这种系统中的每一组为双管系统，只对2～3层房屋采暖，形成的自然压头仅在此2～3层中起作用，所以避免了楼层高单纯采用双管系统造成的严重的竖向失调现象；在单管系统中支管约通过一半的立管流量（立管两面联结散热器），而在单、双管混合式系统中支管的流量小了许多，这一流量相应于支管所连散热器的热负荷，因此支管管径都比单管系统中的支管管径小；由于局部系统都是双管系统，宜在支管上装设调节阀门，对散热器的流量进行个别调节，因此单、双管混合式系统是应用较多的一种系统形式。

四、分户计量热水采暖系统

新建住宅热水集中采暖系统，在条件成熟时应设置分户热计量和室温控制装置。这样的系统具备以下的基本条件：

（1）用户可以根据需要分室控制室内温度，既满足了用户舒适性的要求，又根据需要区别对待以达节能的目的。

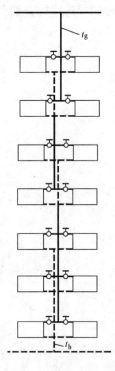

图 8-11 单、双管混合式系统

为此目的，各房间散热器前必须安装恒温阀，以有效的控制手段，保证室温调节能够实现。

（2）可靠的热量计量。应能准确计量每个用户的用热量，以便计量收费。

由于这两个条件的具备，可以调动用户节能的积极性。

当热水集中采暖系统分户热计量装置采用热量表时，应采用共用立管的分户独立系统形式。共用立管分户独立采暖系统由两部分组成：建筑物内共用采暖系统和户内采暖系统。

（一）建筑物内共用采暖系统

建筑物内共用采暖系统由建筑物热入口、建筑物内共用的供回水干管和共用的供回水立管组成。

1. 建筑物热入口

户内采暖系统为单管跨越式定流量系统时，热入口应设自力式流量控制阀，以维持流量恒定；户内采暖系统为双管变流量系统时，热入口应设自力式压差控制阀，以维持热入口处

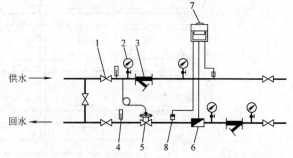

图 8-12 建筑物热力入口图示
1—阀门；2—压力表；3—过滤器；4—温度计；
5—自力式压差控制阀或流量控制阀；6—流量传感器；7—积分仪；8—温度传感器

供回水干管压差恒定,保证户内系统的有效调节。

供回水干管上应设有压力表、温度计、过滤器、关断阀门,以及考虑户内检修时不致冻坏热网支线的旁通管(带阀门)。见图8-12。

对于新建无地下室的住宅,宜于室外管沟入口或一层楼梯间楼梯息板下设置小室以作热入口。

对于新建有地下室的住宅,热入口宜设在可锁闭的专用空间内。

2. 共用水平干管和共用立管

共用立管为供、回水双管系统,共用水平干管和共用立管可以采用如下四种形式:见图8-13,其中,(a)上供下回同程式,(b)上供上回异程式,(c)下供下回异程式,(d)下供下回同程式。

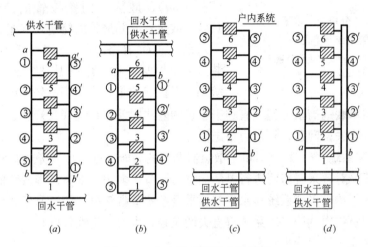

图8-13 主立管系统形式示意图

由于散热器前都安装有自动调节室内温度的恒温阀,上述四种形式中,不论哪一种形式,都能自动消除垂直失调。四种形式如何选择,应根据实际工程,通过技术、经济比较确定。

建筑物内共用水平干管不应穿越住宅的户内空间,水平干管可敷设在管沟、设备层、吊顶和地下室顶板下,并应具备检修条件。

共用水平干管的布置应有利于共用立管的连接,并应具有不小于0.002的坡度。

共用立管及户内系统的入口装置可设于楼梯间的管道井内,每层应设置供抄表及维修用的检查门。

(二)户内采暖系统

共用立管分户独立采暖系统的户内采暖系统是具有热量表的一户一环系统,由户内采暖系统入户装置、户内的供回水管道、散热器及室温控制装置等组成。

1. 户内采暖系统入户装置

户内采暖系统入户装置可设于楼梯间的管道井内,并留有检查门。

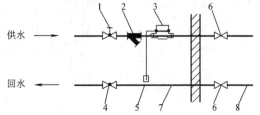

图8-14 户内系统热力入口图示

1—调节阀;2—过滤器;3—热量表;4—锁闭阀;5—温度传感器;6—关断阀;7—热镀锌钢管;8—户内系统管道

户内采暖系统入户装置包括调节阀、锁闭阀、热量表等部件。可参见图8-14。

2. 户内采暖系统形式

户内采暖系统可采用地板辐射采暖系统和散热器采暖系统。地板辐射采暖系统参见第八章第四节。

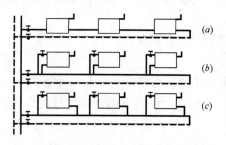

图8-15 分户独立水平单管系统示意图
(a) 顺流式；(b) 同侧接管跨越式；
(c) 异侧接管跨越式

散热器采暖系统主要有以下三种形式。

(1) 分户独立水平单管采暖系统

分户独立水平单管采暖系统中，每个水平支环路是一个户内采暖系统，支环路上各散热器是串联的。如图8-15所示。

分户独立水平单管采暖系统可采用顺流式（图8-15a）、散热器同侧接管的跨越式（图8-15b）、散热器异侧接管的跨越式（图8-15c）。

系统(a)管路简单，每个支环路的回水管上装一个温控阀，对一户室温进行整体调节。该系统用于对供热质量要求不高的住宅内。

多组散热器串联的高阻力特性有利于建筑物内共用采暖系统（双管系统）克服自然循环压力引起的垂直失调问题，且水力稳定性好。

系统(b)和系统(c)具有对单个散热器调节的功能，这是加设旁通管和温控阀的结果。该系统由于能对各采暖房间进行灵活的室温调节，多用于采暖标准较高的住宅。

分户独立水平单管采暖系统比水平双管采暖系统节省管材，管道易于布置，水平支环路阻力较大，建筑物内共用采暖系统垂直失调较轻，水力稳定性较好。

(2) 分户独立水平双管采暖系统

分户独立水平双管采暖系统中，每个水平支环路是一个户内采暖系统，支环路上各散热器是并联的，见图8-16所示。

根据水平供水管、回水管的布置方式可分为上供下回式（图8-16a）、上供上回式（图8-16b）、下供下回式（图8-16c）。

每组散热器都装设温控阀，控制和调节每组散热器的散热量，实行分室控温。

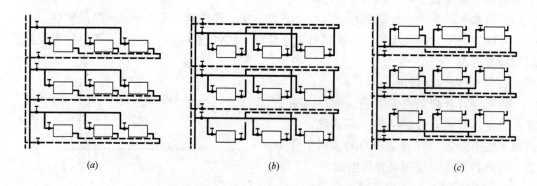

图8-16 分户独立水平双管系统示意图
(a) 上供下回式；(b) 上供上回式；(c) 下供下回式

在分户水平双管系统中，工况处在热量对流量变化敏感范围内，温控阀调节效果好。

分户水平双管系统的流动阻力小于分户水平单管系统的流动阻力，对建筑物内共用采暖系统来说，自然压头的影响较大一些，水力稳定性较差一些。

温控阀的调节，户内采暖系统成为变流量系统，应该在建筑物热入口加设自力式压差控制阀。

(3) 分户独立水平放射式系统

分户独立水平放射式系统在入户装置中设置小型分水器和集水器，户内各散热器并联在分水器和集水器之间。由于散热器支管呈辐射状布置，所以这种形式也称作"章鱼式"。在每组散热器支管上装有温控阀，可以进行分室调节、控温。如图8-17所示。

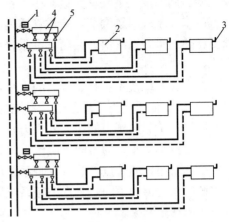

图 8-17 分户独立水平放射式示意图
1—热表；2—散热器；3—放气阀；
4—分、集水器；5—调节阀

散热器支管暗敷于地板上层，常用塑料管材，管内热水工作压力不宜超过 0.6MPa。这种敷设方式施工复杂，影响楼层高度，但避免了明管裸露。

第二节 蒸汽采暖系统

蒸汽采暖以水蒸气作为热媒，水蒸气在采暖系统的散热器中靠凝结放出热量，不管是通入过热蒸汽还是饱和蒸汽，流出散热器的凝水是饱和凝水还是带有过冷却度的凝水，都可以近似认为每千克蒸汽凝结时放热量等于蒸汽在凝结压力下的汽化潜热 (kJ/kg)。

蒸汽的汽化潜热比起每千克水在散热器中靠温降放出的热量要大得多。因此，对同样热负荷，蒸汽供热时所需要的蒸汽流量比热水供热时所需热水流量少得多。

但是，在相对压力为 $0\sim3\times10^5$Pa 时，蒸汽的比容是热水比容的数百倍，因此蒸汽在管道中的流速，通常采用比热水流速高得多的数值；但不会造成在相同流速下热水流动时所形成的较高的阻力损失。

蒸汽比容大，密度小，当用于高层建筑采暖时，不会像热水采暖那样，产生很大的水静压力。

在通常的压力条件下，散热器中蒸汽的饱和温度比热水采暖时热水在散热器中的平均温度高，而衡量散热器传热性能的传热系数 [W/(m²·℃)] 是随散热器内热媒平均温度与室内空气温度的差值的增大而增大的（详见第十章第二节），所以采用蒸汽为热媒的散热器的传热系数比热水的要大，因而蒸汽采暖可以节省散热器的面积，减少散热器的初投资。

在承担同样热负荷时，蒸汽作为热媒，较之于热水，流量要小，而采用的流速较高，因此可以采用较小的管径。在管道初投资方面，蒸汽采暖系统比热水采暖系统要少。

由于以上两个方面的原因，蒸汽采暖系统的初投资少于热水采暖系统。

蒸汽采暖系统采用间歇调节来满足负荷的变动，由于系统的热惯性很小，系统的加热和冷却过程都很快,特别适合于人群短时间迅速集散的建筑如大礼堂、剧院等。但是间歇调节会使房间温度上下波动,这对于人长期停留的办公室、起居室、卧室是不适宜的。

蒸汽采暖系统间歇调节,造成管道内时而充满蒸汽,时而充满空气,管道内壁的氧化腐蚀要比热水采暖系统快。因而蒸汽采暖系统的使用年限要比热水采暖系统短,特别是凝结水管,更易损坏。

蒸汽采暖系统按系统起始压力的大小可分为:高压蒸汽采暖系统(系统起始压力大于 0.7×10^5 Pa)、低压蒸汽采暖系统(系统起始压力等于或低于 0.7×10^5 Pa)以及真空蒸汽采暖系统(系统起始压力低于大气压力)。

按照蒸汽干管布置的不同,蒸汽采暖系统可分为上供下回式和下供下回式。

按照立管布置的特点,蒸汽采暖系统可分为单管式和双管式。

按照回水动力的不同,蒸汽采暖系统可分为重力回水和机械回水两种形式。

一、低压蒸汽采暖系统

低压蒸汽采暖系统的凝水回流入锅炉有两种方式:(1)重力回水:蒸汽在散热器内放热后变成凝水,靠重力沿凝水管流回锅炉;(2)机械回水:凝水沿凝水管依靠重力流入凝水箱,然后用凝水泵汲送凝水压入锅炉。这种系统作用半径较大,在工程实践中得到了广泛的应用。图 8-18 是机械回水双管上供下回式系统示意图。锅炉产生的蒸汽经蒸汽总立管、蒸汽干管、蒸汽立管进入散热器,放热后,凝结水沿凝水立管、凝水干管流入凝结水箱,然后用水泵将凝结水送入锅炉。

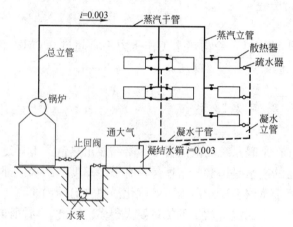

图 8-18 机械回水双管上供下回式蒸汽采暖系统

在每一组散热器后都装有疏水器,疏水器是阻止蒸汽通过,只允许凝水和不凝性气体(如空气)及时排往凝水管路的一种装置。图 8-19 是低压蒸汽系统中常用的恒温式疏水器。凝水流入疏水器后,经过一个缩小的孔口排出。此孔的启闭由内装酒精的金属波形囊控制,当蒸汽通过疏水器时,酒精受热蒸发,体积膨胀,波形囊伸长,带动底部的锥形阀,堵住小孔,使蒸汽不能流入凝水管。直到疏水器内的蒸汽冷凝成水后(有一些过冷),波形囊收缩,小孔打开,排出凝水。当空气或较冷的凝水流入时,波形囊加热不够,小孔继续开着,它们可以顺利通过。

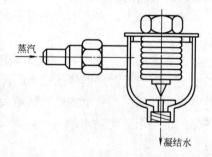

图 8-19 恒温式疏水器

蒸汽沿管道流动时向管外散失热量,采暖系统中一般使用饱和蒸汽,很容易造成一部分蒸汽凝结成水,叫做"沿途凝水"。为了及时排除沿途凝水,以免高速流动的蒸汽与凝水在遇到阀门等改变流动方向的构件时产生"水击"现象(水击会发出噪声和振动,严重时能破坏管件接口的严密性及管路支架），在管道内最好使凝结水与蒸汽同向流动，亦即蒸汽干管应沿蒸汽流动方向有向下的坡度。在一般情况下，沿途凝水经由蒸汽立管进入散热器，然后排入凝水立、干管。当蒸汽干管中凝水较多时，可设置疏水装置。

空气是不凝性气体，系统运行时如不能及时排入大气，则空气便会堵在管道和散热器中，影响蒸汽采暖系统的放热量。因此，顺利地排除系统中的空气是保证系统正常工作的重要条件。在系统开始运行时，依靠蒸汽的压力把积存于管道中和散热器中的空气赶至凝水管，最后经凝结水箱排入大气。当停止供汽时，原充满在管路和散热器内的蒸汽冷凝成水，由于凝水的密度远大于蒸汽的密度，散热器和管路内会因此出现一定的真空度。空气便通过凝结水箱、凝水干管而充满管路系统，以免系统的接缝处因内外压差作用形成渗漏。

凝结水箱容积一般应按各用户的15～20min最大小时凝水量设计。当凝水泵无自动启停装置时，水箱容积应适当增大到30～40min最大小时凝水量。在热源处的总凝水箱也可做到0.5～1.0h的最大小时凝水量容积。水泵应能在少于30min的时间内将这些凝水送回锅炉。

为避免水泵吸入口处压力过低造成凝水汽化，以致造成汽蚀、停转现象，保证凝水泵（通常是离心式水泵）正常工作，凝水泵的最大吸水高度及最小正水头高度 h 要受凝水温度制约（见表8-1），按照表列出的数字确定凝水泵的安装标高，为安全考虑，当凝水温度低于70℃时，水泵须低于凝结水箱底面0.5m。

表8-1

水温(℃)	0	20	40	50	60	75	80	90	100
最大吸水高度(m)	6.4	5.9	4.7	3.7	2.3	0			
最小正水头(m)							2	3	6

在蒸汽采暖系统中，不论是什么形式的系统，都应保证系统中的空气能及时排除，凝水能顺利地送回锅炉，防止蒸汽大量逸入凝水管以及尽量避免水击现象。

二、高压蒸汽采暖系统

压力为 0.7×10^5～3.0×10^5Pa 的蒸汽采暖系统称为高压蒸汽采暖系统。

高压蒸汽采暖系统常和生产工艺用汽系统合用同一汽源，但因生产用汽压力往往高于采暖系统蒸汽压力，所以从锅炉房（或蒸汽厂）来的蒸汽需经减压阀减压才能使用。

和低压蒸汽采暖系统一样，高压蒸汽采暖系统亦有上供下回、下供下回、双管、单管等形式。但供汽压力高，流速大，系统作用半径大，对同样热负荷，所需管径小。

为了避免高压蒸汽和凝结水在立管中反向流动发出噪声、产生水击现象，一般高压蒸汽采暖系统均采用双管上供下回式系统。

散热器内蒸汽压力高，散热器表面温度高，对同样热负荷所需散热面积小。因为高压蒸汽系统的凝水管路有蒸汽存在（散热器漏汽及二次蒸发汽），所以每个散热器的蒸汽和凝水支管上都应安设阀门，以调节供汽并保证关断。另外，考虑疏水器单个的排水能力远远超过每组散热器的凝水量，仅在每一支凝水干管的末端安装疏水器。疏水器分为机械型（浮筒式、吊筒式）、热动力型（热动力式）和热静力型（温调式）等。

散热器采暖系统的凝水干管宜敷设在所有散热器的下面，顺流向下作坡度，凝水依靠疏水器出口和凝水箱中的压力差以及凝水管路坡度形成的重力差流动，凝水在水—水换热器中被自来水冷却后进入凝水箱。凝水箱可以布置在采暖房间内，或是布置在锅炉房或专门的凝水回收泵站内。凝水箱可以是开式（通大气）的，也可以是密闭的。

由于凝水温度高，在凝水通过疏水器减压后，部分凝水会重新汽化，产生二次蒸汽。也就是说在高压蒸汽采暖系统的凝水管中流动的是凝水和二次蒸汽的混合物，为了降低凝水的温度和减少凝水管中的含汽率，可以设置二次蒸发器。二次蒸发器中产生的低压蒸汽可应用于附近的低压蒸汽采暖系统或热水供应系统。

高压蒸汽采暖系统在启停过程中，管道温度的变化要比热水采暖系统和低压蒸汽采暖系统的大，故应考虑采用自然补偿、设置补偿器来解决管道热胀冷缩问题。

高压蒸汽采暖系统的管径和散热器片数都小于低压蒸汽采暖系统，因此具有较好的经济性。但是由于蒸汽压力高，温度高，易烧焦落在散热器上面的有机灰尘，影响室内卫生，并且容易烫伤人，所以这种系统一般只在工业厂房中应用。

第三节 热风采暖系统与空气幕

一、热风采暖系统

利用热空气作媒质的对流采暖方式，称作热风采暖，而对流采暖方式则是利用对流换热或以对流换热为主的采暖方式。

热风采暖系统所用热媒可以是室外的新鲜空气、室内再循环空气，也可以是室内外空气的混合物。若热媒是室外新鲜空气，或是室内外空气的混合物时，热风采暖兼具建筑通风的特点。

空气作为热媒经加热装置加热后，通过风机直接送入室内，与室内空气混合换热，维持或提高室内空气温度。

热风采暖系统可以用蒸汽、热水、燃气、燃油或电能来加热空气。宜用 0.1～0.3MPa 的高压蒸汽或不低于 90℃ 的热水。当采用燃气、燃油加热或电加热时，应符合国家现行标准《城镇燃气设计规范》（GB 50028—2006）和《建筑设计防火规范》（GB 50016—2006）的要求。相应的加热装置称作空气加热器、燃气热风器、燃油热风器和电加热器。

热风采暖具有热惰性小、升温快、设备简单、投资省等优点，适用于耗热量大的建筑物、间歇使用的房间和有防火防爆要求、卫生要求、必须采用全新风的热风采暖的车间。

热风采暖的形式有：集中送风、管道送风、悬挂式和落地式暖风机。

集中送风采暖是在一定高度上，将热风从一处或几处以较大速度送出，使室内造成射流区和回流区的热风采暖。

集中送风的气流组织有平行送风和扇形送风两种形式。平行送风的射流中流速向量是平行的，它的主要特点是沿射流轴线方向的速度衰减较慢，可以达到较远的射程。扇形送风属于分散射流，空气出流后，便向各个方向分散，速度衰减很快。对于换气量很大，但速度不允许太大的场合采用这种射流形式是比较适宜的。见图 8-20。选用的原则主要取决于房间的大小和几何形状，而房间的大小和几何形状影响送风的地点、射流的数目、射程和布置、喷口的构造和尺寸的决定。

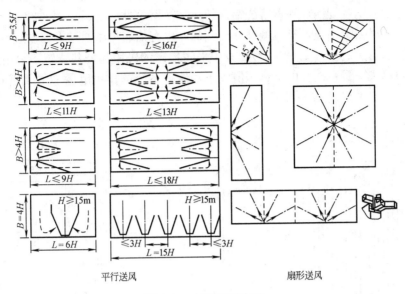

图 8-20 气流组织布置

集中送风采暖比其他形式的采暖可以大大减小温度梯度,减小屋顶传热量,并可节省管道与设备。它适用于允许采用空气再循环的车间,或作为有大量局部排风车间的补风和采暖系统。对于内部隔断较多、散发灰尘或大量散发有害气体的车间,一般不宜采用集中送风采暖形式。

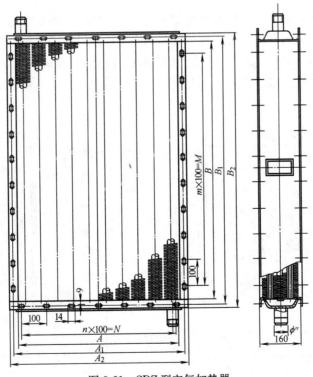

图 8-21 SRZ 型空气加热器

在热风采暖系统中，用蒸汽和热水加热空气，常用的空气加热器型号有 SRZ 和 SRL 型两种，分别为钢管绕钢片和钢管绕铝片的热交换器。见图 8-21、图 8-22。

管道式热风采暖系统，有机械循环空气的，也有依靠热压通过管道输送空气的，这是一种有组织的自然通风（见图 8-23）。集中采暖地区的民用和公共建筑，常用这种方式作为采暖季的热风采暖系统。由于热压值较小，这种系统的作用范围（主风道的水平距离）不能过大，一般不超过 20~25m。

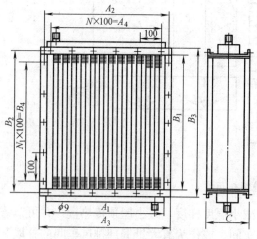

图 8-22 SRL 型空气加热器

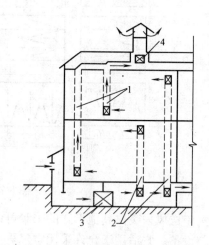

图 8-23 管道式热风采暖系统
1—排风管道；2—送风管道；3—进风加热设备；
4—排风加热设备（为增大热压用）

暖风机是由通风机、电动机及空气加热器组合而成的一种采暖通风联合机组。

暖风机分为轴流式与离心式两种。目前国内常用的轴流式暖风机主要有蒸汽、热水两用的 NC 和 NA 型暖风机（见图 8-24）和冷热水两用的 S 型暖风机。轴流式暖风机体积小，结构简单，一般悬挂或支架在墙上或柱子上，出风气流射程短，出口风速小，取暖范

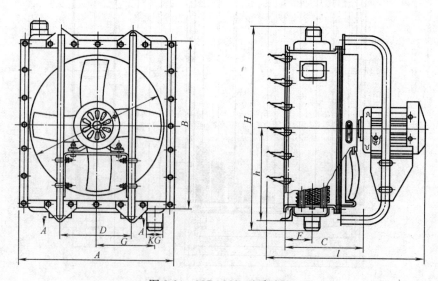

图 8-24 NC、NA 型暖风机

围小。离心式大型暖风机有蒸汽、热水两用的 NBL 型暖风机（见图 8-25），它配用的离心式通风机有较大的作用压头和较高的出口风速，因此气流射程长，通风量和产热量大，取暖范围大。

可以单独采用暖风机采暖，也可以由暖风机与散热器联合采暖，散热器采暖作为值班采暖。

采用小型的（轴流式）暖风机，为使车间温度场均匀，保持一定的断面速度，应使室内空气的换气次数大于或等于 1.5 次/h。

布置暖风机时，宜使暖风机的射流互相衔接，使采暖空间形成一个总的空气环流。

选用大型的（离心式）暖风机采暖时，由于出口风速和风量都很大，所以应沿车间长度方向

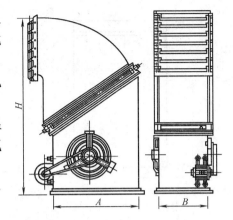

图 8-25　NBL 型暖风机

布置，出风口离侧墙的距离不宜小于 4m，气流射程不应小于车间采暖区的长度，在射程区域内不应有构筑物或高大设备。

二、空气幕

空气幕是利用特制的空气分布器喷出一定速度和温度的幕状气流，借此封闭大门、门厅、门洞、柜台等，减少和隔绝外界气流的侵入，以维持室内或某一工作区域一定的环境条件，同时还可阻挡灰尘、有害气体和昆虫的进入。

下列建筑的大门或适当部位宜设置空气幕或热空气幕：

1. 设空气幕

（1）设有空气调节系统的民用建筑及工业建筑大门的门厅和门斗里；

（2）某些要求较高的商业建筑的营业柜台。

2. 设热空气幕

（1）位于严寒地区、寒冷地区的公共建筑和工业建筑，对经常开启的外门，且不设门斗和前室时；

（2）公共建筑和工业建筑，当生产或使用要求不允许降低室内温度时或经技术经济比较设置热空气幕合理时；

（3）在大量散湿的房间里或邻近外门有固定工作岗位的民用和工业建筑大门的门厅和门斗里。

空气幕按照空气分布器的安装位置可以分为上送式、侧送式和下送式三种。

1. 上送式空气幕

如图 8-26 所示，安装在门洞上部，喷出气流的卫生条件较好，安装简便，占空间面积小，不影响建筑美观，适用于一般的公共建筑，如影剧院、会堂等，也越来越多地用于工业厂房，尤其是大门宽度超过 18m 时。尽管上送式空气幕挡风效率不如下送式空气幕，尤其是抵挡冬季下部冷风的侵入，但它仍然是最有发展前途的一种形式。

2. 侧送式空气幕

安装在门洞侧边，分为单侧和双侧两种，如图 8-27、图 8-28 所示。对于工业建筑，当外门宽度小于 3m 时，宜采用单侧送风；当大门宽度为 3～18m 时，应经过技术经济比

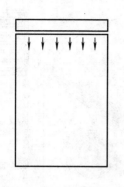

图 8-26 上送式空气幕

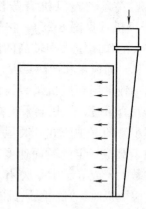

图 8-27 单侧空气幕

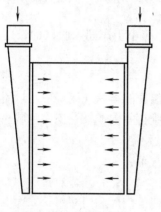

图 8-28 双侧空气幕

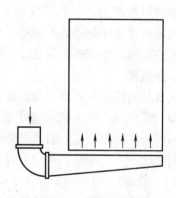

图 8-29 下送式空气幕

较，采用单侧、双侧送风或由上向下送风。侧送式空气幕挡风效率不如下送式，但卫生条件较下送式好。过去工业建筑常采用该型空气幕，但由于它占据空间较大，近来渐被上送式空气幕代替。为了不阻挡气流，装有该型空气幕的大门严禁向内开启。

3. 下送式空气幕

下送式空气幕如图 8-29 所示。空气分布器安装在门洞下部的地沟内，由于其射流最强区在门洞下部，正好抵挡冬季冷风从门洞下部侵入，所以冬季挡风效率最好，而且不受大门开启方向的影响。但是它的致命缺点是送风口在地面下，容易被脏物阻塞和污染空气，维修困难，另外在车辆通过时，因空气幕气流被阻碍而影响送风效果，因此目前一般很少使用。

空气幕按送出气流温度可分为热空气幕、等温空气幕和冷空气幕：

（1）热空气幕 在空气幕内设有加热器，以热水、蒸汽或电为热媒，将送出空气加热到一定温度。它适用于严寒地区。

（2）等温空气幕 空气幕内不设加热（冷却）装置，送出的空气不经处理，因而构造简单、体积小，适用范围更广，是目前非严寒地区主要采用的形式。

（3）冷空气幕 空气幕内设有冷却装置，送出一定温度的冷风，主要用于炎热地区而且有空调要求的建筑物大门。

空气幕设备由空气处理设备、风机、空气分布器及风管系统组成。可将空气处理设备、风机、空气分布器三者组合起来而形成工厂生产的产品。热空气幕中设有空气加热器，冷空气幕中设有表面冷却器。

第四节　辐射采暖系统

利用建筑物内部的顶面、墙面、地面或其他表面进行的以辐射传热为主的采暖方式为辐射采暖。在辐射采暖系统的总传热量中，辐射传热的比例通常约占50%以上。

辐射采暖由于有辐射强度和温度的双重作用，造成了真正符合人体散热要求的热环境，并且由于室内表面温度提高，减少了四周表面对人体的冷辐射，较之于散热器采暖，有较好的舒适感。

辐射采暖不会导致室内空气的急剧流动，从而减少了尘埃飞扬的可能，有利于改善卫生条件。

早在20世纪30年代，国外有些高级住宅就已经开始采用辐射采暖。近年来，在我国的各类建筑都开始应用辐射采暖，使用效果较好。

在散热器采暖、热风采暖的对流采暖系统中，室内的热效应和卫生条件主要取决于室内空气温度的高低，所以室内设计温度是对流采暖的基本标准。

在辐射采暖中，热量的传播主要以辐射形式出现，但同时也伴随有对流形式的热传播。所以单一地以辐射强度或室内设计温度作为辐射采暖的基本标准都是不合适的，通常以实感温度作为衡量辐射采暖的标准。

实感温度也称等感温度或黑球温度，它标志着在辐射采暖环境中，人或物体受辐射和对流热交换综合作用时以温度表示出来的实际感觉。

在辐射采暖时，室内空气温度和辐射强度对人体的综合作用，二者必须保持一定的比例，只有当二者的比例与人体热平衡的需要相符合时，才会产生较好的舒适感。在辐射采暖环境中，辐射强度越大，实感温度比室内温度就越高。

实测证明，在人体的舒适范围内，实感温度可以比室内环境温度高2～3℃左右。因此，在保持相同舒适感的前提下，辐射采暖时的室内空气温度可以比对流采暖时低2～3℃左右。

根据辐射板板面温度高低，辐射采暖系统可以区分为：当板面温度低于80℃时，称作低温辐射采暖系统；当板面温度等于80～200℃，称作中温辐射采暖系统；当板面温度高于500℃，称作高温辐射采暖系统。

根据辐射板构造，辐射采暖系统可以区分为：以直径15～32mm的管道埋置于建筑表面内构成辐射表面称作埋管式；利用建筑构件的空腔使热空气循环流动其间构成辐射表面称作风道式；利用金属板焊以金属管组成辐射板称作组合式。

根据热媒种类，辐射采暖系统可以区分为：热媒水温度低于100℃称作低温热水式；热媒水温度等于或高于100℃称作高温热水式；以蒸汽（高压或低压）为热媒称作蒸汽式；以加热以后的空气作为热媒称作热风式；以电热元件加热特定表面或直接发热称作电热式；通过燃烧可燃气体（也可以用液体或液化石油气）经特制的辐射器发射红外线称作燃气式。

一、低温辐射采暖系统

低温辐射采暖系统以地板辐射采暖系统为例，供回水方式为双管系统；只需在各户的分水器前安装热量表，即可实现按户计量。如在每个房间支环路上增设恒温阀，便可实现分室控温。但是考虑到地板辐射采暖系统的特点，其构造层的热惰性很大，调节流量后达到热稳定的时间较长，因此设置分户的温控装置宜慎重。

地面结构一般由结构层、绝热层、填充层、防水层、防潮层和地面层组成。结构层由楼板或土壤组成；绝热层用来控制热量传递方向；填充层用来埋置加热管，并力求使地面温度均匀；地面层指完成的地面装饰层。对住宅建筑，由于涉及分户热计量，不应取消绝热层；直接与室外空气或不采暖房间接触的楼板、外墙内侧，必须设绝热层；与土壤相邻的地面，必须设绝热层。并且在这绝热层下面设防潮层。对于潮湿房间如卫生间、厨房等，在填充层上宜设置防水层。见图 8-30。

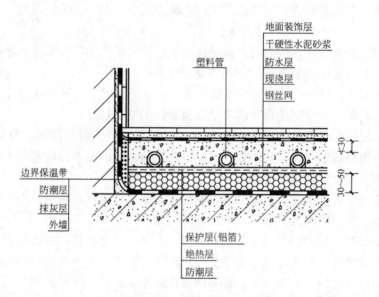

图 8-30　低温热水地板辐射采暖地面做法示意图

早期的地板采暖均采用钢管或铜管，现在地板采暖均采用塑料管。

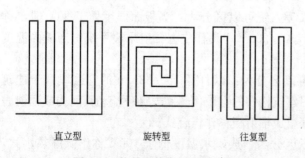

图 8-31　加热盘管常用布置形式

塑料管均具有耐老化、耐腐蚀、不结垢、沿程阻力小、容易弯曲、易于施工等优点。

地板辐射采暖系统加热盘管布置有三种：直立型、旋转型、往复型，如图 8-31 所示。直立型最为简单，但这种系统的板面温度随着水的流动逐渐降低，首尾温差较大，板面温度场不均匀。旋转型和往复型虽然铺设复杂，但是板面温度场均匀，高低温管间隔布置，供暖效果更好。尤其是旋转型，经过板面中心点的任一剖面，埋管均可是高低温管间隔布置，"均化"效果较好。

在工程中，应根据房间的具体情况选择系统形式，亦可几种混合使用。为了使每个分支环路的阻力损失易于平衡，一般为60～80m，最长不宜超过120m。原则上采取一个房间为一个环路，大房间一般以房间面积20～30m^{2}为一个环路，可布置多个环路。

埋地盘管的每个环路宜采用整根管道，中间不许有接头，以防止渗漏。加热管的间距不宜大于300mm。

在实际工程设计中，除了采取均匀布置加热盘管外，考虑到靠近外墙、外窗处热损失较大，加热盘管还可采用不均匀间隔方式，即在靠近外墙的地方将间距布置得小一些，以维持该处的地表温度。

二、中温辐射采暖系统

板表面平均温度等于80～200℃的辐射板采暖系统，通常称为中温辐射采暖系统。

中温辐射采暖系统，主要应用于工业厂房，特别是高大的工业厂房，往往具有较好的实际效果。对于一些大空间的民用建筑，如商场、展览厅、车站等，也能取得较好的效果。

中温辐射采暖，通常都利用钢制辐射板来进行散热，根据辐射板长度的不同，可以分成块状和带状。

块状辐射板的长度，一般以不超过钢板的自然长度，通常为1000～2000mm。

带状辐射板大都以几张钢板组装而成。卷材钢板制作则比较理想，长度方向不受自然长度的限制，而且还可以避免在此方向上有接缝。

钢制辐射板的特点是采用薄钢板，其厚度一般为0.5～1.0mm；加热管通常为水煤气管，管径为15、20、25mm；保温材料为蛭石、珍珠岩、岩棉等。

钢制辐射板分为单面辐射板和双面辐射板。单面辐射板背面加保温层，只占总散热量的10%，其他大部分由板前散出。

如果辐射板背面不加保温层，就成为双面辐射板，它可以垂直安装在多跨车间的两跨之间，使它向两面散热，它的散热量比同样的单面辐射板约增加30%左右。

钢制块状辐射板的构造简单，加工方便，便于就地制作，在同样的放热情况下，它的耗金属量比铸铁散热器采暖系统节省一半左右。

带状辐射板的排管较长，加工、安装都没有块状辐射板方便；而且，排管的热膨胀补偿、空气排除、凝结水排除等也较难解决。

三、高温辐射采暖系统

辐射表面温度等于或高于500～900℃的采暖系统一般称为高温辐射采暖系统。

电气红外线是利用灯泡中的灯丝、电阻器中的电阻丝、石英灯（管）等通电后在高温下辐射出的红外线进行采暖的。

红外线电阻器是将电阻丝绕成管状成其他形式放在反射罩内，通电后在高温下辐射出红外线；也可以将电阻丝放在铁镍合金、铁铝合金或铁镍铬合金管内而组成。它辐射出的是波长为2.98～4.30μm的中波红外线。

石英管红外线辐射器的辐射温度可达990℃，其中辐射热占总散热量的78%。石英灯红外线辐射器的辐射温度可达2232℃，其中辐射热占总散热量的80%。

燃气红外线是利用可燃的气体、液体或固体，通过特殊的燃烧装置——辐射器进行燃烧而辐射出红外线。

在整个红外线波段中,燃气红外线辐射器发射出的红外线波长正好在波长0.76～40μm,它的热特性最好。

燃气红外线辐射器,具有构造简单、外形小巧、发热量大、热效率高、安装方便等优点,所以应用比较广泛,不但用于室内外采暖,而且用于各种生产工艺的加热和干燥过程。

第五节 采暖系统的管路布置和主要设备

在布置供暖管道之前,首先要根据建筑物的使用特点及要求,确定供暖系统的热媒种类、系统形式。

其次,要确定合理的入口位置。系统的入口可设置在建筑物热负荷对称分配的位置,一般在建筑物长度方向的中点,并且要服从热力网的总体布局。

在布置供暖管道时,应力求管道最短,便于维护管理,不影响房间美观。

热水采暖系统,应在系统入口处的供水、回水总管上设置温度计、压力表及除污器,必要时装设热量表。

蒸汽采暖系统,当供汽压力高于室内采暖系统的工作压力时,应在采暖系统入口的供汽管上装设减压装置,必要时应安装计量装置。

在上供下回式系统中,对于美观要求高的民用建筑,或大梁底面标高过低妨碍供水或蒸汽干管敷设时,才将干管布置在顶棚内,一般将它们设在顶层顶棚以下。如建筑物是平顶的,从美观上又不允许将干管敷设在顶棚下面时,可在平屋顶上建造专门的管槽。

在顶棚内敷设干管可采用在顶棚中间布置一根干管或沿外墙布置两根干管的方案,前者适用于房屋宽度 $b<10m$ 且立管数较少时;后者适用于房屋宽度 $b>10m$ 或顶棚中有通风装置时。顶棚中干管与外墙的距离不应小于1.0m,以便于安装和检修。见图8-32。

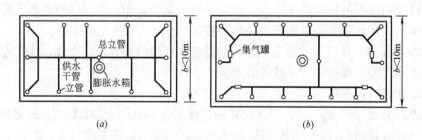

图8-32 在闷顶内敷设干管等设备
(a) 自然循环的情况;(b) 机械循环的情况

上供下回式热水供暖系统的膨胀水箱常放置在顶棚内,在平顶房屋中则将膨胀水箱放置在专设的屋顶小室内,膨胀水箱由承重墙、楼板梁等支承。下供下回式热水供暖系统中膨胀水箱常放置在楼梯间顶层的平台上。

膨胀水箱外应有一保温小室以免水箱中水在停运时冻结,小室的尺寸应便于对膨胀水箱进行拆卸、维修工作。

目前多采用先进的变频补水定压装置,可代替膨胀水箱定压,此时顶棚不再安装膨胀水箱。

供暖系统的回水干管一般敷设在首层地面下的地下室或地沟中，也可敷设在地面上。尤其在工业建筑中，只要不影响工艺，宜全部敷设在地面上。安装回水干管的地沟宜采用半通行方式，若管路较短，管径较小也可设置不通行地沟。半通行地沟或通行地沟的高度及宽度取决于管道的长度、坡度及安装、检修所必要的空间。地沟上每隔一定距离应设活动盖板，以便于检修。

敷设在地面上的回水干管过门时，在门下设置小管沟，若是热水供暖系统按图 8-33 处理，回水干管进入过门地沟，它的坡向应沿水流方向降低以便排除空气和污水，为了减少排气设备，在从过门地沟引出的回水干管到邻近立管的这一段管路内可采用反坡向，使管中积聚的空气沿邻近立管顺利排出，而继续延伸的干管仍按原坡向敷设。若是蒸汽供暖系统，则按图 8-34 处理，凝水干管在门下形成水封，空气不能顺利通过，故需设置空气绕行管以免阻断凝水流动。

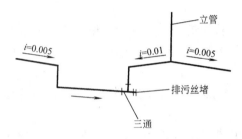

图 8-33　回水干管在过门地沟处的连接方式

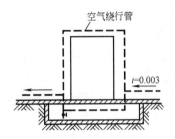

图 8-34　凝水干管过门

热水供暖上供下回式系统的排气设备是装设在系统最高点的集气罐或自动放风装置。一个系统中的两个环路不能合用一个集气罐，以免热水通过集气罐互相串通，造成流量分配的混乱情况。

当建筑物无闷顶但有地下室，建筑物外形参差不齐，地下水位很低以及建造管沟比建造屋顶管槽更经济时，宜采用下供下回式系统。下供下回式系统的供水（蒸汽）干管、回水干管敷设在管沟内或地下室的顶板下。

系统供水、供汽干管的末端和回水干管的始端的管径不宜小于 20mm，低压蒸汽的供汽干管可适当放大。

在这种系统中，用空气管和集气罐（见图 8-35）或用装在散热器上的放气旋塞排除系统中的空气。通常在最高层的顶棚下面沿外墙布置空气管集中放气。集气罐宜放在厕所、厨房或楼梯间等处，不宜放在起居室、卧室等处。集气罐上的排气管应引至有下水道的地方，如洗手盆等处。

多层和高层建筑的热水系统中，每根立管和分支管的始末段均应设置调节、检修和泄水用的阀门。

立管应布置在窗间墙处，有利于向两侧连接散热器。为了少占空间，尽可能将立管布置在房间的角落里。另外，在房屋外墙转角处应布置立管以避免该处结露、结霜。在楼梯间应单独设置立管，其他房间的散热器不与此立管相连接，以免该立管冻结影

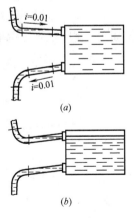

图 8-35
(a) 散热器支管的正确连接方法；(b) 错误连接方法

响其他房间供暖。热水供暖散热器支管的接法必须如图 8-35（a）那样连接，如按图 8-35（b）的错误方法连接，散热器上部就会存留空气，使水不能充满，散热器上部就不能散热。

每组柱型散热器最好不多于 20 片。片数过多不仅施工安装困难，而且单位金属质量的散热量低，为了改善热工况，多于 20 片的散热器必须采用双面联接（见图 8-36）。

安装在同一房间内的散热器可以增设立管而进行横向串联，连接管直径一般采用 DN32。

供暖管道的安装方法，有明装及暗装两种。安装后能看到管道称为明装，若管道已被建筑、装饰物隐蔽起来则称为暗装。一般民用建筑、公共建筑以及工业厂房都采用明装。礼堂、剧院、展览馆、宾馆等装饰要求较高的建筑物常采用暗装。

暗装管道时，管道及配件在安装前后都要详加检查，以免外面覆盖后，不易发现漏水、漏气，即使发现，检修也很困难。这会影响供暖系统正常运行，而且会影响建筑物的寿命。

暗装管道沟槽对墙的厚度、强度以及热工方面的影响必须在设计和暗装时予以考虑。要提高沟槽砌砖质量，应在沟槽内墙面抹灰，防止冷空气通过砖缝渗入，以减小管道热耗失量，避免管道冻裂。

在多层建筑物的沟槽中每层有水平隔板使空气隔离开以减小空气对流造成的立管热耗失量。

管道穿过楼板或隔墙时，为了使管道可自由伸缩且不致弯曲变形甚或破坏，并不致损坏楼板或墙面，应在楼板或隔墙内预埋套管，套管的内径应稍大于管道的外径。在套管与管道之间，应用石棉绳塞紧。

在供暖系统中，金属管道会热胀冷缩（每米钢管温度每升高 1℃ 便会伸长 1.2×10^{-6} m）造成弯曲变形甚或破坏。对于一个系统的管道，要合理地设置固定点和在两个固定点之间设置自然补偿或波纹管补偿器。

图 8-37 所示的管道系统，在两个固定点间的管道伸缩可以利用管道本身具有的弯曲部分来进行补偿，这种形式的补偿称为自然补偿。供暖系统中若直线管段不太长，且具有很多弯曲段，可以不设置专门的补偿装置。当直线管段很长或弯曲段不能起到应有的补偿作用时，就应在管道两固定点中间设置补偿器来补偿管道的伸缩量，常用的是波纹管补偿器。

图 8-36　散热器支管连接方法正误　　　　　图 8-37　管道自然补偿

采暖管道在以下情况下应保温：管道内输送必须保证一定参数的热媒时；管道敷设在室外、不采暖房间、外门内及有冻结危险的地方时；管道敷设在管沟、技术夹层、闷顶或阁楼、管道井内时；热媒温度高于 100℃，且安装在容易使人烫伤的地方时；敷设在采暖房间内的供回水干管，管路较长，且条件适宜时。

思 考 题

1. 叙述自然循环热水采暖系统的工作原理。
2. 试画出双管上供下回式热水采暖系统的压力分布图。
3. 为什么说垂直双线单管采暖系统,"各层散热器的平均温度近似地可认为是相同的"?
4. 分户计量热水系统是怎样做到热计量的?
5. 低温辐射采暖系统的基本构造是什么?

第九章 采暖系统的设计热负荷

在冬季，采暖房间要求维持一定的温度，这就需要采暖系统的散热设备放出一定的热量维持房间得热量和失热量的平衡。对于一般民用建筑和产生热量很少的车间，可认为房间得热量为零，失热量包括由于室内外温差引起的围护结构的耗热量，加热由门、窗缝隙渗入室内的冷空气的耗热量和加热由门、孔洞和其他生产跨间进入的冷空气耗热量。

采暖系统的设计热负荷，是指在设计室外温度下，为了达到要求的室内温度，保持房间热平衡时，采暖系统在单位时间内向建筑物供给的热量。

第一节 围护结构耗热量

一、围护结构耗热量

围护结构传热是很复杂的传热现象。它包括内表面吸热、结构材料导热和外表面放热三个基本过程（图9-1）。而这些过程又是由导热、对流和辐射三种基本传热方式组合而成的。

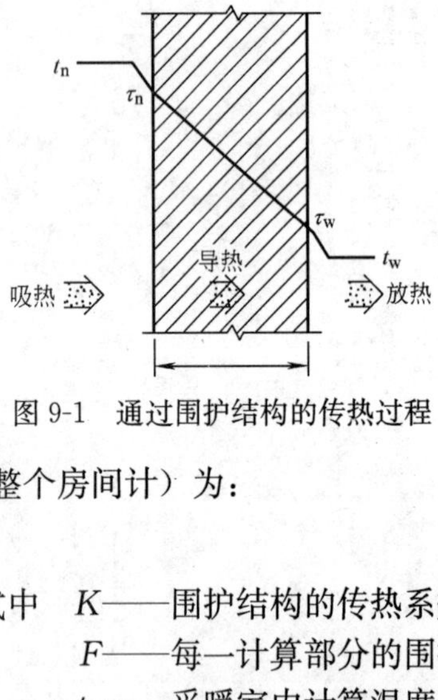

由于室外空气温度的变化具有随机性，供暖系统散热设备的放热也时有波动，通过围护结构的传热量随时间而变化，即发生了复杂的不稳定传热过程。

不稳定传热的计算比较复杂，在工程计算中通常以某一稳定传热过程来代替实际的不稳定传热过程，这种代替会产生一定的误差，但却是一种简捷实用的计算方法。

图9-1 通过围护结构的传热过程

在稳定传热条件下，通过围护结构的基本耗热量（整个房间计）为：

$$Q=\sum KF(t_n-t_w)a \tag{9-1}$$

式中 K——围护结构的传热系数，$W/(m^2 \cdot ℃)$；

F——每一计算部分的围护结构的传热面积，m^2；

t_n——采暖室内计算温度，℃；

t_w——采暖室外计算温度，℃；

a——围护结构的温差修正系数。

一个房间的围护结构按照朝向、材料结构和室内外温差的不同而划分为各个计算部分。对一侧不与室外空气直接接触的围护结构，当室内外温差大于5℃时，亦应计算通过该围护结构的耗热量。在基本耗热量上再考虑由于朝向不同、风力大小不同及房间高度过高所引起的朝向、风力和房间高度修正。

二、室内计算温度

室内计算温度一般是指距地面2m以内人们活动地区的平均空气温度。它应满足人的生活要求和生产的工艺要求。

对于民用建筑，需满足人的生活要求。室内计算温度，主要决定于人体的生理热平衡。它和许多因素有关，如房间的用途、室内的潮湿情况和散热强度、劳动强度以及生活习惯、生活水平等。

在设计集中采暖时，民用建筑的主要房间的采暖室内计算温度，按建筑物的等级采用不同的温度：

甲等高级民用建筑：20～22℃；

乙等中级民用建筑：18～20℃；

丙等普通民用建筑：16～18℃。

对于工业企业的生产厂房，确定室内计算温度应考虑劳动强度的大小和生产工艺提出的要求，一般按下列规定采用：

轻作业：15～18℃；

中作业：12～15℃；

重作业：10～12℃。

一些民用建筑和工业辅助建筑的室内计算温度以及工业厂房工作地点的温度列于附录六附表6-2和附表6-3，在工厂不生产时间（节假日和下班后），为了保证车间内设备的润滑油和各种管路中介质不冻结，温度要求维持在5℃的水平，这个温度叫做值班采暖温度。

三、采暖室外计算温度

在计算围护结构的基本耗热量时，一般使用的是稳定传热的计算公式，其中采暖室外计算温度是某一固定数值。这一数值的确定应保证采暖期内绝大多数时间，室内空气温度是维持在设计所要求的数值。

在几十年内某一时刻出现的极端最低外温，由于围护结构的热惰性，这种外温的波动在围护结构中衰减并且延滞了一定时间才影响到室内，或因衰减较大不影响室内，所以按照极端最低外温设计会造成设备投资上的浪费。根据人体对温度的要求，短时间降低室内空气温度，即有一段时间是所谓的"不保证时间"是允许的。我国制定的《工业企业采暖通风和空气调节设计规范》里规定："供暖室外计算温度，应采用历年平均每年不保证5天的日平均温度"，这里采用"日平均温度"是考虑到一般围护结构都具有一定的热惰性，只有足够长时间的室外温度波动才能对室内温度的变化起到实质性的作用。文中所谓"平均每年不保证5天"，若统计年份采用20年，则总共可有100天的实际日平均气温低于所取的室外计算温度。

四、温差修正系数

计算与大气直接接触的外围护结构的基本耗热量时，所用公式是$Q=KF(t_n-t_w)$。但是，有些围护结构的外侧并不是室外，而是不采暖的房间或空间。此时通过该围护结构的传热量的计算公式应为$Q=KF(t_n-t_h)$，式中，t_h是传热达到平衡时非采暖房间的温度。为了计算方便，工程中可用$(t_n-t_w)a$代替(t_n-t_h)进行计算。a称为围护结构的温差修正系数。

根据经验得出的各种不同情况的a值列于表9-1中。

温差修正系数 a 值　　　　　　　　　　　　表 9-1

围 护 结 构 特 征	a
与大气直接接触的外围护结构和地面	1.0
与不采暖房间相邻的隔墙	
不采暖房间有门窗与室外相通	0.7
不采暖房间无门窗与室外相通	0.4
不采暖地下室和半地下室的楼板(在室外地坪以上不超过 1.0m)	
外墙上有窗	0.6
外墙上无窗	0.4
不采暖半地下室的楼板(在室外地坪以上超过 1.0m)	
外墙上有窗	0.7
外墙上无窗	0.4

五、围护结构的传热系数

建筑物围护结构的传热系数可用下式计算：

$$K=\frac{1}{R_0}=\frac{1}{\frac{1}{\alpha_n}+\sum\frac{\delta_i}{\lambda_i}+\frac{1}{\alpha_w}} \tag{9-2}$$

式中　R_0——围护结构的总传热阻，$m^2 \cdot ℃/W$；
　　　α_n——围护结构内表面换热系数，$W/(m^2 \cdot ℃)$；
　　　α_w——围护结构外表面换热系数，$W/(m^2 \cdot ℃)$；
　　　δ_i——围护结构各层材料的厚度，m；
　　　λ_i——围护结构各层材料的导热系数，$W/(m \cdot ℃)$。

表面换热过程是对流和辐射的综合过程，围护结构内表面主要是壁面与邻近空气的温差引起的自然对流，在外表面不仅有温差的作用，而且还有风力作用产生的强迫对流。常用的 α_n 值和 α_w 值分别列于表 9-2 和表 9-3 中。

常用围护结构的传热系数 K 值已编列成表，可直接由手册中查出。在表 9-4 中给出了一部分常用围护结构的 K 值。

内表面换热系数 α_n 与换热阻 R_n　　　　表 9-2

表 面 特 征	α_n $W/(m^2 \cdot ℃)$	R_n $m^2 \cdot ℃/W$
墙、地面和表面平整的顶棚、屋盖或楼板以及带肋的顶棚 $h/s \leqslant 3$	8.7	0.115
有肋状突出物的顶棚、屋盖或楼板 $h/s > 3$	7.6	0.132
自上向下传热的楼板	5.8	0.172

注：表中 h——肋高，m；s——肋间净距，m。

外表面换热系数 α_w 与换热阻 R_w　　　　表 9-3

表 面 特 征	α_w $W/(m^2 \cdot ℃)$	R_w $m^2 \cdot ℃/W$
外墙和屋顶外表面	23.3	0.043
楼板或顶棚：		
自下向上的传热	11.6	0.083
自上向下的传热	5.8	0.172

常用围护结构的传热系数 K 值 [W/(m²·℃)]　　　　　　表 9-4

类　型		K
A. 门		
实体本制外门	单层	4.65
	双层	2.33
带玻璃阳台外门	单层(木框)	5.82
	双层(木框)	2.68
	单层(金属框)	6.40
	双层(金属框)	3.26
单层内门		2.91
B. 外窗及天窗		
木框	单层	5.82
	双层	2.68
金属框	单层	6.40
	双层	3.26
单框二层玻璃窗		3.49
商店橱窗		4.65
C. 外墙		
内表面抹灰砖墙	24 砖墙	2.08
	37 砖墙	1.56
	49 砖墙	1.27
D. 内墙(双面抹灰)	12 砖墙	2.31
	24 砖墙	1.72

六、围护结构的低限热阻与经济热阻

围护结构既要满足建筑结构上的强度要求，也要满足建筑热工方面的要求，要使建筑物具有热稳定性，热稳定性是指由于室外空气温度或室内产生的热量发生变化而使经过围护结构的热流发生变化时，室内保持原有温度的能力。对于相同的热流变化，不同的建筑物产生不同的室温波动，室温波动越小，则建筑物的热稳定性越好。

围护结构内表面温度 τ_n 不应低于室内空气的露点温度，从卫生要求来看，多数用途的房间内表面是不允许结露的。并且，由于围护结构中所含水分增加，耗热量会增加，导致围护结构加速损坏。纵然内表面不结露，过低的内表面温度也会引起人体的不舒适，人体向外辐射热增大是不舒适的根本原因。限制围护结构内表面温度过分降低而确定的外围护结构的总传热阻称为低限传热阻。在冬季正常采暖，正常使用条件下，设置集中采暖的建筑物，非透明部分外围护结构（门、窗除外）的总传热阻，在任何情况下都不得低于按冬季保温要求确定的这一低限传热阻。

工程中规定了采暖室内计算温度与围护结构内表面温度的允许温差 $\Delta t_y = t_n - \tau_n$。围护结构低限传热阻在选用 Δt_y 后按下式确定：

$$R_{0\min} = \frac{t_n - t_w}{\Delta t_y} a R_n \qquad (9-3)$$

式中　t_n ——采暖室内计算温度，℃；

　　　t_w ——采暖室外计算温度，℃；

　　　R_n ——围护结构内表面换热阻，m²·℃/W；

a——温差修正系数；

Δt_y——采暖室内计算温度与围护结构内表面温度的允许温差，℃，可按附录六附表6-4选用。

在一个规定年限（建筑物使用年限、投资回收年限或政策性规定年限等）内，使建造费用与经营费用之和最小的外围护结构总传热阻称之为经济热阻。建造费用（建筑造价）包括土建部分和采暖系统的建造费用。经营费用包括土建部分和采暖系统的维修费用及采暖系统的运行费用（水费、电费、燃料费、工资等）。

影响经济热阻的因素很多，主要有以下几个方面：

（1）国家的经济政策：包括价格（能源、材料设备、劳动力价格等）、投资回收年限，贷款年限、利息等方面的政策。特别是能源价格对经济热阻影响很大。

（2）建筑设计方案：包括建筑的几何尺寸、形状、窗墙比、选用材料等。

（3）采暖设计方案：包括热媒种类及其参数，系统形式，选用设备和材料等。

（4）气候条件：气候条件直接影响到燃料费用，而在经营费用中燃料费用占较大比例，会对经济热阻产生明显的影响。

国内外许多资料分析表明，根据经济热阻原则确定的围护结构热阻值，都比目前实际使用的热阻值大。从经济和节能角度来看，现阶段建筑外围护结构总传热阻应逐步增大。

第二节 加热进入室内的冷空气所需要的热量

加热进入室内的冷空气所需要的热量包括冷风渗透耗热量和冷风侵入耗热量。

在风力及热压造成的室内外压差的作用下，室外的冷空气就会通过门、窗等缝隙渗入室内，被加热后又逸出室外，将这部分冷空气从室外温度加热到室内温度所消耗的热量称为冷风渗透耗热量。

在冬季，受风压和热压作用，会有大量冷空气由开启的门、孔洞从室外或相邻房间和其它生产跨间侵入室内，把这部分冷空气加热到室内温度所消耗的热量称为冷风侵入耗热量。

两种耗热量均可用下列公式计算：

$$Q' = L \cdot C \cdot \rho (t_n - t_w) \tag{9-4}$$

式中 L——冷空气进入量，m³/s；

C——空气的定压比热，其值为 1kJ/(kg·℃)；

ρ——在室外温度下空气的密度，kg/m³。

经门、窗缝隙渗入室内的冷空气量与冷空气流经缝隙的压力差、门窗类型及其缝隙的密封性能和缝隙的长度等因素有关；在开启外门时进入的冷空气量与外门内外压差及外门面积等因素有关。这些因素不仅涉及室外风向和风速、室内通道状况、建筑物高度和形状，而且也涉及门窗的构造和朝向，因此计算出的冷空气进入量只能是个概略值，具体的计算方法可详见《供热工程》[28]。

第三节 采暖系统热负荷的概算

集中供热系统进行规划或扩大初步设计时，个别的采暖系统尚未进行设计计算，此时采用概算指标法来确定采暖系统的热负荷。

采暖热负荷是城市集中供热系统主要的热负荷,它的概算可采用体积热指标法、面积热指标等方法进行计算。

一、体积热指标法

用单位体积采暖热指标估算建筑物的热负荷时,采暖热负荷可按下式进行概算:

$$Q = q_v V(t_n - t_w) \tag{9-5}$$

式中　q_v——建筑物的采暖体积热指标,$kW/(m^3 \cdot ℃)$;
　　　V——建筑物的外围体积,m^3;
　　　t_n——采暖室内计算温度,℃;
　　　t_w——采暖室外计算温度,℃。

采暖体积热指标 q_v 的大小主要与建筑物的围护结构及外形有关。当建筑物围护结构的传热系数愈大、采光率愈大、外部体积相对于建筑面积之比愈小,或建筑物在长宽比愈大时,单位体积的热损失愈大,即 q_v 值愈大。

各类建筑物的采暖体积热指标 q_v 可以通过对许多建筑物进行理论计算或对许多实测数据进行统计、归纳整理得出,有关数值参见附录六附表6-5。

二、面积热指标法

建筑物的采暖热负荷可按下式进行概算:

$$Q = q_f F \tag{9-6}$$

式中　q_f——建筑物的面积热指标,kW/m^2;
　　　F——建筑物的建筑面积,m^2。

面积热指标法简单方便,在国内外城市住宅建筑集中供热系统规划设计中被大量采用。有关数值参见附录六附表6-6。

第四节　高层建筑采暖热负荷计算的特点

高层建筑的采暖热负荷计算有一些特殊的地方,现分述如下。

一、关于围护结构的传热系数

围护结构的传热系数与围护结构的材料、材料的厚度以及内表面换热系数和外表面换热系数有关。在高层建筑中,外表面换热系数应予特殊注意。

按气象台观察,室外风速从地面到上空是逐渐增大的,一般认为风速随高度增加的变化可按下式计算:

$$\frac{v_h}{v_0} = \left(\frac{h}{h_0}\right)^m \tag{9-7}$$

式中　v_0——基准高度的计算风速,即采暖设计所采用的冬季室外风速,m/s;
　　　v_h——计算高度的室外风速,m/s;
　　　h_0——基准高度,m;

h——计算楼层的高度,m;

m——指数,主要与温度的垂直梯度和地面粗糙度有关,在空旷及沿海地区 $m=1/6$;城郊区 $m=\frac{1}{4}\sim\frac{1}{5}$;建筑群多的市区 $m=1/3$;一般可取 0.2。

高层建筑物的高层部分的室外风速大,根据对流换热原理,高层部分的外表面的对流换热系数也比较大。

除此之外,一般建筑物,由于邻近建筑高度相差不多,建筑物的外表面温度相近,可以忽略它们之间的相互辐射。高层建筑物的高层部分,其周围很少受其他建筑物屏蔽。由于夜间天空温度很低,使高层建筑物高层部分增加了向天空辐射的热量,而周围的一般建筑物向高层建筑物高层部分的辐射热量却微小得很,因此高层部分的外表面的辐射换热系数也显著增大。

高层部分外表面对流换热系数加大,辐射换热系数加大,所以加大了高层部分围护结构的传热系数。

二、关于室外空气进入量

由前述可知,室外风速随高度而增加,高层建筑外围护结构外表面不同高度所受风力作用不同,对冬季采暖设计热负荷产生的影响则主要表现在风压对冷风渗透耗热量的影响。在风压作用下,冷空气由建筑物迎风面缝隙渗入,而热空气由建筑物背风面缝隙渗出。如图 9-2 所示。

冬季建筑物内外空气温度不同,由于空气的密度差,室外空气不断进入,通过建筑物内竖直通道如楼梯间、电梯间向上升,最后通过外门、窗等缝隙渗出室外。如图 9-3 所示。

在室内、外形成的空气流动中,压力分布是有规律的。较低楼层室外空气压力高于室内空气压力,冷空气通过外门、外窗等缝隙渗入室内,在室内被加热后通过内门、内窗等缝隙进入垂直贯通通道;在较高楼层处,室内压力高于室外压力,热空气由垂直贯通通道通过内门、内窗等缝隙进入房间后,通过外门、外窗等缝隙渗出室外。对于整个建筑,渗入和渗出的空气量相等,在高层与低层之间必然有一内、外空气压力相等,既无渗入又无渗出的界面,称为中和面。这种引起空气流动的压力差称为热压。

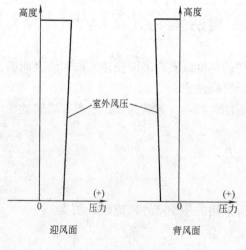

图 9-2 风压作用原理图

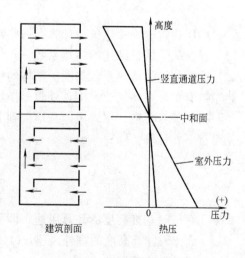

图 9-3 热压作用原理图

计算高度上建筑物内外的有效热压 ΔP_r 为：

$$\Delta P_r = C_r(h_z - h)(\rho_w - \rho_n)g \tag{9-8}$$

式中　C_r——热压系数，与空气由渗入到渗出的阻力分布有关，中国取 0.2～0.5；
　　　h——计算高度，m；
　　　h_z——中和面高度，m；
　　　ρ_w——室外空气密度，kg/m³；
　　　ρ_n——建筑物内部竖直贯通通道内空气密度，kg/m³。

当 $\Delta P_r > 0$ 时，室外压力高于室内压力，冷风由室外渗入室内，这时 $h < h_z$，即这种现象产生于建筑物的下层部分。

当 $\Delta P_r < 0$ 时，室外压力低于室内压力，被房屋加热的空气由室内渗出室外，这时 $h > h_z$，即这种现象产生于建筑物的高层部分。

在采暖期间，热压与风压总是同时作用在建筑物外围护结构上。高层建筑外门、外窗的两侧的压力差是热压与风压二者综合作用的结果。迎风面一侧中和面上移（参见图 9-4），同一高度迎风面的冷风渗透量较大，迎风面底层房间冷风渗透量最大。背风面中和面下移，同一高度背风面渗出量较大，而背风面顶层房间渗出量最大。

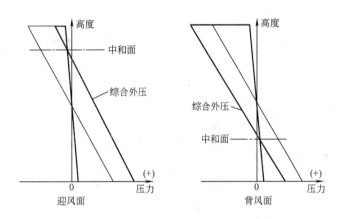

图 9-4　热压与风压综合作用原理图

由于风向总在不断变化，任何朝向都有是迎风面的时刻，在设计中一般以不利条件作为计算条件，热负荷计算中关心的又是冷空气的渗入，因此对于中和面以下各层，应计算出不同朝向外围护结构上迎风时门、窗两侧的压力差，即热压与风压的有效综合作用压差，用 ΔP 表示。至于中和面以上各层，从不利条件考虑，可按原多层建筑设计计算中以风速为主的冷风渗透方法进行计算，或进一步考虑热压减少冷风渗透的作用。

迎风面与背风面热压与风压同时作用下的综合作用压力原理图如图 9-4 所示。迎风面的综合作用中和面较热压单独作用时上升，冷风渗入的楼层数增加；反之，背风面综合作用中和面下降，冷风渗入的楼层数减少。

冷风渗透耗热量在供暖设计热负荷中所占比例甚大，为了减少冷风渗透量，节约能耗，应增强门、窗等缝隙的密封性能，阻隔建筑物内从底层到顶层的内部通气。在设计建筑形体和门、窗开口位置时，应尽量减少建筑物外露面积和门、窗数量，研制钢、木制窗户的密封条。

思 考 题

1. 北京市一住宅建筑,外墙为370mm,内抹灰(20mm)。试计算其传热系数。若外墙为490mm,情况怎样?
2. 在高层建筑中怎么考虑围护结构的传热系数?
3. 你所在的高层建筑中如何减少冷风渗透耗热量?

第十章 采暖系统的散热设备

第一节 散热器的作用及常用类型

一、散热器的作用及对散热器的要求

在采暖房间安装散热设备的目的是向房间供给热量以补充房间的热损失，使室内保持需要的温度，从而达到采暖的目的。

散热器是目前我国大量使用的散热设备。

散热器内部通道流过热水或蒸汽，散热器壁面被加热，其外壁面温度高于室内空气温度，因而形成对流换热，大部分热量以这种方式传给室内空气。靠辐射换热把另一部分热量传给室内的物体和人，最终亦起到提高室内空气温度的作用。

在选择散热器的类型、评价散热器的优劣、研制新型散热器时，要全面了解对散热器的各种要求，概括起来有以下四个方面。

1. 热工性能方面的要求

散热器的传热系数 K 值愈大，热工性能愈好。一般常用散热器的 K 值约为 5~10W/(m^2·℃)。

散热器传热系数的大小取决于它的材料、构造、安装方式以及热媒的种类。

2. 经济方面的要求

经常用散热器的金属热强度来衡量散热器的经济性。金属热强度是指散热器内热媒平均温度与室内空气温度差为1℃时，每 kg 质量的散热器单位时间所散出的热量，其单位为 W/(kg·℃)。即

$$q = K/G \tag{10-1}$$

式中　K——散热器的传热系数，W/(m^2·℃)；

　　　G——散热器每平方米散热面积的质量，kg/m^2。

q 值愈大，说明散出同样的热量所消耗的金属量愈少，从材料消耗方面来说，它的经济性愈高。

3. 卫生和美观方面的要求

外表光滑、不易积灰尘，易于清扫。公共与民用建筑中，散热器的形式、装饰、色泽等应与房间内部装饰相协调。

4. 制造和安装方面的要求

散热器应能承受较高的压力，不漏水，不漏汽，耐腐蚀。

结构形式应便于大规模工业化生产和组装。散热器的高度应有多种尺寸，以适应窗台高度不同的要求。

二、常用散热器的类型

散热器用铸铁或钢等材料制成。常用散热器的类型包括柱型、翼型、钢串片和光管

等。现分述如下:

(一)柱型散热器

柱型散热器是呈柱状的单片散热器,外表光滑、无肋片,每片各有几个中空的立柱相互连通。在散热片顶部和底部各有一对带丝扣的穿孔供热媒进出,并可借正、反螺丝把若干单片组合在一起形成一组。见图10-1和图10-2。

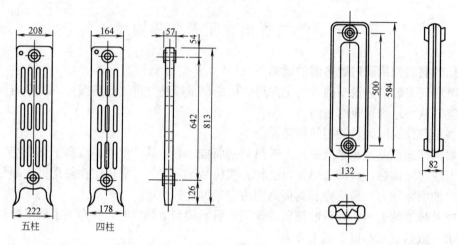

图10-1　四柱和五柱型散热器　　　　图10-2　二柱M-132型散热器

我国常用的柱型散热器有四柱、五柱和二柱M-132。前两种的高度有700mm、760mm、800mm及813mm四种尺寸,有带脚与不带脚两种片型,用于落地或挂墙安装。M-132的宽度为132mm,两边为柱状,中间有波浪形的纵向肋片,是不带脚片型,用于挂墙安装。

柱型散热器传热系数高,外形美观,易清扫,容易组对成需要的散热面积。主要缺点是制造工艺复杂、劳动强度大。

(二)翼型散热器

翼型散热器分圆翼型和长翼型两种。

(1)圆翼型散热器是一根管子外面带有许多圆形肋片的铸件,如图10-3所示。有内径 $D50$ 和 $D75$ 两种规格。每根管长1m,两端有法兰,可以把数根组成平行或叠置的散热器组与管道相连接。

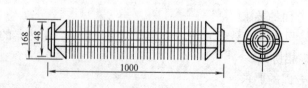

图10-3　圆翼型散热器

(2)长翼型散热器是一个在外壳上带有翼片的中空壳体。在壳体侧面的上、下端各有一个带丝扣的穿孔,供热媒进出,并可借正反螺丝把单个散热器组合起来。如图10-4所示。这种散热器有两种规格,由于其高度为600mm,习惯上称为"大60"及"小60"。

"大60"的长度为280mm，带有14个翼片，"小60"的长度为200mm，带有10个翼片。除此之外，其他尺寸完全相同。

翼型散热器的主要优点是：制造工艺简单，耐腐蚀，造价较低。它的主要缺点是：承压能力低，易积灰，难清扫，外形也不美观。由于单片散热面积大，不易恰好组成所需要的面积。

翼型散热器多应用于一般民用建筑和无大量灰尘的工业建筑中。

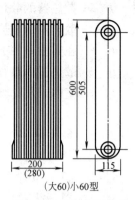

图10-4 长翼型散热器

（三）钢串片对流散热器

钢串片散热器是由钢管、钢片、联箱、放气阀及管接头组成。其结构示意图如图10-5所示。其散热量不但随热媒参数、流量改变，而且与其构造特点有关，如钢串片竖放、平放；钢串片的长度、片距；罩子的尺寸和构造等。

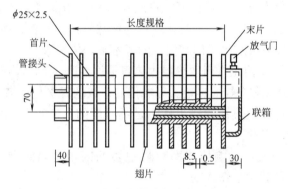

图10-5 钢串片散热器结构示意图

这种散热器的优点是承压高、体积小、重量轻、容易加工、安装简单和维修方便；其缺点是薄钢片间距密，不易清扫，耐腐蚀性差。压紧在钢管上的薄钢片因热胀冷缩容易松动，日久传热性能严重下降。

除上述散热器外，还有钢制板式散热器、钢制柱形散热器、扁管散热器等，不再一一介绍。

目前我国常用的散热器的技术经济指标见附录六附表6-7和附表6-8。

第二节 散热器的计算

在采暖系统设计过程中，散热器的计算是在房间的采暖设计热负荷、系统形式及散热器的选型确定之后进行的。散热器的计算主要是确定为了维持一定室温所需的散热器的散热面积和片数。

散热器散热面积可按下式计算：

$$F = \frac{Q}{K(t_P - t_n)} \beta_1 \beta_2 \beta_3 \tag{10-2}$$

式中 F——散热器的散热面积，m^2；

Q——散热器的散热量，它等于房间的采暖设计热负荷，W；

K——在实验条件下，散热器的传热系数，$W/(m^2 \cdot ℃)$；

t_P——散热器内热媒平均温度，℃；

t_n——室内采暖计算温度，℃；

$β_1$——散热器的片数修正系数；

  6 以下 $β_1=0.95$；

  6~10 片 $β_1=1.00$；

  11~20 片 $β_1=1.05$；

  21~25 片 $β_1=1.10$。

$β_2$——暗装管道内水冷却系数，按附录六附表6-9采用；

  明装的热水及蒸汽管道，$β_2=1.0$；

$β_3$——散热器装置方式修正系数，按附录六附表6-10采用。

散热器内热媒的平均温度 t_P，在蒸汽供暖系统中，当蒸汽压力$\leqslant 0.3×10^5$Pa 时，t_P 取 100℃；当蒸汽压力$>0.3×10^5$Pa 时，t_P 取与散热器进口蒸汽压力相对应的饱和温度；在热水供暖系统中取散热器进水与出水温度的算术平均值。

散热器的传热系数 K 值是指当散热器内热媒平均温度 t_P 与室内气温 t_n 之差为1℃时，每 m^2 散热面积传递给室内空气的热量。影响传热系数的因素是很多的。

用解析式来表达各种散热器的热工性能是不可能的。事实上，散热器的传热系数 K 值是通过一定的实验确定的。

理论和实验研究表明：影响传热系数最主要的因素是热媒和空气的平均温差 Δt_P（$\Delta t_P=t_P-t_n$）。它们的数学关系式是：

$$K=A(t_P-t_n)^β=A\Delta t_P^β \tag{10-3}$$

式中 K——在实验条件下，散热器的传热系数，$W/(m^2 \cdot ℃)$；

A、$β$——由实验确定的系数。

我国几种散热器的传热系数 K 值实验结果列于附录六附表6-11。

式（10-2）中的 $β_1$、$β_2$、$β_3$ 都是考虑散热器的实际使用条件与测定 K 值时的实验条件不同，而对散热面积 F 引入的一些修正系数。

散热器片数为

$$n=F/f \tag{10-4}$$

式中 f——每片散热器的散热面积，m^2。

n 只能取整数，如果计算得出 n 值不为整数，应根据下述原则进行取舍：

对柱型、长翼型、板式、扁管式等散热器，散热面积的减少不宜超过 $0.1m^2$；对串片式、圆翼型散热器，散热面积的减少不宜超过计算面积的 10%。

第三节 散热器的布置

散热器的布置原则应该有利于室内冷热空气的对流、人们的停留区暖和舒适而没有室外冷空气直接侵扰，散热器少占建筑使用面积和有效空间，与室内装饰相协调。

通常，房间有外窗时，散热器一般应安装在每个外窗的窗台下，经散热器加热的空气沿外窗上升，能阻止渗入的冷空气沿墙及外窗下降，同时可以减小玻璃冷辐射作用的影响，使流经工作区的空气比较暖和、舒适。但是，侵入的冷空气与被加热的热气流的混掺，使得散热器周围的空气对流速度有所减弱。

在进深较小的房间内，散热器也有布置在内墙的，这时在室内会造成沿外墙下降、沿内墙上升的空气环流，它有利于散热器的对流换热。但是，人们停留的地区却处在环流下部冷气流区，会使人有寒冷的不舒适感觉。房间进深超过 4m 时尤为严重。因此，当距外墙 2m 以内的地方有人长期停留时，散热器宜布置在外窗下。

在一般情况下，散热器在房间内敞露布置（明装），这样散热效果好，投资少，易于清扫。

当建筑、工艺方面有特殊要求时，就要将散热器加以围挡。在某些公共和民用建筑中，从房屋的整体美观出发，可将散热器装在窗下的壁龛内（暗装），外面用装饰性面板把散热器遮住。

有脚的散热器组装后可直立在地上。无脚的散热器，包括四柱型、M-132 型二柱散热器、翼型散热器、钢串片散热器等可用专门的托架挂在墙上，在现砌墙内预埋托架，应与土建平行作业。预制装配建筑，应在预制墙板时就埋好托架。

散热器明装、半暗装、暗装立、支管连接示意图见图 10-6。

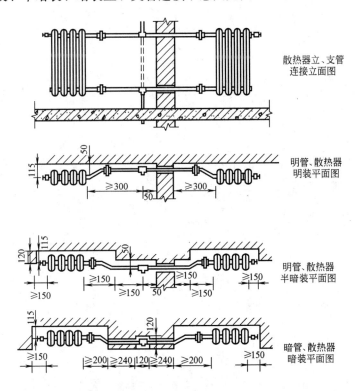

图 10-6 散热器明装、半暗装、暗装立、支管连接图

楼梯间的热负荷不分层计算，不进行房高修正，为了保持楼梯间上下温度较为均匀，楼梯间内散热器应尽量放在下面几层，下层的散热器所加热的空气上升，使上层的温度不致过高。各楼层散热器分配比例见表10-1。

为了防止冻裂，在双层门的外室以及门斗中不宜设置散热器。

楼梯间散热器的分配百分数　　　　　　　　表 10-1

房屋层数	被考虑的层数			
	1	2	3	4
2	65	35	—	—
3	50	30	20	—
4	50	30	20	—
5	50	25	15	10
6	50	20	15	15
7	50	20	15	15

思 考 题

1. 为什么散热器要加以片数修正？
2. 提高散热器供水温度 t_g，其他不变，则传热系数 K 将如何变化？
3. 楼梯间散热器的分配比例原则是什么？

第十一章 热源及热力网

第一节 供热锅炉及锅炉房

锅炉是供热之源。锅炉及锅炉房设备的任务，在于安全可靠、经济有效地把燃料的化学能转化为热能，进而将热能传递给水，以生产热水或蒸汽。锅炉生产的蒸汽或热水，通过热力管道，输送至用户，以满足生产工艺、供暖、通风和生活的需要。

蒸汽可作为工质，将热能转变成机械能以产生动力，蒸汽（或热水）还可以作为载热体，为工业生产和采暖通风提供所需热能。通常，把用于动力、发电方面的锅炉，称作动力锅炉；把用于工业及采暖方面的锅炉，称为供热锅炉，又称工业锅炉。

为了提高热机的效率，动力锅炉所生产的蒸汽，其压力和温度都较高，且向高压、高温方向继续发展，锅炉亦向大容量方向发展。而与本专业紧密相关的供热锅炉，除生产工艺上有特殊要求外，所生产的蒸汽（或热水）均不需过高的压力和温度，容量也无需过大。无论是工业用户，还是采暖用户，对蒸汽一般都是利用蒸汽凝结时放出的汽化潜热，因此大多数供热锅炉都是生产饱和蒸汽。

锅炉有两大类，即蒸汽锅炉和热水锅炉。

蒸汽锅炉的工作过程包括三个同时进行着的过程：燃料的燃烧过程、烟气向水（汽等工质）的传热过程及水的受热和汽化过程。在热水锅炉中没有水的汽化过程，在锅筒中亦没有汽水分离设备，但同样包括以上三个过程，而第三个过程称作水的受热过程（组织水循环）。

锅炉本体的最主要设备是汽锅与炉子。燃料在炉子里进行燃烧，燃料的化学能转化为热能，高温的燃烧产物——火焰和烟气以辐射和对流两种方式将热量传递给汽锅里的水，水被加热，而蒸汽锅炉中则要达到沸腾汽化，生成蒸汽。

下面以 SHL 型锅炉（即双锅筒横置式链条炉排锅炉）为例，简要地介绍锅炉的基本构造（图 11-1）。

汽锅的基本构造是由锅筒（又称汽包）、管束、水冷壁、集箱和下降管等组成的一个封闭汽水系统。

炉子包括煤斗、炉排、炉膛、除渣板、送风装置等组成的燃烧设备。

一些生产工艺需要过热蒸汽，相应地可以在炉子里设置蒸汽过热器；为了节省燃料、提高锅炉运行的经济性，还在锅炉尾部烟道内设置省煤器和空气预热器。这三种设备都是锅炉本体的组成部分，总称为锅炉附加受热面。

此外，为了保证锅炉安全、可靠、经济地运行，蒸汽锅炉必须装设安全阀、水位表、高低水位警报器、压力表、主汽阀、排污阀、止回阀等。热水锅炉必须装设安全阀、压力表、温度计、排污阀、止回阀、放空气阀等。

锅炉还配有热工量测和自动检测、控制仪表和设备，也有的采用计算机控制运行。

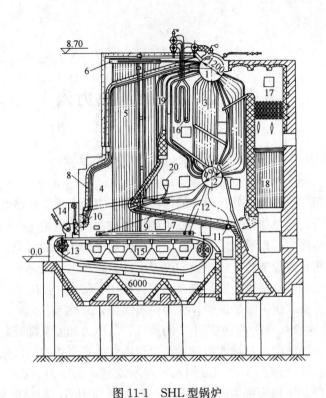

图 11-1 SHL 型锅炉

1—上锅筒；2—下锅筒；3—对流管束；4—炉膛；5—侧墙水冷壁；6—侧水冷壁上集箱；7—侧水冷壁下集箱；8—前墙水冷壁；9—后墙水冷壁；10—前水冷壁下集箱；11—后水冷壁下集箱；12—下降管；13—链条炉排；14—加煤斗；15—风仓；16—蒸汽过热器；17—省煤器；18—空气预热器；19—烟窗及防渣管；20—二次风管

习惯上用蒸发量、热功率、蒸汽（或热水）参数、受热面蒸发率、受热面发热率、锅炉的热效率、锅炉的金属耗率及耗电率来表示锅炉的基本特性。

蒸发量是蒸汽锅炉每小时所生产的蒸汽量，单位是 t/h。锅炉额定蒸发量是锅炉在额定参数（压力、温度）和保证一定效率下的最大连续蒸发量，供热锅炉额定蒸发量为 0.1~65t/h。

供热锅炉，亦可用额定热功率来表征容量的大小，单位是 MW。

对于蒸汽锅炉，热功率与蒸发量之间的关系可由下式表示：

$$Q=0.000278D(i_q-i_{gs}) \tag{11-1}$$

式中 D——锅炉的蒸发量，t/h；

i_q、i_{gs}——分别为蒸汽和给水的焓，kJ/kg。

对于热水锅炉：

$$Q=0.000278G(i''_{rs}-i'_{rs}) \tag{11-2}$$

式中 G——热水锅炉每小时送出的水量，t/h；

i'_{rs}、i''_{rs}——锅炉进、出热水的焓，kJ/kg。

锅炉产生蒸汽的参数，是指锅炉出口处蒸汽的额定压力和温度。对生产饱和蒸汽的锅炉（不带蒸汽过热器）来说，一般只标明蒸汽压力，由饱和水蒸汽表（图）上可以查找到该压力下相应的饱和温度。对生产过热蒸汽的锅炉，则需标明压力和蒸汽温度。

锅炉产生热水的参数，是指锅炉进、出口处热水的温度和允许的工作压力。当热水锅炉与供热外网相连后，不管运行与否，都要承受热水造成的一定的压力，锅炉的允许的工作压力必须大于这一压力，以保证锅炉安全运行。

锅炉受热面是指汽锅和附加受热面等与烟气接触的金属表面积，即烟气与水（或蒸汽）进行热交换的表面积。受热面的大小，工程上一般以烟气放热的一侧来计算。

每 m^2 受热面每小时所产生蒸汽量，叫做锅炉受热面的蒸发率，单位是 $kg/(m^2·h)$。一般供热锅炉约为 $<30\sim40kg/(m^2·h)$。

热水锅炉采用受热面发热率这个指标，即每 m^2 受热面每小时所产生的热量，单位是 $kJ/(m^2·h)$ 或 MW/m^2。一般热水供热锅炉其值 $<83700kJ/(m^2·h)$ 或 $<0.02325MW/m^2$。

受热面蒸发率或发热率越高，则表示经过受热面的传热越强烈，锅炉所需消耗的金属量越少，锅炉结构也越紧凑。虽然它们能够表示锅炉的工作强度，但还不能真实反映锅炉运行的经济性，譬如锅炉排出的烟气温度很高，纵然受热面蒸发率的数值较大，也未必经济。

锅炉的热效率是指每小时送进锅炉的燃料全部完全燃烧时所能发出的热量中有百分之几被用来生产蒸汽或加热水，以符号 η 表示。它是一个能真实说明锅炉运行的热经济性的指标。目前国内生产的供热锅炉，其热效率在 60%～80% 之间。

锅炉的金属耗率是指锅炉每吨蒸发量所耗用的金属材料的质量（t/t），目前国内生产的供热锅炉为 2～6t/t。锅炉的耗电率则为产生一吨蒸汽耗电度数（kWh/t），目前国内生产的供热锅炉一般为 10kWh/t 左右。

锅炉的金属耗率、锅炉的耗电率和锅炉的热效率三方面综合考虑，即从锅炉的成本和运行费用来衡量锅炉的经济性，是比较全面的。这三方面相互制约，必须求得综合考虑三方面的最优方案。

一、常用锅炉类型及适用范围

图 11-2 所示为一 KZL4-1.3-A 型锅炉，属于卧式烟、水管锅炉。

该型锅炉具有卧置的圆柱型锅筒，锅筒中下部布置了烟管，烟管沉浸在锅筒内的水容积里，锅筒上部约 1/3 空间是汽容积，烟管构成了锅炉的主要对流受热面。

在锅筒外部增设两排水冷壁管，上、下端分别接于锅筒和集箱。左右两侧集箱的前后两端，分别装接有一根大口径的下降管，它与水冷壁管组成一个较为良好的水循环系统。水冷壁管和大锅筒下腹壁面则为锅炉的辐射受热面。

设置了外燃炉膛，燃烧条件较好。采用轻型链带式炉排。炉膛内设前、后拱，有利于燃料的点燃和正常燃烧。炉排下设分区送风风室。在炉膛中燃料燃烧形成的高温烟气，从后拱上方左侧出口进入锅筒中的下半部烟管，流动至炉前再经前烟箱导入上半部烟管，最终在炉后汇集经省煤器和除尘装置，由引风机排入烟囱。烟气的流动经过了三个回程。燃尽后的灰渣落入灰槽，由螺旋出渣机排出；漏煤则由炉排带至炉前灰室，由人工定期耙出。

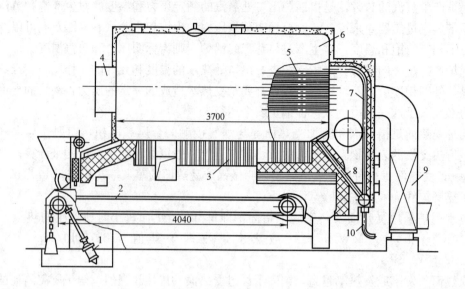
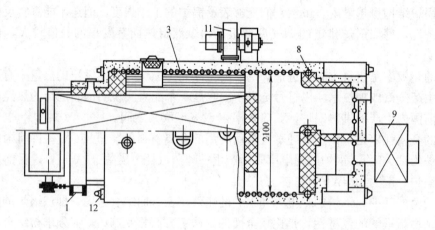

图 11-2 KZL4-1.3-A 型锅炉

1—液压传动装置；2—链带式链条炉排；3—水冷壁管；4—前烟箱；5—烟管；6—锅筒；
7—后棚管；8—下降管；9—铸铁省煤器；10—排污管；11—送风机；12—侧集箱

  此型锅炉的燃烧条件较好，设置水冷壁管有利于传热，锅炉结构紧凑，较为合理，整体组装出厂，易于快速施工，俗称"快装锅炉"。目前此型锅炉占全国工业锅炉总台数的 50% 以上。

  它的缺点是：煤种适应性较差，出力不足，运行热效率偏低。

  近年来，国内热水锅炉的生产得到了迅速的发展。这是因为热水采暖比蒸汽采暖具有节约燃料、易于调温、运行安全和采暖房间温度波动小等优点，同时国家对热媒又作了政策性规定，要求大力发展热水供暖系统。而直接生产热水的锅炉省却了换热设备，锅炉所带附件、仪表减少了；运行操作较为简便，无需监视水位，安全可靠性高；传热温差大，受热面不会结上很厚的水垢，传热热阻小，因此热效率高，既节约燃料，又节省钢材，钢耗量比同容量的蒸汽锅炉约可降低 30%。

图 11-3 所示为一台 DHL14-1.25/130/80-AⅡ型热水锅炉,是典型的半自然循环型热水锅炉。它是单锅筒横置式链条炉,受热面呈п型布置,由自然循环的辐射受热面、水冷壁和强制循环的对流受热面、钢管省煤器叠加而成;尾部烟道设置有管式空气预热器。

炉膛四周的水冷壁管、16 根下降管、下集箱、锅筒组成了 6 组独立的自然循环回路。

采暖回水经循环水泵加压,首先经过钢管省煤器,然后经联箱引入锅筒,进入自然循环回路,加热后的水由锅筒上部引出。

燃烧设备采用鳞片式链条炉排,两侧进风。为适应燃料燃烧,采用了低而长的后拱(倾角为10°),与前拱配合以达到加强气流扰动和改善炉膛充满度的目的。烟气在后上方沿炉膛宽度均匀地

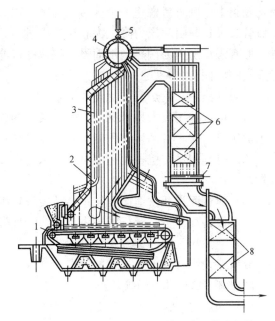

图 11-3 DHL14-1.25/130/80-AⅡ型热水锅炉
1—链条炉排;2—下降管;3—辐射受热面(水冷壁);
4—锅筒;5—热水出口;6—对流受热面(钢管省煤器);7—回水入口;8—空气预热器

进入水平过渡烟道,再转折向下,依次流经对流受热面和空气预热器后排于炉外。

此型热水锅炉与前述的 SHL 型蒸汽锅炉都属于水管锅炉,共同特点是:由于炉膛不受锅筒的限制,可以根据燃料的特性自如处置,从而改善了燃烧条件,使热效率有较大提高。可以尽量组织烟气对水管受热面作横向冲刷,传热系数比纵向冲刷的烟管要高。该型热水锅炉没有特大直径的锅筒,富有弹性的弯水管替代直烟管,不但节约金属,更为提高热功率创造了条件。由于部分受热面采用了自然循环方式工作,处于热负荷较强区域的受热面能自动提高循环流动速度以加强对管壁的冷却,从而防止局部管段产生沸腾现象,提高了锅炉工作的可靠性。此外,因水容积较大,其停电保护能力也得到了一定的增强。

根据燃料和燃烧方式,供热方式和介质种类及介质参数,经济可靠和考虑发展来选择锅炉的型号,且型号尽量划一。根据建筑物总热负荷及每台锅炉的产热量来选择锅炉的台数。在一般情况下,锅炉最好选两台或两台以上。这样考虑是因为一年中由于气候的变化,建筑物的热负荷亦在变化。在设计工况下,全部锅炉宜处于满负荷下运行。而当室外温度升高时,热负荷数减小,便可停止部分锅炉运行,尽量使工作的锅炉仍处于经济运行状态。锅炉台数增多,适于调节,但管理不便,并会增加锅炉房的造价和占地面积。

二、锅炉房位置的确定及对建筑设计的要求

(一)锅炉房位置的确定

工业锅炉房在总平面上的位置至关重要,位置不当会使占地面积大、室外管网长、影响环境卫生、维护运行不便等。

1. 集中与分散

在一个小区内可建一个集中锅炉房,有时也可建几个分散锅炉房。新建的小区,热负

荷比较集中，则可考虑建一个区域（集中）锅炉房。若房屋分散，各小块间距离远，为了避免管线过长，引起压力降太大和热损失过多，则经技术经济比较也可建分散锅炉房。另外，原有锅炉房因为用热增加而没有扩建的可能性，需新建一个锅炉房，这样就形成了分散建设的局面。

区域（集中）锅炉房的优点如下：

（1）可以选用较大型号的和热效率较高的锅炉机组，从而减少了锅炉台数，有利于提高锅炉房机械化、自动化的程度，并节省燃料；

（2）可利用一套机械化运煤设备、水处理设备、化验设备等，充分发挥其能力，节省投资；

（3）建筑面积及占地面积较小，总投资较少；

（4）设备配件少，运行维护人员少，管理较方便；

（5）减少小区的污染源及污染面积。

分散建设则有与上述相对的缺点。

2. 影响锅炉房位置的诸因素

（1）锅炉房位置应力求靠近热负荷比较集中的地区。这样可缩短供热管道，节约管材，减少压力降和热损失，而且也简化了管路系统的设计、施工与维修。

（2）蒸汽锅炉房宜位于供热区标高较低的位置，以利于回收凝结水，不设或少设凝结水泵站，但锅炉房的地面标高应至少高出洪水位 500mm 以上。

（3）要有利于燃料的贮运和灰渣的排除。燃料的运入和灰渣的运出量大，必须让锅炉房尽可能靠近运输线，如河流、公路、铁路线、输油、输气干线。燃煤锅炉房要有考虑一定时期内燃煤的堆放场地，及一定的贮灰渣的场地或灰塔、灰池等设备的占地面积。

（4）为了减少烟、灰、煤对周围环境的污染，锅炉房应位于主导风向的下风向，锅炉房应有较好的朝向，以利于自然通风和采光。

（5）锅炉房的位置应符合卫生标准、防火间距及安全规程中的有关规定。

（6）锅炉房的发展端和煤场、油库、灰场均应考虑有扩建的可能性。

（7）便于给水、排水和供电，且有较好的地质条件。

3. 锅炉房的区域布置

在锅炉房所在的区域内，除锅炉房本身的主厂房外，尚有其他建筑物、构筑物、料堆等。这些都与锅炉房有密切关系，或为锅炉房直接服务，如烟囱、烟道、排污降温池、凝结水回水池（仅蒸汽供热有）、煤堆、灰堆、贮油罐、油泵房、运煤廊、煤气站及其附属设施等。这些建、构筑物等必须布置合理，各得其所。应按以下要求进行布置：遵守规范；占地面积小；符合工艺流程；便于管理；运输方便；外形美观。

锅炉房的正面即炉前司炉操作的一面或辅助间的一面，一般布置成面临主要道路，这样出入方便，并且增加厂区立面的美观。

烟囱、烟道、排污降温池则自然处于锅炉房主厂房的后面，使其不临近主要道路，一则是为了减少对主要道路的污染，二则在外观上看去不致凌乱，显得整齐。

煤堆、灰堆往往位于运煤设备出入锅炉房的一方，较大的锅炉房一般都位于固定端侧或锅炉房后面。具有简易上煤的小型锅炉房，煤、灰堆放场地设在扩建端一侧，并利用扩建场地。煤堆和锅炉房的距离应按防火规定。灰堆与煤堆及锅炉房的距离，一般大于10m。

当锅炉房和煤气站联合布置时，往往把它们的正面布置在大约同一条线上，面临主要道路，以利出入和美观。二者的间距，如按照防火规范，大于10m就可满足要求，但往往把二者间距布置较大，是为了布置联合运煤系统的建筑物。煤堆、灰堆可以布置在两站的后面，也可以在前面，视总平面的情况而定，但布置在后面的情况较多。

室外的凝结水回水池多布置在锅炉房辅助间的一侧，以便把凝结水送到给水箱去。如有室外的溶盐池也应靠近水处理间布置。

燃油锅炉房的贮油罐与锅炉房的距离应按照防火规定。如装设容量小的日用油罐可设在锅炉房内部，并在油罐上部安设通气管通至室外。

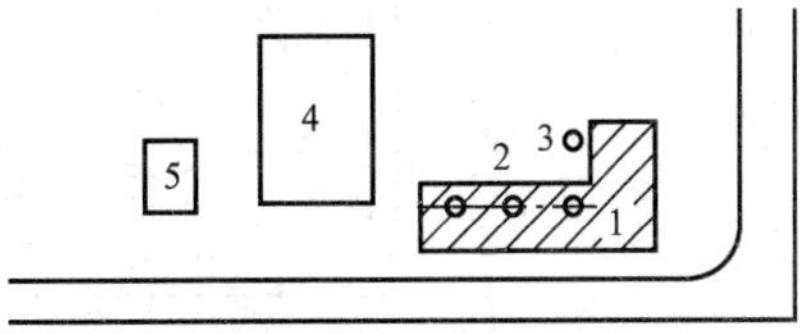

图11-4 锅炉房区域布置图之一——用胶轮小车运煤除灰
1—锅炉房；2—烟囱；3—排污降温池；4—煤堆；5—灰堆

图11-4所示是简单的锅炉房区域布置图。它是以胶轮小车人工运煤除灰。煤堆、灰堆位于锅炉房的一方。每台锅炉的烟囱自屋顶穿出。排污降温池在锅炉房后面。

图11-5所示是人工运煤的锅炉房区域布置的另一种形式。它以轻便铁轨作环形布置，以利运煤除灰。煤堆及灰堆均位于锅炉房的后方。锅炉房正面及辅助间均面临道路。

图11-6是在一特殊地形上的锅炉房区域布置图。其中，锅炉房沿着一条河流，背后靠山，山势较高，将煤堆布置在高处，则可利用重力溜煤，简化了运煤系统。锅炉房的排污放水，假使许可，可直接经管道排入河中。这种区域布置形式在山区建厂时可以考虑。

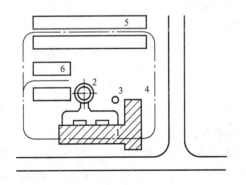

图11-5 锅炉房区域布置图之二——运煤除灰用轻便铁轨作环形布置
1—锅炉房；2—烟囱；3—排污降温池；4—轻便铁轨；5—煤堆；6—灰堆

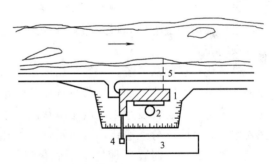

图11-6 锅炉房区域布置图之三——利用地形溜煤
1—锅炉房；2—烟囱；3—煤堆；4—溜煤槽；5—排污管

图11-7是有皮带运煤水力除灰的中等锅炉房，煤、灰场地有共用抓斗起重机，煤场上面有局部干煤棚。锅炉房右侧为扩建端，预留扩建场地。

了解锅炉房的区域布置，有利于锅炉房位置的确定。

（二）锅炉房的建筑设计要求

1. 锅炉房的建筑形式

锅炉房一般由下列几个部分组成：即锅炉间（主厂房）、水泵及水处理间、运煤廊及

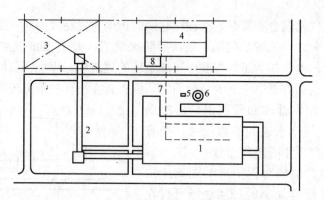

图 11-7 锅炉房区域布置图之四——有皮带运煤和水力除灰的形式
1—锅炉房；2—运煤廊；3—煤场；4—沉渣池；5—排污降温池；6—烟囱；7—灰渣沟；8—灰渣泵房

煤仓间、通风及除尘设备间、变配电间、修理间、化验间及其他生产生活辅助间，如值班、办公、更衣、休息、贮藏、浴室、厕所等。一个锅炉房具体应设哪些部分，应根据锅炉的形式、容量和锅炉房的规模大小及使用性质来定。全年运行的、生产性的大锅炉房要完善些，以采暖为主的季节性小锅炉房则可适当简化。

锅炉房的各组成部分，是根据工艺流程、设备布置方式、运行管理要求而科学地编排的建筑群。

锅炉间是锅炉房的主厂房，是锅炉房的核心，其他各部分都必须围绕锅炉间以一定的规律布置。为了布置上的紧凑，运行管理方便，经常把水泵、水处理设备间、变配电、修理、办公、休息、更衣、厕所等组合在一起，作为一个建筑物布置于锅炉间非扩建的一端，组成辅助间。辅助间很少布置在锅炉间的前后，因为影响锅炉间的通风和采光及其附属设备的布置。

机械化运煤除灰系统，一般都由固定端出入。这样布置是为了锅炉房扩建时，不影响原锅炉设备的运行。例如：皮带运煤廊的固定式胶带运煤，斗式提升机加胶带运煤，斗式提升机等连续性运输机，以及胶带除灰渣，水力除灰等均宜由固定端出入。否则扩建时往往要截断和拆除部分运输线，影响正常运行和造成浪费，更主要的是有时很难处理，以至不能紧接着扩建。对置于地坪上基础很浅的小型快装炉，而且采用电动葫芦，卷扬加煤斗、螺旋运输机上煤以及用轻型链条、刮板除渣设备的，如果在布置上有困难，可以酌情由扩建端出入。原则是不致因扩建而影响锅炉较长时间的正常运行或给工程带来很大的麻烦。

中小型工业锅炉房的运煤廊都布置在锅炉间的前面，以便将煤送入锅炉前的煤斗中。

独立的风机、除尘设备间，按工艺流程应布置在炉后。

根据我国工业锅炉的结构形式，常见的锅炉房形式有下列几种。

图 11-8（a）单层主厂房，一端加单层辅助间，后部可布置风机除尘设备间。炉前有封闭的上煤平台，并带有小金属固定煤斗，可以应用简易皮带、埋刮板、单斗滑轨等运输设备上煤。卫生条件较好，厂房体形简单，造价低，适用于 3～4 台 2～4t/h 蒸汽锅炉或相当的热水锅炉锅炉房。

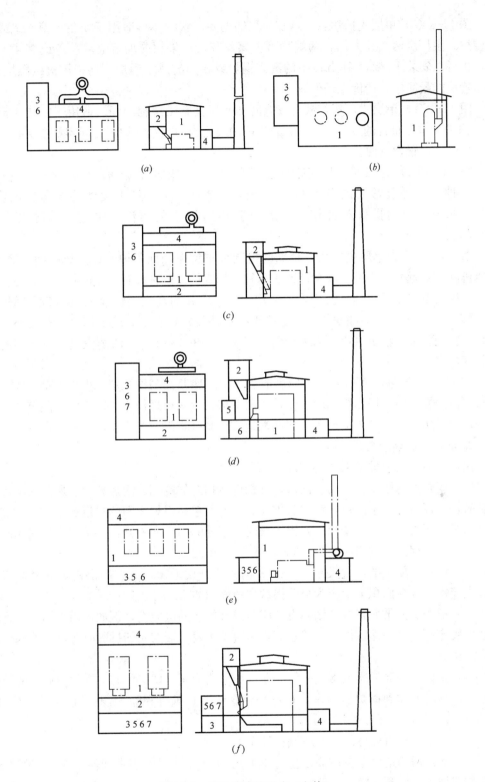

图 11-8 锅炉房建筑形式（主体）
1—锅炉间；2—煤仓间；3—水处理及给水设备间；4—风机间；
5—控制室；6—辅助间；7—除氧器间

图 11-8 (b) 单层主厂房,一端加单层辅助间,这种体形适用于安装小型立式或卧式手烧炉。主厂房两端开大门,两端均可上煤除灰,如果炉前加装电动葫芦或翻斗上煤装置,也可以安装 1~3 台 4t/h 以下的蒸汽锅炉或相当的热水锅炉(均采用机械燃烧)。这种布置形式最简单,造价也最低。

图 11-8 (c) 单层主厂房带独立煤仓间和一端具有二层辅助间。适用于安装 4 台以上 4t/h 锅炉及单层布置的 6t/h、10t/h 蒸汽锅炉或相当的热水锅炉。比同容量二层布置的锅炉房投资少,管理方便。

图 11-8 (d) 为二层主厂房带独立煤仓间,一端附有三层辅助间,炉前外挑控制室。这种形式是最常用的典型布置,上煤、除灰、通风除尘设备均与运转层隔开,通风、采光、控制操作条件较好,适用于 6t/h 以上的蒸汽锅炉或相当的热水锅炉(燃煤)。

图 11-8 (e) 为单层主厂房,辅助间控制室布置在炉前,炉后设鼓风机间,除尘器、引风机高位布置。上煤用电动葫芦或炉前翻斗加煤机。这种布置形式的特点是:主厂房跨度小,控制室好布置,烟气流程顺,适用于 1~4t/h 的蒸汽锅炉或相当的热水锅炉(燃煤),以及中小型燃气燃油锅炉。也适应于有室外集中煤仓、炉前采用水平行走小车或埋刮板、轻型胶带运输机供煤,而无炉前固定大煤斗的 2~10t/h 的蒸汽锅炉或相当的热水锅炉(燃煤)。

图 11-8 (f) 辅助间布置在主厂房前面,主厂房断面与图 (d) 基本相同。特点是炉前布置控制操作间,操作控制较方便,炉前下部布置水处理设备和辅助间,除氧器则放在控制室的旁边。此种布置适用于厂房两端地方较紧张,以及配小发电的锅炉房。

2. 锅炉房的建筑要求

锅炉房对建筑上的要求主要有以下几点:

(1) 锅炉房每层至少有两个出口,分别设在相对的两侧。附近如果有通向消防梯的太平门时,可以只开一个出口,锅炉房炉前总长度(包括锅炉之间的过道在内)不超过 12m 的单层锅炉房可以只开一个出口,锅炉房通向室外的门应向外开,锅炉房内的工作间或生活间直接通向锅炉间的门应向锅炉间开(防止污染)。

(2) 锅炉房屋顶的自重大于 $90kg/m^2$ 时,应开设天窗,或在高出锅炉的锅炉房墙上开设玻璃窗,开窗面积至少应为全部锅炉占地面积的 10%。

(3) 锅炉房的平面布置和结构设计应考虑有扩建的可能性,例如,附属间应布置在锅炉房的固定端,另一端留作发展扩建用,当锅炉房发展端的侧墙拆除时应不影响锅炉房的整体结构。

(4) 砖砌或钢筋混凝土烟囱一般放在锅炉房的后面,烟囱中心与锅炉房后墙的距离应能使烟囱地基不碰到锅炉房地基,在不是半露天布置风机和除尘设备时,则距离一般为 6~8m。

(5) 锅炉房应有良好的自然通风和采光条件。

(6) 锅炉房的地面至少应高出室外地面约 150mm,以免积水和便于泄水。外门的台阶应作成坡道,以利运输。

三、锅炉房的工艺布置

(一) 锅炉房工艺布置的一般原则

锅炉房工艺布置，力求技术经济合理、实用，施工、安装、运行管理方便。布置上要满足以下要求：

（1）应尽量按工艺流程来布置。锅炉机组和各种辅助设备的布置，应使汽、水、燃料、灰渣、空气、烟气等系统流程顺，管道短，阀门附件少，安全性高，设备布置紧凑整齐，占地少。

（2）设计应以近期为主，远近结合，统筹安排。锅炉房必须预留扩建端，以便扩建时，不影响锅炉房主体结构。另外，锅炉房的供水、供电、运煤除灰能力，以及新增设备，煤、灰场的位置等均应留有余地。同时，要考虑扩建的汽水管道、电线电缆、运煤出渣等运输线也都能较方便的连接。

（3）锅炉房的层数，应根据锅炉设备结构确定。能单层布置的应尽量单层布置，一定要避免小型炉上楼，快装炉最好布置在地坪上。锅炉房的体型要尽量简单、整齐和标准化。

（二）主厂房布置

1. 平面布置

锅炉设备在主厂房里的布置，与锅炉设备结构形式和辅助设备的配置方式以及建筑物的结构形式有关。一般可以按以下几种方法进行布置：

（1）锅炉设备中心线与主厂房柱距中心线重合布置，见图11-9。

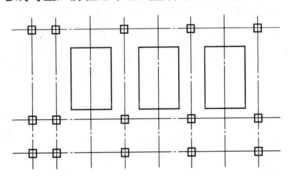

图 11-9 锅炉中心线与主厂房柱距中心线重合布置

这种布置方式用得比较多，适用于大多数锅炉。它的特点是对称性强，整齐美观，便于布置各种汽水、烟风管道。贮煤斗居中，溜煤管不偏斜，便于协调锅炉设备基础、孔洞与建筑结构间的关系。只要布置好一台炉或一个柱距，其他柱距完全一样，易于设计，便于扩建。

（2）锅炉中心线与柱距中心线偏心等距布置。

如图 11-10 所示，锅炉左右不对称，炉膛偏置，锅炉中心线与炉膛中心线不一致，可使溜煤管正对煤斗，防止溜煤管斜溜造成炉排上煤块分布不均。

偏心布置时，一定要保持各柱距间布

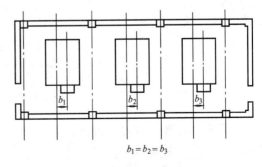

$b_1 = b_2 = b_3$

图 11-10 锅炉中心线与主厂房柱距中心线偏心等距布置

置的一致性，否则烟风道的出入容易穿窗碰柱，不好布置，不美观，也不好扩建。

(3) 锅炉中心线与厂房柱中心线重合布置。

中等容量的锅炉宜采用这种布置。锅炉宽度在 8~9m 以上，一个柱距布置不下；或有煤仓和煤粉仓双仓布置要求时，如图 11-11 所示。

2. 主厂房的立面布置

主厂房的立面布置主要研究锅炉本体和主要辅助设备在厂房空间中的位置，确定主厂房的断面形式及各部尺寸。

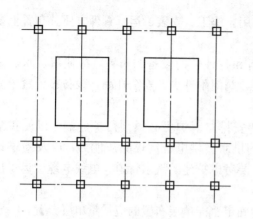

图 11-11 锅炉中心线与柱中心线重合布置

主厂房是单层还是双层，主要取决于锅炉的容量和本体结构形式，燃烧和除灰方式。国产 6t/h 以下的蒸汽锅炉及与其相当的热水锅炉，30t/h 以下的燃油、燃气锅炉，绝大多数都是单层布置的。较大的锅炉，为了解决省煤器、空气预热器的布置，使结构紧凑，节省占地，便于采用连续机械化除灰设备和检修设备，锅炉本体常采用门形双层布置。相应地，锅炉房也布置成双层，见图 11-12 (a)。6~10t/h 的蒸汽锅炉和相当容量的热水锅炉，当采用双锅筒纵置式 D 形结构形式时，可采用单层布置，偏置炉膛，尾部受热面布置在炉后一侧，体形上又宽又长。这种布置，运转层和除灰设备都在同一层，而一些连续机械除灰设备如框链除渣机、水力除渣设备只能布置在地沟内，见图 11-12 (b)。

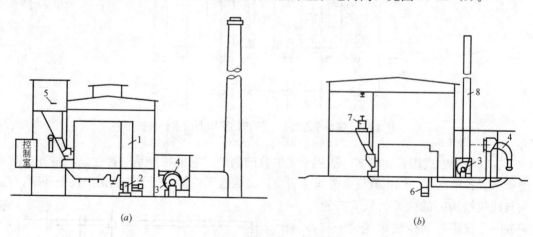

图 11-12 主厂房立面布置（一）
(a) 主厂房双层布置；(b) 主厂房单层布置
1—锅炉；2—鼓风机；3—引风机；4—除尘器；5—皮带运输机；6—框链除渣机；7—吊煤罐；8—铁烟囱

单层布置比双层布置在运行管理上方便，而且节省投资。所以，能单层布置的就不要用双层，一定要避免把快装炉布置在二楼上。

一些原来需要双层布置的锅炉，经过适当改造后，也可以采用单层布置。

3. 主厂房工艺布置尺寸的确定

工艺设备在主厂房内布置的各部分尺寸及主厂房的尺寸是根据锅炉设备在主厂房内平、立面布置形式和设备运行、维修、防护所必要的空间，并结合建筑模数确定的。工艺设备周围所需空间，可参照下列各条要求确定。

(1) 锅炉前端到锅炉房前墙的距离不应小于 3m；对于炉前需要操作的锅炉，此距离应大于燃烧室长度 2m 以上；对于装有链条炉排的锅炉，此距离应保证可以检修炉排；需在炉前抽装管子的锅炉，炉前应保证有更换管子和捅灰的位置。

(2) 锅炉有侧面操作、检修的通道时，其宽度应保证操作、检修的需要；如不需要在锅炉侧面进行操作时，则锅炉与锅炉侧墙之间或锅炉与锅炉房侧墙之间的距离不应小于 1m。锅炉后墙与锅炉房后墙间的通道宽度不应小于 1m。

(3) 鼓风机、引风机和水泵等之间的通道，不应小于 0.7m；过滤器和离子交换器前面的操作通道不应小于 1.2m。

(4) 锅炉的最高操作地点到锅炉房顶部最低结构的距离，不应小于 2m；如锅炉房是砖木结构时，则从这些部件到锅炉房顶部最低结构的距离，不应小于 3m；

(5) 灰渣斗下部净空，当人工除渣时，不应小于 1.9m；机械除渣时，比灰车再高 0.5m；除灰室通道宽度每边应比灰车宽 0.7m。灰渣斗的内壁倾角不宜小于 55°。

(6) 煤斗的下底标高除要保证溜煤管的角度不小于 60°外，还应考虑炉前采光和检修所要求的高度，一般高于运行层平台 3.5～4m。

(7) 应当考虑锅炉安装拆修时，架设起吊设备的位置和起吊所需的高度。

锅炉设备及周围所需的最小尺寸确定以后，即可根据每台炉所需的长、宽、高尺寸，来选择相应的厂房跨度、柱距、标高。如果锅炉房内各台锅炉型号都相同，则厂房每个柱距间的尺寸也应相同。如果锅炉房内各台锅炉型号不同，应按尺寸较大的炉子来确定厂房各部分尺寸。一般，若不是锅炉尺寸相差太悬殊，都应取相同的跨距、柱距。若锅炉宽度相差很大，用相同柱距显得很不合理时，可以考虑采用变柱距，但要把相同的柱距放在一侧，并且把将来可能扩建的柱距放在扩建端。主厂房不宜做两种跨度，也不宜搞两种下弦标高。根据规定，锅炉房的柱距，最好为 6m 和 6m 的倍数。如果厂房需加边跨，可按 1.8m、2.1m、2.4m、3m 加上去。厂房的跨度在 18m 以下，采用 3m 的倍数；大于 18m，按 6m 的倍数选取；特殊情况，可用 21m、27m、33m。厂房层高（除锅炉运转层外）最好为 300mm 的倍数。

第二节 热力管网及热力引入口

热源设备生产的热能转移给某一种热媒（热水或蒸汽），热媒通过热力管网输送到用户的热力引入口，然后在各种用户系统中放出热量。

根据热媒流动的形式，供热系统可以分为封闭式、半封闭式和开放式三种。在封闭式系统中，用户只利用热媒所携带的部分热能，剩余的热能随热媒返回热源，又再一次受热增补热能。在半封闭式系统中，用户既消耗部分热能又消耗部分热媒，剩余的热媒和它所含有的余热返回热源。在开放式系统中，不论热媒本身或它所携带的热能都完全被用户利用。

水的供热系统可分为单管、双管、三管和四管式等几种（见图 11-13）。

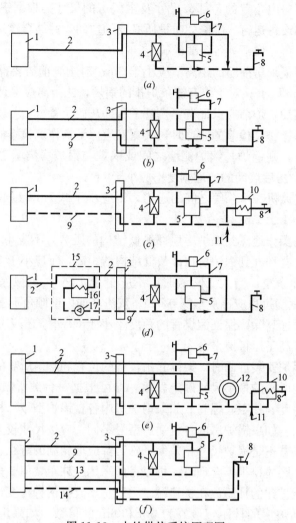

图 11-13 水的供热系统原理图

(a) 单管式（开放式）；(b) 双管开式（半封闭式）；(c) 双管闭式（封闭式）；
(d) 复合式；(e) 三管式；(f) 四管式

1—热源；2—热网供水管；3—用户引入口；4—通风用热风机；5—用户端供暖换热器；6—供暖散热器；7—局部供暖系统管路；8—局部热水供应系统；9—热网回水管；10—热水供应换热器；11—冷自来水管；12—工艺用热装置；13—热水供应系统供水管路；14—热水供应循环管路；15—锅炉房；16—热水锅炉；17—水泵

  单管式（开放式）系统初投资少，但只有在采暖和通风所需的网路水平均小时流量与热水供应所需网路水平均小时流量相等时采用才是合理的。一般，采暖和通风所需的网路水计算流量总是大于热水供应计算流量，热水供应所不用的那部分水就得排入下水道，这是很不经济的。

  三管式系统可用于水流量不变的工业供热系统。它有两条供水管路，其中一条供水管以不变的水温向工艺设备和热水供应换热器送水，而另一条供水管以可变的水温满足供暖和通风之需。局部系统的回水通过一条总回水管返回热源。

四管式系统的金属消耗量很大,因而仅用于小型系统以简化用户引入口。其中两根管用于热水供应系统,而另两根管用于采暖、通风系统。

最常用的是双管热水供热系统,即一根供水管供出温度较高的水,另一根是回水管。用户系统只从网路热水中取走热能,而不消耗热媒。

蒸汽供热系统也可以分为单管式、双管式和多管式等几种类型(见图11-14)。

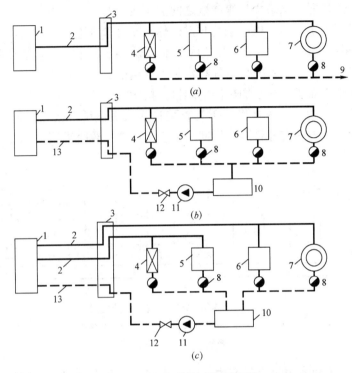

图11-14 蒸汽供热系统原理图
(a) 不回收凝结水的单管式系统;(b) 回收凝结水的双管式系统;(c) 回收凝结水的三管式系统
1—热源;2—蒸汽管路;3—用户引入口;4—通风用热风器;5—局部供暖系统的换热器;6—局部热水供应系统的换热器;7—工艺装备;8—凝结水疏水器;9—排水;10—凝结水水箱;11—凝结水泵;12—止回阀;13—凝结水管路

在单管式蒸汽系统中,蒸汽的凝结水不从用户返回热源而用于热水供应、工艺用途等。这种系统不太经济,通常用于用汽量不大的系统。

凝结水返回热源的双管式蒸汽系统在实践中应用得最为普遍。凝水流入凝结水水箱,经凝结水泵加压返回热源。凝结水不含有盐类和可溶性腐蚀气体,它含有的热量可达蒸汽热焓值的15%。为蒸汽锅炉制备额外的给水所需的费用通常要比回收凝结水所需的费用高。对于某一系统是否回收凝结水,应作技术经济比较来决定。

多管式蒸汽系统常用于由热电厂提供蒸汽的工厂或用于生产工艺要求有几种压力的蒸汽的场合。多管式蒸汽系统的建造费用较高,而只供给一种压力较高的蒸汽,然后在用户处减压为低压蒸汽的双管式系统则要多消耗燃料费用。两种管式相比较,还是多管式较为经济。

区域供热系统如以热水为热媒,管网的供水温度为95~180℃,高于100℃的系统称为高温水供热系统，它适用于多种用途、不同供水温度的热用户。

区域供热系统如以蒸汽为热媒，蒸汽的参数取决于热用户所需蒸汽压力和室外管网所造成的热媒流动阻力。

室内采暖系统的热媒参数和室外热力管网的热媒参数不可能完全一致，在每一幢建筑或几幢建筑联合设立一个热力引入口，在热力引入口中，装有专门的设备和自动控制装置，采用不同的连接方法来解决热媒参数之间的矛盾。

室内热水采暖系统、热水供应系统与室外热水热力管网连接原理图，见图11-15。

在图11-15中，(a)、(b)、(c)是室内热水采暖系统与室外热水热力管网直接连接的图式，(e)是室内热水供应系统与室外热水热力管网的直接连接图式，(d)及(f)则是不同热用户借助于表面式水—水加热器的间接连接图式。

在图11-15(a)中，热水从供水干管直接进入采暖系统，放热后返回回水干管。当室内供回水温度、压力和室外管网的供回水温度、压力一致时采用。

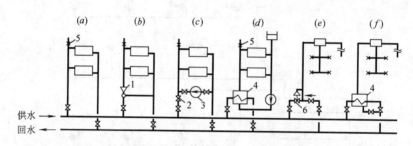

图11-15 热用户与热水热力管网连接
1—混水器；2—止回阀；3—水泵；4—加热器；
5—排气网；6—温度调节器

当室外热力管网供水温度高于室内采暖供水温度，且室外热力管网的压力不太高时，可以采用图11-15(b)及(c)的连接方式。采暖系统的部分回水通过喷射泵或混水泵与供水干管送来的热水相混合，达到室内系统所需要的水温后，进入各散热器。放热后，一部分回水返回到回水干管；另一部分回水受喷射泵或混水泵的汲送与外网供水干管送入的热水相混合。

如果室外热力管网中压力过高，超过了室内采暖系统散热器的承压，或者当采暖系统所在楼房位于地形较高处，采用直接连接会造成管网中其他楼房的采暖系统压力升高至超过散热器承压，这时就必须采用图11-15(d)所给出的间接连接方式，借助于表面式水—水加热器进行热量的传递，而无压力工况的联系。

图11-15(e)、(f)中热用户为热水供应系统，(e)为从系统中直接取用热水，(f)则适用于目前国内普遍采用的双管闭式网路。

室内蒸汽或热水采暖系统、热水供应系统与室外蒸汽热力管网连接的原理图，见图11-16。

图11-16(a)是室内蒸汽采暖系统与室外蒸汽热力管网直接连接图式。蒸汽热力管网中压力较高的蒸汽通过减压阀进入室内蒸汽采暖系统，在散热器中放热后，凝结水经疏水器流入凝结水箱，然后经水泵汲送至热力管网的凝结水管。

图11-16(b)是室内热水采暖系统与室外蒸汽热力管网的间接连接图式。室外管网的

高压蒸汽在汽—水加热器中将采暖系统的回水加热升温，热水采暖系统的循环水泵加压系统内的热水使之循环，热水在散热器中放热。

图 11-16（c）是热水供应系统与蒸汽热力管网连接的图式。

在图 11-15 与图 11-16 中，用于热用户与室外管网间接连接的主要设备是水—水加热器（参见第四章图 4-10）或汽—水加热器（见图 4-11）。

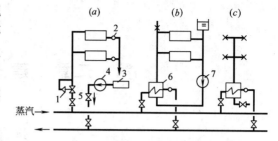

图 11-16　热用户与蒸汽热力管网连接
1—减压阀；2—疏水阀；3—凝结水箱；4—凝结水泵；5—止回阀；6—加热器；7—循环水泵

思　考　题

1. 简要说明 SHL 型锅炉的基本构造。
2. 锅炉房的区域布置要考虑什么因素？
3. 锅炉房主厂房的平面布置要考虑哪些因素？
4. 熟悉水的供热系统图，并说明各适用于什么情况？
5. 熟悉热用户与热水热力管网连接图，并说明各适用于什么情况？

第十二章 建筑通风

第一节 建筑通风概述

一、建筑通风的意义

通风就是把室内被污染的空气直接或经净化后排出室外，把新鲜的空气经适当处理（如净化、加热等）之后补充进来，从而保证室内的空气环境符合卫生标准和满足生产工艺的要求。

通风与空气调节的区别在于空调系统往往把室内空气循环使用，把新风与回风混合后进行热湿处理和净化处理，然后再送入被调房间；而通风系统不循环使用回风，对送入室内的室外新鲜空气并不作处理或仅作简单加热或净化处理，并根据需要对排风进行除尘净化处理后排出或直接排出室外。

一般的民用建筑和一些发热量小而且污染轻微的小型工业厂房，通常只要求保持室内空气新鲜清洁，并在一定程度上改善室内空气温湿度和流速。这种情况下往往可以采用通过门窗换气、穿堂风降温等手段就能满足要求，不需要对进、排风进行处理。

许多工业生产厂房中，工艺工程可能散发大量热、湿、各种工业粉尘以及有害气体和蒸气。这些污染物若不能排除，必然危害工作人员身体健康，影响正常生产过程与产品质量，损坏设备和建筑结构。此外，大量工业粉尘和有害气体排入大气，势必导致环境污染，但又有许多工业粉尘和气体是值得回收的原材料。因此通风的任务就是用新鲜空气代替生产过程的危害，并尽可能对污染物进行回收，化害为宝，防止环境污染。这种通风工程称为"工业通风"，一般必须采用机械的手段才能进行。

二、通风系统分类

为排风和送风设置的管道及设备等装置分别称为排风系统和送风系统，统称为通风系统。

通风系统按照通风系统的作用动力划分为自然通风和机械通风。

1. 自然通风

自然通风是借助自然压力——"风压"或"热压"促使空气流动的（见图12-1）。

自然通风所利用的风压是由于室外气流会在建筑物的迎风面上造成正压区并在背风面上造成负压区。在风压的压差作用下，室外气流通过建筑迎风面上的门窗、孔口进入室内，室内空气则通过建筑物背风面及侧面的门窗、孔口排出。

热压是由于室内外空气温度不同而存在的空

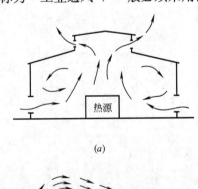

图 12-1　利用风压和热压的自然通风
(a) 热压自然通风；(b) 风压自然通风

气密度差形成室内外空气重力压差，驱使密度较大的空气向下方流动，而密度较小的空气向上方流动，即所谓的"烟囱效应"。如果室内空气温度高于室外，室内较热空气会从建筑物上部的门窗排出，室外较冷空气不断从建筑物下部的门窗补充进来。反之亦然。热压作用压力的大小与室内外温差、建筑物孔口设计形式及风压大小等因素有关，温差越大、建筑物高度越大，自然通风效果越好。

自然通风按建筑构造的设置情况又分为有组织的自然通风和无组织的自然通风。有组织的自然通风指通过精确设计确定建筑围护结构的门窗大小与方位或通过管道输送空气来有计划地获得有组织的自然通风，并可以通过改变孔口面积的方法调节通风量。图12-2所示的是一种有组织的管道式自然通风，室外空气从室外进风口进入室内，先经过加热处理后由送风管道送至房间，热空气散热冷却后从房间下部的排风口经排风道由屋顶排风口排出室外。这种通风方式常用作集中供暖的民用和公共建筑物中的热风供暖或自然排风措施。

无组织的自然通风是指在风压、热压或人为形成的室内正压或负压作用下，通过围护结构的孔口缝隙进行风量不可调的室内外空气交换过程，如图12-3所示的渗透通风。

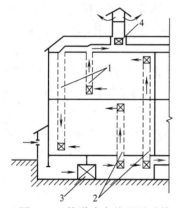

图12-2 管道式自然通风系统
1—排风管道；2—送风管道；3—进风加热设备；
4—排风加热设备（为增大热压用）

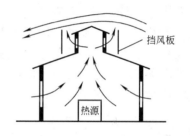

图12-3 热压和风压形成的渗透通风

自然通风的突出优点是不需要动力设备，不消耗能量，缺点是通风量受自然条件和建筑结构的约束难以有效控制，通风效果不稳定。而且除管道式自然通风可对空气进行加热处理外，其他方式均不能对进、排风进行有效处理。

2. 机械通风

机械通风是指依靠通风机所造成的压力差，借助通风管网来输送空气的方式，包括机械排风和机械送风。一个完整的机械通风系统一般包括：室内送排风口（排风罩）、风道、风机、室外进排风装置。如果室内尘量大或产生大量有害气体，室内空气直接排出大气会造成污染，需要设置除尘设备或吸收装置，把空气处理到符合标准再排放到室外。图12-4为一除尘系统示意图。与自然通风相比，机械通风不受自然条件限制，可根据需要来确定、调节通风量和组织气流，确定通风的范围，并对进、排风进行有效的处理。但机械通风需要消耗电能，风机和风道等设备需要占用一定的建筑空间，因此初投资和运行费都比较高，安装和维护管理也比较复杂。

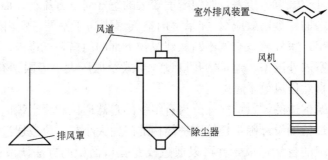

图 12-4　除尘系统示意图

机械通风又分为局部通风和全面通风两种形式。

(1) 局部通风

利用局部通风机或主要通风机产生的风压对局部地点进行通风的方法叫局部通风，这种通风系统需要的风量小，效果好，设计时应优先考虑。可分为局部送风和局部排风。

局部送风（图 12-5）主要用于有毒物质浓度超标、作业空间有限的工作场所，新鲜空气往往直接送到人的呼吸带，以防止作业人员中毒、缺氧，给工作人员创造适宜的工作环境。

局部排风（图 12-6）是在产生的有害物质的地点设置局部排风罩，利用局部排风气流捕集有害物质并排至室外，使有害物质不致扩散到作业人员的工作地点。局部排风装置排风量较小、能耗较低、效果好，是最常用的通风排除有害物的方法。它通常由局部排风罩、风道、空气净化处理设备（常见的有除尘器和有害气体净化装置两类）和风机组成。有些内容将在本章第四节介绍。

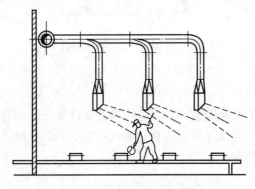

图 12-5　局部机械送风系统

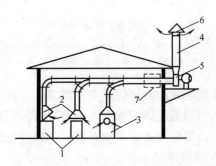

图 12-6　局部机械排风系统
1—工艺设备；2—局部排风罩；3—排风柜；4—风道；
5—风机；6—排风帽；7—排风处理设备

(2) 全面通风

在生产作业条件不能使用局部排风或有毒作业地点过于分散、流动时，采用全面通风换气。它对整个房间进行通风换气，以稀释室内有害物质、调节室内温湿度，同时将被污染空气排出，所需风量大大超过局部排风，相应设备也比较庞大。图 12-7 为一套全面机械送风系统示意图。

全面通风根据进排风的不同方式可分为三种：全面排风系统、全面送风系统和全面机械送排风系统。

全面排风系统——排风机将室内污浊空气排出到室外，同时，室外新鲜空气在排风机抽吸造成的室内负压作用下，通过房间围护结构的墙缝、门窗缝隙等流通通道进入室内。

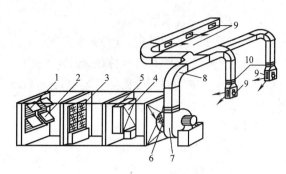

图 12-7 全面机械送风系统
1—百叶窗；2—保温阀；3—过滤器；4—空气加热器；5—旁通阀；6—启动阀；7—风机；
8—风道；9—送风口；10—调节阀

全面送风系统——室外新鲜空气经过空气处理装置，达到要求的送风状态之后由风机送入室内。空气的不断送入使得房间处于正压状态，室内空气在正压作用下通过门、窗孔洞或缝隙排出室外。

全面送风和排风系统——在送风机的作用下，室外新鲜空气在经过空气处理装置后进入室内，然后再在排风机的作用下排出室外。

在进行通风设计时，应当根据污染源位置、房间卫生要求等实际情况，并结合机械通风与自然通风的各自特点和优缺点确定全面通风的形式。

对于全面机械排风自然进风而言，它维持室内负压，有组织的机械排风可防止室内的有害物质向临室扩散，一般用于污染严重的房间；对于全面机械送风自然排风而言，它维持室内正压，并且机械通风方式的进风可保证新风来源的清洁，从而适用于临室有污染源不宜直接自然进风的情况，但因其为自然排风，在临室卫生要求较高的情况下不宜使用；对于全面机械送、排风而言，适用于周围环境空气卫生条件差且室内空气污染严重不可直接排风的情况。

第二节 通风量的确定

无论是进行自然通风设计还是进行机械通风系统设计，均需要确定通风量。通风量的大小随通风形式的不同而不同，确定的方法也有所不同。

一、全面通风

全面通风的通风量大小是根据室内外空气参数以及需要消除的室内产热量、产湿量和有害气体的产生量确定的。

消除余热所需的通风量（m³/s）
$$L_r = \frac{Q}{c\rho(t_p - t_j)} \quad (12\text{-}1)$$

消除余湿所需的通风量（m³/s）
$$L_s = \frac{W}{\rho(d_p - d_j)} \quad (12\text{-}2)$$

消除有害气体所需的通风量（m²/s）
$$L_h = \frac{Z}{y_p - y_j} \quad (12\text{-}3)$$

式中　Q——室内显热余热量，W；
　　　W——室内余湿量，g/s；
　　　Z——室内有害气体的散发量，mg/s；

213

t——空气温度，℃；

d——空气含湿量，g/kg 干空气；

y——空气中有害气体的浓度，mg/m³；

c——空气的定压比热，kJ/(kg·℃)；

ρ——空气的密度，kg/m³。

下标：

p——排风；

j——进风。

如果房间内同时散发余热、余湿和有害气体时，通风量应分别计算，按其中所需最大值取作全面通风量，即 $L_f = \max(L_r \quad L_s \quad L_h)$，其中 L_f 表示房间的全面通风量。

按卫生标准规定，如果同时散发数种溶剂（如苯及其同系物、醇类、醋酸酯类）的蒸气，或数种刺激性气体（氯化氢、一氧化碳和各种氮氧化合物）时，因它们对人体健康的危害性质是一样的，故应看成是一种有害物质，即其所需全面通风量是分别清除每种有害气体所需全面通风量之和。例如某车间同时散发苯蒸气和甲醇蒸气，消除苯蒸气所需通风量为 10200m³/h，消除甲醇蒸气所需通风量为 7350m³/h；则消除有害气体所需全面通风量为上述二者之和 17550m³/h。但该车间消除余热所需全面通风量为 25150m³/h，则最后确定该车间的全面通风量应为 25150m³/h。

对于一般居住及公共建筑，当散入室内的有害气体无法具体确定时，全面通风可按类似房间换气次数的经验数据进行计算，即

$$L = nV \quad (m^3/h) \tag{12-4}$$

其中 V 为房间的体积（m³），n 为换气次数（次/h），见表 12-1。

居住及公共建筑的最小换气次数 表 12-1

房间名称	换气次数(次/h)	房间名称	换气次数(次/h)
住宅宿舍的居室	1.0	厨房的贮藏室(米、面)	0.5
住宅宿舍的盥洗室	0.5~1.0	托幼的厕所	5.0
住宅宿舍的浴室	1.0~3.0	托幼的浴室	1.5
住宅的厨房	3.0	托幼的盥洗室	2.0
食堂的厨房	1.0	学校礼堂	1.5

二、局部通风

局部通风量主要取决于通风范围内部或通风范围边界的气流速度。

对于局部送风系统，如车间的岗位吹风，目的是控制操作岗位温度、风速能够满足工作人员的健康和舒适要求。根据《采暖通风与空气调节设计规范》（GB 50019—2003）（本篇以下内容中简称《规范》）的规定，吹风不得将有害物吹向人体，送风气流宜从人体前侧上方倾斜吹到头、颈和胸部（图 12-5），必须时亦可从上向下垂直送风。吹到人体的气流宽度一般为 1.0m 左右。表 12-2 是规范规定的岗位吹风的工作地点温度和平均风速控制标准。

系统式局部送风的控制标准　　　　表 12-2

热辐射强度 (W/m³)	冬　季		夏　季	
	空气温度(℃)	空气流速(m/s)	空气温度(℃)	空气流速(m/s)
350～700	20～25	1.0～2.0	26～31	1.5～3.0
701～1400	22～25	1.0～3.0	26～30	2.0～4.0
1401～2100	18～22	2.0～3.0	25～29	3.0～5.0
2101～2800	18～22	3.0～4.0	24～28	4.0～6.0

局部排风的重要部件是排风罩。局部排风系统通过排风罩把污染物排出房间，控制污染物向其他区域扩散。对于不同类型的排风罩，开口处的吸风速度均有规定。则排风罩的排风量应按下式计算：

$$L = 3600Fu \quad (m^3/h) \tag{12-5}$$

其中 F 为罩口实际开启面积（m^2），u 为罩口的吸风速度（m/s），可参考有关设计手册。

三、空气平衡和热平衡

任何通风房间中无论采取何种通风方式，必须保证室内空气质量平衡，使单位时间内送入室内的空气质量等于同时段内从室内排出的空气质量。表达式为

$$G_{zj} + G_{jj} = G_{zp} + G_{jp} \tag{12-6}$$

式中　G_{zj}——自然进风量，kg/s；
　　　G_{jj}——机械进风量，kg/s；
　　　G_{zp}——自然排风量，kg/s；
　　　G_{jp}——机械排风量，kg/s。

在通风设计中，为保持通风的卫生效果，常采用如下所述的方法来平衡空气量：对于产生有害气体和粉尘的车间，为防止其向邻室扩散，可使机械进风量略小于机械排风量（一般差 10%～20%），以形成一定的负压，不足的排风量由自然渗透和来自邻室的空气补充。对于清洁度要求较高的房间，要保持正压状态，即使机械进风量略大于机械排风量（一般为 5%～10%），阻止外界的空气进入室内，见图 12-8。

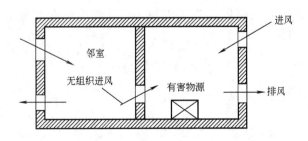

图 12-8　利用自然进风控制有害物向邻室扩散

通风房间的空气热平衡，是指为了保持室内温度恒定不变使通风房间总的得热量等于总的失热量。各类建筑物的得、失热量因其用途、生产设备、通风方式等因素的不同而存在较大的差异。计算时不仅要考虑进风和排风携带的热量，还要考虑围护结构耗热及得热、设备和产品的产热和吸热等。在进行全面通风系统的设计计算时。为能同时满足通风量和热量平衡的要求，应将空气质量平衡与热量平衡两者统筹考虑。通风房间热平衡方程

表达式如下：

$$\sum Q_\mathrm{h}+CL_\mathrm{p}\rho_\mathrm{n}t_\mathrm{n}=\sum Q_\mathrm{f}+CL_\mathrm{js}\rho_\mathrm{js}t_\mathrm{js}+CL_\mathrm{zs}\rho_\mathrm{w}t_\mathrm{w}+CL_\mathrm{xh}\rho_\mathrm{n}(t_\mathrm{s}-t_\mathrm{n}) \tag{12-7}$$

式中　$\sum Q_\mathrm{h}$——围护结构、材料吸热的热损失（失热量）之和，kW；

$\sum Q_\mathrm{f}$——生产设备、热物料、散热器等的放热量之和，kW；

L_p——局部和全面排风量，m³/s；

L_js——机械送风量，m³/s；

L_zs——自然送风量，m³/s；

L_xh——循环空气量，m³/s；

ρ_n——室内空气密度，kg/m³；

ρ_w——室外空气密度；

ρ_js——机械送风的空气密度；

t_n——室内空气温度，℃；

t_w——室内空气计算温度，℃；

t_js——机械送风温度，℃；

t_s——再循环送风温度，℃；

C——空气质量比热，取 1.01kJ/(kg·℃)。

第三节　自 然 通 风

自然通风不需要消耗动力，是一种经济节能的通风方式，因此应优先考虑使用自然通风。只有在自然通风不能达到卫生和生产要求时才采用机械通风或自然与机械的联合通风。由于自然通风的效果取决于建筑结构和室外环境（包括气象条件与毗邻建筑物的布局），因此有效的自然通风系统需要经过精心的研究和设计。

一、自然通风作用原理

如果建筑物外墙上的窗孔两侧存在压差 ΔP，则压力较高一侧的空气势必通过窗孔流到压力较低的一侧，而且可以认为压力差 ΔP 全部消耗在克服空气流过窗孔的阻力上，即

$$\Delta P=\zeta\frac{v^2}{2}\rho \tag{12-8}$$

因此，通过窗孔的空气流量为：

$$L=vF=F\sqrt{\frac{2\Delta P}{\zeta\rho}}\quad(\mathrm{m}^3/\mathrm{s}) \tag{12-9}$$

式中　ΔP——窗孔两侧的压力差，Pa；

v——空气通过窗孔时的流速，m/s；

ρ——空气的密度，kg/m³；

ζ——窗孔的局部阻力系数，其值与窗的类型、构造有关，可参考有关设计手册；

F——窗孔面积，m²。

可见，窗孔两侧的压差、窗孔的面积和窗孔的构造是通过窗孔空气量大小的决定因

素。如果窗孔的类型和大小一定，通过风量就随 ΔP 的增加而增加。下面就自然通风条件下 ΔP 产生的原因和提高的途径进行分析。

1. 热压作用下的自然通风

有一建筑物如图 12-9 所示，下部和上部开有窗孔 a 和 b，两者高差 h。假设窗孔外的静压力分别为 P_a、P_b，室内外的空气温度和密度分别是 t_n、ρ_n 和 t_w、ρ_w。由于 $t_n > t_w$，所以有 $\rho_n < \rho_w$。

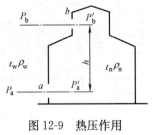

图 12-9 热压作用下的自然通风

根据流体力学静力学原理，这时窗孔 b 的内外压差为

$$\Delta P_b = P'_b - P_b = (P'_a - gh\rho_n) - (P_a - gh\rho_w)$$
$$= (P'_a - P_a) + gh(\rho_w - \rho_n) = \Delta P_a + gh(\rho_w - \rho_n) \tag{12-10}$$

式中 ΔP_a、ΔP_b——窗孔 a 和 b 的内外压差，或称作余压，Pa，它是室内某一点压力与室外同标高未受建筑或其他物体扰动的空气压力的差值，如果 $\Delta P > 0$，该窗孔排风，$\Delta P < 0$，则进风；

g——重力加速度，m/s²。

由式（12-10）可看出，即便在 $\Delta P_a = 0$ 的情况下，只要 $\rho_n < \rho_w$（即 $t_n > t_w$），则 $\Delta P_b > 0$。如果窗孔 a 和 b 同时开启，空气将从窗孔 b 流出，随着室内空气向外流动，室内静压逐渐降低，使得窗孔 a 内外两侧压力差 ΔP_a 从最初的零变为小于零。这时，室外空气会在窗孔 a 内外两侧压差的作用下流入室内。当 a 窗孔进风量等于 b 窗孔的排风量时，室内静压就保持稳定了。因此热压作用下的自然通风作用压力是进风窗孔和排风窗孔两侧压差的绝对值之和，即

$$\Delta P_b - \Delta P_a = \Delta P_b + |-\Delta P_a| = gh(\rho_w - \rho_n) \tag{12-11}$$

这种作用力大小与两窗孔高差 h 以及室内外空气的密度差有关，通常把 $(\rho_w - \rho_n)$ 称为热压。

由于室内外空气温度一定时，上下两个窗孔之间的余压差与两窗孔的高度差成正比，因此在热压作用下，余压沿房间的高度变化如图 12-10 所示。在 0-0 平面上，余压等于零，称为中和面。中和面以上余压为正，中和面以下余压为负。如在中和面上再开一个窗孔，此窗孔没有空气流动。若以中和面为基准，则中和面余压 $\Delta P_0 = 0$，各窗孔的余压为：

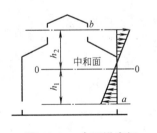

图 12-10 余压沿房间高度的变化

$$\Delta P_a = -gh_1(\rho_w - \rho_n) \tag{12-12}$$
$$\Delta P_b = +gh_2(\rho_w - \rho_n) \tag{12-13}$$

如只有一个窗孔，只要存在室内外空气温差，比如 $t_n > t_w$，则会出现窗口上部排风、窗孔下部进风的现象，形成单窗孔的自然通风。

2. 风压作用下的自然通风

室外气流与建筑相遇时，将发生绕流，经过一段距离后才恢复平行流动，见图 12-11。受建筑物的阻挡，建筑物四周室外气流的压力发生变化，迎风面气流受阻，动压降低，静

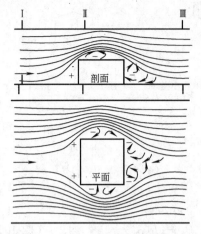

图 12-11 建筑物四周的风压分布图

压增高，与远处气流相比形成正压，而侧面和背风面由于产生局部涡流，静压降低，形成负压。

建筑物周围的风压分布与建筑物的几何形状和朝向有关。风向一定时，建筑物外围结构上各点的风压值（Pa）可用下式表示：

$$P_f = K \frac{v_w^2}{2} \rho_w \quad (12\text{-}14)$$

式中　K——空气动力系数，它是风压大小和风速的动压力之比；

v_w——室外空气流速，m/s；

ρ_w——室外空气密度，kg/m³。

K 值为正，说明该点风压为正值；K 为负则说明该点风压为负值。不同形状的建筑物在不同风向的风力作用下，空气动力系数分布是不同的，一般要通过风洞模型实验求得。

如果在建筑物外围结构上风压值不同的两个部位开设窗孔，则处于 K 值大的位置上的窗孔将会进风，而处于 K 值小的位置上的窗孔将会排风。

3. 热压和风压同时作用下的自然通风

在热压和风压同时作用下，建筑物外围结构上各窗孔的内外压差就等于各窗孔的余压和室外风压之差。显然，迎风面上的窗孔有利于进风而不利于排风，而背风面和侧面上的窗孔有利于排风不利于进风。如图 12-12 所示，窗孔 a 的内外压差

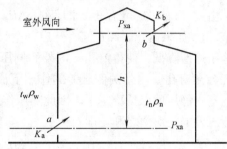

图 12-12　风压和热压同时作用下的自然通风

$$\Delta P_a = P_{xa} - K_a \frac{v_w^2}{2} \rho_w \quad (\text{Pa}) \quad (12\text{-}15)$$

窗孔 b 的内外压差

$$\Delta P_b = P_{xb} - K_b \frac{v_w^2}{2} \rho_w = P_{xa} + hg(\rho_w - \rho_n) - K_b \frac{v_w^2}{2} \rho_w \quad (\text{Pa}) \quad (12\text{-}16)$$

式中　P_{xa}——窗孔 a 的余压，Pa；

P_{xb}——窗孔 b 的余压，Pa；

K_a、K_b——窗孔 a 和 b 的空气动力系数；

h——窗孔之间的高差，m。

由于室外风的风速和风向是经常变化的，不是可靠的稳定因素。为了保证自然通风的设计效果，根据我国的现行规范，在设计计算时一般只考虑热压的作用，但必须定性地考虑风压对自然通风的影响。

二、自然通风设计与校核计算

自然通风的计算包括两类问题，一类是设计计算，即根据已确定的工艺条件和要求的工作区温度计算必需的全面通风换气量，确定进排风窗孔位置和窗孔面积；另一类是校核

计算，即在工艺、土建、窗孔位置和面积已确定的条件下，计算能达到的最大自然通风量，校核工作区温度是否满足标准要求。

由于房间内的气流分布和温度分布对自然通风的效果有很大影响，所以自然通风的计算涉及的因素很多，计算方法也很多，并且在不断发展。设计计算则力求算法简单可靠，因此在计算中需要假定通风过程是稳态过程，整个房间空气温度等于房间的平均空气温度 t_n，等高面上静压均匀一致，不考虑室内物品对气流的障碍作用。

自然通风的设计计算通常按以下步骤进行：

1. 计算室内所需的全面通风换气量

$$L = \frac{Q}{c\rho(t_p - t_j)\beta} = \frac{mQ}{c\rho(t_d - t_w)\beta} \tag{12-17}$$

此式与式（12-1）不同之处在于分母多了一个 β，即考虑进风口高度对通风效果影响的进风有效系数，可根据热源面积占地板面积的百分比及通风孔口的高度，从图 12-13 查得。当通风孔口高度≤2m 时，$\beta=1$。式中其他变量除了与式（12-1）变量相同外，还有以下新增加的变量：

t_w——夏季通风室外计算温度，$t_w = t_j$，℃；

t_d——室内作业区温度，℃；

m——有效热量系数，$m = \dfrac{t_d - t_w}{t_p - t_w}$，表明实际进入作业区的热量与房间总余热量的比值，可查阅设计手册等有关资料来确定，也可根据房间内热源占地面积的百分比按表 12-3 进行概略估算。

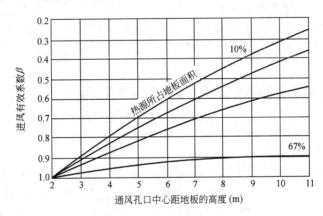

图 12-13 进风有效系数 β 值

根据热源占地面积估算 m 值　　　表 12-3

热源占地面积 $f/F(\%)$	5	10	20	30	40
m	0.35	0.42	0.53	0.63	0.7

2. 确定进、排风窗孔的位置，分配各窗孔的进、排风量
3. 计算各窗孔的内外压差和窗孔面积

在计算各窗孔的内外压差时，可先假定某一窗孔的余压，或假定中和面的位置，然后根据式（12-9）、（12-10）、（12-12）、（12-13）计算各窗孔的余压和窗孔面积。但应当指

出，最初假定的余压值和中和面的位置不同，最后计算出的各窗孔面积分配是不同的。

以图 12-10 为例，在热压作用下，窗孔 a 和 b 的面积 F_a、F_b 分别为

$$F_a = \frac{L_a}{\sqrt{\dfrac{2|\Delta P_a|}{\zeta_a \rho_w}}} = \frac{L_a}{\sqrt{\dfrac{2h_1 g(\rho_w - \rho_n)}{\zeta_a \rho_w}}} \tag{12-18}$$

$$F_b = \frac{L_b}{\sqrt{\dfrac{2|\Delta P_b|}{\zeta_b \rho_b}}} = \frac{L_b}{\sqrt{\dfrac{2h_2 g(\rho_w - \rho_n)}{\zeta_b \rho_b}}} \tag{12-19}$$

式中　L_a、L_b——窗孔 a、b 的空气流量，m^3/s；

　　　ζ_a、ζ_b——窗孔 a、b 的阻力系数；

　　　ρ_p——排风温度下的空气密度，kg/m^3；

　　　ρ_w——室外空气密度，kg/m^3；

　　　ρ_n——室内平均温度下的空气密度，kg/m^3；室内平均温度按下式确定：

$$t_n = \frac{t_d + t_p}{2} \tag{12-20}$$

其中　t_d——室内作业区空气温度，℃；

　　　t_p——上部排风温度，℃。

如果近似认为 $\zeta_a \approx \zeta_b$，$\rho_n \approx \rho_p$，根据空气量平衡方程 $L_a = L_b$ 可得：

$$\left(\frac{F_a}{F_b}\right)^2 = \frac{h_2}{h_1} \tag{12-21}$$

由此可见，进、排风窗孔的面积之比是随中和面位置的变化而变化的。中和面上移，上部排风窗孔面积增大，进风窗孔面积减小；中和面下移，进风窗孔面积增大，排风窗孔面积减小。热车间一般都采用上部天窗排风，而天窗造价比侧窗高，因此中和面的位置不宜选得太高。

如果房间内同时设有局部排风，则需在计算通风量时加以考虑：

$$L = \frac{mQ}{c\rho(t_d - t_w)\beta} + \frac{(1-m)L_{jp}}{\beta} \tag{12-22}$$

其中 L_{jp} 为局部排风量，m^3/s。

【例 12-1】　某车间如图 12-14 所示，总余热量 $Q = 582kW$，两侧外墙上各有进、排风窗 1 和 2，窗中心高度分别为 3m 和 16m。已知窗孔的局部阻力系数 $\zeta_1 = \zeta_2 = 2.37$；夏季通风室外计算温度 $t_w = 30℃$，要求作业地带温度 $t_d \leqslant t_w + 3℃$；热源占地面积为 10%，试计算只考虑热压作用时所需进、排风窗孔的面积。

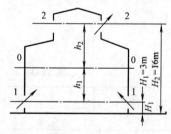

图 12-14　例 12-1 图

【解】　1. 计算全面通风量

作业地带温度取为

$$t_d = t_w + 3℃ = 30 + 3 = 33℃$$

上部排风温度

$$t_p = t_w + \frac{t_d - t_w}{m} = 30 + \frac{33 - 30}{0.42} = 37.1℃$$

车间的平均空气温度

$$t_n = \frac{t_d + t_p}{2} = \frac{33 + 37.1}{2} = 35.1℃$$

由以上计算出的空气温度可确定

$$\rho_w = 1.165 \text{kg/m}^3; \quad \rho_p = 1.139 \text{kg/m}^3; \quad \rho_n = 1.146 \text{kg/m}^3;$$

由表 12-3 查得 $m=0.42$，由图 12-13 查得 $\beta=0.89$。

全面通风量

$$L_1 = \frac{mQ}{c\rho_w(t_d - t_w)\beta} = \frac{0.42 \times 582}{1.01 \times 1.165 \times (33-30) \times 0.89} = 77.8 \text{m}^3/\text{s}$$

$$L_2 = \frac{L_1 \rho_w}{\rho_p} = \frac{77.8 \times 1.165}{1.139} = 79.6 \text{m}^3/\text{s}$$

2. 选取中和面的位置

由于只有上、下两排通风窗孔，故可按式（12-21）求中和面的位置。

如取进、排窗孔面积之比 $\dfrac{F_1}{F_2} \approx 1.25$，可求得各窗孔中心至各中和面的距离为

$$h_1 \approx 5.5\text{m}; \quad h_2 \approx 8.5\text{m}$$

3. 求进、排风窗孔面积

按式（12-18）和（12-19），进风窗孔面积：

$$F_1 = \frac{L_1}{\sqrt{\dfrac{2h_1 g(\rho_w - \rho_n)}{\zeta_1 \rho_w}}} = \frac{77.8}{\sqrt{\dfrac{2 \times 5.5 \times 9.81 \times (1.165 - 1.146)}{2.37 \times 1.165}}} = 90.3 \text{m}^2$$

排风窗孔面积：

$$F_2 = \frac{L_2}{\sqrt{\dfrac{2h_2 g(\rho_w - \rho_n)}{\zeta_2 \rho_p}}} = \frac{79.6}{\sqrt{\dfrac{2 \times 8.5 \times 9.81 \times (1.165 - 1.146)}{2.37 \times 1.139}}} = 73.5 \text{m}^2$$

由于本例题中车间两侧外墙上的进、排风窗孔对称，则取每侧外墙上进风窗孔面积为：

$$F_1' = F_1/2 = 45.1 \text{m}^2$$

每侧外墙上排风窗孔面积为：

$$F_2' = F_2/2 = 36.8 \text{m}^2$$

三、建筑设计与自然通风的配合

在工业和民用建筑设计中，应充分利用自然通风来改善室内空气环境，以尽量减少室内环境控制的能耗。只有在自然通风不能满足要求时，才考虑采用机械通风或空气调节。而自然通风的效果是与建筑形式密切相关的。所以通风设计必须与建筑及工艺设计互相配合，综合考虑，统筹安排。下面主要介绍工业厂房的自然通风设计要点。

1. 建筑形式选择

在决定厂房总图方位时，应尽量布置成东、西向，避免有大面积的窗和墙受西晒的影响。厂房的主要进风面一般应与夏季主导风向成 60°～90°角，不宜小于 45°角。不宜将附属建筑物布置在建筑物的迎风面，避免阻碍自然通风。

热加工厂房的平面布置不宜采用"口"形或"日"形的封闭式的庭院布置，而应该尽量采用"L"形、"Щ"形或"Π"形布置。开口部分应位于夏季主导风向的迎风面，各

翼的纵轴与主导风向成0°～45°。"Ш"形和"П"形建筑物各翼的间距一般不少于相邻两翼高度和的一半，最好在15m以上。如建筑物内不产生大量有害物时，其间距可减少至12m。

由于建筑物迎风面的正压区和背风面的负压区都会延伸一定范围，其大小与建筑物的形状和高度有关，因此，在建筑物密集的区域，低矮建筑有可能会受高大建筑所形成的正压区和负压区的影响。为了保证低矮建筑能够正常进行自然通风，各建筑物之间的有关尺寸应保持适当比例。目前还没有为保证建筑物自然通风效果提出最小建筑物间距的设计规范，但有一些学者正在对此问题进行理论或实验研究。

散发大量余热的车间和厂房应尽量采用单层建筑，以增加进风面积。

对于多跨车间，由于外围结构减少，往往造成进风窗孔面积不够，因此需要从某个跨间的天窗引入新鲜空气。而由于热跨间的天窗都是用于排风，就只能依靠冷跨间的天窗进风，因此应将冷、热跨间间隔布置，如图12-15所示，并使热跨间天窗之间的距离$L>(2～3)h_0$。

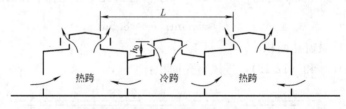

图12-15 多跨车间的自然通风

在炎热地区的民用建筑和不散发大量粉尘和有害气体的工艺厂房可采用穿堂风作为自然通风的主要途径，见图12-16。常用的穿堂风建筑形式有四种：全开敞式、上开敞式、下开敞式和侧窗式，见图12-17。

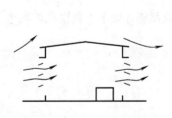

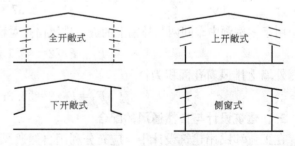

图12-16 穿堂风通风原理图　　　　图12-17 穿堂风通风形式

2. 工艺设备的布置

在多层建筑中，应将热源和有害物源尽量设在该建筑物的顶层，否则应采取措施避免热空气或有害物影响上层各室。如果热源布置在厂房一侧靠外墙处，且外墙与热源之间没有工作人员逗留的工作点，则靠近热源一侧的进风口应尽量布置在热源的间断处，尽量使热源不影响气流的通畅，见图12-18。

车间内的热源一般应布置在夏季主导风向的下风侧。

图12-18 热源与进风口位置的关系

当自然通风以热压为主时,应尽量把散热设备布置在天窗下面。

3. 进、排风口

厂房的主要进风面一般布置在夏季白天主导风向的上风侧。布置进风口时,即使一侧外墙的进风口面积已满足要求,另一侧外墙也应布置适当数量的进风口以保证通风效果。

夏季进风口的下缘距室内地面的高度越低越有利,应取 0.3~1.2m。当进风口较高时,应考虑进风效率降低的影响。冬季采暖时进风口的下缘不宜低于 4m,如低于 4m,应采取措施防止冷空气吹向工作地点。因此在供暖地区,最好设置上、下两排进风窗,分别供夏季和冬季通风使用;在温暖的南方地区,可以只设一排标高较低的进风窗。

一般厂房采用天窗排风,但由于风向是经常改变的,普通天窗往往在迎风面上发生倒灌现象。因此为了防止倒灌,保证天窗能够稳定排风,需要采用有特殊构造形式的避风天窗,或在天窗附近加设挡风板,使天窗的出口在任何风向时都处于负压区。

挡风板除应沿厂房纵轴方向满布外,还应在端部加以封闭。如果天窗较长,还应每隔一段距离用横向隔板隔开,防止沿厂房轴向吹来的风影响天窗的排风效果。

管道式自然排风系统通过屋顶向室外排风,排风口应高出屋面 0.5m 以上。

当建筑物与其他较高建筑物相邻时,为防止其他建筑物造成的正、负压区引起天窗或风帽倒灌,建筑物的各部分尺寸应满足表 12-4、图 12-19 和图 12-20 的要求。

排风天窗或风帽与建筑物的相关尺寸 表 12-4

Z/a	0.4	0.6	0.8	1.0	1.2	1.4	1.6	1.8	2.0	2.1	2.2	2.3
$(L-Z)/h \leqslant$	1.3	1.4	1.45	1.5	1.65	1.8	2.1	2.5	2.9	3.7	4.6	5.6

注:$Z/a>2.3$ 时,厂房的相关尺寸可以不受限制。

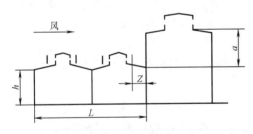

图 12-19 排风天窗与建筑物的相关尺寸

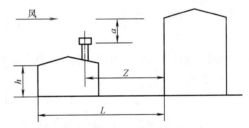

图 12-20 风帽与建筑物的相关尺寸

四、通风屋顶

通风屋顶一般在屋顶上架设通风间层而形成,通风间层的高度一般为 20~30mm。见

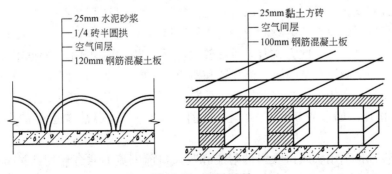

图 12-21 通风屋顶

图12-21。它有很好的隔热效果，原理不仅在于间层的空气有很好的隔热效果，而且利用热压通风的原理使气流在间层中流动，从而把屋顶积蓄的太阳辐射带走。因此在我国南方地区的一些民用或工业建筑采用了这种通风屋顶。实测表明，通风屋顶的内表面温度要比实体屋顶的内表面温度低4~6℃。

图12-22是常用的通风平屋顶周围的气流状况，经实验研究和理论分析发现间层内气流方向是与风向相反的。如采用图12-23所示的兜风式通风屋顶，即上层屋面板向前挑出，则间层内的气流速度与室外风向一致，且比不兜风的间层风速提高2倍左右，屋顶内表面最高温度要比不兜风式低1℃左右。

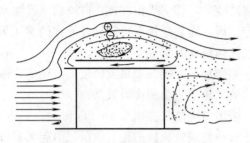

图12-22 常用的通风平屋顶

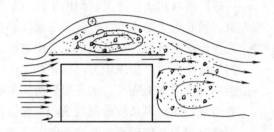

图12-23 兜风式通风平屋顶

第四节 机械通风系统设备与构件

机械通风系统的部分设备与附件和空调系统的设备与附件是完全一样的，如风机、风道、风阀、室外进排风口等，也有部分设备是通风系统所特有的，如排风罩、除尘器等。与空调系统相同的设备在此不再赘述，仅着重介绍通风系统特有的部分。

一、排风罩

排风罩是设置在有害物源处，捕集和控制有害物的通风部件。排风罩的形式有很多，主要分为以下几类：

(1) 密闭罩：即将有害物源密闭在罩内的排风罩。工作原理是在罩内形成一定负压，外界气流以一定速度通过罩的小孔或缝隙进入罩内，所需风量最小但对工艺操作有一定影响。其形式基本上分为局部密闭罩、整体密闭罩、密闭小室和排风柜四种。局部密闭罩只将工艺设备释放有毒物的部分密闭；整体密闭罩是将设备的大部分或全部密闭；密闭小室是在较大范围内将释放有害物的设备或有关工艺过程全部密闭起来；排风柜则是三面围挡一面敞开，或有操作拉门、工作孔以观察工艺操作过程。见图12-24~图12-27。

(2) 外部罩：设置在有害物源近旁，依靠罩口的抽吸作用，在控制点处形成一定的风速排除有害物的排风罩。此方式所需风量较大，对工艺操作影响小。根据罩开口与有害物的位置关系分为上吸罩、下吸罩、侧吸罩和槽边罩。如图12-28~图12-31所示。

(3) 接受罩：利用生产过程（如热过程、机械运动过程等）产生或者诱导的有害物气流把有害物排掉。如砂轮机的吸尘罩（见图12-32*a*）、高温热源上部的伞形罩（见图12-32*b*）等。

(4) 吹吸罩：利用吹风口吹出的射流和吸风口前汇流的联合作用捕集有害物的罩子（见图12-33、图12-34）。

 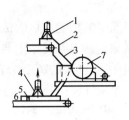 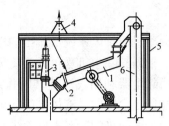 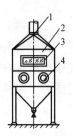

图 12-24　整体密闭罩　　图 12-25　局部密闭罩　　图 12-26　密闭小室　　图 12-27　排风柜
　　　　　　　　　　　　1—排风口；2—罩体；3—观　　1—振动筛；2—帆布接头；　　1—排风口；2—罩体；
　　　　　　　　　　　　察口；4—排风口；5—遮尘帘；　3，4—排风罩；5—密闭罩；　　3—观察窗；4—工作孔
　　　　　　　　　　　　6—罩体；7—产尘设备　　　　　6—提升机

 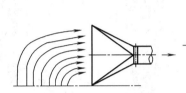 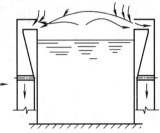

图 12-28　上吸罩　　图 12-29　下吸罩　　图 12-30　侧吸罩　　图 12-31　槽边罩

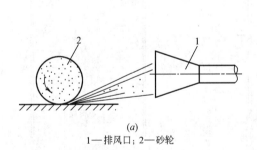 

(a)　　　　　　　　　　　　(b)
1—排风口；2—砂轮　　　　　1—排风口；2—热源

图 12-32　接受罩

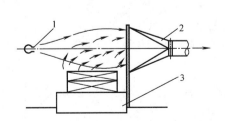 

图 12-33　吸收罩　　　　　　图 12-34　吹吸气流在金属
1—吹风口；2—吸风口；3—产尘设备　　　　熔化炉上的应用

二、除尘器

除尘器用于分离机械排风系统所排出的空气中的粉尘，目的是防止大气污染并回收空气中的有用物质。根据其除尘机理可分为旋风除尘器、湿式除尘器、过滤式除尘器和电除尘器等。其中旋风除尘器利用气流旋转时作用在尘粒上的离心力使尘粒从气流中分离出来；湿式除尘器通过含尘气体与液体接触使尘粒从气流中分离；过滤式除尘器是使含尘空气通过滤料将粉尘分离捕集的装置；电除尘则是利用高压电场所产生的静电力分离粉尘，图 12-35 是几种除尘器的原理示意图。

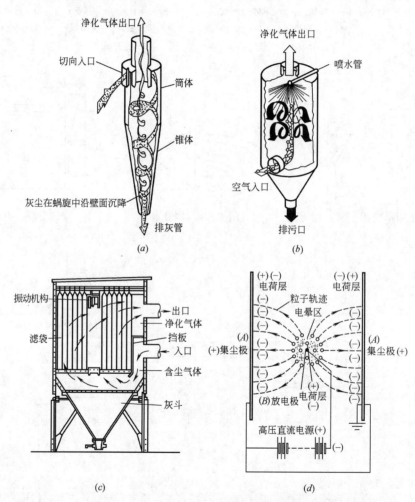

图 12-35　几种常见除尘器原理示意图
(a) 普通旋风除尘器；(b) 喷淋湿式除尘器；(c) 振动清灰袋式除尘器；(d) 电除尘器

三、吸收装置

在许多工业生产过程中会散发出许多有害气体，需要进行净化处理以避免大气污染。常用的净化方法有以下几种。

吸收法：即将有害气体中的一种或几个组分溶解或吸收掉的方法，其常用的吸收设备有喷淋塔、填料塔、湍流塔、筛板塔和文丘里吸收器等。逆流填料吸收塔的原理如图 12-36 所示，吸收剂从塔的上部喷淋，加湿填料，气体沿填料间隙上升，与填料表面的液膜

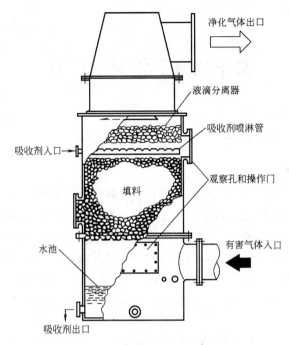

图 12-36 典型的逆流填料吸收塔

接触而被吸收。

吸附法：即利用气相分子和吸附剂表面分子的吸引力使气相分子吸附在吸附剂表面的方法，比如活性炭吸附器等。

燃烧法：即将有毒气体直接燃烧，从而转变成无毒物质。优点是方法简单，设备投资较少，缺点是不能回收有用物质。适用于可燃和高温下能分解的有害气体，例如有机溶剂、碳氢化合物、一氧化碳和沥青烟气等。

高空排放法：在有的情况下，由于受技术条件的限制，不得不把未经净化或净化不完全的废气排放到高空，通过在大气中的扩散进行稀释，使降落到地面的有害气体浓度不超过卫生标准中规定的居住区大气中有害物质最高容许浓度。这种处理方法称为有害气体的高空排放。

思 考 题

1. 为什么厨房排油烟机比厨房整体通风更有利于污染物排除？
2. 若某一实验房间产生有毒化学污染物，应如何控制该房间与邻室的压力以防止有毒气体进入邻室？试给出一种实现该压力分布的具体方法。
3. 分析并画出某一带有高、低窗的房间在冬季和夏季自然通风和余压分布示意图。（1）只考虑热压；（2）同时考虑热压和风压。
4. 为什么通风屋顶能有效降低顶层房间内的空气温度？

第十三章 空气调节

第一节 概 述

一、空气调节的任务与作用

空气调节（简称空调）是采用技术手段把某种特定空间内部的空气环境控制在一定状态下，使其满足人体舒适性或生产工艺的要求。所控制的内容包括空气的温度、湿度、流速、压力、洁净度、成分、噪声等。对这些参数产生干扰的来源主要有两个：一是室外气温变化、太阳辐射通过建筑围护结构对室温的影响及外部空气带入室内的有害物，二是内部空间的人员、设备与工艺过程产生的热、湿与有害物。因此需要采用人工的方法消除室内的余热、余湿，或补充不足的热量与湿量，清除空气中的有害物，并保证内部空间有足够的新鲜空气。

一般把为生产或科学实验过程服务的空调称为"工艺性空调"，而把为保证人体舒适的空调称为"舒适性空调"。而工艺性空调往往同时需要满足工作人员的舒适性要求，因而二者又是关联的、统一的。

舒适性空调的目的在于创造舒适的工作与生活环境，保证人体生理与心理健康，保证高的工作效率，目前已普遍应用于公共与民用建筑中，如会议厅、办公楼、影剧院、图书馆、商业中心、旅游设施与部分民用住宅。交通工具如飞机、汽车、轮船与火车，有的已装备了空调，有的正在逐步提高装备率。空气温度过高或过湿，均会使人有闷热的感觉；温度过低，会感觉寒冷；湿度过低，人的呼吸道与皮肤会感觉干燥；新风过少，人会感觉气闷缺氧；空气中含有有害气体或挥发性污染物，人会闻到异味或出现头痛、恶心等疾病症状；空气中含尘量大，人也会有不适感觉；风速过高，人会感到不适，但炎热的夏季里，有一定的吹风感却会令人感到舒适。因此舒适性空调对空气的要求除了要保证一定的温湿度外，还要保证足够的新鲜空气量、适当的空气成分、一定的洁净度以及一定范围的空气流速。

对于现代化生产来说，工艺性空调更是必不可少的。工艺性空调一般来说对温湿度、洁净度的要求比舒适性空调高，而对新鲜空气量没有特殊的要求。如精密机械加工业与精密仪器制造业要求空气温度的变化范围不超过$\pm 0.1 \sim 0.5℃$，相对湿度变化范围不超过$\pm 5\%$；在电子工业中，不仅要保证一定的温湿度，还要保证空气的洁净度；纺织工业对空气湿度环境的要求较高；药品工业、食品工业以及医院的病房、手术室则不仅要求一定的空气温湿度，还需要控制空气洁净度与含菌数。

空气调节的基本手段是将室内空气送到空气处理设备中进行冷却、加热、除湿、加湿、净化等处理，然后再送回到室内，以达到消除室内余热、余湿、有害物或为室内加热、加湿的目的；通过向室内送入一定量处理过的室外空气的办法来保证室内空气的新鲜度。也有把加热加湿设备直接安置在室内来改善室内的局部环境的，如超声波加湿器、红外线电加热器等。

二、空调参数的控制指标

不同使用目的的空调房间的参数控制指标是不同的。一般来说，工艺性空调的参数控制指标是以空调基数加波动范围的形式给出的，如 20±0.1℃ 中的 20 是空调基数，0.1 是允许波动范围。不同行业有关部门对特定的工艺过程均规定了室内空气的设计标准。表 13-1 是工艺性空调的室内参数要求的一个例子。

光学仪器工艺室内参数要求　　　　　　　　　　表 13-1

工 作 类 别	空气温度基数及其允许波动范围(℃)	空气相对湿度(%)	备 注
抛光间、细磨间、镀膜间、胶合间、照明复制间、光学系统装配和调整间	(22～24)±2(夏季)	<65	室内空气有较高的净化要求
精密刻画间	20±0.1～0.5	<65	

《规范》对舒适性空调的室内参数作了总的规定：

(1) 冬季：温度应采用 18～24℃，相对湿度应采用 30%～60%，风速不应大于 0.2m/s。
(2) 夏季：温度应采用 22～28℃，相对湿度应采用 40%～65%，风速不应大于 0.3m/s。

对于具体的民用建筑，我国建设部、卫生部、国家旅游局等有关部门均制定了具体的室内参数设计指标。表 13-2 是空气调节房间的室内设计参数的推荐值。

空气调节房间的室内计算参数　　　　　　　　　　表 13-2

建筑类型	房间类型	夏 季			冬 季		
		温度(℃)	相对湿度(%)	气流平均速度(m/s)	温度(℃)	相对湿度(%)	气流平均速度(m/s)
住宅	卧室和起居室	26～28	64～65	≤0.3	18～20	—	≤0.2
旅馆	客房	24～27	65～50	≤0.25	18～22	≥30	≤0.15
	宴会厅、餐厅	24～27	65～55	≤0.25	18～22	≥40	≤0.15
	文体娱乐房间	25～27	60～40	≤0.3	18～20	≥40	≤0.2
	大厅、休息厅、服务部门	26～28	65～50	≤0.3	16～18	≥30	≤0.2
医院	病房	25～27	65～45	≤0.3	18～22	55～40	≤0.2
	手术室、产房	25～27	60～40	≤0.2	22～26	60～40	≤0.2
	检查室、诊断室	25～27	60～40	≤0.25	18～22	60～40	≤0.2
办公楼	一般办公室	26～28	<65	≤0.3	18～20	—	≤0.2
	高级办公室	24～27	60～40	≤0.3	20～22	55～40	≤0.2
	会议室	25～27	<65	≤0.3	16～18	—	≤0.2
	计算机房	25～27	65～45	≤0.3	16～18	—	≤0.2
	电话机房	24～28	65～45	≤0.3	18～20	—	≤0.2
影剧院	观众厅	26～28	≤65	≤0.3	16～20	≥30	≤0.2
	舞台	25～27	≤65	≤0.3	16～20	≥35	≤0.2
	化妆	25～27	≤60	≤0.3	18～22	≥35	≤0.2
	休息厅	28～30	≤65	≤0.5	16～18	—	≤0.3
学校	教室	26～28	≤65	≤0.3	16～18	—	≤0.2
	礼堂	26～28	≤65	≤0.3	16～18	—	≤0.2
	实验室	25～27	≤65	≤0.3	16～20	—	≤0.2

续表

建筑类型	房间类型	夏 季			冬 季		
		温度(℃)	相对湿度(%)	气流平均速度(m/s)	温度(℃)	相对湿度(%)	气流平均速度(m/s)
图书馆 博物馆	阅览室	26～28	65～45	≤0.3	16～18	—	≤0.2
	展览厅	26～28	60～45	≤0.3	16～18	50～40	≤0.2
美术馆	善本、舆图、珍藏、档案库和书库	22～24	60～45	≤0.3	12～16	60～45	≤0.2
档案馆	缩微胶片库①	20～22	50～30	≤0.3	16～18	50～30	≤0.2
体育馆	观众席	26～28	≤65	0.15～0.3 0.2～0.5	16～18	50～35	≤0.2
	比赛厅	26～28	≤65	乒乓球、羽毛球≥0.2 其余 0.2～0.5	16～18	—	≤0.2
	练习厅	26～28	≤65	乒乓球、羽毛球≥0.2 其余 0.2～0.5	16～18	—	≤0.2
	游泳池大厅	26～29	≥75	≥0.2	26～28	≥75	≤0.2
	休息厅	28～30	≤65	<0.5	16～18	—	≤0.2
百货商店	营业厅	26～28	65～50	0.2～0.5	16～18	50～30	0.1～0.3
电视、广播中心	播音室、演播室	25～27	60～40	≤0.3	18～20	50～40	≤0.2
	控制室	24～26	60～40	≤0.3	20～22	55～40	≤0.2
	机房	25～27	60～40	≤0.3	16～18	55～40	≤0.2
广播中心	节目制作室、录音室	25～27	60～40	≤0.3	18～20	50～40	≤0.2

注：①缩微胶片库保存胶片的环境要求，必要时可根据胶片类别按国家标准规定，并考虑其储藏条件等原因。

第二节 空调系统的分类与组成

一、空调系统的基本组成部分

一般来说，一个完整的空调系统应由以下四部分组成（图 13-1）：

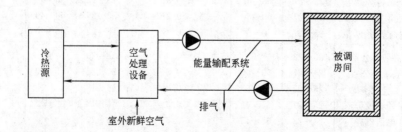

图 13-1 空调系统的组成

（一）被调房间

即空调空间或房间。被空调的空间可以是封闭式的，也可以是敞开式的；可以由一个房间或多个房间组成，也可以是一个房间的一部分。

（二）空气处理设备

这是空调系统的核心，室内空气与室外新鲜空气被送到这里进行热湿交换与净化，达到要求的温湿度与洁净度，再被送回到室内。一般包括组合式空调机组和风机盘管等。

（三）能量输配系统

包括空气和水的能量输配系统。空气部分是空气进入空气处理设备、送到空调空间形成的输送和分配系统，包括风道、风机、风阀、风口等。水的能量输配部分包括水泵、水管、水阀等。

（四）冷热源

空气处理设备的冷源和热源。夏季降温用冷源一般由制冷机承担，而再热或冬季加热用热源可以是蒸汽锅炉、热水锅炉、热泵或电。在有条件的地方，也可以用深井水作为自然冷源。

二、空调系统的分类

空调系统有很多类型，其分类方法也有很多种。在此仅介绍主要的两种。

1. 按空气处理设备的集中程度可分为集中式空调系统、半集中式空调系统与分散式空调系统。

（1）集中式空调系统是指空气处理设备（过滤器、冷却器、加热器、加湿器与风机等）集中设置在空调机房内，空气经过处理后，经风道送入各房间的系统。

（2）半集中式空调系统是指在空调机房集中处理部分或全部风量，然后送往各房间，由分散在各被调房间内的二次设备（又称末端装置）再进行处理的系统。

（3）分散式空调系统（也称局部系统）是指不设集中的空调机房，而把整体组装的冷热源、空气处理设备与风机均具备的空调器直接设置在被调房间内或被调房间附近，控制局部、一个或几个房间空气参数的系统。

2. 无论何种空调系统，均需要有一种或多种流体作为载体或介质带走作为空调负荷的室内产热、产湿或有害物，达到控制室内环境的目的。若按处理空调负荷的介质对空调系统进行分类可分为全空气系统、全水系统、空气-水系统与制冷剂系统。

（1）全空气系统是指完全由处理过的空气作为承载空调负荷的介质的系统。由于空气的比热较小，需要用较多的空气才能达到消除余热余湿的目的，因此这种系统要求风道断面较大或风速较高，从而会占据较多的建筑空间。

（2）全水系统是指完全由处理过的水作为承载空调负荷的介质的系统。由于水的热容较大，因此管道所占建筑空间较小，但不能解决房间的通风换气问题，因此通常不单独采用这种方法。

（3）空气-水系统是指由处理过的空气负担部分空调负荷并带走室内产生的各种污染物，而由水负担其余部分负荷的系统。例如集中处理新风送到房间，或由处理过的新风负担部分室内负荷，再由设置在各房间的风机盘管承担其余的室内负荷的风机盘管加新风系统。这种方法可以减少集中式空调机房与风道所占据的建筑空间，又能保证室内的新风换气要求。

（4）制冷剂系统（又称直接蒸发机组系统）是指由制冷剂直接作为承载空调负荷的介质的系统。分散安装的局部空调器内部带有制冷机，制冷剂通过直接蒸发器与房间空气进行热湿交换，达到冷却除湿的目的，所以属于制冷剂系统。由于制冷剂不宜长距离输送，因此不宜作为集中式空调系统来使用。

三、集中式空调系统

集中式空调系统属于典型的全空气系统，其原理示意见图13-2。

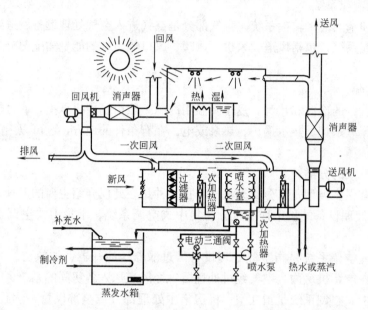

图13-2 集中式空调系统

根据集中式空调系统的送风量是否变化可分为定风量系统与变风量系统。定风量系统的总送风量不随室内热湿负荷的变化而变化，其送风量是根据房间最大热湿负荷确定的，其中某个房间的室内负荷减少时，只有靠调节该房间的送风末端装置的再热量来减小送风温差。这是出现最早的、到目前为止使用最广泛的空调系统。变风量系统也称作VAV（Variable Air Volume）系统，其送风量随室内热湿负荷的变化而变化，热湿负荷大时送风量就大，热湿负荷小时送风量就小。变风量系统的优点是在大多数非高峰负荷期间不仅节约了再热热量与被再热器抵销了的冷量，还由于处理风量的减少，降低了风机电耗。虽然已经有了一些成功的例子，但目前变风量系统的设计与使用上还存在着一些问题，国内外的研究者们正在为此进行大量的研究与推广工作。

根据集中式空调系统送入各被调房间的风道数目可分为单风道系统与双风道系统。单风道系统仅有一根送风管，夏天送冷风，冬天送热风，缺点是为多个负荷变化不一致的房间服务时，难以进行精确调节。双风道系统有两根送风管，一根热风管，一根冷风管，可通过调节二者的风量比控制各房间的参数。缺点是占建筑空间大，系统复杂，冷热风混合热损失大，因此初投资与运行费高。

集中式空调系统处理的空气来源一般一部分是新鲜空气，一部分是室内的回风。不使用回风而把室内空气全部直接排到室外的叫做直流系统或全新风系统，但除了污染严重的场所外一般不采用。在炎热的夏季或寒冷的冬季把温度与室温接近的室内回风循环使用是一种有效的节能手段，因此是最常用的。根据回风混合过程的不同有一次回风与二次回风两种形式。

集中式空调系统的优点是主要空气处理设备集中于空调机房，易于维护管理。在室外空气温度接近空调系统送风参数的过渡季（如春季与秋季），可以采用改变送风中的新风百分比或利用全新风来达到降低空气处理能耗的目的，还能为室内提供较多的新鲜空气来提高被调房间的空气品质。

四、半集中式空调系统

半集中式空调系统最常用的类型是风机盘管加新风机组。由集中设置在空调机房的空调机组处理新风后送入室内，由设置在各空调房间的风机盘管循环处理室内空气并带走主要冷热负荷。风机盘管机组是由多排称作盘管的翅片管热交换器和风机组成的（见图13-3），运行时管内通入冷冻水或热水。与集中空调系统不同，它采用就地处理回风的方式，由风机驱动室内空气流过盘管进行冷却除湿或加热，再送回室内。机组内还装有凝水盘与凝结水管路，用来排除除湿时产生的凝结水。供给盘管的冷热水一般是由集中冷热源提供的。

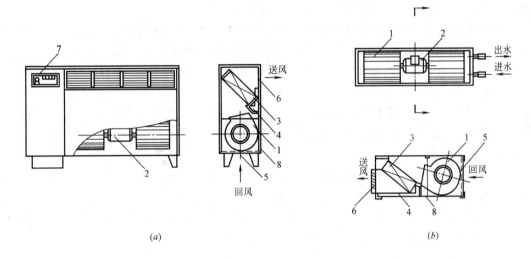

图13-3 风机盘管机组
（a）立式明装；（b）卧式暗装
1—双进风多叶离心式风机；2—低噪声电动机；3—盘管；4—凝水盘；
5—空气过滤器；6—出风格栅；7—控制器（电动阀）；8—箱体

有的风机盘管系统不设置集中的新风系统，而是在立式机组的背后墙壁上开设新风采气口，并用短管与机组相连接，就地引入新风，见图13-4。这种做法常用于要求不高或者在旧建筑中增设空调的场合。

风机盘管机组的调节方式有风量调节与水量调节两种。有的风机盘管可多档调节风机转速来改变风量，有的风机盘管的水管上装有电动调节阀，由室温控制器控制其开度来改变水量，达到控制室温的目的。

风机盘管的优点是布置灵活，各房间可独立调节室温而不影响其他房间；噪声较小；占建筑

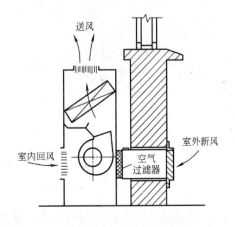

图13-4 从墙洞引入新风的风机盘管机组

空间少；室内无人时可停止运行，经济节能。由于集中处理的新风量小，故集中空调机房的尺寸与风道的断面小，节省建筑空间。

它的缺点是机组分散设置，台数较多时维护管理工作量大；由于有凝水产生，故防止霉菌产生是必要的工作，否则将污染室内空气；风机静压小，因此不能使用高效过滤器，故无法控制空气洁净度，而且气流分布受限制；风机盘管本身不能提供新风，故对新风量有要求的情况下需要设置新风处理系统；由于新风处理系统的风量小，故过渡季很难完全利用新风降温。

目前风机盘管机组已广泛用于宾馆、办公楼、公寓、医院等商用或民用建筑。在国外的大型办公楼中，内区往往终年需供冷，而周边区（如窗下）冬季一般需要供热，因此常在周边区采用风机盘管处理周边围护结构负荷。由于风机盘管多设在室内，有时可能会与建筑布局产生矛盾，所以需要建筑上的协调与配合。

其他形式的半集中式空调系统还有诱导器系统。诱导器系统的原理是把经过集中处理的空气（称为一次风）由风机送入空调房间的诱导器内的静压箱，经喷嘴以 20～30m/s 的高速射出。由于喷出气流的引射作用，在诱导器内造成负压，室内空气（二次风）被吸入诱导器，与一次风混合后经风口送入室内。送入诱导器的一次风一般是新风，必要时也可采用部分回风，但采用回风时风道系统比较复杂。由于一次风的处理风量小，故机房尺寸与风道断面均比较小，但空气输送动力消耗大，噪声不易控制，所以现在已较少采用。

五、空调机组

空调机组其实是一个小型的空调系统，内部带冷热交换器（直接蒸发器）、风机、空气过滤器、冷冻机与控制设备。有的还装有电加热器与加湿器，有的冷冻机还兼有热泵功能（见图13-5）。人们所熟悉的窗式或分体式家用空调器就属于空调机组范围。直接安装在空调房间或邻室的空调机组属于局部空调系统。

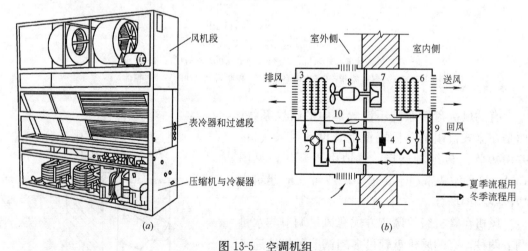

图 13-5 空调机组
（a）柜式空调机组；（b）热泵式窗空调器
1—压缩机；2—换向阀；3—室外热交换器；4—制冷剂过滤器；5—毛细管；6—室内热交换器；
7—室内风机；8—电机；9—过滤器；10—室外风机

空调机组的特点是结构紧凑、体积较小，占机房面积小，安装简便，使用灵活。结构上可分为整体式与分体式两种。外形主要可分为窗式与柜式，窗式容量与外形尺寸较小，制冷量一般为 7kW 以下，风量在 $1200m^3/h$（$0.33m^3/s$）以下，适合安装在外墙或外窗上；柜式容量与外形尺寸较大，制冷量一般在 7kW 以上，风量在 $1200m^3/h$ 以上，可直接放在空调房间里，也可设置在邻室并外接风管。此外，装在室内的空调机组或分体机的室内部分的外形还有柱式、悬吊式、落地式、壁挂式、台式等等，可根据房间的使用功能、装修设计与家具布置的情况灵活选取。

空调机组内冷冻机的冷凝器分为水冷式和风冷式两种冷却方式。容量较大的机组多用水冷却冷凝器，而小型机组一般用风冷式即通过室外空气冷却冷凝器。由于风冷式机组无需设置冷却水系统，节约冷却水的费用，故目前风冷机组在产品中所占比例越来越大，许多大、中型的空调机组也设计为风冷式。热泵式空调机组的冷冻机冬季在热泵工况下工作，为房间采暖提供热量。而普通空调机组冬季则需由电加热器或其他热源（如城市热网）供暖。

空调机组一般不带风管，必要时用户需自配风管，但风机需要有足够的输送能力。空调机组可以提供新风，也可以单独用于处理室内循环空气。

在采用风冷式空调机组时，需要考虑外部建筑上的配合。如设置窗式空调器时，需考虑与建筑外观的配合；如设置分体式房间空调器，需要考虑室外机组（压缩机、冷凝器及冷凝器风机）的放置位置；大、中型的风冷式空调机组需要安装在屋顶或平台上，则建筑上需要留有足够的室外空间放置空调机组。

第三节　空调负荷和房间气流分布

一、空调房间的建筑布置和围护结构的热工要求

室内冷负荷和湿负荷是较大空调系统设备容量的重要组成部分，而负荷量的大小与建筑布置和围护结构的热工性能有很大的关系。因此在设计时，首先要使建筑布置与围护结构的热工性能合理。

空调房间不要靠近产生大量污染物或高温高湿的房间。要求振动与噪声小的空调房间不要靠近振动与噪声大的房间。

空调房间应尽量集中布置。室内温湿度基数、使用时间与噪声要求相近的空调房间宜相邻或上下对应布置。多个集中布置的空调房间共用走廊的端头宜设置门斗和保温门。应尽量做成空调房间被非空调房间包围，室温波动范围小于或等于±0.5℃的空调房间应尽量布置在室温允许波动范围较大的空调房间之中。

对洁净度或美观要求较高的空调房间，可设技术阁楼或技术夹层。空调房间的高度应在满足功能、建筑、气流组织、管道布置和人体舒适等要求的条件下尽可能降低。

空调房间应尽量避免布置在有两面相邻外墙的转角处或有伸缩缝的地方，以减少围护结构（窗、墙、楼板、地板、屋盖等）传入室内的热量。工艺性空调房间的外墙、外墙朝向及所在层次可按表 13-3 选用。表中规定的"北向"适用于北纬 23.5°以北的地区。对于北纬 23.5°附近及以南的地区，北向与南向的太阳辐射强度差别不大，也可根据条件采用南向。应尽量减少东、西向外墙以减少传入室内的热量。

空调房间的外窗面积应尽量减少，并应采取遮阳措施。外窗的面积一般不超过房间面积的 17%。东西外窗最好采用外遮阳。内遮阳可采用窗帘或活动百叶窗。窗缝应有良好的密封，以防室外风渗透；外窗在空调运行期间不能开启，但应保留部分可开启的外窗以

外墙、外墙朝向及所在层次 表13-3

室温允许波动范围(℃)	外 墙	外墙朝向	层 次
≥±1.0	宜减少外墙	宜北向	宜避免顶层
±0.5	不宜有外墙	宜北向	宜底层,若在单层建筑物内,最好设通风屋顶
±0.1~0.2	不应有外墙	—	宜底层,若在单层建筑物内,最好设通风屋顶

备需开窗换气时使用。空调房间的外窗、外窗朝向和窗层数可按表13-4选用。

空调房间的外门门缝应该严密,以防室外风侵入。当门两侧温差≥7℃时,应采用保温门。门和门斗的选用可参照表13-5。

围护结构的最大传热系数不宜大于表13-6的规定值。空调房间与非空调房间之间的楼板或温差≥7℃的空调房间之间的楼板应做成保温楼板。空调房间地面一般可不做保温,但要求外墙保温延伸至墙基防潮层处。有外墙的恒温室或工艺过程对地板有较高要求时宜在距外墙2m以内设局部保温层。

外窗、外窗朝向和窗层数 表13-4

室温允许波动范围(℃)	外窗及外窗朝向	外 窗 层 数	内窗层数 窗两侧温差 ≥5℃	<5℃
≥±1	尽量北向并能部分开启,±1℃时不应有东西外窗	双层	双层	单层
±0.5	不宜有,若有宜北向	双层	双层	单层
±0.1~0.2	不应有	—	可有小面积双层窗	双层
舒适性空调	尽量南北向,并能部分开启	有条件时用双层,也可用单层	单层	单层

门 和 门 斗 表13-5

室温允许波动范围(℃)	外门与门斗	内门与门斗
≥±1	不宜有外门,若有经常开启的外门应设门斗	门两侧温差≥7℃时宜设门斗
±0.5	不应有外门,如有外门必须设门斗	门两侧温差≥3℃时宜设门斗
±0.1~0.2	严禁有外门	内门不宜通向室温基数不同或室温允许波动范围≥±1.0℃的邻室
舒适性空调	开启频繁的外门应设门斗,必要时可设空气幕	无要求

围护结构最大传热系数 [W/(m² · ℃)] 表13-6

围护结构名称	工艺性空调 室温允许波动范围(℃)			舒适性空调
	±0.1~0.2	±0.5	≥±1.0	
屋盖	—	—	0.8	1.0
顶棚	0.5	0.8	0.9	1.2
外墙	—	0.8	1.0	1.5
内墙和楼板	0.7	0.9	1.2	2.0

二、影响空调房间的内、外扰因素

需要供冷来消除的室内负荷称作冷负荷,需要供热的室内负荷称作热负荷,需要消除的室内产湿量称为湿负荷。由于有时降温的同时需要除湿,故冷负荷中往往包括显热与潜热部分,其中潜热部分是由消除湿负荷的潜热引起的。

影响室内冷热负荷的内、外扰因素包括(见图 13-6):

(1) 通过围护结构的传热量;
(2) 透过外窗的日射得热量;
(3) 渗透空气带入室内的热量;
(4) 室内设备、照明等室内热源的散热量;
(5) 人体散热量。

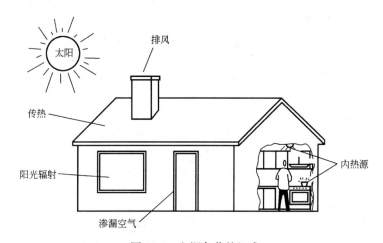

图 13-6 空调负荷的组成

影响室内湿负荷的内、外扰因素主要包括:

(1) 人体散湿;
(2) 设备散湿;
(3) 各种潮湿表面、液面散湿;
(4) 渗透空气带入室内的湿量。

在确定空调设备容量时不仅需要考虑以上各种因素形成的负荷,还需要考虑新风的冷热负荷与湿负荷,以及风机、风道、水泵、水管温升造成的附加负荷,还要考虑冷热混合损失、再热过程等其他因素造成的附加负荷。

一般来说空调房间的室内散热、散湿量在一天中不是恒定不变的,应随室内人员数目、设备使用情况的变化而变化。围护结构传热与玻璃窗日射、新风等形成的负荷随室外参数的逐时变化而变化。而空调负荷一般则是由总负荷变化的峰值来确定的。由

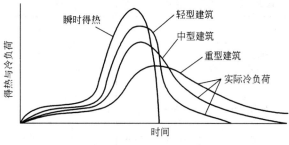

图 13-7 空调负荷与得热的关系

于建筑围护结构与室内家具有一定的蓄热作用,有些建筑装修内表面与家具还具有蓄湿作用,所以室内空气参数对上述内外扰的响应是有一定的延迟与衰减。因此空调的计算负荷并不简单等于室内产热量、室外传入热量等各项之和(图 13-7)。在空调系统设计中准确计算各种负荷以确定空调设备容量与冷热源容量是必要的,但其计算过程比较复杂,在此不作详细介绍。下面仅介绍利用设计概算指标进行设备容量概算的方法。

三、空调设备容量概算方法

空调负荷设计概算指标是根据不同类型和用途的建筑物不同使用空间单位建筑面积或单位空调面积负荷量的统计值,在可行性研究或初步设计阶段可用来进行设备容量概算。表 13-7 是国内部分建筑的单位空调面积冷负荷指标的概算值。表 13-8 是按整个建筑考虑的单位建筑面积冷负荷概算指标。

国内部分建筑空调冷负荷设计指标(W/m^2)的统计值　　　　表 13-7

序号	建筑类型及房间名称	冷负荷指标	序号	建筑类型及房间名称	冷负荷指标
1	旅游旅馆:标准客房	80~100	17	医院:高级病房	80~100
2	酒吧、咖啡厅	100~180	18	一般手术室	100~150
3	西餐厅	160~200	19	洁净手术室	300~500
4	中餐厅、宴会厅	180~350	20	X光、B超、CT室	120~150
5	商店、小卖部	100~160	21	影剧院:观众席	180~350
6	中庭、接待厅	90~120	22	休息厅(允许吸烟)	300~400
7	小会议室(允许少量吸烟)	200~300	23	化妆室	90~120
8	大会议室(不许吸烟)	180~280	24	体育馆:比赛馆	120~250
9	理发室、美容室	120~180	25	观众休息厅(允许吸烟)	300~400
10	健身房、保龄球	100~200	26	贵宾馆	100~120
11	弹子室	90~120	27	展览厅、陈列室	130~200
12	室内游泳池	200~350	28	会堂、报告厅	150~200
13	交谊舞厅	200~250	29	图书阅览室	75~100
14	迪斯科舞厅	250~350	30	科研、办公室	90~140
15	办公室	90~120	31	公寓、住宅	80~90
16	商场、百货大楼、营业室	150~250	32	餐馆	200~350

每 m^2 建筑面积冷负荷估算指标　　　　表 13-8

建筑类别	指标(W)	备注	建筑类别	指标(W)	备注
旅馆	70~81		商店	56~65	只营业厅空调
中外合资旅游旅馆	105~116		商店	105~122	全部空调
办公楼	84~98		体育馆	209~244	按比赛馆面积计算
图书馆	35~41		体育馆	105~119	按总建筑面积计算
大剧院	105-112~119-130		影剧院	84~98	电影厅空调
医院	56-70~65-81				

空调系统的冷、热源设备容量也可通过类似方法进行概算。根据我国50多个高层旅游旅馆的统计，单位建筑面积空调制冷设备容量的设计指标 R 的最大变化范围为 $R=65\sim132W/m^2$，平均值为 $89W/m^2$，其中 $R=75\sim110W/m^2$ 的旅馆约占总统计数的75%。其他类型的建筑可参考国外的指标。现在国内常用的一种方法是以旅馆为基础，其他建筑的冷冻机容量可用旅馆的基数乘以修正系数 β 求出。表 13-9 给出了几种建筑的 β 值，旅馆的冷冻机容量按 $80\sim93W/m^2$ 计。表 13-10 是引自日本《空气调和·卫生工学便览》的资料。表中公式的 F 表示建筑面积。不同类型的建筑的空调面积的百分比参见表13-11。

冷冻机容量估算指标修正系数 β　　　　　　　　　　　　　　表 13-9

建筑类别	β 值	备 注	建筑类别	β 值	备 注
办公楼	1.2		体育馆	1.5	按总建筑面积计算
图书馆	0.5		大会堂	2～2.5	
商店	0.8	只营业厅空调	影剧院	1.2	电影厅空调
商店	1.5	全部空调	影剧院	1.5～1.6	大剧院
体育馆	3.0	按比赛馆面积计算	医院	0.8～1.0	

冷、热源设备容量的参考值（W）　　　　　　　　　　　　　　表 13-10

建筑类型	冷源设备	热源设备	备 注
办公楼：多层 　　　　高层	$R=105.5F+17585$ $R=103.1F+474795$	$B=112.2F+225860$ $B=79.4F+1453750$	
旅馆、饭店	$R=83.4F+140680$	$B=204F+360530$	含生活热水、厨房用热
医院	$R=111.1F+105510$	$B=313.4F$	含生活热水、洗衣、消毒、厨房用热
商店	$R=165F+175850$	$B=91.6F+697800$	

不同类型建筑空调面积的百分比（%）　　　　　　　　　　　　表 13-11

建筑类型	空调面积占建筑面积的百分比	建筑类型	空调面积占建筑面积的百分比
旅游旅馆、饭店	70～80	医院	15～35
办公楼、展览中心	65～80	百货商品	50～65
影剧院、俱乐部	75～85		

四、风量计算

（一）送风量的确定

空调系统的送风量大小决定了送、回、排风管道的断面积大小，从而决定了风道所需占据建筑空间的大小。由于空调风道与水管、电缆等相比断面尺寸大得多，所以对于有吊顶的建筑，空调送风管道的大小是决定吊顶空间最小高度的主要因素。对于集中空调系统，空调系统的总处理风量取决于空调负荷以及送风与室内空气的温差，见式（13-1）。

$$L=\frac{Q}{\rho C_p(t_n-t_0)} \tag{13-1}$$

式中　L——送风量，m^3/s；

Q——为空调显热负荷，W；
ρ——空气的密度，kg/m^3；
C_p——空气的定压比热，$J/(kg \cdot ℃)$；
t_n——室内设计温度基数，℃；
t_0——送风温度，℃。

如果减小送风量、增大送风温差，使夏季送风温度过低，则可能使人感受冷气流作用而感到不适，同时室内温湿度分布的均匀性与稳定性也会受影响。因此夏季送风温差值需受限制。由于冬季送热风时的送风温差值可以比送冷风时的送风温差值大，所以冬季送风量可以比夏季小。所以空调送风量一般是先用冷负荷确定夏季送风量，在冬季采用与夏季相同的送风量，也可小于夏季。冬季的送风温度一般以不超过45℃为宜。

送风量除需满足处理负荷的要求外，还需满足一定的换气次数，即房间通风量与房间体积的比值，单位是次/h。对于有净化要求的车间，换气次数有的可能高达每小时数百次。

《规范》规定了夏季送风温差的建议值与推荐的换气次数，见表13-12。由于送风温差对送风量及空调系统的初投资与运行费有显著的影响，因此宜在满足规范要求的前提下尽量采取较大的送风温差。

送风温差与换气次数   表13-12

室温允许波动范围(℃)	送风温差(℃)	最小换气次数(次/h)
>±1.0	≤15	
±1.0	6~10	5(高大房间除外)
±0.5	3~6	8
±0.1~0.2	2~3	12(工作时间不送风的除外)

（二）新风量的确定

保证空调房间内有足够的新风量，是保证室内人员身体健康与舒适的必要措施。新风量不足，造成房间内空气质量下降，会使室内人员产生闷气、黏膜刺激、头痛及昏睡等症状。但增加新风量将带来较大的新风负荷，从而增加了空调系统的运行费用，因此也不能无限制地增加新风在送风量中的所占百分比。《规范》给出了空调系统最小新风量的规定。表13-13是民用建筑的最小新风量的规定值。如果旅馆客房等的卫生间排风量大于按此表所确定的数值时，新风量应按排风量计算。而工艺性厂房应按补偿排风、保持室内正压与保证室内人员每人不小于$30m^3/h$新风量的三项计算结果中的最大值来确定。

五、气流分布方式

经处理后的空气送入空调房间，在与周围空气进行热质交换后又被排出，在此过程中形成了一定的温湿度、洁净度与流速的分布场。送风口的形式、数量、位置、排（回）风口的位置、送风参数、风口尺寸、空间的几何尺寸等均对房间内气流参数的分布场有显著的影响。

不同用途的空调工程，对气流的分布形式有不同的要求。如恒温恒湿空调要求在工作区内保持均匀、稳定的温、湿度；有高度净化要求的空调工程，则要求工作区内保持要求的洁净度和室内正压；对空气流速有严格要求的空调工程如舞台、乒乓球赛场等需要保证

民用建筑最小新风量　　　　　　　　表 13-13

建筑物类型	吸烟情况	新风量[m³/(h·人)]		备注
		适当	最少	
一般办公室	无	25	20	
个人办公室	有一些	50	35	
会议室	无	35	30	
	有一些	60	40	
	严重	80	50	
百货公司、零售商店、影剧院	无	25	20	
会堂	有一些	25	20	
舞厅	有一些	33	20	
医院大病房	无	40	35	
医院小病房	无	60	50	
医院手术室	无	37m³/(m²·h)		
旅馆客房	有一些	50	30	
餐厅、宴会厅	有一些	30	20	
自助餐厅	有一些	25	20	
理发厅	大量	25	20	
体育馆	有一些	25	20	

工作区内的气流流速符合要求。因此合理组织气流，使其形成的气流分布满足被调房间的设计要求是必要的。

目前国内空调房间常用气流分布的送风方式，按其特点主要可归纳为侧送、孔板送风、散流器送风、条缝送风、喷口送风等。孔板送风常在室温允许波动范围要求较严格的空调房间内应用。

（一）侧送

侧送是一种最常用的气流组织方式，它具有结构简单、布置方便和节省投资等优点。一般采用贴附射流形式，工作区通常处于回流中。常用的贴附射流形式有下列几种（见图 13-8）：

（1）单侧上送、下回，或走廊回风；
（2）单侧上送上回；
（3）双侧外送上回风；
（4）双侧内送下回或上回风；
（5）中部双侧内送上下回或下回、上排风。

一般层高的小面积空调房间宜采用单侧送风。若房间长度较长，单侧送风射程不能满足要求时，可采用双侧送风。中部双侧送回风适用于高大厂房。

侧送风的风口一般是百叶式风口（见图 13-9）。风口可直接安在风管上或墙上。单层百叶风口可调节送风气流风向、双层百叶风口还能在一定范围内调节气流的速度。

（二）孔板送风

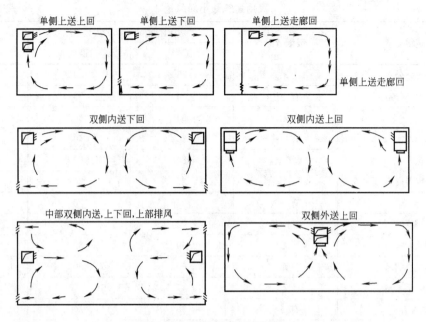

图 13-8 侧送方式气流组织

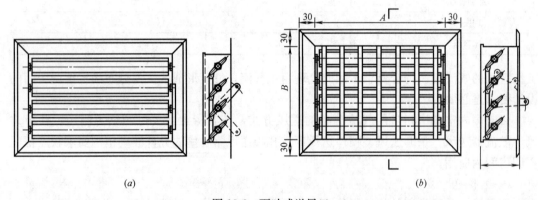

(a) (b)

图 13-9 百叶式送风口
(a) 单层百叶风口；(b) 双层百叶风口

孔板送风是将空调送风送入顶棚上的稳压层中，通过顶棚上设置的穿孔板均匀送入室内。在整个顶棚上全面布置穿孔板，称为全面孔板（见图 13-10）；在顶棚上局部布置穿孔板，称为局部孔板。可利用顶棚上的整个空间作为稳压层，也可设置专用的稳压箱。穿孔板可用金属板、塑料板或木制板等制作。

孔板送风的特点是射流的扩散和混合较好，工作区温度和速度分布较均匀。因此，对于区域温差与工作区风速要求严格、单位面积风量比较大、室温允许波动范围较小的空调房间，宜采用孔板送风的方式。全面孔板在一定设计条件下可形成下送单向平行流或不稳定流，前者适用于有高洁净度要求的房间，后者适用于室温允许波动范围较小且气流速度较低的空调房间。

（三）散流器送风

散流器是装在顶棚上的一种送风口，有平送与下送两种方式（见图 13-11）。它的送

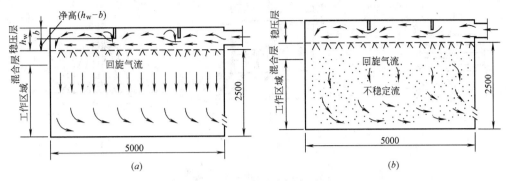

图 13-10 全面孔板流型
(a) 下送单向流；(b) 不稳定流

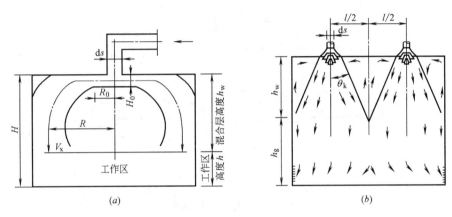

图 13-11 散流器送风流型
(a) 散流器平送流型；(b) 散流器下送流型

风射流射程和回流的流程都比侧送短，通常沿着顶棚和墙形成贴附射流，射流扩散比较好。平送方式一般适用于对室温波动范围有要求、层高较低且有顶棚或技术夹层的空调房间，能保证工作区稳定而均匀的温度与风速。下送方式要求一定的布置密度，以便能较好地覆盖工作区，所以单位面积风量一般比较大，管道布置比较复杂。

散流器有盘式散流器、圆形直片散流器、方形片式散流器与直片形送吸式散流器及流线型散流器。常用的是结构简单、投资较省的盘式或方形片式散流器。图 13-12 是几种典型散流器的结构示意图。

(四) 喷口送风

喷口送风是大型体育馆、礼堂、剧院、通用大厅以及高大空间的工业厂房或公用建筑等常用的一种送风方式。由高速喷口送出的射流带动室内空气进行强烈混合，在室内形成大的回旋气流，工作区一般处于回流中（见图 13-13）。这种送风方式射程远、系统简单、节省投资，一般能够满足工作区的舒适条件，因此广泛应用于高大空间以及舒适性空调建筑中。

(五) 条缝送风

条缝送风属于扁平射流，与喷口送风相比，射程较短，温差和速度衰减较快。因此适

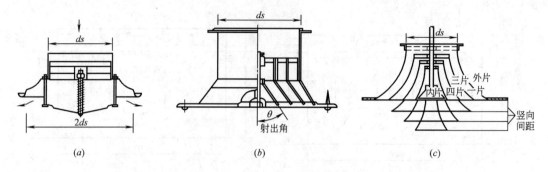

图 13-12 几种形式的散流器
(a) 盘式；(b) 圆形直片式；(c) 流线型散流器

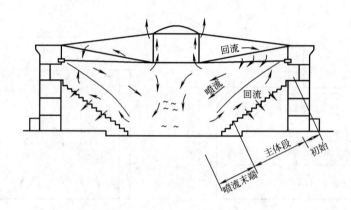

图 13-13 喷口送风流型

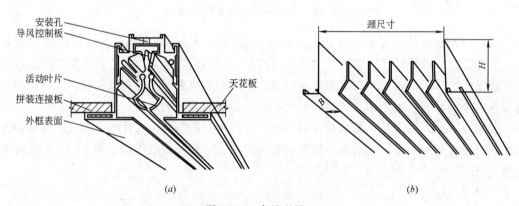

图 13-14 条缝送风口
(a) 条缝形散流器；(b) 单面流风口

用于散热量大的只要求降温的房间或民用建筑的舒适性空调。目前我国大部分的纺织厂均采用条缝送风式的空调。在一些高级民用和公共建筑中，可与灯具配合布置条缝风口。图 13-14 是条缝送风口的结构形式。

（六）回风口

空调房间的气流流型主要取决于送风口。回风口位置对气流的流型与区域温差影响很小。因此除高大空间或面积大的空调房间外，一般可仅在一侧集中布置回风口。

侧送方式的回风口一般设在送风口同侧下方；孔板和散流器送风的回风口应设在房间的下部；高大厂房上部有一定余热量时，宜在上部增设排风口或回风口；有走廊的多间空调房间，如对消声、洁净度要求不高，室内又不排出有害气体时，可在走廊端头布置回风口集中回风，而各空调房间与走廊邻接的门或内墙下侧应设置百叶栅口以便回风通过进入走廊。走廊回风时为防外界空气侵入，走廊两端应设密闭性较好的门。

回风口的构造比较简单，类型也不多。常用的回风口形式有单层百叶风口、固定格栅风口、网板风口、篦孔或孔板风口等。也有与粗效过滤器组合在一起的网格回风口。

第四节 空气处理设备

一、基本的空气处理手段

空气调节的含义就是对空调空间的空气参数进行调节，因此对空气进行处理是空调必不可少的过程。对空气的主要处理过程包括热湿处理与净化处理两大类，其中热湿处理是最基本的处理方式。

最简单的空气热湿处理过程可分为四种：加热、冷却、加湿、除湿。

所有实际的空气处理过程都是上述各种单一过程的组合，如夏季最常用的冷却除湿过程就是降温与除湿过程的组合，喷水室内的等焓加湿过程就是加湿与降温过程的组合。在实际空气处理过程中有些过程往往不能单独实现，例如降温有时伴随着除湿或加湿。

（一）加热

单纯的加热过程是容易实现的。主要的实现途径是用表面式空气加热器、电加热器加热空气。广义地讲，任何使空气焓值增加的过程都可称为加热过程。

（二）冷却

采用表面式空气冷却器或用温度低于空气温度的水喷淋空气均可使空气温度下降。如果表面式空气冷却器的表面温度高于空气的露点温度，或喷淋水的水温等于空气的露点温度，则可实现单纯的降温过程。如果表面式空气冷却器的表面温度或喷淋水的水温低于空气的露点温度，则空气在冷却过程中同时还会被除湿。如果喷淋水的水温高于空气的露点温度，则空气在被冷却的同时还会被加湿。

（三）加湿

单纯的加湿过程可通过向空气加入干蒸汽来实现。此外利用喷水室喷循环水也是常用的等焓加湿方法。通过直接向空气喷入水雾（高压喷雾、超声波雾化）可实现等焓加湿过程。

（四）除湿

除了可用表冷器与喷冷水对空气进行减湿处理外，还可以使用液体或固体吸湿剂来进行除湿。液体吸湿是利用某些盐类水溶液对空气中的水蒸气的强烈吸收作用来对空气进行除湿的，方法是根据要求的空气处理过程的不同（降温、加热还是等温）用一定浓度和温度的盐水喷淋空气。固体吸湿是利用有大量孔隙的固体吸附剂如硅胶对空气中的水蒸气的表面吸附作用来除湿的。由于吸附过程近似为一等焓过程，故空气在干燥过程中温度会升高。

二、典型的空气处理设备

(一) 表面式换热器

表面式换热器是空调工程中最常用的空气处理设备,它的优点是构造简单、占地少、水质要求不高,在空气处理室中所占长度一般不超过 0.6m。表面式换热器多用肋片管,外形见图 13-15,也有光管式的。管内流通冷、热水、蒸汽或制冷剂,空气掠过管外与管内介质换热。制作材料有铜、钢和铝。使用时一般用多排串联,以便同空气进行充分热质交换;如果通过的空气量多,也可以多个并联,以避免迎面风速太大。表面式空气换热器可分为表面式空气加热器与表面式空气冷却器两类。有的表面式换热器是可作冷、热两用的。

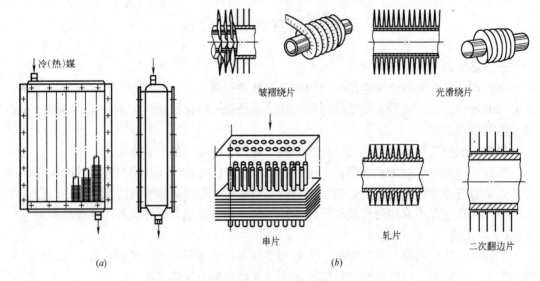

图 13-15 肋管式空气换热器外形与构造
(a) 外形;(b) 构造

1. 表面式空气加热器:用热水或蒸汽做热媒,可实现对空气的等湿加热。
2. 表面式空气冷却器:用冷水或制冷剂做冷媒,因此又可分为冷水式与直接蒸发式两种。其中直接蒸发式冷却器就是制冷系统中的蒸发器。使用表面式冷却器可实现空气的干式冷却或除湿冷却过程,过程的实现取决于表面式冷却器的表面温度是高于还是低于空气的露点温度。

表面式换热器的冷、热水管路上一般装有阀门,用来根据负荷的变化调节水的流量,以保证出口空气参数符合控制要求。

风机盘管机组中的盘管就是一种表面式换热器,空调机组中的空气冷却器也是直接蒸发式空气冷却器。

(二) 喷水室

喷水室的空气处理方法是向流过的空气直接喷淋大量的水滴,被处理的空气与水滴接触,进行热湿交换,达到要求的状态。喷水室由喷嘴、水池、喷水管路、挡水板、外壳等组成(见图 13-16 和表 13-14)。它的优点是能够实现多种空气处理过程、具有一定的空气净化能力、耗费金属最少、容易加工等,缺点是占地面积大、对水质要求高、水系统复杂和水泵电耗大等,而且要定期更换水池中的水,清洗水池,耗水量比较大。因此目前在一

喷水室的长度尺寸 表13-14

喷管排列方式	间距尺寸 (mm)			
空气流向 →	l_1	l_2	l_3	l_4
(两排)	1000	250		
(三排)	200	600~1000	250	
(四排)	200	600~1000	600	250

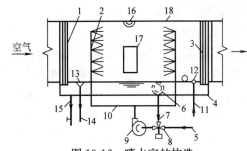

图 13-16 喷水室的构造
1—前挡水板；2—喷嘴和排管；3—后挡水板；4—底池；5—冷水管；6—滤水器；7—循环水管；8—三通混合阀；9—水泵；10—供水管；11—补水管；12—浮球阀；13—溢水器；14—溢水管；15—泄水管；16—防水灯；17—检查门；18—外壳

一般建筑中已不常使用。但在纺织厂、卷烟厂等以调节湿度为主要任务的场合仍大量使用。

（三）加湿与除湿设备

1. 喷蒸汽加湿

蒸汽喷管是最简单的加湿装置，它由直径略大于供汽管的管段组成，管段上开有多个小孔。蒸汽在管网压力作用下由小孔喷出混入空气。为保证喷出的蒸汽中不夹带冷凝水滴，蒸汽喷管外有保温套管。其构造见图13-17。使用蒸汽喷管需要由集中热源提供蒸汽，它的优点是节省动力用电，加湿迅速、稳定，设备简单，运行费低，因此在空调工程

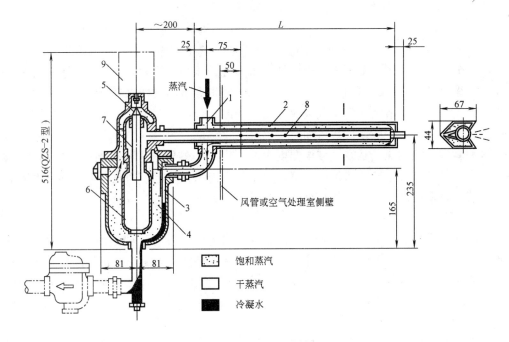

图 13-17 干蒸汽加湿器
1—接管；2—外套；3—挡板；4—分离室；5—阀孔；6—干燥室；7—消声腔；8—喷管；9—电动或气动执行器

中得到广泛的使用。

2. 电加湿器

电加湿器包括电热式与电极式两种。

电热式加湿器是由管状电热元件置于水槽中做成的。电热元件通电后加热水至沸腾产生蒸汽。这种加湿器均有补水装置，以免断水空烧。电热式加湿器有开式与闭式两种。闭式加湿器调节性能优于开式加湿器，但构造比较复杂。

电极式加湿器是由三根不锈钢棒或镀铬铜棒作为电极插入水容器中组成，见图13-18。电极接通三相电源后，电流从水中流过，加热水产生蒸汽。

这两种电加热器的缺点是耗电量大，电热元件与电极上易结垢，优点是结构紧凑，加湿量易于控制，故常用于小型空调系统中。

3. 冷冻除湿机

冷冻除湿机是由制冷系统与送风装置组成的。其中制冷系统的蒸发器能够吸收空气中的热量，并通过压缩机的作用，把所吸收的热量从冷凝器排到外部环境中去。冷冻除湿机的工作原理是由制冷系统的蒸发器将要处理的空气冷却除湿，再由制冷系统的冷凝器把冷却除湿后的空气加热。这样处理后的空气虽然温度较高，但湿度很低，适用于只需要除湿而不需要降温的场合。

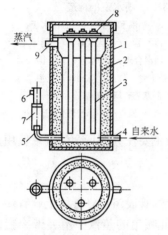

图13-18 电极式加湿器
1—外壳；2—保温层；3—电极；4—进水管；5—溢水管；6—溢水嘴；7—橡皮管；8—接线柱；9—蒸汽管

4. 液体减湿系统

液体减湿系统的构造与喷水室类似，但多了一套液体吸湿剂的再生系统。其工作原理是一些盐水溶液表面的饱和水蒸气分压力低于同温度下的水表面饱和水蒸气分压力，因此当空气中的水蒸气分压力高于盐水表面的水蒸气分压力时，空气中的水蒸气将会析出被盐水吸收。这类盐水溶液称为液体吸湿剂。盐水溶液喷淋空气吸收了空气中的水分后浓度下降，吸湿能力减弱，因此需要再生。再生方式一般是加热浓缩。

这种减湿方法的优点是空气减湿幅度大，可用单一的处理过程得到需要的送风参数，避免了空气处理过程中的冷热抵销现象。由于其动力来自热能，因此有可能利用太阳能或废热。缺点是系统比较复杂，盐水有腐蚀性，维护麻烦。

5. 转轮除湿机

转轮除湿机是近年发展起来的用固体吸湿剂除湿技术，它采用吸附的方法除去空气中的水分。转轮除湿机的关键部件为除湿转轮，它是由特殊复合耐热材料制成的波纹状介质构成，波纹介质中附载着特殊材料的吸湿物质。转轮由弹性密封材料制成的隔板分为两个扇形区域：一个为处理湿空气端的270°扇形区域；另一个是再生空气端的90°的扇形区域。

工作过程中，当湿空气通过处理区，空气中的水汽被吸湿物质物理吸附（热、质同时传递），湿空气被处理成为干燥空气。由于转化的连续运转，相对吸湿饱和的转轮部分连续进入再生区，被加热后的再生空气变温脱附再生，从而实现连续提供干燥空气的目的。

见图13-19。

自20世纪50年代第一代以氯化锂为吸附材料的除湿机问世以来,到目前为止已先后开发了以硅胶、活性硅胶、金属键合硅胶、沸石分子筛为吸附材料的产品。由于各种吸附材料本身的原因和使用环境的影响,在吸附性能等方面有着各自的优缺点。

氯化锂作为吸附材料,有着吸附量大,除湿效果好,再生能耗低的效果;但由于溶液腐蚀性大且容易飘逸,会损害周边设备。硅胶作为吸附材料,其在吸附过程中稳定性好且易于清洗;但其吸附性能和热稳定性都较差。金属掺杂硅胶相对于硅胶,其吸附性能和热稳定性得到了改善,但其制造工艺较为复杂。而分子筛作为吸附材料,其在低湿度和高温下吸附性能好,但在常规条件下吸附量较小,且再生能耗高。

(四)电加热器

电加热器是让电流通过电阻丝发热来加热空气的设备。其优点是加热均匀、热量稳定、易于控制、结构紧凑,可以直接安装在风管内,缺点是电耗高。因此一般应用于恒温精度要求较高的空调系统和小型空调系统,加热量要求大的系统不宜采用。电加热器有裸线式与管式两种类型。裸线式热惯性小,加热迅速,结构简单,但容易断丝漏电,安全性差。管式电加热器的电阻丝装在特制的金属套管内,中间填充导热性好的电绝缘材料,如结晶氧化镁等,见图13-20。管式电加热器安全性好,但热惯性大,构造复杂。

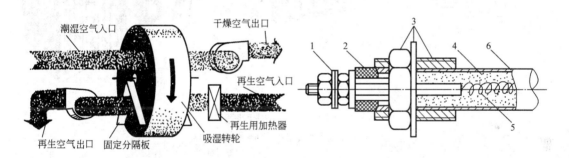

图13-19 氯化锂转轮除湿机

图13-20 管式电加热器
1—接线端子;2—瓷绝缘子;3—紧固装置;
4—绝缘材料;5—电阻丝;6—金属套管

(五)空气净化设备

空气过滤器是在空调过程中用于把含尘量较高的空气进行净化处理的设备。按过滤效率来分类可分为初效过滤器、中效过滤器、亚高效过滤器与高效过滤器四类。表13-15是各种空气过滤器的技术指标。其中过滤效率η是指在额定风量下过滤器前、后空气含尘浓度

空气过滤器的分类   表13-15

类别	有效的捕集尘粒直径(μm)	适应的含尘浓度(mg/m^3)	过滤效率%(测定方法)
初效	>5	<10	<60(大气尘计重法)
中效	>1	<1	60~90(大气尘计重法)
亚高效	<1	<0.3	≤90(对粒径为0.3μm的尘粒计数法)
高效	<1	<0.3	≥99.97(对粒径为0.3μm的尘粒计数法)

之差 c_1-c_2 与过滤器前空气含尘浓度 c_1 之比的百分数，即

$$\eta = \frac{c_1-c_2}{c_1} \times 100\% \tag{13-2}$$

当含尘浓度以重量浓度（mg/m^3）表示时，得出的效率值为计重效率；而以大于和等于某一粒径的颗粒浓度表示时（个/L），则为计数效率。图 13-21 是两种过滤器的外形示意图。其滤尘机理主要是利用纤维对尘粒的惯性碰撞、拦截、扩散、静电等作用。初效过滤器适用于一般净化要求的空调系统或作为中、高级净化要求的空调系统中的前级保护；中效过滤器适用于中等净化要求的空调系统，或在超净空调中作为高效过滤器的前级保护；高效过滤器适用于超净空调系统。任何过滤器在使用一段时间后都需要进行清洗或更换。

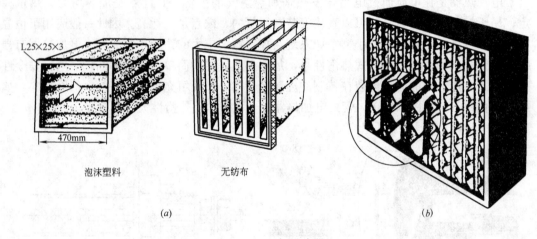

图 13-21 空气过滤器
(a) 中效袋式过滤器；(b) 高效过滤器

三、组合式空气处理室

组合式空气处理室也称作组合式空调器或空调箱，是集中设置各种空气处理设备的专用小室或箱体。可选用定型产品，也可自行设计。

大型的空调箱多数做成卧式的，小型的也有立式的。自行设计的空调箱的外壳可用钢板或非金属材料。后者一般是整个顶部与喷水室部分用钢筋混凝土，其余部分用砖砌。定型生产的空调箱外壳用钢板制作，故也称作金属空调箱。这种定型产品是由标准功能段与标准构件组装而成。标准功能段包括各空气处理段、送风机段、回风机段、空气混合段、消声段与供检修用的有检查门的中间段组成。设计者或使用者可根据设计要求选用必需的标准段与标准构件进行组合装配，灵活性大，施工非常方便。图 13-22 是一种金属空调箱的结构示意图。其中 (a) 是功能段比较全的一种搭配，(b) 是使用喷水室（淋水段）的一种搭配方式。

空调箱的规格一般以每小时处理的风量来标定，处理风量为一万至十几万 m^3/h。目前我国产品的最大处理风量为 16 万 m^3/h。空调箱的断面积主要是由处理风量决定的，空调箱的长度主要是由所选取的功能段的多少和种类决定的。表 13-16 是一种金属空调箱的断面尺寸以及各功能段长度与处理风量的关系。

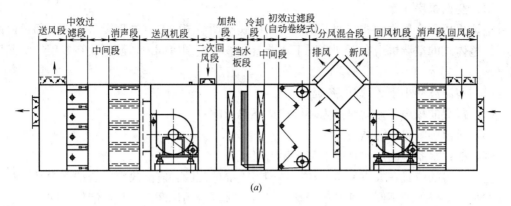

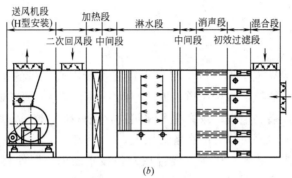

图 13-22 金属空调箱的结构示意图

某金属空调箱的外形尺寸（mm） 表 13-16

额定风量(m³/h)	20000	30000	40000	60000	80000	100000
断面尺寸($W \times H$)	1828×1809	2078×2059	2328×2559	3078×2559	3078×3559	4078×3559
送风段长（风口在端部/风口在顶部）	500/500	500/1000	500/1000	500/1000	500/1500	500/1500
中间段长	500					
消声段长	1000					
粗效过滤段长（自动卷绕式/袋式）	1000/500					
中效过滤段长	500					
表冷段长	500					
加热段长	500					
淋水段长	1500					
挡水板段长	500					
送风机段长（S型安装/H型安装）	2500/2000	2500/2000	2500/2000	3000/2500	3500/3000	3500/3000
回风机段长	2000	2000	2000	2500	3000	3000
分风混合段长	2000					
二次回风段长	500	500	10000	10000	1000	1000
混合(回风)段长	500	1000	1000	1000	1500	1500
拐弯消声段长	1828	2078	2328	3078	3078	4078
干蒸汽加湿段长	500					

注：送风机 S 型安装即水平送风型，H 型安装即垂直向上送风型。

四、空调机房

空调机房是安置集中式空调系统或半集中式空调系统的空气处理设备及送、回风机的地方。整体式的空调机组在下列情况下不能直接放在空调房间内，而应放在专用的空调机房里：

(1) 室温波动小于±1℃的系统；
(2) 机组的噪声与振动对室内环境造成不良影响；
(3) 机组影响室内清洁或操作；
(4) 机组水系统的产湿量影响工艺生产过程。

空调机房的位置在大中型建筑物中是相当重要的问题，它既决定投资的多少又影响能耗的大小。如果处理不好，其噪声振动会严重干扰附近的房间，而且可能使某些区域的房间的送排风效果不好。

（一）土建要求

1. 空调机房的位置

空调机房应尽量靠近空调房间，尽量设置在负荷中心，目的是为了缩短送、回风管道，节省空气输送的能耗，减少风道占据的空间。但不应靠近要求低噪声的房间。例如对室内声学要求高的广播、电视、录音棚等建筑物，空调机房最好设置在地下室，而一般的办公楼、宾馆的空调机房可以分散在各楼层上。

高层建筑的集中式系统，机房宜设置在设备技术层内，以便集中管理。20层以内的高层建筑宜在上部或下部设置一个技术层。如上部为办公室或客房，下部为商场、餐厅等，则技术层最好设在地下层。20～30层的高层建筑宜在上部和下部各设一技术层，例如在顶层和地下层各设一个技术层。30层以上的高层建筑，其中部还应增加一两个技术层。这样做的目的是避免送、回风干管过长过粗而占据过多空间，并且增加风机电耗。图13-23所示是各类建筑物技术层或设备间的大致位置。

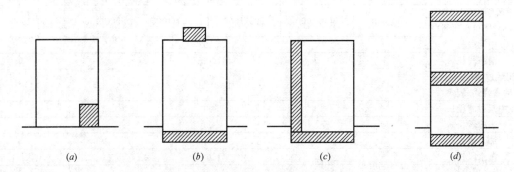

图 13-23　各类建筑物技术层或设备间的大致位置
(a) 小型楼房；(b) 一般办公楼；(c) 出租办公楼；(d) 中高层建筑

空调机房的划分应不穿越防火区。所以大中型建筑应在每个防火区内设置空调机房，最好能设置在防火区的中心地位。

如果在高层建筑中使用带新风的风机盘管等空气-水系统，应在每层或每几层（一般不超过5层）设一个新风机房。当新风量较小，吊顶内可以放置空调机组时，也可把新风机组悬挂在吊顶内。

各层空调机房最好能在同一位置上垂直成一串布置,这样可缩短冷、热水管的长度,减少管道交叉,节省投资和能耗。各层空调机房的位置应考虑风管的作用半径不要太大,一般为30~40m。一个空调系统的服务面积不宜大于500m²。

2. 空调机房的大小

空调机房的面积与采用的空调方式、系统的风量大小、空气处理的要求等有关,与空调机房内放置设备的数量和占地面积有关。一般全空气集中式空调系统,当空气参数要求严格或有净化要求时,空调机房面积约为空调面积的10%~20%;舒适性空调和一般降温系统,约为5%~10%;仅处理新风的空气-水系统,新风机房约为空调面积的1%~2%。如果空调机房、通风机房和冷冻机房统一估算,总面积约为总建筑面积的3%~7%。

空调机房的高度应按空调箱的高度及风管、水管与电线管高以及检修空间决定,一般净高为4~6m。对于总建筑面积小于3000m²的建筑物,空调机房净高为4m;总建筑面积大于3000m²的建筑物,空调机房的净高为4.5m;对于总建筑面积超过20000m²的建筑物,其集中空调的大机房净高应为6~7m,而分层机房则可为标准层的高度,即2.7~3.0m。

3. 空调机房的结构

空调设备设置在楼板上或屋顶上时,结构的承重应按设备重量和基础尺寸计算,而且应包括设备中充注的水或制冷剂的重量以及保温材料的重量等。也可粗略进行估算。按一般常用的系统,空调机房的荷载约为500~600kg/m³,而屋顶机组的荷重应根据机组的大小而定。

空调机房与其他房间的隔墙以240砖墙为宜,机房的门应采用隔声门,机房内墙表面应粘贴吸声材料。

空调机房的门和拆装设备的通道应考虑能顺利地运入最大空调构件的可能,如构件不能从门运入,则应预留安装孔洞和通道,并应考虑拆换的可能。

空调机房应有非正立面的外墙,以便设置新风口让新风进入空调系统。如果空调机房位于地下室或大型建筑的内区,则应有足够断面的新风竖井或新风通道。

(二) 机房内布置

大型机房应设单独的管理人员值班室,值班室应设于便于观察机房的位置。自动控制屏宜放在值班室内。

机房最好有单独的出入口,以防止人员、噪声对空调房间的影响。

经常操作的操作面宜有不小于1m的净距离,需要检修的设备旁边要有不小于0.7m的检修距离。

过滤器如需定期清洗,过滤器小室的隔间和门应考虑搬运过滤器的方便。对于泡沫塑料过滤器等还应考虑洗、晾的场地。

经常调节的阀门应设置在便于操纵的位置。

空调箱、自动控制仪表等的操纵面应有充足的光线,最好是自然光线。需要检修的地点应设置检修照明。

当机房与冷冻站分设或对外有较多联系时,应设电话。

风管布置应尽量避免交叉,以减少空调机房与吊顶的高度。放在吊顶上的阀门等需要操作的部件,如吊顶不能上人,则需要在阀门附近预留检查孔,以便在吊顶下也能操作。

如果吊顶较高能够上人，则应留上人的孔洞，并在吊顶上设人行通道（固定的或可以临时搭成的）。

第五节 能量输配系统

空调系统的能量输配系统由风机、风道、风阀、水泵、水管和水阀等组成。其中水泵和水阀在给排水系统中已作过介绍。下面仅介绍前面未涉及的内容。

一、风机

风机是输送空气的机械。在暖通空调工程中，常用的风机有离心式、轴流式和贯流式风机。贯流式风机仅用于一些风机盘管上。一般来说，风机运行时的实际风量随风机实际上所需要克服的阻力的上升而下降，而风机的电耗以及噪声也随风机的压头和风量的增加而增加。同一台风机，如果运行的转速提高，风机所能提供的风量和压头也随之提高。因此风机的选择一般需要考虑它的额定风量、全压、转速、功率、效率和噪声水平。

（一）离心式风机

离心式风机外形见图 13-24（a），主要由叶轮、机壳、风机轴、进风口和电机等组成。离心式风机的工作原理与离心式水泵相同，主要借助叶轮旋转时产生的离心力使气体获得压能和动能。离心式风机的特点是噪声低，全压头高，往往用于要求低噪声、高风压的系统。

（二）轴流式风机

轴流式风机外形见图 13-24（b），主要由叶轮、机壳、电机和机座等部分组成。与离心式风机相比，特点是其产生的风压较低，且噪声较高。优点是风量较大，占地面积小、电耗小、便于维修。常用于噪声要求不高，阻力较小或风道较短的大风量系统，如纺织车间的空调系统。

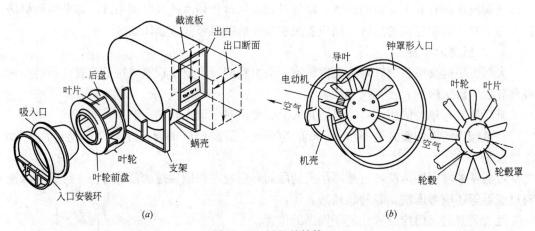

图 13-24 风机的结构
(a) 离心风机；(b) 轴流风机

二、管道

（一）风道

风道是空气输配系统的主要组成部分之一。对于集中式空调系统与半集中式空调系统来说，风道的尺寸对建筑空间的使用与布置有重大影响。风道内风速的大小与风道的敷设情况不仅影响着空调系统空气输配的动力消耗，而且对建筑物的噪声水平有着决定性的作用。

1. 风道的形状与材料

风道的形状一般为圆形或矩形。圆形风道强度大、节省材料，但占有效空间大，其弯管与三通需较长距离。矩形风道占有效空间较小，易于布置，明装较美观，因此空调风管多采用矩形风管。此外还有软风管，可任意弯曲伸直，安装方便，截面多为圆形或椭圆形。

制作风道的材料很多，一般空调通风工程中采用的是薄钢板涂漆或镀锌薄钢板制作的风道。钢板的厚度为 0.5～1.2mm，风道的截面积越大，采用的钢板越厚。输送腐蚀性气体的风道可采用塑料或玻璃钢。软风管一般是用铝制成的波纹状圆管，或是用铝箔带缠绕成螺旋状圆管。

在民用和公用建筑中，为节省钢材和便于装饰，常利用建筑空间或地沟敷设钢筋混凝土风道、砖砌风道、预制石棉水泥风道等，其表面应抹光，要求高的还要刷漆。要注意的是土建风道往往存在漏风问题。如果地下水位较高，地沟风道需要做防水处理。

2. 风道的截面积计算

钢板与塑料标准风道产品的规格范围是：圆形风道直径为 100～2000mm，矩形风道断面为：120×120～2000×1250（mm×mm）。

风道的截面积 F（m²）与风量 L（m³/h）及风速 v（m/s）有如下关系：

$$F=\frac{L}{3600v} \tag{13-3}$$

因此，在确定风道的截面积时，必须事先拟定风道内的流速。如果流速取得较大，可以减少风道截面积，节省所占建筑空间，但会增加风机电耗，并且提高风机噪声、风道气流噪声与送风口的噪声。因此，必须经过技术经济比较来选定流速。表 13-17 是经过技术经济比较提出的供空调通风设计计算参考的流速值。

空调系统中的空气流速（m/s）　　　表 13-17

部位\风速	室内允许噪声级(dB)			
	25～35	35～50	50～65	65～85
主风道	3～4	4～7	6～9	8～12
支风道	≤2	2～3	2～5	5～8
新风入口	3	3.5	4～4.5	5

在设计开始阶段，也可以用风道断面与空调建筑面积之比的百分数来粗算，如表 13-18 所示。表列数据系指并非全玻璃面的钢筋混凝土建筑，主风道风速为 10m/s，支风道风速为 5m/s，送风温差为 12.7℃。

3. 风道的布置与敷设

风道的布置应尽量减少其长度和不必要的拐弯。空调箱集中设在地下室时，一般由主风道直上各楼层再于各楼层内水平分配。吊顶内水平风管所需空间净高为风道高度加 100mm。如果空调机房设在被调房间的同一楼层上，则主风道直接从机房引出，在走廊吊顶内延伸。

风道截面积与建筑物空调面积之比　　　　　表 13-18

	空调房间位置		主风道(%)	支风道(%)
送风管	办公楼	全部建筑物	0.05～0.07	
		最上层　二面外墙	0.11	0.2
		一面外墙	0.085	0.17
		中间层　二面外墙	0.061	0.12
		一面外墙	0.043	0.09
	营业厅		0.07～0.1	
	影剧院		1.0～1.5m²/1000 人	
回风管			按送风管的 70% 取	
新风管			按送风管的 30% 取	

工业建筑的风道布置应避免与工艺过程和工艺设备相互影响。民用建筑中，风道的布置应以不占或少占房间的有效面积，或与建筑结构结合，充分利用建筑的剩余空间。风道的断面大小应考虑结构的可能及房间的美观要求，使风道与内部装修相协调。当房间有吊顶时，应尽量将风道布置在吊顶内。

在居住和公共建筑中，垂直的砖风道最好砌筑在墙内。但为了避免结露和影响自然通风的作用压力，一般不允许设在外墙中，而应设在间壁墙内。相邻两个排风或进风竖风道的间距不能小于 1/2 砖，排风与进风竖风道的间距应不小于 1 砖。

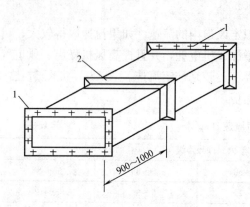

图 13-25　风管的加固图
1—原有法兰；2—角钢加固框

敷设在地下的风道，应避免与工艺设备及建筑物的基础相冲突，还应与其他各种地下管道和电缆的敷设相配合。此外还应设置必要的检查口。

钢板风管各段之间采用法兰连接，较长的风管段中还应加角钢加固，见图 13-25。法兰盘之间应垫入衬垫，使接头密封。薄钢板风管的内、外表面均应涂防锈漆。

不在空调房间内的送、回风管、可能在外表面结露的新风管均需要进行管道保温。在空调房间内的风道如果太长，对室内参数有不利影响时，也应保温。保温的目的一是防止冷热损失增加运行费，二是冷管道表面结露产生凝水影响环境，三是冷热损失会使管内介质参数达不到设计要求。保温层的厚度应取防止结露的最小厚度与经济厚度二者中的较大值。保温材料应采用热阻大、重量轻、不腐蚀、难燃、吸湿性小的材料。一般采用聚苯乙烯泡沫塑料板、矿渣棉等作保温材料。常用的保温结构由防腐层、保温层、防潮层和保护层组成。

（二）水管

冷热水通过水管从冷冻机房或热力站输送到空调机房的空调箱或房间里的风机盘管中去。低压系统的管材管径小于或等于 $DN50$ 的可用焊接钢管，管径大于 $DN50$ 的用无缝钢管。高压系统可一律采用无缝钢管。水管的规格计算方法与风管的计算方法类似，即先拟定管内水的流速，再根据水流量计算所需水管的管径，然后按标准规格选择水管。水的流速选择主要考虑的是经济与噪声两个因素。表 13-19 给出冷热水管的管内最大流速。

冷热水管最大流速 (m/s) 表 13-19

公称直径(mm)	15	20	25	32	40	50	>50
一般管网	0.8	1.0	1.2	1.4	1.7	2.0	3.0
有严格噪声限制的室内管网	0.5	0.65	0.8	1.0	1.2	1.3	1.5

空调水管的保温与散热器供热水管类似，即冷、热水的供、回水管均需保温。

空调系统的水系统与散热器热水供热系统的水系统既有相同之处，也有其特殊之处。例如，空调水系统也有同程式和异程式的区别，管路应考虑必要的坡度以便排除空气。如果空调系统采用风机盘管、诱导器或以水作介质的表面式换热器时，一般采用闭式系统。高层建筑的空调水系统一般也采用闭式系统。闭式系统的循环水泵压力低，节省投资和运行费。闭式系统与散热器热水供暖系统一样，需要在系统最高点设置膨胀水箱并有排气和泄水装置。但空调水系统均需要水泵作动力，为机械循环系统。如果空调系统采用喷水室处理空气，或系统中设有蓄冷水箱来满足负荷波动要求时，空调水系统一般采用的是开式系统。

如果风机盘管、表面式换热器、诱导器等是冷热共用的，其冷、热水供应形式分为两管制、三管制和四管制。双管制系统有供、回水管各一根，冬季供热水，夏季供冷水；三管制系统具有冷、热供水管各一根，可同时供冷、供热，但共用一根回水管；四管制系统冷、热水的供、回水管各有一根，冷、热水系统完全独立，见图 13-26。

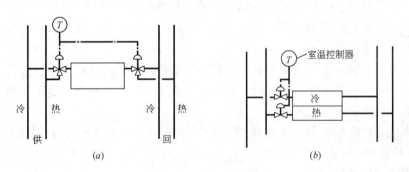

图 13-26 四水管系统与盘管的连接方式
(a) 单一盘管；(b) 冷、热分开的盘管

与散热器热水供暖系统不同的还有空调水系统可以采用定水量或变水量运行方式。对于多台冷冻机和多台泵系统，负荷减少时，自控系统根据供回、水压差进行流量和水泵台数控制。当部分冷冻机停止运行时，相应的水泵也停止运行，这样就形成了水量的变化，见图 13-27。此外为了减少水泵的压头和水泵运行的电耗，高层建筑的水系统还可采用多级泵分区控制。图 13-28 是一典型的二级泵分区供水系统。

（三）管井

多数多层建筑内不能在每层均设置空调机房，因而必然有垂直走向的风道，故需要留

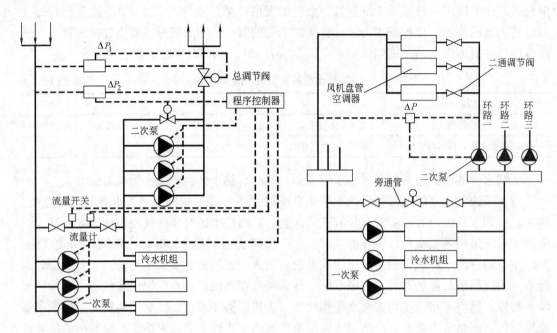

图 13-27　水泵台数控制方案　　　　图 13-28　二级泵分区供水系统

有管井。

管井内可设风管、水管及其他公用设施所用管线。管井宜设在建筑物每区的中心部位,且在机房附近。管井应从下至上直通到顶,中途不应拐弯。特别是高层建筑为筒体结构时,其内筒的核心区常可作为管井。

管井可分为两种。一种是留有检修空间的,检修距离最小应有 50～60cm,此类管井的尺寸应不小于风管断面的 2 倍。另一种是不考虑检修的,有一面为空心砖砌或钢丝网抹灰,检修时将该墙拆掉。

因为管井内的管道在每层中都有进有出,特别是风管需要在墙上开洞较大,因此必须与结构协调好,将管井放在墙上开洞不破坏结构强度的地方。特别是地震区更要注意,最好将管井放在结构的核心之外。

管井内风管距墙的间隙,对小风管（300×300 以下）为 150mm,对大风管（300×300 以上）应为 300mm。

三、风阀与室外风口

（一）风阀

调节阀门一般安装在风道或风口上,用于调节风量,关闭风道、风口及分隔风道系统的各个部分,还可用于启动风机和平衡风道系统的阻力。常用的风阀有插板阀、蝶阀和多叶调节阀三种,图 13-29 所示为插板阀和蝶阀的外形结构,多叶调节阀的结构与百叶风口类似。

插板阀也称作闸板阀。拉动手柄改变闸板位置,即可调节通过风道的风量,而且关闭时严密性好。多设置在风机入口或主干风道上,体积较大。

蝶阀只有一块阀板,转动阀板即可达到调节风量的目的。多设置在分支管上或送风口前,用于调节送风量。由于严密性较差,不宜作关断用。

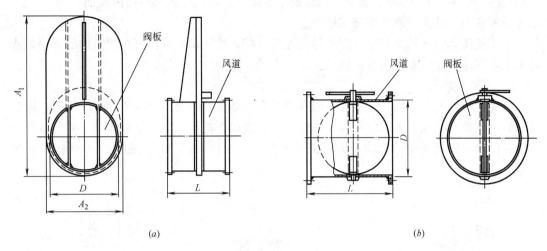

图 13-29　风阀的外形结构
(a) 圆形插板阀；(b) 圆形蝶阀

对开多叶调节阀外形类似活动百叶风口，可通过调节叶片的角度来调节风量。多用于风机出口或主干风道上。

（二）新风入口和室外排风口

1. 新风入口

新风口一般采用在侧墙上设置百叶窗（图 13-30a），或在屋顶上设置成百叶风塔的形式（图 13-30b、c）。民用建筑的新风口形式应与建筑形式协调。在多雨的地区，应采用防水百叶窗。为了防止鸟类进入，最好在百叶窗内设置金属网。

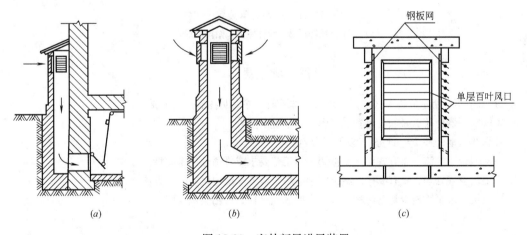

图 13-30　室外新风进风装置

新风进风口的位置应设在室外较洁净的地点，进风口处的室外空气有害物的浓度应小于室内作业地点的最高容许浓度的 30%。新风进风口应尽量放在排风口的上风侧，且进风口要尽量远离排风口。进风口与排出有害物的排风口水平距离不应小于 20m，否则进风口的位置应低于排出有害物的排风口 6m 以上。

为了避免吸入室外地面的灰尘，进风口的底部距室外地坪不宜小于 2m，在绿化地带上布置时，也不宜低于1m。如果进风口设置在屋顶，进风口底部应高出屋面0.5m以上，以免吸入屋面上的灰尘或冬季被雪堵塞。

为了使夏季吸入的室外空气温度尽可能低一些，进风口最好设置在建筑物的背阴处或北墙上，尽量避免设置在西墙或屋顶上。

2. 室外排风口

机械排风情况下排风口一般设在屋顶或设在侧墙。侧墙排风口一般加百叶风口，屋顶排风口可做成与新风口类似的百叶风塔的形式，也可以把排风道直接延伸到室外一段距离以减轻排风对附近环境的影响。为保证排风效果，往往在排风口上加设一个风帽，见图13-31。

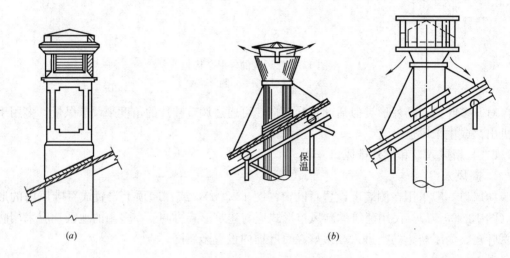

图 13-31　室外排风装置
(a) 屋顶排风塔；(b) 两种屋顶风帽排风形式

思 考 题

1. 分析图13-2所示的集中式空调系统的工作原理，并说明各部件的主要功能。
2. 窗式空调器为什么必须一半置于室内，一半置于室外？
3. 估算北京地区某200m^{2}办公室的空调冷负荷？
4. 用实例说明气流分布方式对满足被调房间工艺要求或舒适性的重要性。
5. 主要的空气处理方式有哪些？给出两种适用于南方潮湿地区除湿的方法。
6. 用风机和水泵输送冷量这两种方式的主要区别是什么？用实例说明。

第十四章 制冷系统

第一节 概 述

"制冷"就是使自然界的某物体或某空间达到低于周围环境温度,并使之维持这个温度。随着工业、农业、国防和科学技术现代化的发展,制冷技术在各个领域都得到了广泛的应用,特别是空气调节和冷藏,直接关系到很多部门的生产和人们生活的需要。实现制冷可以通过两种途径:一是利用天然冷源,二是利用人工冷源。

天然冷源包括一切可能提供低于正常环境温度的天然事物,如深井水、深海水、天然冰等。早在公元前一千年前,我国就已有利用天然冷源进行防暑降温的记录。现在也仍然有使用地下水、海水等天然冷源来满足空调系统冷却空气的例子,如有些国家海滨建筑采用深海水作为天然冷源用于空调系统,这也是一项很好的建筑节能措施。天然冷源具有廉价和不需要复杂技术设备等优点,但是受到时间、地区等条件的限制,因而不可能经常满足空调工程的需要,因此当前世界上使用的冷源主要是人工冷源,即人工制冷。

世界上第一台机械制冷装置诞生于19世纪中叶,之后,人类开始广泛采用人工冷源。人工制冷的过程必须遵循热力学第二定律。实现人工制冷的方法有很多种,按物理过程的不同主要有:液体气化法、气体膨胀法、电热法、固体绝热去磁法等,不同的制冷方法适于获取不同的温度。根据制冷温度的不同,制冷技术又大体可以分为三类,即

普通制冷:高于$-120℃$

深度制冷:$-120℃$至$20K$($-253℃$)

低温和超低温:$20K$以下

空气调节用制冷技术属于普通制冷范围,主要采用液体气化制冷法,其中以蒸气压缩式制冷、吸收式制冷应用最广。本章重点讲述了蒸气压缩式制冷和利用热能的吸收式制冷方式,并对相应的设备和冷冻站设计进行介绍。

第二节 制冷循环与制冷压缩机

一、制冷循环与制冷原理

制冷的本质是把热量从某物体中取出来,使该物体的温度低于环境温度,实现变"冷"的过程。根据能量守恒定律,这些取出来的热量不可能消失,因此制冷过程必定是一个热量转移过程。根据热力学第二定律,不可能不花费代价把热量从低温物体转移到高温物体中,因此制冷的热量转移过程必然要消耗功。所以制冷过程就是一个消耗一定量的能量,把热量从低温物体转移到高温物体或环境中去的过程。所消耗的能量在做功的过程中也转化成热量同时排放到高温物体或环境中去。

制冷过程的实现需要借助一定的介质——制冷剂来实现。利用"液体气化要吸收热量"这一物理现象把热量从要排出热量的物体中吸收到制冷剂中来，又利用"气体液化要放出热量"的物理现象把制冷剂中的热量排放到环境或其他物体中去。由于需要排热的物体温度必然低于或等于环境或其他物体的温度，因此要实现制冷剂相变时吸热或放热过程，需要改变制冷剂相变时的热力工况，使液态制冷剂气化时处于低温、低压状态，而气态制冷剂液化时处于高温、高压状态。实现这种不同压力变化的过程，必定要消耗功。根据实现这种压力变化过程的途径不同，制冷形式主要可分为压缩式、吸收式和蒸汽喷射式三种。目前采用得最多的是压缩式制冷和吸收式制冷。

1. 压缩式制冷

压缩式制冷机是由制冷压缩机、蒸发器、冷凝器和膨胀阀四个主要部件组成的，并由管道连接，构成一个封闭的循环系统（图 14-1）。制冷剂在制冷系统中经历蒸发、压缩、冷凝和节流四个主要热力过程。

低温低压的液态制冷剂在蒸发器中吸取了被冷却介质（如水或空气）的热量，产生相变，蒸发成为低温低压的制冷剂蒸气。在蒸发器中吸收热量 Q_0。单位时间内吸收的热量也就是制冷机的制冷量。

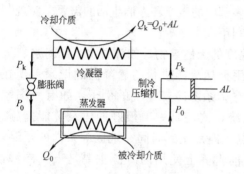

图 14-1 压缩式制冷循环原理图

低温低压的制冷剂蒸气被压缩机吸入，经压缩成为高温高压的制冷剂蒸气后被排入冷凝器。在压缩过程中，压缩机消耗了机械功 AL。

在冷凝器中，高温高压的制冷剂蒸气被水或环境空气冷却，放出热量 Q_k，相变成为高压液体。放出的热量相当于在蒸发器中吸收的热量与压缩机消耗的机械功转换成为热量的总和，即 $Q_k = Q_0 + AL$。

从冷凝器排出的高压液态制冷剂，经膨胀阀节流后变成低温低压的液体，再进入蒸发器进行蒸发制冷。

压缩式制冷常用的制冷剂有氨和氟利昂。氨（R717）除了毒性大以外，是一种廉价且效果很好的制冷剂，从 19 世纪 70 年代至今，一直被广泛应用。氨具有良好的热力学性能，其最大的优点是单位容积制冷量大，蒸发压力和冷凝压力适中，制冷效率高，而且，破坏臭氧层潜能值（ODP）和温室效应潜能值（WGP）均为 0。但氨的最大缺点是有强烈的刺激性，对人体有危害，且氨是可燃物，当空气中氨的体积百分比达到 16％到 25％时，遇明火有爆炸危险。同时，若氨中含有水分时，对铜和铜合金有腐蚀作用。目前，氨多作为大型制冷设备的制冷剂用于生产企业。

氟利昂是饱和碳氢化合物卤族衍生物的总称，种类很多，其中很多具有良好的热力学、物理和化学特性，它的出现解决了对制冷剂有各种要求的问题。大多数氟利昂本身无毒、无臭、不燃、与空气混合遇火也不爆炸，当氟利昂不含水分时候对金属无腐蚀作用，但氟利昂价格较高，极易渗漏又不易被发现，多用于中小型空调制冷系统中。

由于对臭氧层的影响不同，根据氢、氟、氯组成情况可以把氟利昂分为全卤化氯氟烃（CFCs）、不完全卤化氯氟烃（HCFCs）和不完全卤化氟烃化合物（HFCs）三类。其中全卤化氯氟烃（CFCs），如 R11 和 R12 等，对臭氧层破坏严重，因而在联合国环境规划署于 1992 年制定的蒙特利尔议定书中规定，从 1996 年 1 月 1 日起禁止使用（发展中国家可以延迟至 2010 年）；不完全卤化氯氟烃（HCFCs），如 R22、R123 等，由于氢、氯共存，氯原子对大气臭氧层的破坏作用大为减缓，禁止使用日期可延迟；而不完全卤化氟烃化合物（HFCs），如 R32、R125 和 R134a 等，由于不含有氯原子，对大气臭氧层无破坏作用，可以使用。我国在 1993 年也制定了 2010 年完全淘汰破坏臭氧层物质的方案，目前，寻找新的替代制冷剂是空调制冷行业面临的重要课题。

2. 吸收式制冷

吸收式制冷循环原理与压缩式制冷基本相似，不同之处是用发生器、吸收器和溶液泵代替了制冷压缩机，见图 14-2。吸收式制冷不是靠消耗机械功来实现热量从低温物体向高温物体的转移，而是靠消耗热能来完成这种非自发的过程。

在吸收式制冷机中，吸收器相当于压缩机的吸入侧，发生器相当于压缩机的压出侧。低温低压液态制冷剂在蒸发器中吸热蒸发成为低温低压制冷剂蒸汽后，被吸收器中的液态吸收剂吸收，形成制冷剂—吸收剂溶液，经溶液泵升压后进入发生器。在发生器中，该溶液被加热、沸腾，其中沸点低的制冷剂变成高压制冷剂蒸气，与吸收剂分离，然后进入冷凝器液化、经膨胀阀节流的过程大体与压缩式制冷一致。

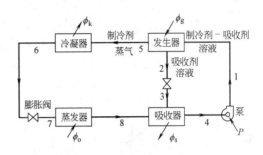

图 14-2 吸收式制冷循环原理图

通常吸收剂并不是单一的物质，而是以二元溶液的形式参与循环的。吸收剂溶液与制冷剂—吸收剂溶液的差别仅仅在于前者所含沸点较低的制冷剂数量较后者少，或前者所含制冷剂浓度较后者低。

吸收式制冷目前常有的有两种工质对，一种是溴化锂-水溶液，其中水是制冷剂，溴化锂为吸收剂，制冷温度为 0℃ 以上；另一种为氨-水溶液，其中氨是制冷剂，水是吸收剂，制冷温度可以低于 0℃。溴化锂-水溶液是目前空调用吸收式制冷机采用的工质对，无水溴化锂是无色颗粒状结晶物，化学稳定性好，在大气中不会变质、分解或挥发，此外，溴化锂无毒，对皮肤无刺激，溴化锂具有极强的吸水性，对水制冷剂来说是良好的吸收剂。但溴化锂水溶液对一般金属有腐蚀性。

吸收式制冷可以利用低品位热能（如 0.05MPa 蒸汽或者 80℃ 以上热水）用于空调制冷，因此有利用余热或者废热的优势，比如在建筑热电冷联产（Building Cooling Heating & Power，简称 BCHP）系统中，利用溴化锂吸收式制冷技术将发电机余热转化为冷量和热量，近距离解决建筑物冷、热、电等能源需求，从而实现能源效率高、能源供应稳定可靠、运行成本低等优势。此外，吸收式制冷系统耗电量仅为离心式制冷机组的 1/5 左右，可以成为节电产品（但并不一定是节能产品），在供电紧张地区使用可以发挥其节电的优势。

二、制冷压缩机

制冷压缩机是蒸气压缩式制冷设备的一个重要设备。制冷压缩机的形式很多，根据工作原理不同，可以分为两大类：容积式制冷压缩机和离心式制冷压缩机，参见表 14-1。

制冷压缩机的分类　　　　　　　表 14-1

分类		结构简图	密封类型	功率(kW)	主要用途	主要特征
容积式	往复活塞式 活塞式		开启式	0.4～120	制冷装置、热泵、汽车空调	(1)使用简单；(2)品种齐全；(3)价格便宜；(4)不适合大容量设备
			半封闭式	0.75～45	制冷装置、汽车空调、热泵	
			全封闭式	0.1～15	电冰箱、空调器	
	斜盘式		开启式	0.75～2.2	汽车空调	汽车空调专用
	回转式 滚动转子式		开启式	0.75～2.2	汽车空调	(1)容量小；(2)转速高
			全封闭式	0.1～5.5	电冰箱、空调器	
	滑片式		开启式	0.75～2.2	汽车空调	
			全封闭式	0.6～5.5	电冰箱、空调器	
	涡旋式		开启式	0.75～2.2	汽车空调	
			全封闭式	2.2～7.5	空调器	
	双螺杆式		开启式	6左右	大型汽车空调	(1)与离心式压缩机相比，适合于高压缩比场合，多用于制冷装置、空调与热泵系统；(2)正在向封闭式方向发展
				20～1800	制冷装置、空调、热泵	
			半封闭式	30～300	制冷装置、空调、热泵	
	单螺杆式		开启式	100～1100	制冷装置、空调、热泵	
			半封闭式	22～90	制冷装置、空调、热泵	
离心式			开启式	90～10000	制冷装置、空调	(1)适合于大容量系统；(2)不宜用于高压缩比场合
			半封闭式			

　　容积式制冷压缩机是靠改变工作腔容积，将周期性吸入的定量气体压缩。常用的容积式制冷压缩机有往复活塞式制冷压缩机、回转式制冷压缩机和螺杆式制冷压缩机。离心式制冷压缩机是靠离心力的作用，连续地将所吸入的气体压缩。这种制冷压缩机的转数高，制冷能力大。

　　1. 活塞式制冷压缩机

　　往复活塞式制冷压缩机一般简称为活塞式制冷压缩机，是广泛应用的一种制冷压缩机，它的压缩装置是由活塞和气缸组成的，活塞在气缸内往复运动从而压缩吸入的气体。

见图14-3。由于活塞和连杆等的惯性较大，限制了活塞运动速度和气缸容积的增加，因此排气量不会太大。目前，活塞式制冷压缩机多为中小型，一般空调工况制冷量小于300kW。空调制冷装置多使用高速多缸压缩机。该种压缩机气缸小而多，转数高，因此压缩机质轻体小，平衡性能好，噪声和振动较低，且可以通过调节部分气缸的启停来调节压缩机的制冷能力。另外，根据构造不同，活塞式制冷压缩机可以分为开启式和封闭式两种。开启式压缩机的压缩机和驱动电动机分别为两个设备，由于电动机在大气中运转，因此压缩机曲轴穿出曲轴箱之处，需要设有轴封装置。氨活塞式制冷压缩机和制冷量较大的氟利昂活塞式制冷压缩机多为开启式。而全封闭压缩机的压缩机和驱动电动机封闭在同一空间内，不需要轴封，适用于小型氟利昂制冷装置，多用于空调机组中。

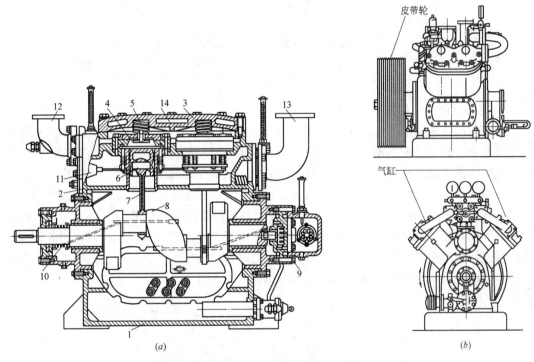

图14-3 活塞式制冷压缩机的外形与原理
(a) 活塞式压缩机工作原理；(b) 4缸V型活塞式压缩机外形
1—曲轴箱；2—进气腔；3—气缸盖；4—气缸套及进排气阀组合件；5—缓冲弹簧；6—活塞；7—连杆；8—曲轴；9—油泵；10—轴封；11—油压推杆机构；12—排气管；13—进气管；14—水套

2. 螺杆式制冷压缩机

回转式制冷压缩机也属于容积式压缩机，它是靠回转体的旋转运动代替活塞式制冷压缩机活塞的往复运动，以改变气缸的工作容积，周期性地将一定数量的气态制冷剂进行压缩。螺杆压缩机是回转式压缩机中较常见的一种，与活塞式制冷压缩机相比，其特点是构造简单，容积效率高，运转平稳，实现了高速和小型化，制冷量也更大，为100～1200kW，且可以在10%～100%较大范围内无级调节。但是由于螺杆压缩机为滑动密封，加工精度要求高。

螺杆式制冷压缩机有单螺杆和双螺杆两种形式。单螺杆式制冷压缩机主要由一个螺杆转子和两个星轮组成；双螺杆制冷压缩机主要由两个相啮合的螺杆转子组成，参见图14-4，其中的阴阳螺杆转子相互反向旋转。转子的齿槽和气缸体之间形成V型密封空间，随着转子的旋转，空间容积不断变化，从而周期性地吸气、压缩制冷剂和排气。

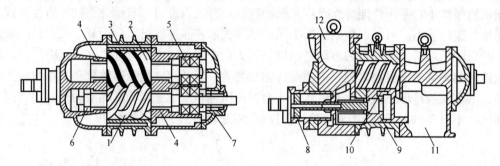

图14-4 喷油式螺杆制冷压缩机

1—阳转子；2—阴转子；3—机体；4—滑动轴承；5—止推轴承；6—平衡活塞；7—轴封；8—能量调节用卸载活塞；9—卸载滑阀；10—喷油孔；11—排气口；12—进气口

3. 离心式制冷压缩机

离心式制冷压缩机的构造和离心水泵相似，如图14-5所示，低压气态制冷剂从侧面进入叶轮中心后靠叶轮高速旋转产生的离心力作用获得动能和压力能，流向叶轮外缘。之后通过扩压器再进入蜗壳，将动能转化为压力能，从而获得高压气体排出压缩机。

离心制冷压缩机的特点是制冷能力大；结构紧凑，质量轻，占地面积小；运行平稳，工作可靠，维护费用低；通常可在30%～100%负荷范围内无级调节；制冷效率高；但在低负荷下易喘振。而小型离心式制冷压缩机的总效率低于活塞式制冷压缩机，因此更适用于大型或特殊用途的场合且往往与调节性能好的螺杆机等搭配。近年来在国内外集中空调系统中，离心式制冷机组的应用约占总制冷量的90%以上。

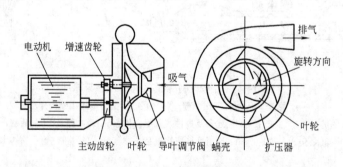

图14-5 单级离心式压缩机的示意图

三、制冷系统其他主要部件

蒸气压缩式制冷循环由压缩、放热、节流和吸热四个主要热力过程组成。制冷系统的基本热力设备，除了具有心脏作用的压缩机外，还要有实现其他三个过程的冷凝器、节流机构和蒸发器，这四部分即为常说的制冷装置的"四大件"；另外还需要一些辅助设备，包括油分离器、储液器、过滤器和自动控制装置等。此外，氨制冷系统还需要配有集油器和紧急泄氨器等，氟利昂制冷系统还配有热交换器和干燥器等。下面简要介绍制冷系统中的一些主要设备。

1. 蒸发器

蒸发器的作用是通过制冷剂蒸发（沸腾），吸收载冷剂的热量，从而达到制冷目的。蒸发器的形式很多，按照供液方式不同可以分为四种：满液式蒸发器、非满液式蒸发器、循环式蒸发器和淋激式蒸发器，其中前两个最常用。

满液式蒸发器包括卧式壳管蒸发器（图14-6）和水箱式蒸发器（图14-7）。卧式壳管蒸发器多用于氨制冷系统，载冷剂（如冷冻水）从位于筒体内的管组中流过，而制冷剂充满管外的筒体空间，吸热后形成气泡浮升至液面。水箱式蒸发器的水箱内充满载冷剂，制冷剂从浸在水箱内的管组中流过，与管外的载冷剂进行热交换。

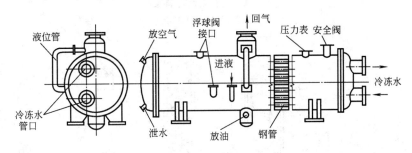

图14-6 氨卧式壳管蒸发器

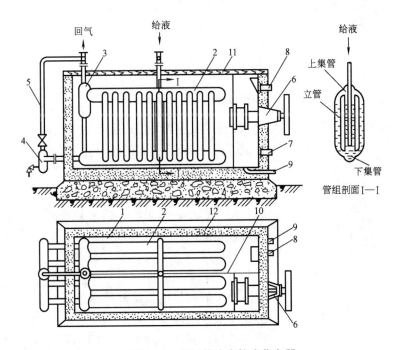

图14-7 氨立管式水箱式蒸发器

1—水箱；2—管组；3—液体分离器；4—集油罐；5—均压管；6—螺旋搅拌器；7—出水口；
8—溢流口；9—泄水口；10—隔板；11—盖板；12—保温层

非满液式蒸发器按照冷却介质可分为冷却液体干式蒸发器和冷却空气干式蒸发器（直接蒸发式空气冷却器）。其中前者主要有干式壳管蒸发器（图14-8）和焊接板式蒸发器。干式壳管蒸发器的构造和满液式壳管蒸发器相似，主要区别在于，制冷剂在管内流动，而

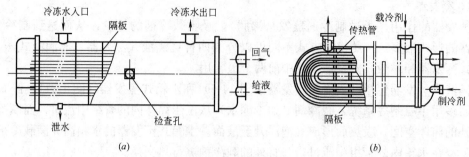

图 14-8 干式壳管蒸发器
(a) 直管式；(b) U形管

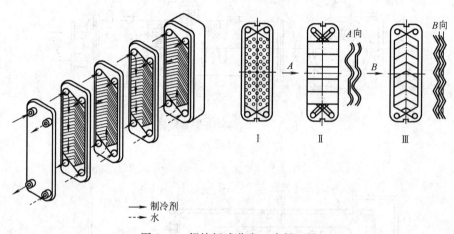

图 14-9 焊接板式蒸发（冷凝）器

被冷却的载冷剂在管束外空间流动。焊接板式蒸发器是由一组不锈钢波纹金属板叠装焊接而成（图 14-9），板上的四个孔分别为冷热两种流体的进出口，在板四周的焊接线内形成传热板两侧的冷、热流体通道，在流动过程中通过板壁进行热交换。其特点是体积小、重量轻、传热效率好。直接蒸发式空气冷却器的制冷剂在管束内流动，直接冷却管束外的空气。

2. 冷凝器

冷凝器的作用是将制冷压缩机排出的高温高压气态制冷剂予以冷却，使之液化，以使制冷剂在系统中循环使用。根据冷却剂种类的不同，冷凝器可归纳为四类，即：水冷、风冷、水—空气冷却（蒸发式和淋水式）以及靠制冷剂或其他工艺介质进行冷却的冷凝器。空气调节用制冷装置中主要使用前三种冷凝器。

水冷式冷凝器中的冷却水可以使用地下水、地表水、经冷却后（如使用冷却塔）再利用的循环水，后者使用最为广泛。水冷式冷凝器换热效率高，多用于

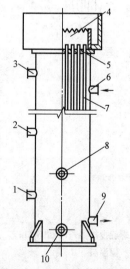

图 14-10 立式壳管冷凝器
1—放气管；2—均压管；3—安全阀接管；
4—配水箱；5—管板；6—进气管；
7—无缝钢管；8—压力表接管；
9—出液管；10—放油管

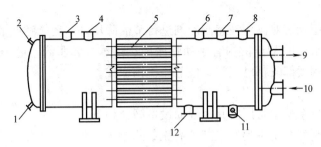

图 14-11　卧式壳管冷凝器
1—泄水管；2—放空气管；3—进气管；4—均压管；5—传热管；6—安全阀接头；7—压力表接头；
8—放气管；9—冷却水出口；10—冷却水入口；11—放油管；12—出液管

大中型制冷空调系统。常见的水冷式冷凝器有壳管冷凝器（图 14-10、图 14-11）、套管冷凝器和焊接板冷凝器（和焊接板式蒸发器相似）。

风冷式冷凝器完全不需要冷却水，而是利用空气使气态制冷剂冷凝。相比于水冷式冷凝器，在冷却水充足的地方，水冷式设备初投资和运行费用均低于风冷式设备；但采用风冷式冷凝器的制冷系统组成简单，可缓解水源紧张，目前中小型氟利昂制冷机组多采用风冷式冷凝器，其结构如图 14-12 所示。

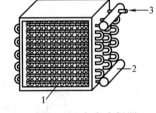

图 14-12　风冷式冷凝器
1—肋管束；2—贮液筒；
3—制冷剂蒸气入口

蒸发式冷凝器的构造如图 14-13 所示。高压气态制冷剂从上部进入盘管，冷凝后从下部流出。冷却水由盘管上方淋洒在盘管外表面，吸收制冷剂冷凝放出的热量，一部分蒸发为水蒸气被自下而上的空气（动力由风机提供）带走，其余落入盘管下方水槽，循环使用。根据风机的位置不同，分为吸入式和压送式。蒸发式冷凝器特别适用于缺水地区，气候越干燥使用效果越好。

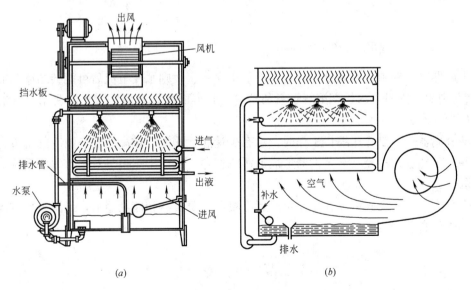

图 14-13　蒸发式冷凝器
（a）吸入式；（b）压送式

3. 节流机构

节流机构的作用除了对高压液态制冷剂进行节流降压外，还能够调节供入蒸发器的制冷剂流量的功能。常用的节流机构有手动膨胀阀、浮球式膨胀阀、电子膨胀阀和毛细管等。目前手动膨胀阀大部分都已经被其他节流机构取代。

4. 其他辅助设备

蒸气压缩式制冷系统中常用的其他辅助设备简介如下。

储液器——在制冷系统中起稳定制冷剂流量的作用，并可用来存储液态制冷剂，储液器有立式和卧式两种，上面设有进液管、出液管、安全阀和液位指示器等。

气液分离器——用来分离来自蒸发器出口的低压蒸气中的液滴，防止制冷压缩机发生湿压缩甚至液击现象；常用的用于氟利昂系统和氨系统的气液分离器见图14-14和图14-15。

过滤器——用来清除制冷剂蒸气和液体中的铁屑、铁锈等物质。

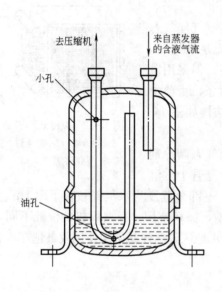
图14-14 氟利昂用筒体形气液分离器

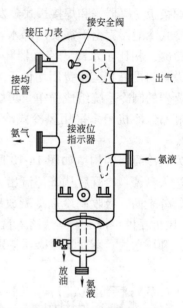
图14-15 氨气液分离器

干燥器——在氟利昂系统中，若制冷剂中含有水，则水在节流后可能会结冰从而导致"冰堵"现象。同时，水长期溶解于氟利昂中会分解而腐蚀金属，因此需要用干燥器吸附氟利昂中的水分。

油分离器——制冷压缩机工作时，总有少量滴状润滑油被高压气态制冷剂携带进入排气管并有可能进入冷凝器和蒸发器形成油污或积存，从而影响换热效率，致使系统制冷能力减弱。

安全阀——安全阀可装在压缩机或者冷凝器、蒸发器和储液器上，当压力超过规定数值时，阀门自动开启。

第三节 制冷机组

制冷机组就是将制冷系统中的部分设备或全部设备配套组装在一起，成为一个整体。

这种机组结构紧凑、使用灵活、管理方便、安装简单,其中有些机组只要连接水源和电源就可以使用,为制冷空调工程设计和施工提供了便利。制冷机组有冷(热)水机组、冷冻除湿机和空气调节机组等。下面简要地介绍空调工程中常用的制冷机组。

一、冷水机组

冷水机组是将压缩机、冷凝器、制冷冻水用的蒸发器、节流机构、辅助设备以及自动控制元件等组装成一个整体,专门为空调末端或其他工艺过程提供不同温度的冷冻水。根据机组中的制冷压缩机不同,可分为活塞式冷水机组(空调工况制冷量小于580kW)、螺杆式冷水机组(空调工况制冷量在121～1119kW)和离心式冷水机组(空调工况制冷量一般不小于350kW)等。图14-16所示为LSF系列活塞式冷水机组的外形图。

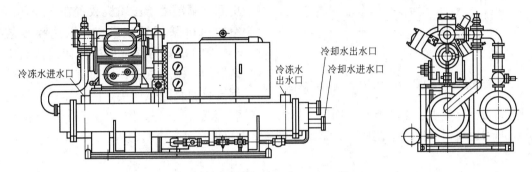

图14-16 活塞式冷水机组的外形图

二、热泵式冷热水机组

在夏天需要供冷、冬季需要供热的空调工程中,可以采用热泵型冷热水机组作为空调的冷热源。热泵式制冷机组与普通冷水机组相比主要区别是在制冷剂管路上增加了一个四通换向阀。夏季的工作过程与普通冷水机组相同。冬季制热水时,旋转四通换向阀,改变制冷剂的流动路线,冷凝器被用作蒸发器,而蒸发器被用作冷凝器。因此在夏季,热泵式冷水机组的蒸发器侧可产生冷冻水,冬季,蒸发器变成冷凝器,将流过的水加热用于供热需要。

三、直燃式溴化锂吸收式制冷机组

直燃式溴化锂吸收式制冷机集燃气或燃油锅炉和溴化锂吸收式制冷机于一体,具有体积小、结构紧凑的优点,同时,它能够同时制冷和供热,适用于同时需要供热和供冷的场合;另外,它耗电较少,适用于缺电或油、燃气价格便宜的地区。其原理是夏天进行吸收

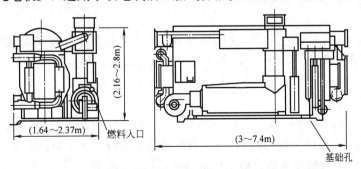

图14-17 V型直燃式溴化锂吸收式制冷机外形尺寸

制冷，冬天采用燃气或燃油燃烧供热水。图14-17为V型直燃式溴化锂吸收式制冷机外形图。

四、分体式房间空调器

分体式房间空调器是空气调节机组中常见的一种。它将压缩机、冷凝器和冷凝器风机等部件组装在室外机内，将蒸发器和蒸发器风机置于室内机，室外机和室内机用制冷剂管道连接。分体式房间空调器由于压缩机放置在室外，而室内风机采用贯流风机，因此噪声较小。图14-18为最常见的分体式挂壁空调器的结构示意图，目前室内机常常采用流线型及圆弧连接，使分体式挂壁空

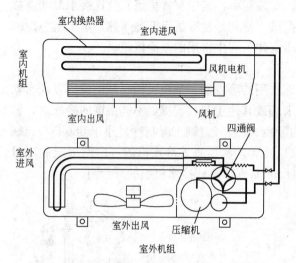

图14-18 分体式挂壁空调器结构示意图

调器成为小巧美观、集功能与装饰于一体的空气调节装置。此外，图13-5（b）所示的窗式空调器也属于分体式空调器，只是室外机和室内机做在了一个机组内。

第四节 冷冻站设计

一、系统形式的确定

制冷系统对用户的供冷方式有两种，即直接供冷和间接供冷。直接供冷的特点是将蒸发器直接置于需冷却的对象处，由于中间设备少，因而这种供冷方式的初投资和机房占地面积少，运行费也低。它的缺点是制冷机渗漏的可能性增多，所以适用于小型系统，而且不能采用氨作制冷剂。间接供冷方式是用蒸发器冷却载冷剂（如水或盐水），然后再将载冷剂输送到各用户来为需冷却对象供冷。这种供冷方式需要设置中间设备如换热设备、冷冻水系统等，冷冻机房占地面积比较大。

冷冻机房的面积约占总建筑面积的0.6%～0.9%，一般按每1.163MW冷负荷需要100m^{2}估算。

应根据总制冷量的大小和当地条件，进行综合技术经济比较来确定冷凝器的冷却方式，即水冷式、风冷式还是蒸发式。如果确定采用水冷式冷凝器，还应同时考虑水源和冷却水系统形式。

制冷系统的制冷量应包括用户实际所需要的制冷量及制冷系统本身和供冷系统的冷损失。对于直接供冷系统，一般附加5%～7%作为冷损失，间接供冷系统一般附加7%～15%作为冷损失。

二、设备布置的原则

制冷系统一般应由两台以上制冷机组成，但不宜超过六台。制冷机的型号应尽量统一，以便维护管理。除特殊要求外，可不设置备用制冷机。大中型制冷系统，宜同时设置1～2台制冷量较小的制冷机组，以适应低负荷运行时的需要。

机房内的设备布置应保证操作、检修的方便，同时要尽可能使设备布置紧凑，以节省

占地面积。设备上的压力表、温度计等应设在便于观察的地方。

压缩机必须设在室内,并应有减振基础。一般情况下,风冷冷凝器、立式冷凝器等均布置在室外。

机房内各主要操作通道的宽度必须满足设备运输和安装的要求。通常情况下,制冷压缩机突出部位到配电盘的距离取 1.5~2m,非主要通道宽度可取 0.8~1m。两台压缩机之间的距离应满足抽出压缩机曲轴所需要的距离,一般不小于 1m。对采用壳管式蒸发器或冷凝器的冷水机组还应该保证有可能抽出其中管子进行更换的余地。

三、冷冻站的土建要求

1. 冷冻站的位置

冷冻站(或称作冷冻机房)应尽量靠近用户,力求缩短冷冻水和冷却水管网,使室外管网布置尽量经济合理。用电负荷比较大的冷冻站应尽量靠近变电站。在环境条件许可的情况下,可与变、配电站和压缩空气站组合成为综合动力站,以节省占地面积,方便运行管理。

冷冻站应布置在全区夏季主导风向的下风侧。在动力站区域内,一般应布置在锅炉房、煤气站、堆煤场等的上风侧,以保证冷冻站的清洁。

氟利昂制冷设备和溴化锂吸收式制冷设备可以布置在民用建筑、工业建筑内部或其辅助建筑物内,也可以设置在独立的建筑物内。以水作为载冷剂的大、中型冷冻站,一般应优先考虑单独集中建设以节省投资和运行管理费用,而小型冷冻机房一般设置在主体建筑内,例如可设置在建筑物的地下室或楼层上。考虑到机房设备的噪声、振动、工作压力等影响,对于高层建筑,冷冻机房宜设置在地下室和底层。但还需要考虑制冷设备的冷凝方式是风冷式还是水冷式、供冷系统是集中式还是分区式、初投资以及运行费等因素进行技术经济比较才能决定。比如对于有的超高层建筑,部分冷冻机房可能需要设置在楼层上。为了便于管理,氟利昂制冷和溴化锂吸收式制冷冷冻机房的门可以直接通向空调机房、通风机房或生产厂房。

对直燃机机房设计的要求。直燃机为负压运行设备,其机房设置可根据建筑特点灵活设置。但因要烧油和天然气等,因此对机房的安全比较严格。因为燃气有防火防烟要求,按燃气规范和防火规范的要求,其机房的位置应当符合以下要求:有直接对外的门窗;有通风换气;在地下室时有泄烟面。

直燃机房的通风,一方面要满足直燃机燃料燃烧的必需空气量,另一方面还需保证机房正常的通风换气次数,以防止形成爆炸混合物和因机房潮湿而腐蚀机组。一般应设送风系统,送风量为燃烧空气量与通风换气量之和。另外,还必须满足《燃气直燃型机组机房防火设计规范》(DBJ/T 15-39-2005)中的相关规定。

由于氨有毒且易燃易爆,氨制冷设备不得布置在民用建筑和工业建筑内,而应该设置在单独的建筑物内,或用防火墙隔断的毗邻生产厂房的房间内。但不能靠近人员密集的房间或场所、或有精密贵重设备的房间等,以免发生事故时造成重大损失。氨制冷站房向外开的门不允许直接通向生产厂房、空调机房或通风机房。

2. 冷冻站的结构

冷冻站最好是单层建筑,应采用二级耐火材料或不燃材料建造,所有的门窗均应设计成向外开启的,氨制冷机房应有两个尽量远离的门,其中至少应有一个直接通向室外。

中、小型的冷冻站可设计成单间房间。规模较大的冷冻站，按不同情况可分为机器间（布置制冷机和调节站）、设备间（布置冷凝器、蒸发器和贮液器等）、水泵房（布置水箱、水泵）、变电间（耗电量大时应有专门的变压器）以及值班控制室、维修间、储藏室、厕所等组成。将机器间与设备间分开可便于操作人员根据制冷机的运行声响来判断制冷机运行是否正常，避免其他设备噪声的影响。

采用直燃式溴化锂吸收式制冷机组时，冷冻站应设有燃油或燃气的独立供应系统。这部分设计要求应参照燃油或燃气锅炉房设计规范中的有关规定执行。

冷冻站站房内的装修标准可与生产厂房一致，其地面在通常情况下均做成水泥压光或水磨石地面，油漆墙裙。如果周围环境对噪声、振动有特殊要求，应采取建筑隔声、消声、隔振等措施。

冷冻站的屋架下弦标高应根据制冷机的高度并考虑检修时起吊设备所占用的空间高度。一般建议氟利昂压缩制冷机房高度应不低于 3.6m，氨压缩制冷机房高度应不低于 4.8m，溴化锂吸收式制冷机顶部至屋顶的距离应不低于 1.2m。设备间的高度也不应低于 2.5m。

冷冻机房应设有为主要设备安装、维修的大门及通道，必要时可设置设备安装孔。冷冻机房一般不设置为设备维修用的桥吊，必要时可设置单轨吊车。

冷冻机房的地面载荷约为 $4 \sim 6 t/m^2$，且有振动。

冷却塔一般设置在屋顶上，占地面积约为总建筑面积的 0.5%～1.0%。

冷却塔的基础载荷是：横式冷却塔为 $1t/m^2$；立式冷却塔为 $2 \sim 3t/m^2$。

四、冷冻站的其他要求

在采暖地区，冬季设备停止运行时，其值班温度不应低于5℃，运行时采暖温度不应低于16℃。制冷机房的自然通风换气量不少于每小时3次，氨制冷机房还应有每小时不小于12次换气的事故通风设备。

冷冻站内应根据《建筑设计防火规范》设置必要的消防设备。

思 考 题

1. 分析并画出压缩式制冷和吸收式制冷的工作原理。
2. 活塞式压缩制冷机、螺杆式制冷机和离心式制冷机的主要特点及适用场合？
3. 直燃式吸收制冷机房的主要要求是什么？

第十五章 空调消声防振及防火排烟

第一节 空调通风系统消声防振

空调设备在运行时会产生噪声与振动，并通过风管及建筑结构传入空调房间。噪声与振动源主要是风机、水泵、制冷压缩机、风管、送风末端装置等。对于对噪声控制和防止振动有要求的空调工程，应采取适当的措施来降低噪声与振动。

在所有降低噪声的措施中，最有效的是削弱噪声源。因此在设计机房时就必须考虑合理安排机房位置，机房墙体采取吸声、隔声措施，选择风机时尽量选择低噪声风机，并控制风道的气流流速。

一、消除通过风道传递的噪声

通过风道传递噪声的主要来源是风机，其次是气流噪声，尤其是气流遇到风阀一类的节流部件时产生的噪声。在高速系统中，后一种噪声是不能忽视的。噪声在风道的传递过程中有各种各样的衰减。如果经风道自然衰减后传入室内的噪声仍超出允许标准，则需要在风道中设置消声器来进行消声。

根据消声原理不同，消声器可分为阻性消声器、共振性消声器、抗性消声器和宽频带复合消声器。图 15-1 是不同类型消声器的构造示意图。阻性消声器藉吸声材料的吸声作用而消声，形式有管式、片式、格式和折板式。这种消声器对高频和中频噪声的消声效果比较好，但吸收低频噪声的能力较差。共振性消声器的消声原理是小孔孔颈处的空气柱与共振腔内的空气构成一个共振吸声系统，当外界噪声频率与其固有频率相同时，引起小孔处的空气柱强烈共振，空气柱与孔壁剧烈摩擦，从而消耗声能。这种消声器有较强的频率选择性，但有效频率范围很窄，可用来消除低频噪声。抗性消声器也称为膨胀型消声器，它利用管道截面积的突变，使声波向声源方向反射回去而起消声作用。这种消声器对消除低频噪声有一定效果。复合消声器是上述几种消声器的复合体，以便集中它们的优势而拓宽消声的频带，如阻、抗复合式消声器和阻性、共振性消声器等，对高、中、低频噪声均有较好的消声效果。此外还有消声弯头、消声静压箱等风道构件可作为有效的消声装置。

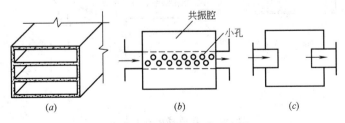

图 15-1 消声器的构造示意图
(a) 阻性消声器；(b) 共振性消声器；(c) 抗性消声器

二、消除建筑结构传递的噪声

固体传声是噪声源产生振动,通过围护结构传至其他房间的顶棚、墙壁、地板等构件,使其振动并向室内辐射噪声。要削弱设备通过基础与建筑结构传递的噪声就要削弱机器传给基础的振动强度。主要方法是消除机器与基础之间的刚性连接,即在振源和基础之间安装减振构件,如弹簧减振器、橡皮、软木等,从而在一定程度上削减振源传到基础的振动。

风机、水泵或制冷压缩机应固定在混凝土或型钢台座上,台座下面安装减振器。图15-2是风机的减振安装方法示意。此外风机、水泵、压缩机的进出口应装有软接头,减少振动沿管路的传递。管道吊卡、穿墙处均应作防振处理。图15-3是管道隔振的安装示意。

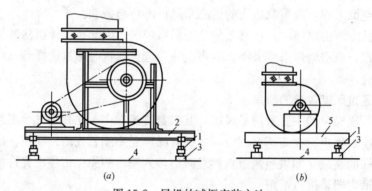

图 15-2 风机的减振安装方法
1—减振器;2—型钢支架;3—混凝土支架;4—支承结构;5—钢筋混凝土板

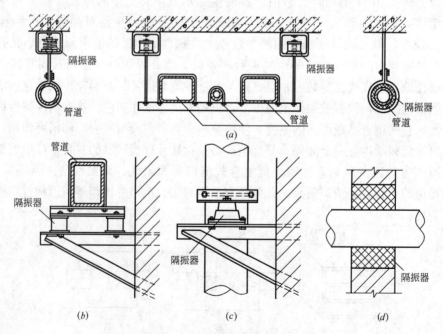

图 15-3 管道隔振的安装方法
(a) 水平管道隔振吊架;(b) 水平管道隔振支承;(c) 垂直管道隔振支承;
(d) 管道穿墙隔振支承

第二节 空调建筑的防火排烟

建筑物中发生火灾时,对人员安全造成最大威胁的当属火灾产生的烟气。因为高分子化合物燃烧产生的烟气毒性很大,直接危害人员生命安全,而且烟气阻碍视线,对疏散与扑救构成很大障碍。因此建筑物防止火灾危害的问题,主要是解决火灾发生时的防、排烟问题。

良好的防火排烟设施与建筑设计和空调通风设计有密切关系。因此两方面的正确规划对于做好建筑物的防火排烟是非常必要的。

一、空调系统的防火设计

由于火灾时风道很可能成为烟气扩散的通道,空调风道直接连接各房间,而且风道的断面积比较大,所以当发生火灾时,风道极易传播烟气。因此以水作为热媒的空调方式如风机盘管系统的防灾性能比较理想。但空调方式的采用,除考虑防灾性能以外,还需要考虑经济性、调节性能、耐久性以及维修管理等综合因素。因此采取可靠的防烟措施是非常必要的。据分析,一般认为在高层建筑中,一个空调系统负担4到6层楼层时,投资比较经济,防灾性能尚好。

空调系统的服务范围横向应与建筑上的防火分区一致,纵向不宜超过5层。空调风道应尽量避免穿越分区,风道不宜穿过防火墙和变形缝。图15-4是防火分区与空调系统结合的实例示意。

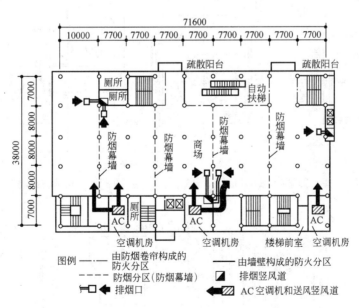

图15-4 防火分区和空调系统结合的实例

当风道不能避免穿越分区或变形缝时,在风道上要设置防火、防烟风门。风道在穿越防火墙处要设置一个防火阀,而在穿越变形缝处两侧都要设置防火阀,因为变形缝有很强的拔火作用。垂直风管应设在管井内。管井壁应为耐火极限不低于1h的耐火材料,井壁上的检查门应采用丙级防火门。管井内应在每隔2~3层楼板处用相当于楼板耐火等级的耐火材料作防火分隔。

空调机房的楼板的耐火极限不应小于2h，隔墙的耐火极限不应小于3h，门应采用耐火极限不小于0.9h的防火门。

通风和空调的送、回风总管在穿越机房和重要的或火灾危险性较大的房间的隔墙、楼板处，以及垂直风道与每层水平风道交接处的水平支管上，均应设防火、防烟阀。

二、防火、防烟、排烟阀门

防火阀上装有易熔合金温度熔断器，当管道气流温度达到一定温度时（一般为280℃），熔断器熔断而关闭阀门，切断气流，防止火焰蔓延。防烟阀是由烟感器信号控制自动关闭的风门，可由电动机或电磁机构驱动。排烟阀安装在排烟道或排烟口上，平时处于关闭状态，火灾发生时，自动控制系统使排烟阀迅速开启，同时联动排烟风机等相关设备进行排烟。将防烟阀或排烟阀加上易熔合金，则可使之兼起防火作用，成为防烟防火风阀或排烟防火风阀。

国内现在生产的防烟防火调节阀既受烟感器控制关闭，又受温度熔断器控制，也可通过手动关闭，能够在火灾发生时防止其他防火分区的烟气或火焰侵入本区。图15-5是一种防火防烟调节阀的外形示意。此类阀适用于设有烟感器自动报警控制的空调系统，其关闭装置与烟感器联动，烟感器发出的信号可迅速关闭阀门，切断气流，防止烟气蔓延。图15-6是防火阀在穿越防火墙的水平和垂直风管上的安装方法，图15-7是防火阀在管井内的安装示意。

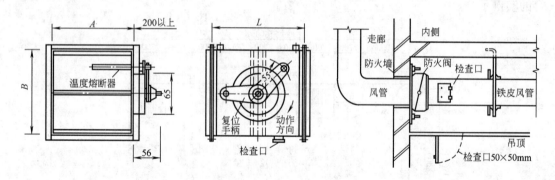

图 15-5　矩形防烟防火阀外形图　　　图 15-6　穿越防火墙的风管上的防火阀

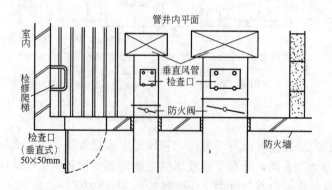

图 15-7　防火阀在管井内的安装

三、排烟方式

空调系统可设计作为火灾时的排烟系统。当用空调系统进行排烟时，一般可将房间上部的送风口作为排烟口。为了使烟气不经过空调器，应设排烟用旁通风道，以免高温烟气损坏空调设备，并通过空调设备向其他部位蔓延。各气流转向装置应采用遥控方式，在排烟口设置超温自动关闭装置。风道钢板应增加厚度，风道保温材料必须采用耐火材料，并且必须选用耐高温的风机。

此外可设置专用的加压系统和机械排烟装置，在事故发生时向人员疏散的楼梯间、走道、非火灾层、消防电梯前室等地点输送大量新鲜空气，形成正压区域，使烟气不能侵入，在非正压区把烟气排出；或合理组织气流，使受保护区域能够进入大量新鲜空气，而把烟气以最短途径从火灾区域排出。例如从下部送风上部排烟，可获得比较好的效果。当建筑物设有避难层时，该层应设置独立的通风排烟系统，以便在发生火灾时向避难层加压，防止烟气渗入。

思 考 题

1. 风机和水泵产生的振动和噪声可能通过哪些途径传播？给出防止噪声传播的主要方法。
2. 什么是防火分区？火灾时防火防烟阀和排烟阀门应如何动作？

第三篇 电气工程

随着我国国民经济的快速稳步增长和当今科学技术的迅猛发展，建筑物内、外电气设备各个系统的技术水平得到了极大的提高，建筑电气工程技术的范畴也从原来的"两根线灯亮，三根线辊子转"发展到如今的智能化建筑。因此，以往对建筑电气工程的认识需要及时的补充、更新和提高，方能适应现代建筑技术日新月异的发展对技术人员和管理人员的要求。

建筑电气工程已涵盖了建筑物的供配电、建筑照明、建筑防雷与接地以及火灾自动报警、有线电视、通信、安防、楼宇自控、网络布线等诸方面。其中供配电、照明、防雷接地等按以往惯例划分为强电部分，而消防、电视、通信、安防、楼控和布线划分为弱电部分。此两部分既有所区别又存在密切的联系，其相互关联、相互作用，共同构成现代建筑完整的电气系统。

第十六章 电力系统及建筑供配电

第一节 电力系统的基本概念及组成

电能作为一种二次能源，由于其具有相对洁净、高效、输送方便、快捷、与其他形式的能量转换便捷等优点，而广泛应用于工业与民用建筑物中，成为建筑物中不可缺少的最主要能源。

一、电力系统的基本概念

（一）电能的产生、特点及用电负荷

1. 电能的产生和特点

在大自然中蕴藏着各种各样的能源，而人类所能使用的电能，都是将各种非电形式的能源，通过发电设备转换成为电能。有将煤、气、油等燃烧驱动发电机的火力发电厂，有利用水力落差驱动发电机的水力发电厂，有利用海水涨、落潮之巨大推力驱动发电机的潮汐发电厂，有利用风力驱动发电机的风力发电厂，还有利用核聚变产生的能量驱动发电机的原子能发电厂等等。之所以将它们都转换成为电能，就是因为电能有其自身的特点，除了存储方面不具有优势外，在传输、控制、环保等诸方面都比其他能源具有不可比拟的优势。

2. 用电负荷

工业与民用建筑中，有各种各样的用电设备，可统称为用电负荷。

（二）用电负荷的分类

用电负荷的分类方法有很多种，按其能量转换方式的不同，归纳起来可分为以下几类。见表16-1。

用电负荷的分类 表 16-1

负荷名称	能量转换方式	设备应用举例
电动机	电能→机械能	水泵、风机、电梯、压缩机
电加热	电能→热能	电炉、电加热器、电烤箱、电暖气
电光源	电能→光能	各类灯具
电化学	电能→化学能	电解、电镀

二、电力系统的组成及电能质量

1. 电力系统由发电厂、输电线路、变配电所组成

（1）发电厂是生产电能的工厂。输电线路的作用就是将发电厂产生的电能输送到用电地区。由于发电厂多建在能源蕴藏丰富的地区，而电能用户较分散且多远离发电厂，这就需要靠输电线路来输送电能。目前我国国内的三相交流额定电压的等级为：750kV、500kV、330kV、220kV、110kV、63kV、35kV、10kV、6kV、3kV、0.4kV。其中63kV只有东北地区使用，6kV和3kV只在工厂内部采用。

（2）线路的电压等级与其输送电能的距离和功率有关，一般是输送距离越远，输送功率越大，则电压等级就越高。按其功能不同又可分为送电线路和配电线路。按其敷设方式不同又可分为架空线路和电缆线路。

（3）变电所是改变电压和分配电能的场所，由变压器和配电装置组成。变压器用来改变电压，一般情况下，除发电厂是通过变压器将电压升高以利于输送外，多数变电所都是采用变压器将电压降低。所以我们通常意义下所说的变电所都是指降压变电所。仅有配电装置而没有变压器的称为配电所（室）或开闭站（所）。而多数情况下，变电所都具有双重功能，所以统称为变配电所。变配电所依靠与自己相连接的供、配电系统，将电能分配给用户使用。

根据供电对象的不同，变电所分为区域变电所和用户变电所。区域变电所为某一区域供电，由供电部门所有和管理，如为城区和郊区居民住宅供电的变电所，为小型公共建筑或企事业单位供电的变电所，在行业内又称为高压公管户。而用户变电所是为某一单位供电的，是由使用单位所有和管理，在行业内又称为高压自管户。

为了保证电力系统的运行安全，变配电所还设有对电力系统进行监测及保护的相关装置。另外，为了便于管理，末级变（配）电所一般需设置电缆分界室（又称刀闸小室），以便合理的利用线路并在用户与供电部门之间明确其界限。

2. 电能的质量主要有电压偏移和频率两项指标

（1）电压偏移是指在正常运行情况下，用电设备受电端的电压偏差允许值（以额定电压的百分数表示）。不同用电负荷对电压偏移的限制不同，可通过查阅有关资料获得。可采用正确选择变压器的变比、合理设计变配电系统、尽量保持三相平衡和合理补偿无功功率等措施来减少电压偏移。

（2）我国电力工业的标准频率为50Hz。如果电力频率偏离标准值，将影响用电设备的正常工作。

（3）另外，由于智能建筑中大量使用计算机等非线性负荷，其产生的高次谐波污染会

对电力系统产生影响，需采取相应的技术措施加以解决。

（4）由于电能本身的特点，其生产、传输和使用是同时完成的，在电力系统中，发电、供电和用电之间始终是保持平衡的，既不能中断也不便储存。电网中的电压和频率如果持续降低，这表明系统所承担的用电负荷过重或因某种原因使发电厂的出力在降低，严重时会使电力系统出现解列的重大事故。反之亦然。

第二节 负荷等级及供配电系统

供配电系统的构成，必须满足相应负荷等级的要求，应以安全、可靠、节能为原则，同时兼顾经济、运行维护便利、具有一定的发展冗余，且必须符合当地供电主管部门所提技术方案的各项要求。

一、负荷等级及其供电要求

根据用电负荷的重要性以及中断供电在政治上造成的影响和经济上造成的损失，将用电负荷分为三级。并根据不同级别，采取不同的供电方式，以满足其可靠性、经济性及环保等方面的要求。

（一）一级负荷及其供电要求

1. 一级负荷是指中断供电将造成人身伤亡，造成重大政治影响以及重大经济损失，造成公共场所秩序严重混乱的用电负荷。

2. 对于某些特级建筑，如重要的交通枢纽、重要的通信枢纽、国宾馆、国家级及承担重大国事活动的会堂、国家级大型体育中心以及经常用于重要活动的大量人员集中的公共场所等的一级负荷，为特别重要负荷。

中断供电将影响实时处理计算机及计算机网络正常工作或中断供电后将发生爆炸、火灾以及严重中毒的一级负荷亦为特别重要负荷。

3. 一级负荷应由两个独立电源供电。当一个电源发生故障时，另一个电源应不致同时受到损坏，每一个电源都应能承担用户的全部一级和特别重要负荷的供电。一级负荷中的特别重要负荷，除上述两个电源外，还必须增设独立的应急电源。应急电源包括以下几种：

（1）独立于正常电源的发电机组；

（2）供电网络中有效地独立于正常电源的专门馈电线路；

（3）蓄电池。

4. 对于特别重要负荷，根据允许的中断时间可对应选择下列不同的应急电源：

（1）蓄电池静止型不间断供电装置（UPS），适用于允许中断供电时间为毫秒级的供电。

（2）带有自动投入装置的独立于正常电源的专门馈电线路，用于允许中断时间为1.5s以上的供电。

（3）带有快速自启动的柴油发电机组，适用于允许中断时间为15s以上的供电。

5. 一级负荷的供电系统应注意以下几个问题：

（1）一级负荷的高、低压配电系统，均应采用单母线分段系统。各段母线间宜设置联络断路器，可手动或自动分、合闸。

(2) 特别重要负荷用户变配电室内的低压配电系统，应设置由两个或三个电源自动切换供电的应急母线，并由该母线及其引出的供电回路构成应急供电系统。

(3) 一级（含特别重要）负荷用户的高压配电系统，宜采用断路器保护。

(4) 应急供电系统中的消防用电设备应采用专用的供电回路。

(5) 供给一级（含特别重要）负荷用户的两个电源应在最末一级配电盘（箱）处切换。

(6) 分散小容量的一级负荷，如应急照明等设备，可采用设备自带蓄电池（干电池）作为自备应急电源。

(7) 对特别重要负荷的供电，必要时可就地设置不间断电源。

6. 为保证对特别重要负荷的供电，严禁将其他非特别重要负荷接入应急供电系统。

7. 应急供电系统绝不允许与电网并网运行。

（二）二级负荷及其供电要求

1. 二级负荷是指中断供电将造成较大的政治影响和经济损失，以及造成公共场所秩序混乱的用电负荷。如高层普通住宅、中型百货商场、大型冷库等。

2. 二级负荷宜由两个电源供电，第二电源可以引自市电或邻近单位，也可以引自自备柴油发电机组。也可以由同一座区域变电站的两段母线分别引来的两个回路供电。在负荷较小或地区供电条件困难时，二级负荷可由一路6kV以上的专用架空线或采用两根电缆供电，但每根电缆应能承担全部二级以上负荷。

3. 二级负荷的供电系统应做到：当发生电力变压器故障或常见故障时不致中断供电（或中断供电后能迅速恢复）。为二级负荷供电的两个电源的两回路，应在适当位置设置的配电（控制）箱（柜）内自动切换。

（三）三级负荷及其供电要求

三级负荷是指不属于一级和二级的负荷，其对供电没有特殊要求，采用单回路供电。如果是向以三级负荷为主，但有少量一、二级负荷的用户供电时，可设置仅满足一、二级负荷需要的自备电源。另外，三级负荷用户的高压系统，可采用负荷开关加熔断器保护的方式。

需要特别指出的是，供电的负荷等级还与建筑物的防火等级有关，这在相关建筑防火规范中有明确规定。因此，确定建筑物的供电负荷等级需全面综合考虑。

二、供电电压的选择

当用电负荷容量在250kW以上或需供电变压器容量160kVA以上时，多采用10kV供电，对于相对集中的特大容量用电负荷以及少数特大型建筑或建筑群，采用35kV乃至110kV、220kV电压供电。

我国目前普遍对中、小容量用电负荷的供电电压为380V（三相）和220V（单相）。

对于部分特殊场所，如井下、潮湿场所及有特殊要求的场所，采用安全特低电压，单相（36V、24V或12V）供电。

三、变配电设备

在一般建筑物中常用的变配电设备包括变压器、高压开关柜、低压配电柜、直流操作及信号屏、静电电容器、配电箱（盘）等。

变配电设备的选型及使用，应当符合国家和地区的有关规定以及行业的产品技术标准，并应优先选用技术先进、经济适用和节能环保的成套设备和定型产品，不得采用淘汰产品。

四、配电系统的基本形式

根据负荷等级、容量大小、线路配置等诸多因素，可组成不同形式的配电系统，其基本形式有以下三种（图16-1）。

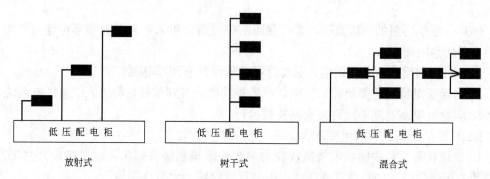

图16-1 配电系统的基本形式

（1）放射式：特点是线路与配电箱（盘）一一对应，其供电可靠性高，线路发生故障时互不影响，配电设备相对集中，便于维护和检修。缺点是系统的灵活性较差，线缆的消耗量较多。这种配电方式多用于负荷容量较大、设备相对集中及重要负荷等。

（2）树干式：特点是从供电点引出的每条配电线路上采用链式连接数个配电箱，这样可减少线缆的消耗量，且减少出线回路，节约配电设备。缺点是干线一旦发生故障则影响范围较大，使得供电的可靠性降低，且导线、电缆的截面积相对较大，可能给敷设带来困难。这种配电方式多用于负荷较小且分散、线路较长的场合。

（3）混合式：即放射式与树干式相结合的方式，这种方式可根据负荷的不同情况和要求将放射式与树干式的供电方式混合使用，重要负荷、大容量负荷、有人值守的相对集中负荷采用放射式系统，而其他距配电干线较远而彼此之间相距又较近的不重要负荷等则采用树干式系统供电。实践中，最常见的和最实用的就是这种放射式与树干式相结合的供电方式。

五、变配电所

（一）变配电所位置的选择

建筑物或建筑群变配电所位置的确定应符合下列条件：

（1）接近负荷中心。避免送电半径过大而造成电压损失过大或带来的其他问题。一般情况下，低压（380/220V）的供电半径不宜超过250m。

（2）进出线方便。为设计、施工、管理带来最大便利，且节约投资。

（3）接近电源侧。避免外线过长而对安全、投资、占地等各方面的不利影响。

（4）设备吊装、运输方便。不但考虑初次安装，还要考虑日后维修更换的运输通道。

（5）不宜设在有剧烈振动的场所，以免对变配电设备的安全构成威胁。

（6）不宜设在多尘、水雾（如大型冷却塔）或有腐蚀性气体的场所，如无法远离时，不应设在污染源的下风侧，以保证变配电设备的可靠运行。

（7）不应设在厕所、浴室或其他经常积水场所的正下方或贴邻。防止潮湿环境对变配电设备的威胁。

（8）不应设在爆炸危险场所内和设在有火灾危险场所的正上方或正下方，如布置在爆炸危险场所范围以内和布置在与火灾危险场所的建筑物毗邻时，应符合《爆炸和火灾危险场所电力装置设计规范》的规定。

（9）变配电所为独立建筑时，不宜设在地势低洼和可能积水的场所。

（10）高层建筑的变配电所，宜设置在地下层或首层，对于高度超过 100m 的超高层建筑，也可以在高层区的避难层或设备层内设置变配电所。

（11）变配电所位于高层建筑地下层时，宜选择在通风、散热条件较好的位置。应避免洪水和积水从其他渠道淹渍变配电所的可能性。即不宜置于地下最底层。

（12）对于开闭所及分界室的选址要求同变配电所。

（二）变配电所的不同结构形式

变配电所根据其所采用设备的结构形式不同，可分为下进下出线、上进上出线、上进下出线和下进上出线等不同的进出线方式。若采用下进下出线的方式时，宜用电缆夹层或电缆沟的方式布线。电缆夹层为净高 1.8m 的技术夹层，专门用于敷设电缆。这种方式利于电缆的安装和维修，也便于变配电设备的布置和变配电室的整洁，所以较为普遍的应用于变配电所的结构形式中。

上进上出线通常采用电缆桥架敷设进出电缆，则变配电所需要较高的层高。但采用此种方式可以避免在楼板上预留孔洞，变配电所的改造较为方便，故设在建筑物室内的变配电所常被采用。

（三）变配电所对相关专业的技术要求

变配电所对建筑、结构、水暖各专业都有详细的技术要求，且对设备的布局、安全间距、操作距离、运输通道等也有一系列明确的规定。在设计和施工、安装中都要充分的予以考虑。

对高层建筑内附设变配电所设备的选型，相关规范也有一系列要求，如一类高层主体建筑内，严禁采用装有可燃性油的电气设备等。但由于目前变配电技术和设备材料的发展迅速，干式变压器、真空断路器等先进设备的应用已非常普遍，所以规范所提及的这一类问题已很少遇到。

六、自备应急柴油发电机组

在一些建筑供电电源可靠性较差而建筑本身的负荷等级又要求较高的情况下，自备应急柴油发电机组作为应急自备电源，具有其他电源所替代不了的功能。

1. 自备应急柴油发电机组设置的原则

是否需要设置应急柴油发电机组，是根据规范的有关规定、建筑物的重要性和功能要求以及城市电网供电的可靠性来决定的。

有关规范规定在符合下列情况之一时，宜设置自备应急柴油发电机组：

（1）为保证一级负荷中特别重要的负荷用电。

（2）有一级负荷，但从市电取得第二电源有困难或不经济合理时。

（3）大、中型商业性大厦，当市电中断将会造成经济效益有较大损失时。

在方案或者初步设计阶段，可以暂按供电变压器容量的 10%～20% 来估算应急柴油发电机组的容量。到了施工图阶段，则可根据一级负荷及其特别重要负荷、消防负荷的大小，取其最大值来计算应急柴油发电机组的容量，另外还需校验应急柴油发电机组供电范围内最大鼠笼式电动机负荷全压启动时，母线压降是否符合规范要求，能否保证电动机负荷的顺利启动。

2. 应急柴油发电机房位置的选择

应急柴油发电机房包括发电机间、控制及配电室、日用燃油储备间等。一般应设置在建筑物的首层。如在首层选址确有困难时，也可以布置在建筑物的地下一层，除要尽可能靠近负荷中心和变配电室，以便于接线和操作控制外，还要处理好通风、防潮、机组的排烟、消除噪声和减振，以及要避开主要通道等。另外，其发电机间和控制配电间不应设置在卫生间、浴室或其他经常积水场所的正下方或与其贴邻。

3. 设置应急柴油发电机组及其机房对各相关专业的技术要求

当建筑物设置应急柴油发电机组及其机房时，对土建、给排水、暖通以及电气专业自身都有一定的技术要求，归纳起来主要包括：

(1) 土建专业应处理好应急柴油发电机组的进风口、排风口、排烟管等相关设施的位置，同时还要考虑隔声消振的技术措施，在保证发电机能正常运行的条件下，尽可能避免或减少对周围环境的影响和污染。

(2) 土建专业应考虑预留机组的运输、检修和吊装等条件，还要考虑设置贮油间、控制室等辅助房间。同时还要考虑柴油发电机较大重量对建筑结构整体的影响。

(3) 给排水专业要考虑发电机冷却水的水质、冷却水泵、膨胀水箱以及洗手盆等问题。

(4) 暖通专业除了要考虑进风、排风、排烟等问题外，还要考虑当机房设置于地下层时的消防防排烟问题，以及保证机房的温湿度要求所需采取的技术措施等。

(5) 电气专业作为本专业，除了要配合其他各相关专业满足柴油发电机房的各项技术要求外，还要考虑机组的操作、控制、相关设备的联动；以及线路的进出、机组的自动启动与切换以及两台机组的并车运行；还需要考虑发电机组正常启动及工作状态和故障状态下的信号显示和声光报警；以及在应急柴油发电机组启动前将非应急负荷自动切除和接地保护等等一系列技术工作。

第三节　建筑电气设备及电线、电缆

一、建筑电气设备的范畴

(一) 用电设备

建筑物内各种用电负荷即为用电设备，可分为动力和照明两大类，但它们的功能、作用、各项电气指标，如功率、电压、电流、阻抗、功率因数以及启动方式、控制方式、接线方式等等都不一样。因此，将它们合理的、可靠的、经济的、环保的、方便的构成各个系统，是非常重要也是必须的。例如建筑物中的各种水泵，首先要根据电气参数及功能给其配电，一般为三相供电。若为消防用水泵还需要双路供电，以保证其供电电源的可靠性。然后需配以合适的保护装置如空气开关、熔断器等和合适的电缆，还要根据其工作性质，考虑对它的控制。是单台运转还是一用一备；是手动控制还是自动控制；是液位控制还是压力控制；是低液位启高液位停（给水），还是高液位启低液位停（排水）；是否要与火灾自动报警及联动控制系统进行联动；是就地控制还是多处控制，且何处优先；是否要纳入楼宇自控系统对其监测或控制；若为大功率水泵（通常情况下电机容量超过15kW）还要考虑启动时对电网的冲击以及为减小冲击、顺利启动而设置星—三角、自耦降压或软启动器启动等等。诸如此类，每一种、每一台、每一套电气设备都需要全面综合的考虑，方能构成完整可靠的建筑电气系统。

（二）电线电缆

电能是靠电线或电缆输送的，各种各样的控制信号也是靠线缆来传输的。针对不同设备和不同的电气参数以及不同的使用环境和不同的敷设方式，所配置的线缆是不一样的。各种不同的控制信号也需要不同的线缆方能传送。所以，根据建筑电气装置的不同需要配置不同的线缆是电气专业技术人员的一项重要工作内容。

（三）控制及保护装置

为保证建筑物内电气设备的安全可靠运行，需要对其在运行中遇到的各种故障情况进行各种方式的保护。目前多采用继电器、空气断路器或熔断器对其进行短路、过流、过压、接地等保护，热继电器可对电动机的过负荷进行保护。还可以利用温度及各种传感器与楼宇自控系统一起构成对设备的智能保护。

二、电线、电缆的选择及其保护

（一）线缆的选择

线缆的选择要依据各方面的条件，包括其截面要符合载流量（允许温升）、电压损失、机械强度等方面的要求。且其绝缘额定电压必须大于其线路的工作电压。同时，为了保护线缆，其截面的选择不应小于与其配合的保护装置（一般为空气断路器和熔断器）所要求的最小截面。另外，线缆的选择还与敷设方式、外部环境条件等因素有关。选择线缆的方式和步骤常见的有以下一些内容。

1. 按使用环境及敷设方式选择

使用环境较为恶劣，所需载流量大，敷设距离长，自配电柜直接引出的干线等多采用电缆。

电力电缆原多采用铝芯电缆，但当输送电流大，或在振动剧烈、防火要求高的场所以及重要建筑都宜采用铜芯电缆。根据目前国民经济及有色金属行业的发展水平，建筑用电力电缆已普遍采用铜芯电缆。

在室外敷设，特别是直埋敷设时，须采用有外保护层的铠装电缆；而埋设在有腐蚀性的土壤中或有腐蚀性气体存在场所的电缆，应采用防腐型；对于在管内或排管内敷设的电缆，宜采用塑料护套电缆；而在电缆沟或电缆隧道内以及高层建筑内沿电缆桥架敷设的电缆，则宜采用阻燃或耐火电缆。诸如此类，具体要求和规定可查阅有关规范或技术手册。

阻燃电缆是采用在电缆的外护套内增设一层隔氧层的方法，来达到阻止电缆外护套延燃的目的。而耐火电缆是指在火焰燃烧的情况下可保持一定时间的安全运行。根据国标规定，耐火电缆必须在施加额定电压的条件下，经受750℃以上的火焰燃烧1.5h后不被击穿。

耐火线缆与阻燃线缆有本质上的不同。阻燃线缆的特点是在线缆因电气火灾或被燃烧着火时，火焰的蔓延是限定的范围以内，即不会延燃而扩大火灾，并且不考虑对线缆绝缘特性所产生的变化、失效甚至破坏。而耐火电缆则不同，其除了具有不延燃性外，还必须在燃烧的情况下保持一定时间可安全运行。

为安装使用及日后维护的方便，并消除线缆上的应力对其使用中造成的威胁，不论采取什么方式敷设，都应将线缆预留出一定的长度。

导线与电缆相比，具有价格低、安装方便等优点，所以多使用在室内或室外架空线路上。但在选用时要注意以下一些问题：一是低压配电线路应采用绝缘导线；二是属于一、二级负荷以及特别重要负荷的配电线路，居住建筑和幼儿园、福利院等建筑的配电线路，连接移动设备和潮湿场所（浴室、游泳池等）的配电线路，有强烈振动或电气火灾易发场所（油库、商场、娱乐厅和可能发生强烈地震的区域）以及室外都应采用铜芯导线。目前我国多数地区的建筑用电缆电线已基本淘汰铝芯制品。

导线的绝缘保护层也分别由不同的材料组成。不同场合和要求应选择不同绝缘保护层的导线。如供给消防设备或应急照明用电的导线，在有些情况下需采用耐火导线。具体要求在有关规范中都有明确的规定。

2. 按温升（载流量）选择截面

由于电缆或电线本身具有一定的阻抗，所以当电流流过时，会发热引起温度升高。而当流过的电流超过其允许的额定电流或当其温度过高时，都会破坏线缆的绝缘性能，甚至造成击穿短路，烧毁线缆，保护不当时还会引起火灾。即使不构成短路，长期使线缆在超温的状态下工作，也会加快线缆的老化，影响供电线路的安全性与可靠性。

3. 按电压损失、发热系数等校验截面

同样是由于电缆或电线本身存在着阻抗，所以当电流流过时，除了损耗一定的电能而产生热量外，还会产生一定的电压损失，而这种损失达到一定程度时，就会使用电设备的电压不足而导致设备不能正常运行。所以在选择线缆时，需要计算电压损失，当线路较长造成电压损失较大时，应适当加大线缆的截面。

当若干线缆并排敷设在同一个线槽或电缆桥架内，或线缆穿保护管暗埋于各种介质中时，都会因散热不利增加发热量而影响其载流量。因此，线缆穿管的管径除考虑施工方便外，还需保证其线缆有足够的散热空间。一般线缆所占截面积不应超过其所穿保护管截面积的40%。而对于多根线缆同槽或同桥架的情况，则应适当放大线缆的截面而抵销其相互发热时载流量下降造成的影响。

除了以上几个方面作为选择线缆的重要依据外，有时还需要对其进行热稳定性校验。另外，在选择线缆时还要考虑其机械强度、经济性等其他方面的因素，而这些参数和性能指标都可以从产品说明书或相关技术手册中获得。

综上所述，选择电线电缆的种类和截面大小，需要综合考虑其所带负荷的性质、电压损失的要求、发热条件、敷设方式、机械强度以及导体的载流量和经济性等诸多方面和条件，再选取合适的校正系数，进行计算后，配以合适的保护装置及数据，最后确定电线或电缆的规格和型号。

4. 零线（中性线）及地线（保护线）截面的选择

我国低压配电现多采用三相五线制的供电方式。其中除 $L_1 L_2 L_3$ 三根相线（俗称火线）外，中性线（俗称零线）为N，安全保护线（俗称地线）为PE。

根据我国现行规范《民用建筑电气设计规范》（JGJ/T 16—92）规定，在单相供电线路中，中性线截面应与相线截面相同，而保护线的截面可以为中性线（相线）的

50%。这是从保护线的作用和所能通过的电流大小,尽可能节约有色金属、降低成本的角度来考虑的。但如果是照明配电干线或以气体放电光源(因其存在高次谐波)为主的配电线路,或用电负荷主要为单相(三相严重不平衡)时,中性线与相线的截面应相同,保护线的截面仍可为相线的50%。对于可控硅调光或计算机电源回路,因其存在严重的谐波,所以其中性线截面为相线截面的两倍甚至以上。

凡16mm² 截面以下的线缆,其中性线、保护线的截面与相线相同。

(二)线缆的保护

线缆的保护分为机械保护和电气保护两种。

机械保护即前面提到的穿各种各样的保护管,或用阻燃及耐火材料制成护套,或采用铠装以及内穿钢芯以增加强度等保护方式。

电气保护是根据不同的载流量选择电气保护装置来保护电缆。其保护装置需要对线缆的短路、过负荷(发热)及接地等故障进行保护。在380/220V配电系统中,目前常用的保护装置是空气断路器和熔断器等。

由于配电系统需通过若干层次才能将电能送至用电设备,即用电设备或线路故障的位置不同,其自动保护(断电)的范围就不应相同。举例说明,当自己家里的电器或线路发生故障时,应该只是自家配电箱的空气断路器跳闸,其他人家不受影响。同样当本楼线路短路造成跳闸时也不应该影响其他楼。这就是配电系统保护的选择性,而这种选择性是根据不同线缆的不同截面和载流量,来选择不同整定电流的空气短路器或熔断器来体现的。例如,四芯及以下2.5mm² 截面的铜芯塑料导线在环境温度35℃穿管暗敷时,最大载流量为16A,则在配电箱内的空气断路器整定电流即为16A,在这个回路上的电气设备所用电流最大为16A。若超过这个数值或发生短路、接地等故障时,空气断路器即自动跳闸断电,以保护线路及设备。如果断路器整定不是16A而是32A,则导线承受不了这么大的电流,会发热甚至击穿绝缘,发生故障时不能自动断电而发生火灾、烧毁线缆及设备等事故。依此类推,配电干线的出线空气断路器依据干线承载电流而整定,若在大截面的导线上不加保护装置而并接小截面线缆,就会造成其出线空气断路器不能有效保护小截面线缆而引发事故。所以,断路器与线缆必须是对应的,即线缆变径必须加空气断路器予以保护,这一点十分重要。而前面提到的配电系统保护的选择性又不允许空气断路器保护的级数过多。所以就需要综合各方面因素对整个系统进行优化设计,来满足规范及使用等各项要求。

只有当长度不超过3m,且满足其他一些条件时,减小导体截面可不设保护装置。这种情况一般仅限于配电箱的进线与干线的连接。

三、配电线路的敷设

电线与电缆的敷设方式有多种多样,但究竟采用何种方式在技术及经济上最为合理,且施工上可行、方便,就需要根据建筑的功能、使用环境及不同室内装饰的情况来确定。

(一)线缆的敷设方式

在配电系统中,用来传输电能的导线主要是电线和电缆两大类(室内传输大电流时也会采用各种母线或配电柜内采用的母排)。按其敷设地点不同又可分为室外线路和室内线路。

室外线路:可采用电缆线路或架空线。其中电缆线路又可分为直埋、电缆沟、电缆隧道、电缆排管（管块）等不同的敷设方式。架空线路则多采用杆、塔。

室内线路：分为明敷和暗敷两种。其中明敷的直敷、瓷夹板方式因为较简陋，不安全，故在城市内的新建建筑中已较少使用。而采用金属（塑料）线槽或桥架布线一般只是在机房、配电间、电气竖井及吊顶等无碍观瞻的区域。采用各种金属管、硬质或半硬质塑料管以及金属线槽既可以在机房、竖井或吊顶内明敷，也可以埋在墙、板以及混凝土预制楼板的板孔内。需要强调指出的是，按照有关规范要求，吊顶内敷设电气线路是不允许采用塑料线槽和塑料管的，这一点要特别注意。

（二）电缆的敷设

电缆线路也可以架空敷设，这种方式造价低、施工方便、检修容易、散热条件好，但因其有碍观瞻，且暴露在外易受到损伤，故一般只使用在临时用电的场所，不作为永久固定的设施。

采用直埋、电缆沟或电缆隧道以及电缆管块在室外敷设电缆时，还要考虑电缆防冻、防机械损伤、防火、防蚁及防鼠害等各方面的问题并采取必要的措施。

1. 防冻：电缆在室外应埋在冻土层之下，因而根据各地区冬天最低温度的不同，电缆的最小埋深不同。北京地区一般为地坪下 0.8m，而齐齐哈尔地区则不小于地坪下 2.25m。

2. 防机械损伤：当电缆在农田敷设时，应不小于 1m，这是为了防止农田耕作时损伤电缆。另外，在电缆通过建筑物或构筑物的基础、散水、楼板与穿墙体等处，通过铁路、道路和可能受到机械损伤的地段，电缆引出地平面 2m 及地下室 0.2m 处和其他人容易接触到使其可能受到机械损伤的地方，都需要穿钢管予以保护。

3. 防火：前面已提到，在某些情况和条件下需采用阻燃及耐火电缆。而在电缆沟或电缆隧道中敷设电缆时，需要按规定设置防火墙和防火门等。且电缆在穿墙（门）处的保护管两端应采用难燃材料封堵。电缆垂直穿越楼板处，也应按防火规范的要求采用防火堵料封堵。

4. 防水：在电缆沟或电缆隧道的底部应作不小于 0.5% 的纵向坡度用于排水，并设集水坑（井），用泵排出。有条件时，也可以就近直接排入下水管道。前面所提到的变配电室（电缆分界室）下设的电缆夹层内亦应做集水坑。

5. 防蚁、防鼠害：当电缆在电缆沟或电缆隧道内明敷时，应考虑选用有防蚁、防鼠害的钢带铠装塑料外护套型的电缆。

根据同一路径电缆根数的不同来选择不同的敷设方式。8 根以下可采用直埋，12 根以下宜采用排管，18 根以下采用电缆沟，18 根以上时则应采用电缆隧道。

电缆按其功能及敷设方式的不同，对其自身并与各种设备管道之间的间距都有不同的要求。而且电缆在弯曲时为了不致损伤电缆又便于施工时操作，就需要保证其弯曲半径。电缆的弯曲半径是电缆外径的 10~30 倍，具体可查阅有关手册。

电缆的室内布线也有若干要求，如前所述的在有腐蚀性介质的场所内明敷的电缆宜采用塑料护套电缆，若电缆在电缆间（井）内并排明敷时，应留有最小 35mm 的间距，且不应该叠放。若采用无铠装的电缆在非电气专用的室内明敷时，水平敷设的电缆应高于 2.5m，垂直敷设的电缆应高于 1.8m。否则就需要采取防人畜触碰和防机械损伤的措施。即使采用电缆桥架，其下皮高度也不宜小于 2.5m。如果同一路径的线路数量及种类都很多，可以使电缆桥架层叠放置，但中间应保持一定的间距，便于安装与操作。一般电缆桥架之间或其上部与其他障碍物之间的距离应大于 0.3m。在电缆桥架内多层叠放电缆时，不应该将桥架的空间充满，一般其填充率为 40%～50%，且此时电缆的载流量会因相互发热且散热不利而降低，则在选型计算时需要考虑校正系数。而且不同电压等级的电力电缆、不同性质的（强电与弱电）电缆、向同一负荷供电的双路电源电缆以及普通照明与应急照明电源电缆均不能在同一电缆桥架上敷设。若条件有限无法分开时，必须用隔板隔开。另外，电缆桥架不宜敷设在腐蚀性气体管道和热力管道的上方及腐蚀性液体管道的下方，否则应采取防腐、隔热的措施。

金属电缆桥架宜选用热镀锌型。其整体应做良好的接地。故每段桥架之间都须采用导线垮接。

用于消防配电系统的电缆桥架应采用密闭型并刷防火涂料加以保护，其耐火时限不应低于 1h。当在竖井或配电间内布缆时，采用阻燃或耐火电缆可不穿金属管，其电缆桥架也可以不刷防火涂料。

（三）绝缘导线的敷设

由于建筑物内几乎不可能使用裸导线，所以这里重点叙述有关绝缘导线的敷设问题。

绝缘导线的敷设也可以分为明敷和暗敷两种方式。明敷时，导线可以直接或利用管子、线槽的保护，敷设于墙壁、顶板（棚）的表面。其中不穿保护管或线槽，直接敷设是采用绝缘子、瓷珠或瓷夹板及线卡子等固定。但因这种方式影响美观，且安全可靠性差，耐久性也差，故多用于临建、工棚等场合，永久性建筑物内很少用到。

采用穿管和线槽明敷的布线方式则在许多场所用到。比如建筑装修、旧楼改造等。此时将电气管线预埋在建筑物的墙、板中已不可能，大量剔凿又不允许，则只能采用明敷的方式。需要重申的是，在吊顶内必须采用金属管或金属线槽敷设电气线路。又如在机房、地下室等处，明敷管线具有灵活、方便、直观等优势，所以经常被采用。

暗敷导线必须穿管保护，地面内敷设时也可以穿线槽。不允许将护套绝缘电线直接埋入墙壁、顶板的抹灰层内。究竟是选用何种管材：电线管、焊接钢管（又称水煤气钢管）、薄壁扣压管、金属线槽、金属软管（又称普利卡管或波纹管），还是硬质塑料管、半硬质塑料管、塑料线槽或塑料软管来穿线，除了技术上符合相关规范要求，经济上有利及施工上便利以外，还要特别注意以下一些问题：

（1）直埋于素混凝土内或明敷于潮湿场所的金属管布线，应采用焊接钢管。

（2）由金属线槽引出的线路，可采用金属管、硬质或半硬质塑料管、金属软管等方式，但要注意保护电缆和电线在引出部分不会受到损伤。

（3）吊顶内支线末端可以采用可挠性金属软管保护，但长度有规定，动力线不大于 0.8m，照明线不大于 1.2m。对于各种弱电线路一般也应掌握在 1.2m 以内。

（4）室外地下埋设的线路不宜采用绝缘电线穿金属管的布线方式。

（5）采用塑料管（槽）布线时，应采用难燃材料，其本体及附件都应为氧指数 30 以上的阻燃型制品。另外，暗敷于地下的管路不宜穿过设备基础，如必须穿越时应加套管保护。在穿过建筑物伸缩、沉降缝时，应结合建筑物的形式采取相应的保护措施。

室内金属管布线的管路较长或转弯较多时，要适当加装过（拉）线盒或加大管径。两个过（拉）线盒之间是直线时，相距为 30m；有一处转弯时，不超过 20m；两处转弯时，不超过 15m；三处转弯时，不超过 8m。通常在施工中为方便起见，只要条件允许，每一转弯都设置一个过（拉）线盒。过（拉）线盒的位置不应选在需二次装修的厅堂内，一般应放在较隐蔽但又便于维修的部位。在低处安装的过（拉）线盒位置可以按假插座处理，安装盲板，以利于美观。

进出灯头盒的管路不宜超过 4 根，总进出导线根数不应超过 12 根。进出开关盒的管路不宜超过 2 根，总进出导线根数不应超过 8 根。

（四）电气线路敷设应注意的事项

（1）室内线路的敷设应避免穿越潮湿房间。

（2）敷设在钢筋混凝土现制楼板内的电线管最大外径不宜超过板厚的 1/3。

（3）不同回路的导线除低于 50V 的线路、同一设备或同一联动设备的电力回路和无防干扰要求的控制回路、同一照明花灯的几个回路、同类照明的导线不超过 8 根的几个回路等这些特殊情况外，是不应同管敷设的。

（4）同一回路的所有相线和中性线应同管或同槽。但同槽敷设时载流导线的根数不宜超过 30 根，总截面不应超过线槽内截面的 20%。

（5）强、弱电线路不宜同槽敷设。

（6）弱电不同系统的线路、双电源的两个回路、应急配电与正常配电回路均不宜同槽敷设。受条件限制时，可加隔板后同槽敷设。

（7）线路敷设中所有外露可导电部分均应进行接地保护。

（8）消防用电的配电线路采用暗敷时，应敷设在不燃烧体结构内，且保护层厚度不宜小于 30mm。

（9）若采用明敷时，应采用金属管或金属线槽并刷涂防火涂料加以保护。

综上所述，不论是采用电缆还是电线，不论是明敷还是暗敷，不论是穿管还是走槽等等，电气线缆的敷设方式多种多样。建筑电气技术人员需要根据具体使用要求及现场环境，来选择一种技术、经济上及施工方面都合理的材料及敷设方式来保证对用电设备安全可靠的供电及控制，这是一项非常重要的工作。要完成好这项工作，同时还需要电气专业与其他各相关专业技术人员的密切配合和合作。

思 考 题

1. 与其他能源相比，电能具有哪些特点？
2. 电能按转换方式不同分为几类？举例说明。
3. 电力系统主要由哪几部分组成？各自的主要功能是什么？
4. 简述电力负荷等级及其供电要求。
5. 变配电设备主要有哪几种？
6. 配电系统的基本形式有哪几种？各有什么特点？
7. 变配电所的结构形式有哪几种？其选址主要考虑哪些问题？
8. 什么情况下建筑物需设置应急柴油发电机组？
9. 电线、电缆截面的选择方式有哪几种？零线及地线截面的选择原则是什么？
10. 电线、电缆的保护方式有哪几种？各是什么含义？
11. 简述电缆的敷设方式以及要注意的主要问题。
12. 简述电线的敷设方式以及要注意的主要问题。

第十七章 建筑照明

第一节 建筑照明的基本概念

自古至今,所有建筑都离不开照明,也就是说,照明是建筑的一个重要组成部分。照明设计与施工,是建筑设计与施工的重要组成部分。所以有人说"光是建筑的第四维空间"。实现明快、舒适、真实、优美的照明环境,节能环保,并可方便地操作及控制各种照明是衡量现代建筑水平的重要标准之一。

建筑照明的目的,就是根据不同建筑物以及不同场合的视觉要求,使照明区域获得良好的视觉效果。且照度合理、显色性好、亮度分布均匀。同时在充分利用好自然光的基础上,选择最佳控制方式,达到节能降耗的目的。另外还要注意消除阴影、控制光热及紫外线辐射并最大限度的限制眩光。

一、光学基本概念

光是一种电磁波,其波长在380～780nm之间时会使人的肉眼产生光感,则这部分电磁波就称为可见光。不同波长的可见光,在人眼中反映出不同的颜色。而波长大于780nm的红外线和波长小于380nm的紫外线等都不能引起人眼的视觉反映。不同颜色的光会影响人的感觉、情趣、工作效率、食欲和精神状态,还可以用来治疗某些疾病。

常用的光学计量单位有以下几个:

1. 光通量:是指单位时间内光辐射能量的大小,即光源发出光的量。其符号为ϕ,单位为流明(lm)。

2. 发光强度(光强):其表示光源在不同方向上光通量的分布特性。其符号为I_θ,单位为坎德拉(cd)。

3. 亮度:可以简单定义为表面上一点在给定方向、单位面积上的光强。其符号为L_θ,单位为每平方米坎德拉(cd/m^2),又称尼特。

4. 照度:是指被照面上所接受的光通量。其符号为E,单位为勒克斯(lx)。

照度是照明工程中最常见的术语,也是照明技术中重要的基本概念。所以,在照明工程中,通常把照度值作为考察照明效果的量化指标,但它不是衡量照明水平高低的惟一指标。

二、照明方式与种类

1. 以安装场所不同可分为室内照明与室外照明。
2. 以作用不同可分为正常照明与应急照明。
3. 以功能不同可分为一般照明、重点照明、局部照明、定向照明、专用照明、警卫照明及障碍照明等。

三、电光源

人类对电光源的研究始于18世纪末,首先是英国人发明的碳弧灯,但无使用价值。

直到1879年，爱迪生发明的具有实用价值的碳丝白炽灯，才使人类从漫长的火光照明进入电气照明时代。

由于电光源的转换效率高、电能供给稳定、控制和使用方便且安全可靠，它已成为人类日常生活的必需品，同时也在工业、农业、科学研究、交通运输和军事领域中发挥着重要作用。

在电光源发明至今的一百多年里，其不但得到了迅速的普及，也得到了迅猛的发展。从一般的白炽灯发展到以钨丝为白炽体的白炽灯，进一步发展到充气白炽灯，使其发光效率和寿命有了很大提高。20世纪30年代末荧光灯的问世，使电光源的发光效率和寿命成倍增长，实现了电光源技术的突破。后来又陆续发展的高压汞灯、卤钨灯、金属卤化物灯和高压钠灯、紧凑型节能荧光灯，使电光源进入了小型化、节能化和电子化的新时期。

(一) 电光源的种类

我们所说的光源主要是指电光源，按其工作原理不同主要有以下几类：

1. 热辐射光源：只要物体的温度高于0℃，就会向周围空间发射电磁波。当物体的温度达到500℃以上时，所发射电磁波的波长位于可见光区。利用电流将物体加热到白炽程度所产生的可见光来用于照明的光源称为热辐射光源。常见的有白炽灯、卤钨灯等。

2. 气体放电光源：电流流经气体或金属蒸气，使之产生气体放电而发光的光源。常见的有各种荧光灯，高、低压汞灯、钠灯、金属卤化物灯、氙灯以及霓虹灯等。

3. 电致发光光源：在电场的作用下，载流子产生并运动，而导致固体物质发光的光源。它将电能直接转变为光能。包括场致发光光源和发光二极管两种。

发光二极管（LED）是一种固态的半导体器件，利用其P-N结内电流流过时电子与空穴复合以光子的形式发出能量而产生光。其所产生的光的波长也就是光的颜色，是由形成P-N结的材料确定的。

发光二极管作为一种新型电光源，具有良好的发展前景。特别是其在光线特性、高效节能环保方面占有绝对的优势，但其价格昂贵，特别是高亮度级的或特殊颜色的。目前同样流明的LED光源的价格是白炽灯光源的40倍。因此，其使用范畴尚局限在家电、汽车、室内外显示屏等处。相信随着LED技术的普及和发展，其成本也会进一步降低，LED用于一般通用照明已成为其未来发展的一个非常重要的发展方向。

4. 激光发光光源：激光是20世纪人类的重大科技发明之一，它对人类的社会生活产生了广泛而深刻的影响。激光的发光原理是光的受激辐射，使处在激发状态下的原子受到外来光的激励作用而跃迁到低能级，同时发出一个与激励光子完全相同的光子，从而实现光的放大。因而它与自发辐射的普通光源不同，具有极好的方向性、极高的光亮度和相干性。普通光源向四面八方辐射，而激光可以基本沿着一条直线传播。尽管激光输出的能量有一定的限度，但它能够在比普通光源小得多的立体角内和很短的时间内将能量输出，所以它的亮度比普通光源要高上百万倍甚至几十亿倍。

目前激光除用在现代工业、农业、医学、通信、军事及科学研究领域外，在一般照明领域主要应用于舞台效果、城市夜景照明等场所。但随着激光技术的不断发展，激光器已有望在照明领域作为节能高效光源来取代一般电光源。

5. 光源的主要光电参数有：额定电压（单位：V）、额定功率（单位：W）、额定频率（单位：Hz）、工作电流（单位：A）、启动电流（单位：A）、寿命（单位：h）、启动时间

(单位：s 或 min)、再启动时间（单位：s 或 min）、光通量（单位：lm）、显色指数（Ra）、色温（单位：K）以及光束角、灯头规格、外形尺寸、燃点位置、光源表面温度、功率因数、谐波含量等。

（二）建筑照明常用的光源

1. 白炽灯：靠电能将灯丝加热至白炽状态而发光。特点是能迅速点燃，不需要启动时间，能频繁开关，显色指数高，不需要镇流器等附件，有良好的调光性能。但光效低、寿命短、运行费用较高。

2. 卤钨灯：与白炽灯的原理相近，只是在灯管内充入碘、溴等惰性气体来延长其寿命。所以其与白炽灯具有同样的性能但寿命有所提高。且它的耐振性差，不宜用在有振动的场所。

3. 荧光灯：荧光灯为低压汞蒸气放电灯。灯管可做成直形、环形、U形、H形等。其特点是光色好、光色柔和、光效较高、寿命长。但需镇流器、启辉器等附件，温度及电压低时启动困难，不易调光，有频闪，会降低对运动物体的分辨能力。

4. 高压汞、钠灯：利用石英玻璃做成放电管，内充汞、氩气或再充入钠，靠电极击穿放电产生的弧光来发光。特点是体积小、光效高。但显色性差，低温低压时启动难，熄灭后再启动需 5~15min 不等。

5. 金属卤化物灯：它的结构及工作原理与高压汞灯相似，只是在灯管内加入某些金属卤化物。特点是光效高，光色较好，启动电流低，光通量受电压影响小。金属卤化物灯是近年发展起来的新光源。

四、照明质量

如前所述，人类需要良好的照明环境来生活和工作，而天然采光并不能充分满足人们对照明环境的要求，往往需要采用人工照明或补充人工照明。而人工照明主要是利用电光源来实现。

通常情况下，照明质量反映在以下五个方面：

1. 亮度与亮度分布：一般来说，被照物体的亮度越大，看得就越清楚。但若超出了人眼的适应范围，反而会使人眼感觉不适而影响视觉。所以要选择合适的亮度。

在视野内要有合适的亮度分布。亮度反差过大（即不均匀）会使视觉不适，但过度均匀又会使环境单调而缺乏立体感。

2. 照明的均匀性：照明的均匀性是以被照场所的最低照度 E_{min} 与最高照度 E_{max} 和平均照度 E_{av} 之比来衡量的。E_{min}/E_{max} 称为最低均匀度，E_{min}/E_{av} 称为平均均匀度。

3. 光源的显色性：照明光源的颜色特性包含两个方面：即照明光源本身的色温（与光源的光谱成分有关）和对被照物体颜色的显色性能。光源颜色根据其色温不同划分为三类，<3300K 的为暖光源；3300~5300K 之间的为中间光源；>5300K 的是冷光源。由于不同色温的光源不但会使被照射物体的颜色显示出变化，还会影响到光效。所以选择具有较好显色性又具有高光效的光源是十分必要的。

4. 照明的稳定性：照明不稳定会影响人们的注意力和情绪。影响照明稳定性的因素主要有两个方面，一是电压不稳定造成照明亮度的变化。二是在放电光源中，由于电源频率变化造成光的频率变化（频闪）。而这种变化使得运动物体显现出与实际运动的不同，甚至造成错觉。

5. 眩光：眩光是指在视野内由于亮度分布或范围不合适，或存在时间及空间上的极端亮度对比，而引起的不舒适感或降低观察细部及目标能力的视觉状况。眩光所造成的后果是产生失能或不舒适。眩光可分为直接眩光、反射眩光、失能眩光、不舒适眩光、光幕反射等。

控制或减小眩光可采取不同灯具或安装方式的措施，根据照明场所对眩光限制要求的不同，可将直接眩光程度分为三级（或五级）。要求较高的无眩光场所，如机房、教室等为Ⅰ级；要求一般的有轻微眩光的，如候车室等为Ⅱ级；要求较低的有眩光感觉的，如仓库等为Ⅲ级。

照明质量的好坏，不能靠一两项参数或指标来判定，必须根据具体要求与环境进行综合判定，有取有舍，创造一个合理的、经济的、较为完善的舒适照明环境。

第二节　室内、室外照明及应急照明

一、室内照明

室内照明需要根据室内功能的不同，采用各种不同的照明方式，侧重点也有所不同。营造出一个满意的照明环境且符合安全、节能、环保等各方面的要求，是一项复杂的系统工程。不同使用功能的建筑物的照明设计需要重点注意以下问题：

1. 办公建筑：一般办公室的照明光源宜选用4000～4600K色温的直管荧光灯，显色指数60～80，眩光限制质量等级为Ⅰ级。办公室的照明灯具应布置在工作台两侧，应使荧光灯具的长轴与视线相平行。一般办公室照度取值为200～500lx。

2. 教学建筑：教室照明宜选用4000～5000K色温的、显色指数大于80的荧光灯，眩光限制质量等级为Ⅰ级。教室内灯具布置应使荧光灯的长轴与学生视线平行，且与黑板垂直。教室照度取值为200～500lx。

3. 图书阅览建筑：图书阅览建筑宜选用色温为4000～5000K的直管荧光灯，显色指数大于80，眩光限制质量等级为Ⅰ级。阅览室内的灯具布置宜与阅览人员的主视线平行，照度取值为200～500lx。书库照明的要求可有所降低，但需注意保证书架上的照度及防火。

4. 商业建筑照明：商店中的一般照明，当层高低于3.5m时，宜采用荧光灯。层高在3.5m以上时，可采用气体放电灯。光源的色温以3300～5500K为宜，显色指数大于80，眩光限制质量等级不低于Ⅱ级。

5. 医疗建筑照明：医院照明宜选用低色温、高显色性的光源。除手术室外，照度取值范围50～200lx，眩光限制质量等级为Ⅱ级。手术室照度取值范围500～1000lx，眩光限制质量等级为Ⅰ级。另外，医院内照明要考虑设置紫外线杀菌灯。

6. 博展建筑照明：博展建筑对光源的显色性和光色要求是接近自然光。光源色温的选择根据展品对光的敏感性强弱选择3000K、4000K、6500K不等，照度取值范围50～300lx不等，博展建筑照明要特别注意的一点是采取防护措施来减小红外线和紫外线对展品的损坏。

7. 影剧院照明：影剧院内的舞台灯光带有很强的专业性，一般都是由专业公司和专业技术人员进行设计和施工的。观众厅内照明的亮度分布要合理，宜采用低亮度光源并可以平滑调光。眩光限制质量等级不应低于Ⅱ级。注意灯具的设置要便于检修。

8. 体育场馆照明：体育场馆的照明设计也是一项专业性很强的工作。根据场地内训练及比赛内容的不同，对照度、均匀度、眩光控制程度、实感效果等照明参数有不同的要求。宜选用金属卤化物灯并应满足彩色电视转播、文艺演出等对照明的需求。

9. 旅馆、餐饮以及住宅内的照明：个性化较强，一般多为预留电源，结合装修来布置各类灯具。需要特别注意的是，按照规范要求，低于 2.4m 安装的灯具，必须加穿 PE 保护线。

二、室外照明

室外照明的范畴包括广场及道路照明、航空障碍灯、景观照明、建筑物立面照明等。

1. 广场及道路照明：包括各种广场灯、路灯等。

2. 航空障碍灯：在机场保护区、航路上的人工障碍体以及高大建筑物为防止飞机碰撞而在规定的位置上装设的飞行障碍标志灯。

3. 景观照明：为装饰及点缀夜景环境，同时兼顾部分实用照明所设置的庭园灯、草坪灯、雕塑灯、树灯、喷泉灯、激光灯、水下灯等等。

4. 建筑物立面照明：可以体现建筑物夜景效果。包括泛光照明、轮廓照明以及内透光照明等。

三、应急照明

（一）应急照明的分类

应急照明是指在非常情况下，为保证安全，供人员疏散或短时继续工作用的照明。应急照明又分为疏散照明、备用照明和安全照明。

1. 疏散照明：是指正常照明失效后，用作安全正确引导人员至安全出口而设置的指示性照明。包括安全出口标志灯、疏散指示标志灯和疏散照明灯。

2. 备用照明：是指正常照明失效后，用作继续进行正常工作或活动而设置的照明。

3. 安全照明：是指正常照明失效后，为确保处于潜在危险的人或物的安全而设置的照明。

（二）对应急照明的要求

1. 应急照明必须采用能够瞬时启动的光源。当应急照明作为正常照明的一部分，并且应急照明和正常照明不会出现同时断电时，应急照明则可选用其他光源。

2. 当正常电源断电时，照明应该自动转换为应急电源工作状态。其转换时间为：用于疏散照明和备用照明时不应大于 15s（金融商业交易场所不应大于 1.5s）；用于安全照明时不应大于 0.5s；而自带电源型应急灯和集中电源型应急灯，当正常电源断电转换为应急电源供电再燃亮的时间不应大于 1.5s。

3. 疏散照明的地面水平照度不应低于 0.5lx，人防工程 1lx。除消防控制室、消防水泵房、配电室、自备发电机房等，以及在发生火灾时仍需坚持工作的其他房间的应急照明，仍应保证正常照明的照度外，其他场所的备用照明应不低于正常照明的 10%。

4. 安全出口标志灯设在出口顶部。疏散通道的指示标志灯设置在走道及其拐角处距地面 1.0m 以下的墙上，间距不大于 20m。人防及地下建筑内不大于 10m。

5. 应急照明和疏散指示标志，可采用蓄电池作备用电源。一般在正常电源断电后连续工作时间不应小于 20min。百米以上超高层建筑及人防工程连续供电时间不应小于 30min。

第三节　建筑照明灯具及绿色照明

一、建筑照明灯具

灯具是把光源发出的光进行再分配的装置。

1. 灯具的作用：灯具的作用包括合理配光、防止眩光、提高光源使用率、保护光源免受机械损伤并为其供电，保证照明安全以及装饰美化环境等。

2. 灯具的特性：灯具的特性主要包括灯具的效率、配光曲线和遮光角等。

3. 灯具的分类：灯具可以按其光通量在空间上下两半球的分配比例、结构特点、用途和固定方式进行分类。

（1）按光通量在空间上下两半球的分配比例分类分为：直射型、半直射型、漫射型、间接型和半间接型。

（2）按结构形式不同分类分为：开启式、保护式、密封式、防爆式。

（3）按用途分类分为：功能型灯具，解决"亮"的问题，如荧光灯、路灯、投光灯、聚光灯等；装饰性灯具，解决"美"的问题，如壁灯、彩灯、吊灯等。当然，两者相辅相成，既亮又美的灯具也不少见。

（4）按固定方式分类分为：吸顶灯、嵌入灯、吊（链、线、杆）灯、壁灯、地灯、台灯、落地灯、轨道灯等等。

（5）特殊场合使用的灯具，比如潮湿场所宜采用防潮灯具；部分环境恶劣的机房宜采用防水防尘灯；有可燃性气体爆炸危险的场所采用防爆灯；商业及食品加工处加设紫外线消毒灯及防蝇灯；地下汽车库采用导向灯等等。

二、绿色照明

所谓"绿色照明"，是在20世纪90年代提出的一种理念，是以在照明工程中倡导节约能源、减少污染、保护环境为原则，来提高人们的工作和生活质量。与"绿色建筑"、"绿色工业"、"绿色农业"等冠以"绿色"头衔的各种称谓具有类似的含义。

鉴于人们对工作及生活质量要求的提高，照明用电量也在不断增加，但其所占总电量的比例却不断下降，这得益于照明能效的不断提高。由于不断研制、开发和利用各种新型光源和灯具，使得照明能效从20世纪60年代的26lm/W发展到20世纪末的65lm/W。

实现并发展"绿色照明"的手段和方法有很多种，但需解决以下三个主要问题：

1. 加速研发并大量采用节能、环保、高效的光源和灯具

目前广泛使用的荧光灯等照明光源，虽然具有较低的成本和优良的发光效率，但因其存在调光成本高、在接通电源后不能立即全额光通量输出以及其含有污染环境的汞等缺点，进一步的推广使用受到限制。而氙灯无污染，却耗能高。因此，不含汞的高效荧光灯以及高效半导体发光二极管（LED）等是目前大力推广和发展的新型光源。另外，采用新型反光材料、优化灯具设计来提高灯具的效率，避免产生眩光等光污染，也是实现"绿色照明"的手段之一。

2. 优化照明设计，合理选配照度

实现"绿色照明"，除了具有节能环保的光源和灯具产品可供选择和使用外，要根据视觉需要，合理的选择照度水平。要合理布置灯具，尽可能采用分区一般照明或非均匀布

灯的方式。要处理好照明装置的技术特性及其初投资与长期运行费用之间的综合经济效益关系。

3. 改善控制手段，提高控制水平

采用分区方式控制照明、部分场所实现自动或手动调光、采用智能化变场景控制器（BUS）实现灯光的自动控制等都对照明节能十分有利。

4. 充分利用天然采光、定期清扫灯具以提高光效等也是实现"绿色照明"的有效方法。

我国2004年实施的国家标准《建筑照明设计标准》对照明节能有明确和严格的要求，多是以"强制执行条款"的形式提出的，这说明了国家在这方面的重视程度。随着各种新型光源、灯具及控制技术的不断涌现和发展，节能、环保、便捷、高效、智能化的照明方案和装置将更多地应用于现代化建筑及其他各个领域，"绿色照明"也将拥有更大的发展空间。

照明工程是建筑工程中的一个重要组成部分，它既相对独立又与人文环境、建筑技术等各方面关联密切。真正做到照明环境的和谐、逼真、美观、合理、方便、节能、环保并不是一件易事，需要各相关专业的紧密配合和共同协作才有可能实现。

思 考 题

1. 常用的光学计量单位有哪些？
2. 建筑上的常用光源有哪几种？
3. 一般用哪些指标来描述照明质量？
4. 举例说明不同建筑物对照明的不同要求。
5. 室外照明的范畴是哪些？
6. 应急照明如何进行分类？
7. 对应急照明有哪些基本要求？
8. 实现"绿色照明"的主要方法有哪些？

第十八章 建筑物的防雷与接地

第一节 建筑防雷

雷电作为一种自然现象，会给地球带来灾难。对人类、牲畜、建筑物和树木都存在严重的威胁。电能虽然是一种方便的能源，但使用不当同样会造成危害。因此，采取有效的防雷措施对建筑物和人员、设备的安全至关重要。同样，接地保护是安全可靠用电的另一个重要方面。而建筑防雷与接地之间又存在密切的联系，所以建筑物和电气设备的防雷与接地是建筑电气专业技术领域的重要组成部分。

一、雷电的基本形式

雷电是处于天空中带有不同电荷的云间出现放电时，所产生的强烈的光和热。光称之为"闪"，而热使其周围的空气突然急剧膨胀，发出霹雳的轰鸣声，称之为"雷"。

雷电具有线状、片状和球状等不同的形式，也可以分为直击雷和间接雷两种，其中间接雷又称为感应雷。而不论是什么形式的雷电，其与地面接触就称之为"雷击"。这种雷击还会诱发出达数十万伏的电压，沿着供电线路、金属管道等，高速涌入建筑物内部，从而引起故障。一次雷电的放电时间虽然仅约为 $20\sim100\mu s$，但因其电压高、电流大，所以它的破坏能力是十分巨大的。

二、雷电对物体的破坏性

1. **机械性破坏**：是由于强大的雷电流通过物体时产生的巨大电动力和所产生的热量使物体内部的水分急剧蒸发而产生的内压力，两种力作用于同一物体中，就会使其承受不了而断裂、垮塌和折损。

2. **热力性破坏**：雷电产生的巨大热量使物体燃烧和金属材料熔化。

3. **绝缘的击穿性破坏**：极高的电压使供配电系统中的绝缘材料被击穿，造成短路等电气事故。

4. **无线干扰性破坏**：由于雷电在放电过程中会产生大量的高频杂波、谐波，对通信、广播、电视、雷达等电子设备和系统有强烈的干扰破坏作用。

三、雷电活动规律

1. 从地理条件上看，湿热带地区雷电活动较干冷地区的活动频繁。在我国华南、西南地区的雷电活动就多于华北、西北地区。用"年平均雷暴日数"来衡量一个地区或城镇遭受雷击的可能性大小是比较客观的。比如海南省海口市的年平均雷暴日数达 114.4，而青海格尔木市的年平均雷暴日数仅为 2.3。

2. 从季节上看，春季雷电开始活动，夏季最为剧烈，秋季开始减少，至冬季可能消失。

3. 从地形上看，坐落在山谷、潮湿地带、河湖边、土壤结构不同的地质交界处、地下有矿脉及地下水露头处，遭受雷击的可能性较大。

4. 对建筑物来说，旷野中孤立的建筑物和建筑群中的高耸建筑物，建筑物的金属屋顶、金属框架，钢筋混凝土的构筑物，常年蓄水的水塔，潮湿及生产、贮存易挥发物的建筑物都较易遭受雷击。

四、建筑防雷的目的

为了使建筑物及建筑物内的人员和电气设备不致在雷电袭击时遭受损坏，就需要采取不同的措施对其进行防雷保护。其目的在于：

1. 当建筑物遭受直击雷时，防止其本体遭受损坏。
2. 当建筑物遭受直击雷或雷电波侵入时，保护建筑物内的人员安全。
3. 保护建筑物内存放的危险物品不致因雷击和雷电感应而损坏、燃烧和爆炸。
4. 保护建筑物内的电气设备和线路不受损坏。
5. 保护建筑物内的电子设备和线路不受干扰。

当然，采取各种防雷措施后，建筑物及其设备的安全度也并不是100%，也不可能保证建筑物、人或被保护对象得到绝对的安全。然而，按照国家有关标准规范设置防雷装置后，会大大减少雷击损坏的风险。

五、建筑防雷的设计标准

我国国标《建筑物防雷设计规范》（GB 50057—1994）是建筑防雷设计的基本依据，目前执行的是2000年版。当然，还要根据建筑物的重要性、使用性质、发生雷电事故的可能性和后果、建筑物自身的特点以及当地的雷电活动情况及环境条件等因素来综合考虑是否安装防雷装置及安装何种类型的防雷装置。

按照国标 GB 50057—1994 的规定，我国建筑物防雷分为三类。建筑物有所列三种情况之一的为第一类防雷建筑物；建筑物有所列九种情况之一的为第二类防雷建筑物；建筑物有所列六种情况之一的为第三类防雷建筑物；具体要求和内容可查阅有关规范。

需要指出的是，在建筑物防雷分类中所提到的火灾和爆炸危险环境区域划分为0、1、2区和10、11、21、22、23区，具体划分原则可查阅有关手册。

确定了建筑物的防雷等级，就要采取合适的防雷措施来满足防雷规范所提出的各项要求。

六、建筑防雷措施

既然雷电的产生与地质、地貌、气象、环境等条件和雷电活动规律以及建筑物自身的特点等各种因素都有关系，所以就需要根据具体情况在技术、经济上进行比较，采取安全可靠、技术先进、经济合理且施工简便的防雷措施。

对于不同形式的雷击对建筑物及设备所产生的不同破坏，防雷采用的手段也不相同。防直击雷主要采用接闪器、引下线、接地装置系统；防感应雷主要采用将所有设备的金属外壳可靠接地、等电位联结系统；防雷电波侵入则采用避雷器、电涌保护器（SPD）；将它们综合在一起，便形成了建筑物的防雷系统。

七、防雷设施

包括接闪器、引下线、接地装置、避雷器、电涌保护器及其连接导线。

1. 接闪器

接闪器就是指在建筑物的顶端所设置的最为突出的金属导体。当有雷电形成时，由于在接闪器处所感应形成的电场强度最大，所以最容易与雷电之间构成导电通路，使巨大的雷电流通过接闪器，经引下线和接地装置引入大地，而不至于对建筑物及人员、设备造成损伤或损坏。防雷接闪器常见有三种形式：避雷针、避雷带和避雷网，这三种形式可独立使用，也可以任意组合使用。

避雷针：一般采用镀锌圆钢或焊接钢管，形式最为简单。多将其置于建筑物屋顶的高耸或孤立部分。针顶多为尖形。对它的材料要求是：针长1m以下时，圆钢直径不小于12mm，钢管直径不小于20mm；针长1~2m时，圆钢直径不小于16mm，钢管直径不小于25mm。烟囱上的避雷针另有要求。避雷针要考虑防腐措施，除采用镀锌材料并涂刷防锈漆外，在腐蚀性较强的场所，应适当加大材料截面或采用其他防腐措施。

单支避雷针所安装的高度和位置能够对建筑物形成多大的保护面积，需要根据滚球法进行计算确定。

避雷针在安装时其下部固定部分一般应为针长的1/3，如果是插入水泥墙内固定，可为针长的1/4~1/5。

有些建筑物屋顶上设有直升飞机停机坪，这时候安装避雷针应考虑直升飞机的自身高度，即避雷针的保护范围应该包括直升飞机停放时的高度。但这样有可能会影响飞机的起降，可采用电动或手动方式，将避雷针随时竖起或放倒。

金属旗杆可作为避雷针，其顶部是针状或球状都可以。

屋顶上装有电视（广播）用天线杆时，其自用的避雷针不能用来保护建筑物。

避雷带和避雷网：由于建筑物的造型各有千秋，所以在考虑避雷措施时，还要考虑与建筑形式相结合，尽量避免破坏建筑的整体形象及美观。

避雷带就是采用圆钢或扁钢在屋顶等处敷设用作接闪器，多采用圆钢。用作接闪器的避雷带圆钢直径不应小于8mm，采用扁钢时截面不应小于48mm^2，且厚度不小于4mm。同避雷针一样，明装避雷带要考虑防腐措施，除采用镀锌材料并在焊接处涂刷防锈漆外，在腐蚀性较强的场所，应适当加大材料截面或采用其他防腐措施。

当条件具备时，也可以将避雷带暗敷在建筑物的构件内，或直接利用构件内符合要求的钢筋来作接闪器。

当建筑物屋顶面积较大或其他原因，仅在其外廊敷设避雷带不能满足规范要求时，需要将避雷带构成网状，即为避雷网。对第一类防雷建筑物，其避雷网的网格尺寸应不大于5m×5m或6m×4m。第二类防雷建筑物，其避雷网的网格尺寸应不大于10m×10m或12m×8m。第三类防雷建筑物，其避雷网的网格尺寸应不大于20m×20m或24m×16m。

避雷带（网）的安装有一定的要求。在水平敷设时，其支架间距不大于1m，转弯处不大于0.5m。屋顶中间敷设可采用预制混凝土支座支撑，间距不大于2m，支架高度不小于0.1m。

还可以利用建筑物屋顶的金属构架或金属屋面作接闪器，当然要符合规范的基本要求。如金属板或金属构件之间必须有良好的电气连接，且具有持久的贯通连接。为防止金属板遭雷击后穿孔，其不同材料的厚度应不小于以下数值：铁板4mm，铜板5mm，铝板7mm。金属板上还不应有绝缘覆盖层（薄的油漆、0.5mm以下的沥青层或1mm以下的聚氯乙烯均不属于绝缘层）。

特别需要指出的是，在同一场合可以有多种接闪器同时并存，这就需要将它们有效可靠的连接在一起。另外，屋面上的所有金属突出物，如天线、彩灯、广告牌、爬梯、栏杆、设备、管道、航空障碍灯及其他金属构筑物等，都应与屋面上的防雷装置可靠电气连接。而其他非金属物体，如烟道、风道、天窗等若高出屋顶避雷带（网）的位置，则需单加避雷针加以保护。

当建筑物高于一定的高度（第一类高于30m，第二类高于45m）时，还要采取措施防侧击雷。这些措施包括自30（45）m起每6m在建筑物四周敷设水平避雷带（通常使用建筑物的圈梁或框架梁内的水平钢筋）与引下线连接，30（45）m以上的外墙金属栏杆、金属门窗、铁翼等与防雷装置相连，垂直敷设的金属管道或金属物与防雷装置连接等。第三类防雷虽未提出明确规定，但若建筑物超过45m高时，也应考虑防侧击雷的措施。

2. 引下线

引下线就是指连接接闪器与接地装置之间的金属导体。利用它来将接闪器承受的雷电流引至接地装置。引下线多采用圆钢或扁钢（角钢），有明敷和暗敷两种方式。

根据现代建筑的结构形式，引下线多采用柱内或墙内的主钢筋，也可以利用建筑物的钢柱、金属烟囱等作为引下线。对优先采用的钢筋混凝土柱内主筋作为引下线是有一定要求的，即不应采用直径6mm以下的钢筋作引下线。在采用直径为16mm及以上的钢筋时，应将两根钢筋贯通作为一组引下线；若作为引下线的钢筋直径不足16mm，也可采用直径8～10mm的钢筋，但需将四根钢筋贯通作为一组引下线。

引下线之间的间距也有明确规定，即引下线之间的水平间距，第一类不大于12m，第二类不大于18m，第三类不大于25m。建筑物外廊各个角上的柱筋应优先利用。

明装引下线是采用直径不小于8mm的圆钢或截面不小于48mm²且厚度不小于4mm的扁钢，沿建筑物的外墙敷设。也可以利用金属烟囱、钢柱、铁爬梯、金属楼梯等作引下线。但应保证它们各部分之间有可靠良好的电气通路。

对于独立基础的建筑物，应在尽可能远离柱子的外墙面上明敷引下线。

引下线的保护管要用绝缘管，不宜使用钢管。但可以采用角钢扣在墙面上用作引下线。

采用明敷引下线时，在地上1.7m至地下0.3m处以及其他易受到机械损坏或人身触及的地方，应改为暗敷或采用穿管等其他保护措施。

除周长不超过25m且高度不大于40m的建筑可只设一根引下线外，引下线的数量不应该少于两根。而且应在建筑物的四周均匀或对称布置，但间距不应大于25m。

引下线与接地装置之间在距地0.3～1.8m处要设置断接卡子，即可方便的将引下线与接地装置断开或引出，供测量、外接人工接地装置或等电位联结等用。而若为暗敷引下线，想将引下线与接地装置完全断开是不可能的，但也需选出若干处作接地体的连接板，即将引下线引出（一般距地0.5m），来用作测量、外接人工接地装置或等电位联结。

3. 接地装置

接地装置包括接地体和接地线，是将电流散入大地的装置。除少量特殊情况，如直埋铠装电缆的金属外皮、直埋金属管、金属电杆等利用其自身自然接地外，还可以建筑物的基础兼作接地体，也可以设置人工接地体。

不同类别的建筑对接地装置有不同的冲击接地电阻阻值要求。对第一、二类建筑物，应不大于10Ω。对第三类建筑物，应不大于30Ω。

接地装置在敷设方式上也有所区别。

暗敷接地装置通常是利用建筑物的基础兼作接地体。这种方式简单、经济、防腐性好。当然对这种方式也是有一定要求的，比如基础的外表不应有防水层，但若为沥青质的防水（腐）层时，因其对基础网电阻的影响很小，就可以利用其基础作接地体。

如果利用建筑物的基础作接地体的条件不满足时，需敷设人工接地体。如在基础槽的最外边做周圈式的接地装置或在建筑物周围垂直打人工接地体等都是采用较多的。垂直埋设的接地体，宜采用扁钢、圆钢、角钢。水平埋设的接地体，宜采用钢管、圆钢。圆钢直径不应小于10mm；扁钢截面不应小于100mm^{2}且厚度不应小于4mm；角钢的厚度不应小于4mm；钢管的壁厚不应小于3.5mm；人工垂直接地体有时又称接地极，长度一般为2.5m。从施工方便等角度考虑，多采用直径19mm的镀锌圆钢或直径50mm的镀锌钢管。

当雷电流经地面雷击点或接地体散入大地周围土壤时，在其周围会形成电压降。如果正巧有人在附近走动，由于两脚所处的位置不同，则电位就不同，之间会存在一定的电位差，从而会有电流流过人体。因为人的步距通常为0.8m，所以称这种电位差为跨步电压。当这个电压达到一定程度时，就会对人造成危害。

为避免跨步电压造成的危害，规范规定防直击雷的人工接地体距建筑物出入口或人行道不应小于3m，当小于3m时应采取下列措施之一：

水平接地体局部埋深不应小于1m。

水平接地体局部应包绝缘材料。例如可采用50～80mm厚的沥青层。

采用沥青碎石地面或在接地体上面敷设50～80mm厚的沥青层，其宽度应超过接地体2m。

当雷电流通过引下线至接地装置时，由于引下线和接地装置本身都具有一定的电阻及电抗，流过电流时就会产生压降，这种压降有时会高达几万伏至几十万伏，一旦有人接触到引下线，由于手脚之间的电位不同，就会产生触电危险。这个电压称为接触电压。

为了避免接触电压对人产生威胁，明装引下线应安装在人不易接触到的阴角，并加装绝缘保护。特殊场合，需加护栏防护。

4. 防雷装置的安装与维护

不论是接闪器、引下线，还是接地装置，为保证其良好的导电性，除个别特殊情况可采用螺栓连接或铆接外，都应该采用焊接的方式进行连接。其焊接的长度等都有具体要求。且除埋设于混凝土中的焊点之外，所有焊点处应进行防腐处理。只有在建筑构件内钢筋之间的连接可采用绑扎法，但要保证构件之间连接成电气通路。

人工接地体周围的回填土不得采用砖石、灰渣之类的杂土，且必须夯实。

防雷装置施工完成后，应使用接地电阻测量仪（接地摇表）测定其接地电阻值，其阻值要符合规范及设计的要求，若达不到要求，就需要补做人工接地体，直至达到要求为止。

当由于土壤电阻率较高而造成接地电阻达不到设计要求时也可以采取其他措施来降低其土壤电阻率。如采用电阻率较低的土壤（黏土、黑土等）替换电阻率较高的土壤。也可以将接地体的埋深加大来降低电阻值。还可以使用接地电阻降阻剂，但需注意环保问题。

建筑物设置防雷接地装置后，是将雷电吸引到接闪器并通过引下线和接地装置分散至大地中。所以，安装了避雷装置的建筑物比未安装避雷装置的建筑物遭受雷击的几率要高得多，但其安全性也提高了很多。然而，一旦防雷装置损坏或出现故障，就会产生更大的危险，所以每年开春后雨季前都应该对防雷装置进行全面检查和维护，并对其接地电阻值进行测量，如有问题要及早解决。

八、其他防雷措施

前面提到的各种防雷措施主要是将雷电流引至地下，以减小雷击的威胁。可认为是"将雷电流拒之于楼外"。但它不是绝对安全可靠的。雷电流仍然有可能沿导线等侵入建筑物，其产生的电磁脉冲也会传到各种电子设备上而造成危害。所以，现代建筑物还需要采取加装避雷器和电涌保护器、等电位联结、屏蔽、合理布线等措施来防止雷击的影响和破坏。

1. 避雷器：避雷器作为一种防止雷电波侵入的电器装置，一般都是安装在高、低压电源引入处的配电装置内。

2. 电涌保护器：又称浪涌保护器和过电压保护器。其作用在于限制瞬态过电压和分走电涌电流，属于一种电器元件，常用 SPD 表示。不同等级的电子信息设备对雷电电磁脉冲的防护等级要求不同，自高向低分为 ABCD 四级，但在低压配电系统中所采用的电涌保护器的级数就与此不同。要求越高时，低压配电系统中防雷电电磁脉冲的电涌保护器设置就越多。具体设计由电气专业技术人员来完成。

3. 等电位联结：详见本章第二节。

4. 屏蔽：屏蔽的主要目的是防雷电电磁脉冲，是减少雷电干扰的必要措施。将建筑物的外部（外墙）钢筋（或金属梁、板柱）全部连通并接地，形成笼式（法拉第笼）屏蔽网，对雷电及其他干扰都会有很好的防护作用。另外，穿金属管、槽（需接地）敷线，采用屏蔽线等也是屏蔽的有效办法。

5. 合理布线：合理布线是指各种线路尽量远离防雷引下线，且自身相互间也尽可能减少干扰。

6. 施工现场应采取的防雷措施：

编制施工方案时，应将防雷作为其中一个部分加以考虑。可按照图纸要求，先将接地装置做好，供施工防雷使用；施工过程中，随时将楼内主筋与接地装置相连接，其他金属构件也做好接地；当在施工的建筑物超过周围其他建筑物的高度时，应在脚手架的四角装设临时避雷针，并将它们的下部钢架与接地装置相连；由室外引入的金属管道及电缆外皮，在进户处就近接地。

第二节 等电位联结与接地保护

等电位联结的目的是为了减小各种金属部件和各种系统之间的电位差，以消除接触电压，并消除雷击或其他原因经电气线路和各种金属管道引入的危险故障电压的危害。用以防止发生火灾、爆炸、触电等各种事故。

在各种电气系统中，接地是保证人身免遭电击、减少发生电气火灾、保障电力及其他弱电系统正常运行的关键技术措施，是电气系统安全运行的重要保障。按其作用不同，可分为电气功能性接地和电气保护性接地两大类。电气功能性接地主要包括电气工作接地、直流接地、屏蔽接地、信号接地等。电气保护性接地主要包括防电击接地、防雷接地、防静电接地、防电化学腐蚀接地等。而对于建筑行业，主要面对电气保护接地的范畴。前面所讲的防雷接地也属于这个范畴。

一、等电位联结

等电位联结分为总等电位联结（MEB）、辅助等电位联结（SEB）和局部等电位联结（LEB）三种。一般建筑多采用 MEB 和 LEB。

总等电位联结（MEB）就是将进线处总配电箱的 PE 线与各种出入户金属管道、建筑物的金属结构、所有人工接地极、电缆外皮、各种金属部件（电梯轨道、电缆桥架）等与防雷接地装置以最短的路径相互连接在一起，构成统一的导电系统。

局部等电位联结（LEB）是将某一局部的的金属管道、配件等连接在一起，构成统一的导电系统。

二、接地保护

（一）基本概念及一般要求

所谓接地，就是将电力系统或电气装置或电气设备的某一正常运行时不带电，而发生故障时可能带电的金属部分或电气装置外露可导电部分经接地线连接到接地体。

如果将建筑物内的电气装置的某一空间内所有金属可导电部分，以恰当的方式互相联结，使其电位相等或相近，从而消除或减少各部分之间的电位差，也就是前面提到过的等电位联结，就可以有效防止人身遭受电击、电气火灾等事故的发生。由于建筑物是建在地面上（下）的，所以它不可能与大地绝缘，则需将建筑物内电气系统、电气设备的可导电金属外壳及可导电金属件等，用导体与大地相连接，使其与地电位相等或相近，以达到安全的目的。也就是说，建筑物内的等电位联结应该接地。

一座建筑物，需要进行接地的地方很多，有电气系统的工作接地、弱电系统接地、防雷接地、屏蔽接地、防静电接地等等。各个接地的接地电阻值要求也不一样。如果按其需要分别设置接地系统，则称为独立接地系统，其接地电阻值可根据各系统的要求而确定。而如果将各类接地统一在一套接地系统上，并取其中最低的接地电阻值，就构成共同接地系统（又称联合接地系统）。

根据等电位保护的原理，对于一座建筑物来说，将所有互相连接的金属装置，接至一个共同的网形接地系统中，即采用共同接地系统是安全可靠且合理的。对其接地电阻的要求一般不大于 1Ω。

在建筑物中，不允许使用蛇皮管、保温管的金属网或外皮作接地线或保护线。

保护线上不允许设置保护电器及隔离电器。

10kV 及以下配电系统中，严禁利用大地作相线或中性线。

（二）低压配电系统的接线形式

一般来说，对地电压 250V 以下的交流电源系统称为低压系统。我国低压配电系统的接地制式与国际电工委员会（IEC）标准是一致的，即 TN、TT、IT 三种接地制式。两个字母中，第一个表示电源端与地的关系，第二个表示电气装置的外露可导电部分与地的关系。其中 TN 接地制中，因 N 线与 PE 线的组合方式不同，又分为 TN-C、TN-S、TN-C-S 三种。如图 18-1 所示。

1. TN 接地制式

系统电源端有一点直接接地，电气装置的外露可导电部分通过保护线与接地线连接，

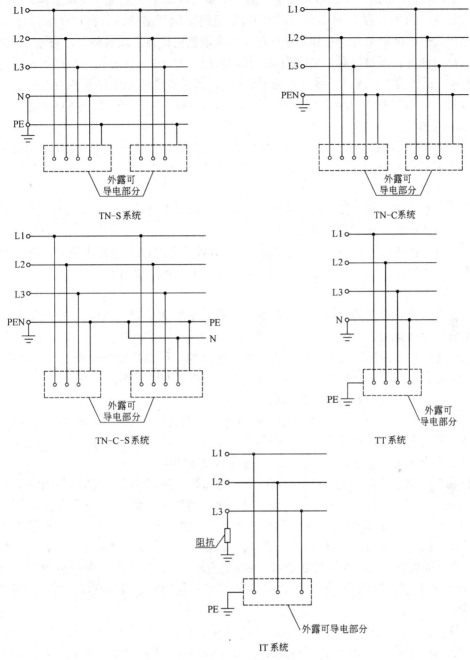

图 18-1　低压配电系统的接地形式

但中性线与保护线有不同的组合可构成三种不同的 TN 制式，即

TN-S 系统：自电源端接地以后，整个系统的中性线（N）与保护线（PE）是分开的。

TN-C 系统：整个系统的中性线（N）与保护线（PE）是合在一起的。

TN-C-S 系统：系统前一部分线路的中性线（N）与保护线（PE）是合并为一的，自某点（一般为电源进户处）分开后，就再也不允许合并。

TN-S 系统一般适用于自带变配电室的大中型公建的配电系统。相对来说，其对系统的要求较高。因为 N 线与 PE 线在系统中自始至终必须严格分开，在正常运行时，PE 线没有电流流过，所以适用于三相不平衡、有高次谐波的设备以及对防火、防爆要求较高的场所。就目前的发展趋势看，是应用最广泛的系统。

TN-C 系统的 N 线与 PE 线合并为 PEN 线，如果负荷三相不平衡或存在产生高次谐波的设备时，PEN 线上就会有较大的电流流过，而存在不安全因素。所以只适用于一般动力车间等场所。

TN-C-S 系统是将 TN-C 系统和 TN-S 系统结合起来，适合于对前级供电情况不很明确、要求不太高的场所。如较分散的居民住宅楼等。

2. TT 接地制式

系统电源端有一点直接接地，电气装置的外露可导电部分通过保护线接至与电源端接地线无直接关联的、相对独立的接地极。

由于 TT 系统用电设备接地与系统接地是相对独立的，所以发生单相接地短路故障时，有较小的短路电流值，所以多用于远离变配电所的用电设备或场所。

3. IT 接地制式

系统电源端的带电部分不接地（或有一点通过足够大的阻抗接地），电气装置的外露可导电部分直接接地。

由于 IT 系统的电源端不接地或通过大阻抗接地，所以当发生单相对地短路故障时，其短路电流仅为很小的该相对地的电容电流，不会造成开关跳闸而停电。适用于要求供电不宜间断的场所和有防火防爆要求的场所。

由此可见，TN、TT、IT 系统有各自的特点，但它们又不能在同一电源供电的同一建筑物内随意混用，这就使它们的使用范围受到局限。具体采用何种接地制式能够满足要求，在进行设计时，由专业技术人员综合各方面因素确定。

特别需要注意的是，由于在正常情况下，各系统中 N 线与 PE 线的电位相同，人们经常将 N 线与 PE 线的功能混淆，加之许多场合施工违反规定将 N、PE 线采用相同颜色导线，而造成 N、PE 线接错的事时有发生。这将会造成在事故状态下，金属设备外壳对地出现危险的高电位，而发生触电事故。所以除保证 N、PE 线的严格区分外，还要严格按照 PE 线绿黄双色线、N 线用浅蓝色线（相线分别用黄、绿、红三种单色线）的规定施工。N 线与相线同样要采用绝缘线，因为除在中性点接地外，其他任何地方是绝对禁止 N 线再接地的。

另外，在 TN-C 供电系统中，一旦 PEN 线单独折断，将会由于三相负载不平衡造成相电压过高或过低，而使电气设备损坏。所以，在电源进户处须作重复接地，而大大降低由于 PEN 线折断造成的电压不平衡。当然，为保证 PE 线可靠发挥作用，即使是 TN-S 系统，也需要在电源入户处做好重复接地。

（三）低压配电系统的防触电保护

触电会对人身造成伤害，所以防触电也是电气系统中需要解决的一个重要问题。触电对人体引起的电击可分为直接接触电击和间接接触电击两种。

1. 防触电保护主要有以下一些措施

（1）加强绝缘，使人接触不到带电物体。

（2）采用电气隔离：如隔离变压器等装置，使人接触到的带电物体与地之间处于低电位，从而不会出现高电压的电击事故。

（3）采用等电位联结，避免各种金属物体出现高电位而发生触电事故。

（4）利用空气开关或熔断器，在发生单相接地故障时能自动切断电源的特性，使人免遭触电。

（5）采用剩余电流保护器（RCD），又称漏电开关。其作用原理是当发生接地故障（设备绝缘损坏漏电或人触及带电体等）时，装置内部感应出的电压差使脱扣器动作而跳闸。

2. 不同场所和用途选用不同的漏电电流保护器

（1）手握式及移动式用电设备，其动作电流为 15mA。

（2）医疗电器设备，其动作电流为 6mA。

（3）建筑施工工地的用电设备，其动作电流为 15~30mA。

（4）家用电器回路或插座专用回路，其动作电流为 30mA。

（5）潮湿场所或环境特别恶劣场所的用电设备，其动作电流为 6~10mA。

（6）为防止电气火灾而设置的剩余电流保护器，其动作电流为 300mA 或 500mA。

当然，并不是说任何情况下都可以采用漏电电流保护器（RCD）进行保护。比如在 TN-C 系统中，只有三相平衡负载可以装三相 RCD。而三相不平衡负载或单相负载，就不能装 RCD。

IT 系统中一般不装设 RCD。

另外，TN-S 系统中，若采用 RCD，则 N 线必须通过漏电保护器。所以我们常见的单相用漏电开关为双极，而三相用漏电开关为四极。

（四）特殊场所的接地与安全

建筑物内的特殊场所和潮湿场所，如医疗手术室、抢救室、ICU 病房、易燃易爆危险场所和浴室、卫生间、泳池等，因其对用电及安全的要求不同于一般场所，所以接地与安全也需特别考虑。常见的问题有：

1. 医疗设施应根据其不同要求，采用不同的接地形式，以及防微电击、防静电等特殊措施。

2. 电话机房、网络机房、消防控制中心及其他弱电机房，均设置接地装置，或采用独立专用接地装置，或与防雷接地共用接地装置（须接地电阻小于 1Ω，并增设 SPD）。

3. 浴室、游泳池等要做好等电位联结；电源设 RCD 保护；使用超低压供电；采用隔离变压器等。

4. 火灾和爆炸危险环境在供电制式上要符合安全要求，比一般场所更严格的接地和等电位联结可以防止包括静电在内的各种不安全因素造成的事故。

5. 电梯、自动扶梯、自动步行道应有良好完善的接地系统来保证其安全。

所有电动机支架、控制器、轿厢、曳引机等设备外露可导电部分均接地。电缆外皮、固定电梯各部分的金属件、轿厢导轨等也需做好接地。所有接地，应统一接在电梯机房内电梯专用的接地极上，构成统一的等电位联结体后再与接地极相连。

6. 工地的电焊机也要做好防触电的保护。由于电焊机的工作对象一般都是接地的，所以其外露可导电部分必须接地。但因电焊机回路的电阻一般较大，而使一部分电流会经

PE线返回，致使PE线经常被烧坏，若不及时修复，就会使接地不良而产生危险。故其PE线必须采用机械强度足够且导电良好的材料制成，这样才能保证PE线的安全及接地的可靠性。

综上所述，防雷及接地是保障建筑物及建筑安全用电的一个非常重要的组成部分，必须引起充分的重视。要做到防"雷""电"之患于未然。严格按照规范要求进行设计、施工及使用，减小由于雷击、电气火灾、触电等事故给人民生命财产造成的损失。

思 考 题

1. 雷电对建筑物的破坏有哪几个方面？
2. 建筑防雷的主要措施有哪些？
3. 建筑防雷的主要设施有哪些？
4. 等电位联结的目的是什么？分为几类？
5. 低压配电系统的接地形式有几种？
6. 低压配电系统的防触电保护措施有哪些？

第十九章　建筑物的火灾自动报警与安全防范

第一节　火灾自动报警与联动控制系统

采取技术手段能够早期发现并通报火情，自动采取灭火措施并保证所有相关设备在投入消防使用时迅速、可靠、协调，同时采用各种技术手段通知并引导人员正确疏散，以防止和减少火灾造成的损失，保护建筑物及其人员、设备和财产的安全，是火灾自动报警与联动控制系统的主要作用。所以，火灾自动报警与联动控制系统是现代建筑智能化系统中不可缺少的一个组成部分。

一、火灾自动报警与联动控制系统的功能与范畴

1. 火灾自动报警与联动控制系统保护对象的分级

火灾自动报警与联动控制系统的基本保护对象是工业与民用建筑物。根据其使用性质、火灾危险性、人员疏散和火灾扑救难度的不同，国标《火灾自动报警系统设计规范》（GB 50116—98）将保护对象分为特级、一级和二级三种。具体划分方法可查阅有关手册，但需注意民用建筑与工业建筑的分级指标有所不同。

根据被保护对象的级别不同及其他特点，所采用的火灾自动报警与联动控制系统的组成和功能也应有所不同。火灾自动报警与联动控制系统按系统规模和设备功能不同分为三类：区域报警系统、集中报警系统、控制中心报警系统。其中区域报警系统和集中报警系统宜用于二级保护对象，控制中心报警系统宜用于特级和一级保护对象。

2. 火灾自动报警与联动控制系统的组成

火灾自动报警与联动控制系统可按功能不同分为两个主要部分：火灾自动报警和联动控制部分。另外还有火灾应急广播或火灾警报装置、消防专用电话系统。上述四个部分相对独立又密切联系，有机结合成为一个整体。

（1）火灾自动报警部分包括各类探测器、手动报警按钮、报警模块、连接线缆、报警主机及应用软件等。

（2）联动控制系统包括各类控制及监视模块、联动控制台、联动控制主机、反馈信号显示装置、连接线缆及应用软件等。

（3）火灾应急广播系统包括广播控制主机（包括备用主机）、普通扬声器和高音扬声器、音量及控制开关、连接线缆、专用功放及麦克风等前端设备。

（4）消防专用电话系统是一套专门用于消防的通信系统。它由电话总机、电话分机及电话插孔、连接导线三部分组成。用于火灾时，消防人员与有关机房的工作人员联系使用。

（5）火灾警报装置主要是产生声光报警信号的声光报警器。

在一般工业与民用建筑中，哪些场合需要设置且设置哪一类的火灾自动报警与联动控制系统，是由设计人员依据国家相关规范来确定的。需要注意的是，除了满足《火灾自动

报警系统设计规范》（GB 50116—98）的要求外，还要针对不同类型的建筑来分别满足《高层民用建筑设计防火规范》（GB 50045—95）（2005年版）、《建筑设计防火规范》（GB 50016—2006）、《汽车库、修车库、停车场设计防火规范》（GB 50067—97）和《人民防空工程设计防火规范》（GB 50098—98）（2001年版）等的要求。

二、火灾自动报警系统

（一）火灾探测器

在火灾自动报警系统中，能够自动发现火情并向报警主机发出信号的装置称为火灾探测器，又称火灾自动触发器件，以下简称为"探测器"。它也是火灾自动报警系统中应用量最大、应用面最广的设备。按所响应的火灾物理参数不同，探测器分为感烟、感温、感光、复合及可燃气体探测五种类型。而每个类型又因其工作原理的不同分为若干种。

1. 探测器的选择

根据其工作原理、应用场所和火灾特征等具体情况（使用性质、面积、高度等）来选择不同类型的探测器。一般要求有以下几项：

（1）火灾初期有阴燃阶段，产生大量的烟和少量的热，很少或没有火焰辐射，应选用感烟探测器（又分为离子感烟探测器和光电感烟探测器两种）。

（2）火灾发展迅速，产生大量的烟、热和火焰辐射，可选感烟探测器、感温探测器、火焰探测器及组合型探测器。

（3）火灾发展迅速，有强烈的火焰辐射和少量烟、热的无阴燃阶段（如液体火灾）并需对火焰做出快速反应的场所，应选用火焰探测器。

（4）情况复杂且难以预料的场所，可进行模拟实验。并根据实验结果选择适宜的探测器。

（5）对无遮挡大空间保护区域宜选用红外光束线型火灾探测器。

（6）使用、生产或聚集可燃气体或可燃液体蒸气的场所，如使用管道煤气或天然气的场所，及燃气站、燃气表房和存储大量液化气罐的场所，应选用可燃气体探测器。

（7）房间高度不同，对点型探测器有不同的选择。见表19-1。

房间高度与火灾探测器的选择　　　　　　　　　　　　表19-1

房间高度 H(m)	感烟探测器	感温探测器	火焰探测器
$12 < H \leqslant 20$	不适合	不适合	适合
$8 < H \leqslant 17$	适合	不适合	适合
$6 < H \leqslant 8$	适合	不适合	适合
$4 < H \leqslant 6$	适合	适合	适合
$H \leqslant 4$	适合	适合	适合

（8）最常用的点型探测器选用时还要注意以下一些问题：

湿度大、有大量粉尘或烟雾、有腐蚀性气体、正常情况下有烟滞留的场所，不宜采用离子感烟探测器。

可能产生黑烟、有大量粉尘或水雾、有可能产生蒸汽、正常情况下有烟滞留的场所，不宜采用光电感烟探测器。

相对湿度经常高于95%以上、可能发生无烟火灾、正常情况下有烟滞留、有大量粉尘的场所，宜采用感温探测器。

可能发生无焰火灾、火灾出现前有浓烟或其他情况造成探测器的镜头有可能被污染遮挡、有阳光直射、正常情况下有明火作业及 X 射线和弧光等，而可能产生误报时，则不宜采用火焰探测器。

(9) 探测器的选择应与火灾特征和场所的具体情况相适应。例如，无遮挡的大厅、库房、博物馆、机库等场所，以及古建筑、发电厂、隧道宜选用红外光束线型感烟探测器；电缆隧道、电缆夹层、配电装置、皮带输送装置、闷顶内、地板下等处宜选用缆式线型定温探测器；油类火灾场所宜选用线型差温探测器。

2. 探测器的设置与安装

探测器的设置有一系列的要求，其原则就是对被保护场所实行全面、彻底的保护，不留死区和死角。归纳起来有以下几点：

(1) 探测区域内每个房间至少设置一只火灾探测器。

(2) 感烟、感温探测器的保护面积依房间高度、屋顶坡度等不相同。一般一只感烟探测器的保护面积不超过 $80m^2$，感温探测器的保护面积不超过 $30m^2$。大面积内安装多只探测器时，具体数量需经计算后确定。

(3) 突出顶棚的梁高＜200mm 时，可不考虑对探测器工作的影响；梁高 200～600mm 时，需加密安装探测器；梁高＞600mm 时，梁间至少需设一个探测器。当梁间净距离小于 1m 时，可不考虑梁的影响。

(4) 小于 3m 宽的走道顶棚上设置感烟探测器间距不大于 15m，感温探测器间距不大于 10m，且宜居中布置，距端墙距离不应大于探测器间距的一半。

(5) 探测器周围 0.5m 范围内不应有遮挡物，包括墙、梁。

(6) 探测器距空调送风口距离应大于 1.5m，并宜接近回风口安装。

(7) 探测器应尽量水平安装，不得不倾斜安装时，倾斜角不应大于 45°。

(8) 线型火灾探测器中，光束感烟探测器的光束轴线距顶 0.3～1.0m，水平间距不宜大于 14m。发射器与接收器之间不应超过 100m。

(二) 手动报警按钮

手动报警按钮是火灾自动报警系统的另外一类触发器件。其作用是发现火情时，人为按下按钮，消防控制中心的设备发出报警信号并显示出手报按钮的编号或具体位置，以便采取措施。

报警区域内每个防火分区，应至少设置一个手报按钮。从一个防火分区的任何位置到最邻近的一个手报按钮的步行距离，不应大于 30m，且宜设置在公共场所的出入口处。一般安装高度为距地 1.3～1.5m，并应有明显标志。

(三) 火灾警报装置

火灾警报装置的作用是发生火灾时发出声、光警报信号，提醒人员撤离。未设置火灾应急广播系统的火灾自动报警系统应设置本装置。每个防火分区应至少设置一个火灾警报装置，并宜放在各层走道靠近楼梯口处。在环境噪声大于 60dB 的场所，其声压要高于背景噪声 15dB。

(四) 报警主机

报警主机是系统的核心和中枢，多设置在消防值班室或消防控制中心内。其除了具有汇总检测各探测器和手动报警按钮发出的信号并及时进行声光报警外（声信号可手动解除），还可以将报警部位准确予以显示。带有 CRT 终端的可在显示器的对应图上显示具体层数及位置。还能进行记录打印,并且将有关报警信息传输给联动控制系统,用以操作相关设备。另外,报警主机还通过监视模块与防火阀、压力报警阀及消火栓按钮等装置连接,来反映它们的动作信号,起到报警和监视的作用。

报警主机现多采用总线制,即一对信号线上可连接若干报警输入装置。不同型号的报警主机的容量不同,所能容纳的信号源地址码数量也不同。报警主机的地址码资源要留有一定的余量,以便日后增加设备并保证其高效运行。

三、联动控制系统

(一) 联动控制系统的主要作用

1. 联动控制系统的主要作用是在火灾自动报警系统接到报警信号并经确认、或人为发现火情后,自动或手动控制相关设施动作,进行报警、疏散、灭火、减小火灾殃及范围等等一系列工作。同时监控所有与消防相关设备的状态。

2. 联动控制系统对各种消防灭火设施及防排烟设备还可分别进行自动控制或手动控制,行业内又称"软连接"和"硬连接"。"软连接"是指由联动控制系统的主机通过程序自动或手动启停相关设备;"硬连接"则是将所有相关设备的控制信号与返回信号全部采用导线引至消防控制中心的联动控制台上,实现远距离控制,以保证紧急情况下,设备可靠启动进行灭火、排烟等。这类设备主要包括各类消防水泵以及防排烟风机。

(二) 联动控制应包括下列功能

1. 室内消火栓系统的控制、显示功能

(1) 自动控制消火栓泵的启、停。

(2) 显示消火栓泵的工作、故障状态。

(3) 显示消火栓启泵按钮的启动位置。

2. 自动喷淋及水喷雾灭火系统的控制、显示功能

(1) 自动控制相关水泵的启、停。

(2) 显示相关水泵的工作、故障状态。

(3) 显示水流指示器、压力报警阀、系统控制阀的工作状态。

3. 管网气体灭火系统的控制、显示功能

(1) 显示系统的手动、自动工作状态。

(2) 在报警、喷射各阶段,控制室应有相应的声、光信号,并能手动使声响信号复位。

(3) 在延时阶段,自动关闭防火门(帘)及相关部位的防火阀,停止通风空调系统。

(4) 显示气体灭火系统防护区的报警、喷射及防火门(帘)、通风空调设备的状态。

4. 泡沫、干粉灭火系统的控制、显示功能

(1) 自动控制系统的启、停。

(2) 显示系统的工作状态。

5. 常开防火门的控制、显示功能

(1) 门任一侧的火灾探测器报警后,防火门应自动关闭。

(2) 显示防火门的关闭信号。

6. 防火卷帘的控制、显示功能

(1) 疏散通道上的防火卷帘,两侧感烟探测器任一报警,防火卷帘下降至距地 1.8m。

两侧感温探测器任一报警,防火卷帘下降到底。

(2) 用作防火分隔的防火卷帘,探测器一旦报警,防火卷帘下降到底。

(3) 感烟、感温探测器的报警信号及防火卷帘的动作信号均在消防控制中心显示。

7. 对防、排烟设施的控制、显示功能

(1) 停止相关区域的空调送风,关闭电动防火阀并显示其状态反馈信号。

(2) 启动相关区域的防、排烟风机及排烟阀等,并显示其状态反馈信号。

(3) 启动相关区域的正压风机,开启电动送风口,并显示其状态反馈信号。

8. 自动切断所有非消防电源,以避免火灾事故扩大,并保证消防用电的可靠性。

9. 确认火灾后,使电梯全部返回首层,非消防电梯停用,消防电梯待命。

10. 确认火灾后,启动应急照明、火灾警报器、火灾应急广播以及设在报警楼层楼梯口上方的楼层显示报警灯等相关设施及装置。

四、火灾应急广播及消防专用电话系统

(一) 火灾应急广播系统

发生火灾时,为了便于组织人员疏散和通告有关救灾事宜,控制中心和集中报警系统设置火灾应急广播系统。

1. 火灾应急广播扬声器的设置

民用建筑内扬声器一般设置在走道、大厅等公共场所。每个扬声器的功率不小于3W。从一个防火分区内的任何部位到最近一个扬声器的距离不大于25m,走道内最后一个扬声器至走道末端不应大于12.5m。工业建筑或车库等环境噪声大的场所,要采用高声压扬声器。客房内专用扬声器功率不小于1W。

火灾应急广播系统的控制装置还应具有自动选择广播楼层及区域的功能。即发生火灾时,应优先通知相关楼层或相邻区域的人员先行撤离,以争取时间且避免混乱。

2. 火灾应急广播与公共广播(背景音乐)系统合用及对功放主机的要求

(1) 火灾时能够在消防控制中心将火灾疏散层的扬声器和公共广播用的功放主机强行切换至火灾应急广播状态。对带音量调节或控制开关的扬声器也需强行切换至火灾应急广播状态。

(2) 消防控制室能够监控用于火灾应急广播时用的功放机的工作状态,并能够遥控开启相关设备和使用麦克风播音。

(3) 火灾用功放主机的输出功率应不小于火灾时需同时广播的扬声器功率总和的1.5倍。

(4) 客房内床头柜设有服务性音乐广播的扬声器,应能在火灾时自动切换至火灾应急广播状态。

(二) 消防专用电话系统

1. 消防专用电话系统用于消防时的通信联络,所以是独立的通信网络系统。

2. 消防控制中心内设置消防专用电话总机,宜选用共电式电话总机或对讲通信电话设备。

3. 消防电话分机分为两种。一种是摘机即呼叫并可通话的专用电话分机,在建筑物中的消防水泵房、备用发电机房、变配电室、通风排烟机房、主要空调机房、消防电梯机房、灭火控制系统操作装置处或控制室等与消防联动控制有关的且经常有人值班的房间安

装。另一种是电话塞孔，一般是与手报按钮同处安装，距地高度也是1.3～1.5m，用于火灾时消防人员手持话机插入后通话用。

4. 百米以上超高层建筑属特级保护对象，其避难层内每隔20m应设一个消防专用电话分机或电话塞孔。

5. 消防控制中心、消防值班室等处，还应装设直接报警用的外线电话。

五、消防控制中心

1. 消防控制中心应设置在建筑物的首层或地下一层，可与其他弱电控制室相邻，但应相对独立。应设有安全出口直通室外。所有门都应向疏散方向开启，且应有明显标志。

2. 消防控制中心应远离电磁干扰较强或其他影响消防控制设备正常工作的各类机房。

3. 严禁无关管线、电气线路从消防控制中心穿过。为控制中心用的送、回风管穿墙处应设防火阀。

六、火灾自动报警与联动控制系统的供电及电源

1. 火灾自动报警与联动控制系统属于消防设备，供电负荷等级应在建筑物内为最高。除采用双电源供电末端自动互投等措施提高可靠性外，还应设有专用蓄电池组或UPS不间断电源。

2. 消防联动控制装置，包括各种模块、开关接点等多采用直流24V电源操作。

3. 消防用电设备的电源不能装设漏电保护开关，或采用漏电保护装置，但仅报警，不断开开关。也可采用热继电器进行报警。

七、火灾自动报警与联动控制系统的线路敷设

1. 火灾自动报警与联动控制系统的传输线路除满足信号或电源传输的基本要求外，还要考虑满足机械强度的要求。一般穿管敷设应采用电压等级不低于交流220V的铜芯绝缘导线或铜芯电缆，截面应不小于$1.0mm^2$；线槽内敷设的导线，截面应不小于$0.75mm^2$；而采用多芯控制电缆时，单芯截面应不小于$0.5mm^2$。供电和控制线路应采用电压等级不低于交流500V的铜芯绝缘导线或铜芯电缆。

2. 火灾自动报警与联动控制系统的线路多采用金属管，且最好暗敷于保护层不小于3cm的非燃烧体结构层内。当必须明敷时，要在金属管及线槽上刷涂防火涂料加以保护。在吊顶或竖井内可明敷，但必须采用阻燃或耐火电缆。

3. 火灾自动报警与联动控制系统的线路如受条件限制必须与强电线路同竖井敷设时，其应与强电线路分别布置在竖井的两侧。

八、火灾自动报警与联动控制系统的接地保护

火灾自动报警与联动控制系统的接地需设专用接地端和接地线。采用专用接地装置时，接地电阻不应大于4Ω。采用共用接地装置时，接地电阻不应大于0.5Ω。

需要注意的是，作为电子设备的火灾自动报警与联动控制系统，这里所说的接地，是工作接地，是保证系统正常工作的"零"电位稳定而采取的接地。所以应采用截面积不小于$25mm^2$的铜芯绝缘导线穿硬质塑料管由接地端子引至接地装置，同时采用截面积不小于$4mm^2$的铜芯绝缘导线穿硬质塑料管引至各消防电子设备。

另外，凡采用220V交流电源的设备，其金属外壳和金属支架等都应做好保护接地，即与电气保护接地线（PE线）相连接。

综上所述，火灾自动报警与联动控制系统是集电子、光学、计算机控制技术等为一体

的综合系统，并呈现了智能化、信息化、模块化、大规模的发展趋势，是现代智能建筑中不可缺少的重要系统，也是建筑技术安全防范措施中的一个重要组成部分。它与各相关专业（建筑、暖通、给排水、装修）之间有着密切的联系。虽然也可分解成若干子系统，但它们之间的关系却十分密切，相辅相成。也只有将这些子系统的功能及作用综合起来，才能构成一套完整的火灾防范体系，才能更有效地"防患于未燃"，真正做到及早发现、及早扑救、及早疏散，最大限度地减小火灾带来的损失。

第二节 安全防范系统

安全防范系统，是为了保障建筑物及建筑物内人员、设备、财产的安全而建立的技术防范体系。是以现代物理及电子技术及设备及时发现入侵行为，实时录音、录像，提供侦破证据，以及提醒值班人员及早采取适当的防范措施。但这不是万能的，必须结合人工防范和其他防范手段构成人防、物防和技防的综合防范系统。

安全防范系统所涉及的面很广，但目前民用建筑中常见的主要包括以下一些内容：闭路电视监控系统、防盗报警系统、巡更管理系统、出入口控制系统（又称门禁系统）、停车场管理系统、楼宇对讲防盗门系统等。实际上，火灾自动报警系统也是安全防范系统中一个重要的组成部分，但根据管理体制的划分，目前仍为一个独立的体系。

一、闭路电视监控系统

闭路电视监控系统是安防系统中的一个重要的组成部分，是一种技术先进、防范能力强的现代化安防手段。系统通过摄像机及其辅助设备，可直接观看被监视现场所发生的一切情况，还可以将被监视现场的图像、声音传送到监控中心的记录设备进行记录，用于发生案件后备查。另外，闭路电视监控系统还可以与防盗报警系统、出入口控制系统等实现联动控制，使防范能力更加扩大。

1. 闭路电视监控系统的构成

闭路电视监控系统按系统规模可分为大、中、小型三种。由摄像前端设备、传输线路、显示设备、记录设备及控制设备等组成。其中摄像前端部分包括摄像机、镜头、解码器、云台、防护罩等；传输线路是指各种线、缆；显示设备是指各种显示器及屏幕；记录设备就是录像机及存储器；控制设备包括云台控制器、视频切换器、画面分割器、开关键盘等。

2. 摄像机监控的主要场所

建筑物的出入口、楼梯口及通向室外主要出入口的通道；电梯前室、电梯轿厢内及上下自动扶梯处；重要的广播电视通信中心；计算机机房及有大量现金、有价证券存放的财会室；银行金库、保险柜存放处；证券交易大厅、外汇交易大厅及银行营业柜台、现金支付及清点部位；商场营业大厅、自选市场、黄金珠宝饰品柜台、收款台及重要的商品库房；旅客候车室、候机大厅、安检通道；宾馆饭店的总服务台、外币兑换处；展览大厅；博物馆、美术馆的陈列室；小区出入口、汽车库、室外停车场以及其他需要监控的场所等。

3. 闭路电视监控系统的监控室

监控室一般设在建筑物的首层，与其他安防系统可共用，并宜与消防控制中心、广播通信室相邻近。但不应设在厕所、浴室、锅炉房、变配电室、热力站等相邻或上下对应的房间。面积一般不小于 $15m^2$。

控制室一般宜架设防静电地板，室内净高不宜小于 2.5m。需注意显示设备应避免外来光直射。控制台正面与墙净距不应小于 1.2m，侧面与墙或其他设备的净距，在主要通道不应小于 1.5m，次要通道不应小于 0.8m。室内温、湿度也需符合要求。

4. 闭路电视监控系统的供电与接地

闭路电视监控系统的供电负荷是建筑物内最高级别的负荷之一。一般多采用 220V、50Hz 电源。电压允许偏移 $220V±10\%$，频率允许偏移 $50Hz±1\%$。必要时需设稳压设备，有时还设置 UPS 不间断电源。

闭路电视监控系统应设专用的接地线及接地端子。一般接地电阻不得大于 4Ω。采用共同接地系统时，接地电阻应小于 0.5Ω。

二、防盗报警系统

防盗报警系统是用物理方法及电子技术，自动探测发生在布防监测区域内的入侵行为，发出报警信号，并在主机上显示出报警的区域部位。其作用就是对设防区域的非法入侵进行实时、可靠和正确无误的报警。为及时将情况报与公安部门，设备还具有自动与 110 接警中心联网报警的功能。

1. 防盗报警系统的组成与分类

防盗报警系统由防盗报警探测器、传输线路和报警主机组成。

按照其布防区域的不同，分为周界防护、建筑物内区域防护和特定目标的防护；按传输方式区分可分为有线传输和无线传输；按系统终端方式区分可分为独立报警器和报警中心控制台。

2. 防盗报警探测器的类型

防盗报警探测器的种类繁多，工作原理及适用场合都不尽相同。但选用是否得当，将直接影响系统的整体防范能力。

防盗报警探测器包括：振动入侵探测器（又称振动传感器）、红外入侵探测器（分主动式和被动式两种）、超声波探测器、微波报警器、双鉴报警器、多技术（组合）报警器、感应电缆/光缆、视频报警器（又称视频移动报警器）、玻璃破碎报警器、音频探测器（又称声入侵报警器）、手动及脚踏报警按钮（开关）、开关入侵探测器（包括微动开关、磁簧开关、干簧继电器、压力垫或金属丝等）、接近式探测器即接近开关（分为电磁式、电容式和光电式三种）等。

三、巡更管理系统

巡更管理系统的主要作用是为了保障建筑物或小区内的公共安全，监督、检查巡更人员是否按预先设定的路线、站点按时对大厦（小区）的各巡更点进行巡视，发现问题及时反馈给安防中心，并同时保护巡更人员的人身安全。

1. 巡更站点、路线的设置原则

巡更管理系统应设置在建筑物的主要出入口，各层电梯前室、要害部门、主要通道、走廊等其他需要设置巡更站点的地方。

巡更路线的设置应根据建筑物的功能、性质、布局、规模、层数及巡更站点的设置特点，结合巡更人员的配备、行走的科学性来确定。

2. 巡更管理系统的组成

现代电子巡更系统由巡更站点开关（信息钮扣）、信息采集器（巡更棒）、信息传输设备及系统主机组成。其中传输设备又可分为有线和无线两类。而主机往往又可以与安防系统的报警主机合用。

四、出入口控制系统

1. 出入口控制系统的功能

出入口控制系统又称门禁系统，其功能是利用高科技技术，有效地管理门的开启与关闭，保证授权出入人员的自由出入，限制未授权人员的进入，并对非法强行进入行为予以报警。同时还可以对出入人员的信息进行登录和储存。

2. 出入口控制系统的组成和基本形式

出入口控制系统由四个基本部分组成，即现场门禁装置（读卡器或识别器、控制器、电动锁和出口按钮）、中心机房设备（多路控制器、远程开门控制器、管理及存储用计算机）、系统传输网络和系统管理软件。

读卡器及识别装置：包括接触式及非接触式读卡器、数字密码键盘装置、指纹或其他人体生理特征识别装置。它的作用是判定来人是否具有授权，并将信号送到现场控制器完成开锁、闭锁、报警等功能。同时通过传输系统将信息传送至中心机房设备，用于报警、存储或远程控制。

3. 出入口控制系统的安全特性

为保证出入口控制系统的可靠工作，还要注意以下一些问题：

（1）系统配备 UPS，其可维持系统 24h 以上正常运行。

（2）现场控制器失电后，能维持现场数据的存储。

（3）中控主机发生故障时，各现场控制器仍能维持正常工作。

（4）异常情况的自动报警（如强行开门、门长时间不关、通信中断、设备故障、被破坏等）。

（5）须与火灾报警系统联动控制，发生火灾时，门禁系统可以根据火灾发生的地理位置，将属于防火通道的门解锁，便于疏散。

五、停车场管理系统

1. 停车场管理系统的基本功能和构成

（1）停车场管理系统是运用计算机管理技术、信号识别技术及自动化装置对停车场进行安全、灵活、有效的管理。最大限度的减少人员参与程度，不仅可降低人工费用，还可以减少人为管理失误造成的损失。从而大大提高整个停车场的安全性与使用效率。

（2）停车场管理系统包括：车辆自动识别装置、临时车票发放与检验装置、挡车器、车辆检测器、信号传输线、中央控制计算机等。

2. 停车场管理系统的原理及工作过程

（1）当车辆驶至停车场入口处时，无卡票车主需在入口处按动按钮，读卡器便可发出计时票卡，挡车器自动开启放行；当持卡车经读卡器识别确认后，挡车器也自动开启放行。

（2）车辆驶入车道后，车辆检测器自动检测信号，并将信号送至中控机，统计数量并记录信息。先进系统可以采用影像识别装置，自动记录车型及牌号，便于出场时对比，确保车辆安全。

(3) 车辆出场至出口时，根据司机所持票卡，系统可自动计算时间及费用，也可自动在卡中扣费，之后由工作人员或自动开启挡车器放行。同时自动检测装置计入数据。带有影像识别装置的，可自动对比卡与车型、车牌是否相符等来决定能否放行。

3. 停车场管理系统的其他要求

(1) 停车场管理系统应尽可能采用高新技术，除具有先进的功能之外，还应具有较强的扩展能力。

(2) 最大限度地减少使用者出入车场所需的时间，提高通行速度和效率。

(3) 能够提供多种灵活的收费方式。

(4) 停车场管理系统能够与各种读卡器兼容。

(5) 要有防止一卡多用的功能，以防止欺骗盗车行为的发生。

(6) 一旦出现非法开启挡车器放行等行为时，应自动报警。

(7) 自动统计库容，并联动入口处指示灯引导车辆入库或在库容已满时禁止车辆进入。

六、住宅及住宅小区的安防系统

安防系统虽有不同功能，其在公建及住宅内的应用具有许多相同之处，或者说原则上前面提到的各个系统都可以用于住宅。但由于住宅毕竟有其自身的特点，所以其安防系统与公共建筑安防系统相比也有一些不同之处。

住宅安防系统主要的服务对象是住户。以往对住宅的安防措施是安装防护拦网，这种方式落后、不美观，特别是当发生灾害时，严重影响室内人员的逃生和室外的救援，有的甚至成为非法入室者的攀登工具，所以已被有关部门要求限制使用。取而代之的是采用电子技术的高科技方法建立一套科技安全防范系统。除了在住宅小区内可采用前面提到的周界（红外对射）报警、闭路电视监控、巡更、停车场管理等系统之外，楼宇对讲防盗报警系统是住宅安防系统的最主要内容。

1. 楼宇对讲防盗报警系统的分类

楼宇对讲防盗报警系统又称访客对讲系统或楼宇对讲电控防盗门系统。按其基本功能不同可分为对讲型和可视对讲型两种。按其规模可分为单户型（主要用于别墅）、单元型（用于多层或高层住宅）、联网型（用于住宅小区，由多个单户型或单元型系统组成）。按门口机选址方式可分为单址型（住户门牌与按键——对应）和选址型（由按键编码输入住户门牌）。

2. 楼宇对讲防盗报警系统的功能

楼宇对讲防盗报警系统的主要作用就是控制单元大门的开启，防止无关人员随意进入住宅楼内。所以它主要适用于单元式住宅、公寓和高层住宅楼。其功能主要包括：

(1) 为来访客人与主人之间提供双向通话或可视对讲通话，并由主人遥控防盗门的电磁锁开门放行。

(2) 住户分机可兼有打开楼梯灯、住户间对讲、呼叫保安中心以及通过扩展后加装红外探测、幕帘探测、门磁开关、紧急按钮、可燃气体探测等装置，实现家居内的各种防范自动报警功能。

(3) 管理主机可以对各门口管理机和用户分机进行管理并具有抢线优先功能，用于在特殊情况下群呼或遥控开锁。但其呼叫音响应有所区别。

（4）门口机具有密码开锁功能，可以用卡或密码开锁。门内备有开门按钮。

（5）可视型系统，当来访客人按下门口机的按键后，相应住户的可视对讲分机显示屏自动开启，并发出呼叫音响。门口机上的摄像机应为自动光圈、广角镜头、低照度摄像，以保证夜晚使用。

3. 楼宇对讲防盗报警系统的组成

楼宇对讲防盗报警系统由系统管理主机、门口机、用户分机、电控门锁、供电电源及附加设备等部分组成。所谓用户分机，除最简单系统采用单一功能的对讲机外，多为自带处理器的现场控制器，其能够处理各种信号，也可以扩展功能，构成家庭安防子系统。

另外，用户分机还需要有自动定时布、撤防或手动（遥控）布、撤防功能，以防误报警。

七、对安防系统的电源、布线、安装及接地等要求

前面已提到闭路电视监控系统和防盗报警系统的供电及接地等要求。实际上，作为安防系统，在很多方面的要求是存在共性的。首先是供电要可靠，要配有备用电源。备用电源维持系统的工作时间24～72h不等；其次是都应具备防破坏及故障自诊断功能，人为切断、短路或其他故障都将向主机发出报警；再次是抗干扰功能，除设备具有一定的抗干扰性能外，还可以采用屏蔽线缆或穿金属管加强抗干扰性；还有就是应具有自动定时布、撤防的功能。所采用的线缆各系统不同，信号线可为同轴电缆、双绞线等，电源线或控制线则为一般导线或控制电缆。各个系统线缆尽量不同管同槽敷设，必须同槽敷设时须加隔板。接地均需作专用的接地线及接地端子。一般接地电阻不得大于4Ω，为共同接地系统时，接地电阻应小于0.5Ω。

思 考 题

1. 火灾自动报警及联动控制系统主要由哪几部分组成？
2. 火灾自动报警及联动控制系统包括哪些主要设备？
3. 联动控制系统的主要作用是什么？
4. 建筑物安防系统包括哪几个主要部分？

第二十章　建筑物的智能化

第一节　智能建筑概述

20世纪后期，以计算机技术为核心的信息技术得到了广泛的应用和飞速的发展，它从根本上改变着人们学习、生活和工作的方式，改变着社会的各个方面，并理所当然地影响到建筑业的发展，人们对建筑物在信息获取与交流、建筑本身的安全性、舒适性、便利性和节能环保等诸方面都提出了更高的要求。这些要求主要是通过在建筑物内采用各种新型建筑设备来实现的，而这些设备又依赖于基于高新技术的计算机网络、通信、自动控制等系统来支持。把这些理念和实践集中反映到建筑理念和建筑实践中去，即在建筑物中增加了各种智能化系统，使得一种新型的、现代化的建筑理念应运而生，这就是我们常说的"智能建筑"。

一、智能建筑的基本概念

1. 智能建筑的定义

智能建筑的概念最早是20世纪80年代由美国提出的。我国在20世纪90年代开始起步并进入了目前高速发展的阶段。国标《智能建筑设计标准》（GB/T 50314—2000）中对智能建筑的定义是："它是以建筑为平台，兼备建筑设备、办公自动化及通信网络系统，集结构、系统、服务、管理及它们之间的最优化组合，向人们提供一个安全、高效、舒适、便利的建筑环境"的建筑。

2. 智能建筑的范畴

智能建筑按目前的定义和概念大致包括以下一些系统：计算机网络系统、通信系统、有线电视系统、安全防范监控系统、门禁系统、楼宇设备自控系统、电能监测及控制系统、照明控制系统、车库（停车场）管理系统、办公自动化系统、火灾自动报警与联动控制系统等。

以上这些系统中，计算机网络系统与通信系统常常合并成综合布线系统。而门禁系统和车库（停车场）管理系统往往也可以并入安防系统中。电能监测及控制系统、照明控制系统可以并入楼控系统之中。火灾自动报警与联动控制系统由于其行业特性也不纳入智能建筑的子系统中。所以，通常所说的3A，即建筑物的BA（楼宇自动化）、CA（通信自动化）和OA（办公自动化）。

智能建筑原先只是体现在高档写字楼及大型公建，而目前由于智能建筑技术本身的发展和人们对这方面要求的增加，出现了大量的"智能化住宅"、"智能化小区"等等。也使智能建筑的范畴和内涵得到进一步扩展，比如小区内设置的周界防范系统和小区广播、电子公告栏、可视对讲、VOD视频点播等都可以视为智能建筑的组成部分。

二、智能建筑的功能

智能建筑通过大量采用信息技术及设备而具有许多功能，由于它们都是建立在一定的信息平台的基础上，它们之间既相对独立，又相互联系，从而构成一个完善的、有机的功能性系统。实现建筑的智能化，可以提高建筑物的安全性、舒适（高效）性和便捷性，如表 20-1 所示。

智能建筑的功能 表 20-1

安全性功能	舒适(高效)性功能	便捷性功能
火灾自动报警	空调监控	综合布线
自动喷淋灭火	供热监控	VSAT 卫星通信
防盗报警	给排水监控	办公自动化
闭路电视监控	电能监测及控制	Internet
保安巡更	照明控制	宽带接入
电梯运行监控	卫星电缆电视	物业管理
出入门禁控制	背景音乐	一卡通
	VOD 视频点播	

三、智能建筑的特点

智能建筑与传统建筑相比，具有以下特点：

1. 系统高度集成：这也是智能建筑与传统建筑之间最大的区别。所谓系统集成，就是将智能建筑中分散的设备和相对独立的各子系统，通过计算机网络综合为一个相互关联、统一协调的系统，实现信息、资源、任务的共享和重组。智能建筑的功能必须依赖这种高度集成化才能得以实现。

2. 节能：建筑物内最大的能耗在于空调和照明，约占总能耗的八成。采用智能控制系统，在满足环境要求的前提下，可充分利用室外大气的冷（热）源和自然光，并分时段来调节室内温度和照度，以最大限度的减少能耗。

3. 节省运行维护及管理费用：智能建筑的设备依赖计算机系统实现智能化的运行和管理，可以根据设备的运行状态及时进行维护和检修。系统的操作和管理也相对集中。可以使人员安排更为合理，降低人工费用的支出。

4. 营造安全、舒适和高效便捷的环境：智能建筑采用了多项安防措施，包括对火灾的自动监测、报警和自动灭火措施，对各种灾害和突发事件的反应能力也随着智能建筑内各种配套设施的建立而加快，使得建筑物及人身、财产的安全性得以大大提高。智能建筑的相关系统为稳、准、快的满足各种不同温、湿度和空气质量等环境因素提供了条件，还提供了背景音乐、场景照明等，可大大改善环境质量，为使用者创造舒适的生活环境。智能建筑还通过其各种现代化的通信手段，实现电视、电话、局域网、因特网以及基于网络的各种办公自动化系统，为使用者提供了高效便捷的工作学习环境。

四、建筑智能化的核心技术

智能建筑相比于传统建筑而言，主要是在建筑中广泛采用了"3C"高新技术。"3C"即现代计算机技术、现代通信技术和现代控制技术。而现代通信技术是基于计算机技术而发展起来的数字化通信技术。现代控制技术也是在计算机技术的基础上发展起来的信息传感技术和人工智能技术。所以，以计算机技术为基础的测控技术是智能建筑的核心技术。

第二节 综合布线系统

建筑物，特别是智能建筑内各个系统都要进行信息传输。按传统模式，这些信息的传输是使用各自系统的线缆或其他媒介进行的。因为各个系统的要求是不同的，所采用的传输介质也不相同。然而，由于计算机技术的发展，使所有这些信息都具有了相同的物理特性而具备了综合布线的可能性。

一、综合布线系统的基本概念

由于各个系统的信息具有相同特性，即采用了数字化的传输方式，加之系统之间存在密切的联系，有许多可共享的资源，这就使得将一座建筑内或建筑物之间的语音、数字、视频、监控等多种信息，综合在一套布线系统之中进行传输和交换成为可能。这个统一的布线系统可以把建筑物乃至建筑群内的所有语音处理设备、数字处理设备、视频设备以及计算机控制、管理设备集成在一个系统中。统一设计、统一使用、统一管理，这样不但可以减少安装空间，增加使用的灵活性，还可以大大降低维护及运行成本，减少故障率，提高可靠性。

所以，从理论上讲，智能建筑内所有的弱电信号及系统都可以利用综合布线系统进行传输，统一管理。但实际上，考虑到技术的复杂性、成本及技术成熟程度等因素，尤其是我国管理体制上存在的问题，综合布线目前多只是将通信（语音）及网络（数字）综合在一起。电视、安防、消防、楼控等仍各自分别单独布线，自成系统。

二、综合布线系统的功能

如上所述，综合布线系统是将建筑物内的语音（电话）及数字（计算机网络）信号综合在一起，采用一套传输系统。当然，依托网络系统的电话会议、电视会议及其他多媒体技术都可以在综合布线系统内实现。它可以方便、快速地实现并适应系统结构的改变。

三、综合布线系统的构成

根据国标规定，综合布线系统可以划分为四个独立的子系统，它们分别是：

1. 建筑群主干布线子系统：是指多个建筑物之间的布线系统，通常采用光缆作为传输介质。

2. 建筑物主干布线子系统：是指贯穿建筑物上下各楼层的布线系统。从建筑物的总配线架到各楼层配线架属于建筑物主干布线子系统。主干布线一般采用光缆或大对数电缆。

3. 水平布线子系统：从楼层配线架到各信息出线口属于水平布线子系统。该子系统又包括了信息插座、水平双绞线缆（或水平光缆）及其在楼层配线架上的连接硬件、接插软线和跳线。水平双绞线缆（或水平光缆）多为直接接到信息出线口的插座上。

4. 工作区布线子系统：是指水平布线系统的信息插座延伸到工作站终端设备处的连接线缆及适配器等器件。仅仅是指连接线缆、适配器等相关接触器件，不含其他设备。

由于主干线路是语音及数字信号综合在一起，而出线口插座的功能完全是由跳线架上的跳线所决定，根据需要可随时改变跳线架上的跳线来改变出线口插座的功能。特别适合现代大开间、多变化办公空间的要求。这是综合布线系统的特点和优势。

四、综合布线系统的传输介质

综合布线系统的传输介质常用的有三种：双绞线、光缆和同轴电缆。

1. 双绞线：双绞线是将两根铜质绝缘导线螺旋对扭在一起，因为对扭在一起可使电磁干扰最小。它既可传输数字信号，也可以传输模拟信号。常用的八芯双绞线，是将四对绞在一起的导线封装在一个护套之中。与其他传输介质相比，其价格低，但传输距离、信道带宽和传输速率都相对较差。

双绞线可分为屏蔽双绞线和非屏蔽双绞线，也可以按其传输速率的高低分为3、4、5、超5、超6、7类线，类别越高，传输速率越高。

另外一种将25对绞线封装在一个护套之中的称之为大对数缆，多用于传输系统的干线。

2. 光缆：光纤是一种比头发丝还细的可传导光线的介质，将光纤采用不同材料的防护层封装起来，就形成了光缆。借助光缆传输激光可用于通信。但需要将电信号通过电-光转换设备变为光信号输入至光纤发送，接受端再通过光-电转换设备将光信号恢复成电信号即可。

由于光缆具有信息容量特别大，传输速率高，衰减小、传输距离长，抗干扰性强，信息安全性好等优点，其应用范围迅速扩大，发展势头迅猛。

3. 同轴电缆：同轴电缆用于通信传输的性能和价格都介于双绞线和光缆之间。由于目前我国综合布线系统多以语音和数据信号综合，很少用于输送高频视频信号，目前有线电视网络多为独立系统，即使数字电视也是利用调制解调器（Modem）进行模拟-数字信号之间的转换，所以将同轴电缆用于综合布线系统传输介质的案例并不多见。

五、综合布线系统的发展趋势

随着计算机网络系统的迅猛发展，综合布线系统也以日新月异的速度发展，主要体现在以下三个方面：

1. 从低速率向高速率发展。20世纪80年代，布线系统多为3类线，支持10Mbit/s以太网，而目前的超5类线就可以支持kMbit/s以太网，更高速的超6类、7类线系统也将很快面市。

2. 从语音和数字的综合布线向多系统集成的综合布线方向发展。

3. 从智能化办公、公建向智能化住宅小区方向发展。

第三节 通信系统

虽然大多数建筑实现综合布线后解决了语音通信的问题，但通信系统的作用还不能完全被综合布线系统所取代。

通信系统是以电信号作为信息传递和交换手段的通信方式，是指完成各种电信业务的软硬件系统的总称。

作为建筑物，主要是使用电信资源，包括语音通信网（电话网）、数据通信网、文字通信网、图像通信网和综合业务数字网（ISDN）。而这其中语音通信网（电话网）的应用无疑是最为广泛的。

从目前的发展趋势看，除非有特殊要求、保密性较高或特大规模的建筑群自设模块式电话局、自设程控交换机外，一般多从市话网直接引入直通电话信号使用最为便利。电话局之间的干线或电话局至模块局、电话交接间的信号也已大量采用光缆。进入用户交接箱的多为铜质电信电缆，再以同样的电缆分至各区、层的电话组线箱，并采用$\geqslant 0.5mm^2$截面积的铜芯导线自组线箱引至各电话出线口。

第四节 有线电视系统

电视信号采用有线方式传输就构成了有线电视系统。利用有线电视网络传送电视信号，可以提高电视的收视效果，能有效控制节目资源的分配，实现有偿收视。是建筑信息化领域应用最为广泛的系统之一。

一、有线电视系统组成

有线电视系统一般由前端设备、传输部分和分配部分三部分组成。

1. 前端设备：包括信号源（接收天线、自办节目的放像机、DVD机等）、信号处理设备（频道变换器、频道处理器、调制器等）、信号放大合成设备（放大器、混合器、分配器）等。

2. 传输设备：包括同轴电缆、光缆和微波传输及接收设备等。

3. 分配系统：包括支干线、延长放大器、用户放大器和分支器、分配器及用户终端等。

二、有线电视信号传输的介质和方式

1. 射频同轴电缆（75Ω）。多用于用户前端至终端之间。根据其衰耗值的不同，有－9、－7、－5等型号。在分配系统中，干线多采用－9、－7，支线多采用－5。

2. 射频同轴电缆与光缆，或射频同轴电缆与微波组合传输的方式多用于电视台与发射基站或有线电视干线网之间的信号传输。

三、有线电视系统的评价标准

评价标准是电视信号图像及伴音质量的好坏。为保证其画面质量，就需要系统的出口电平保持一定的水平，对非邻频系统应为$70\pm5dB\mu V$，邻频传输系统应为$64\pm4dB\mu V$。

四、有线电视系统的电线电缆在建筑物内敷设时，必须采用金属管加以保护

建筑物除了网络、电话及电视系统外，有时还需要：设置有线广播用于播放背景音乐或业务广播；设置各种显示屏播放信息；设置音响装置，用于会议、报告、演出等等；设置各种投影仪、背投机等用于播放各种多媒体信号……由此可见，建筑物的信息化体现在方方面面，系统的构成也是形形色色、千变万化。随着时代发展对信息获取和交流的要求日益增加，建筑信息化技术必将得到进一步的发展与完善。

第五节 楼宇自动控制系统

在一座建筑物内，存在大量的各种各样的机电设备，对它们进行实时自动监测、控制和管理的系统，就是楼宇自动控制系统，又称建筑设备控制自动化系统。

系统对建筑物及其设备、管道内的温度、湿度、流量、液位、电能、照度、有害气体浓度等物理量实行过程控制。对电压、电流、频率、功率因数、开关状态等参数进行

监测。

系统应用局域网技术为基本模型，利用以太网实现现场设备与中央控制器的有机结合。

一、楼宇自动控制系统的功能和作用

1. 确保建筑物内环境舒适。
2. 提高建筑物及其内部人员与设备的整体安全水平和灾害防御能力。
3. 通过优化提高工艺过程的控制水平、节省能源消耗、减轻劳动强度。
4. 提供可靠的、经济的最佳能源供应方案。
5. 不间断地、及时地提供设备运行状况的有关资料、报表，进行集中分析，作为设备管理决策的依据，实现设备维护工作的自动化。

以上这些基本服务功能是通过对建筑物内各类设备的运行进行集中实时监控与管理的过程中实现的。这种集中监控包括对设备状态及参数的监视、启停及运行控制。系统的主要作用就是节能。它是通过对空调、照明、给排水等设备的控制，在不降低舒适性及可靠性的前提下达到节能、降低运行费用的目的。

二、楼宇自动控制系统的范畴及内容

1. 暖通空调与冷热源系统：这是楼控系统中的重点内容。是根据室内各处对温、湿度不同要求的设定值，利用分散在室内外各处的传感器和各个机房的现场控制器（DDC），对各个区域的温、湿度进行检测和调控，采用 PID（比例积分微分）调节规律，以期尽快、稳定且准确的接近设定值，达到节能、舒适、稳定的目的。
2. 排风换气系统：利用各种传感器检测空气质量，并采用现场控制器（DDC）自动启停、调节对应的排风换气设备和阀门，达到节能、舒适、稳定的目的。
3. 给排水系统：对楼内给排水系统的压力、液位、流量等参数进行检测，采用现场控制器（DDC）进行闭环控制，以满足系统参数给定值的要求。
4. 变配电系统：鉴于目前与主管部门之间在设备控制方面尚未取得一致，对变配电系统及设备仅利用现场控制器（DDC）监测相关参数及主要设备的运行状态。
5. 电梯系统：利用电梯机房内设置的现场控制器（DDC）对所有电梯的运行状态进行监控，也可将电梯群控功能纳入楼宇设备自动控制系统。
6. 照明系统：将全楼的照明分区域、分用途、分性质纳入楼宇设备自动控制系统进行统一管理，可根据具体情况对室内公共场所的照明和室外照明进行控制，在得到良好照明环境的同时，达到方便控制和节能的目的。

三、楼宇自动控制系统的自动监测与控制

1. 自动测量：自动测量有以下三种方式。

   （1）选择测量：人为指定某一时刻的某一参数，在显示器上显示或输出打印。

   （2）扫描测量：以预定的速度连续逐点测量，可兼作报警。如测量值超出给定值的上限或下限，可发出报警信号。对未运行的设备，相关参数自动跳位。

   （3）连续测量：用常规仪表进行在线指示、测量。

2. 自动监视：自动监视分为以下三种形式。

   （1）状态监视：监视设备的启停、开关的合断状态，也可以反映阀门的工作状态。

   （2）故障监视：当设备发生异常故障时，发出报警信号。必要时，应自动紧急停止运

行或断电。

（3）运行监视：包括系统内的风机、阀门、水泵、冷热源设备的运行状态监视，以及相关的温度、湿度、压力、流量等参数的监视。

3. 自动控制：控制方式分为开环控制和闭环控制两种。

（1）开环控制：是一种预定程序的控制方式。根据预定的控制步骤实施控制。控制参数与被控制参数之间无直接联系，或者说控制过程不受被控参数的影响。

（2）闭环控制：根据被控参数的实时测量值与给定值之间的差别大小，控制及调节被控制量，使被控参数快、稳、准的接近给定值。

四、楼宇自动控制系统的结构

建筑设备控制自动化系统主要有以下两种结构类型：

1. 集散控制型：即现场控制器（DDC）与中央控制室控制主机有机结合进行监控。目前较普遍采用，许多厂家有定型产品。

2. 全分布控制型：即采用现场总线技术将各种传感器、执行器与各种现场设备构成的现场控制站，直接通过网络与中央控制室控制主机有机结合进行监控。

以上两种形式可结合起来应用于楼控系统中。

思 考 题

1. 什么是智能建筑？其范畴主要包括哪些？
2. 智能建筑与传统建筑相比，主要特点有哪些？
3. 综合布线系统的基本构成是什么？
4. 综合布线系统的传输介质有哪几种？各有什么特点？
5. 有线电视系统是由哪几个主要部分组成的？
6. 楼控系统的主要功能和作用是什么？
7. 楼控系统的范畴及内容有哪些？

附录一 给水管段设计秒流量计算表

给水管段设计秒流量计算表 [$U(\%)$; $q(L/s)$]   附表 1-1

U_0	1.0		1.5		2.0		2.5		3.0		3.5	
N_g	U	q	U	q	U	q	U	q	U	q	U	q
1	100.00	0.20	100.00	0.20	100.00	0.20	100.00	0.20	100.00	0.20	100.00	0.20
2	70.94	0.28	71.20	0.28	71.47	0.29	71.78	0.29	72.08	0.29	72.39	0.29
3	58.00	0.35	58.30	0.35	58.62	0.35	58.96	0.35	59.31	0.36	59.66	0.36
4	50.28	0.40	50.60	0.40	50.94	0.41	51.30	0.41	51.66	0.41	52.03	0.42
5	45.01	0.45	45.34	0.45	45.69	0.46	46.06	0.46	46.43	0.46	46.82	0.47
6	41.12	0.49	41.45	0.50	41.81	0.50	42.18	0.51	42.57	0.51	42.96	0.52
7	38.09	0.53	38.43	0.54	38.79	0.54	39.17	0.55	39.56	0.55	39.96	0.56
8	35.65	0.57	35.99	0.58	36.36	0.58	36.74	0.59	37.13	0.59	37.53	0.60
9	33.63	0.61	33.98	0.61	34.35	0.62	34.73	0.63	35.12	0.63	35.53	0.64
10	31.92	0.64	32.27	0.65	32.64	0.65	33.03	0.66	33.42	0.67	33.83	0.68
11	30.45	0.67	30.80	0.68	31.17	0.69	31.56	0.69	31.96	0.70	32.36	0.71
12	29.17	0.70	29.52	0.71	29.89	0.72	30.28	0.73	30.68	0.74	31.09	0.75
13	28.04	0.73	28.39	0.74	28.76	0.75	29.15	0.76	29.55	0.77	29.96	0.78
14	27.03	0.76	27.38	0.77	27.76	0.78	28.15	0.79	28.55	0.80	28.96	0.81
15	26.12	0.78	26.48	0.79	26.85	0.81	27.24	0.82	27.64	0.83	28.05	0.84
16	25.30	0.81	25.66	0.82	26.03	0.83	26.42	0.85	26.83	0.86	27.24	0.87
17	24.56	0.83	24.91	0.85	25.29	0.86	25.68	0.87	26.08	0.89	26.49	0.90
18	23.88	0.86	24.23	0.87	24.61	0.89	25.00	0.90	25.40	0.91	25.81	0.93
19	23.25	0.88	23.60	0.90	23.98	0.91	24.37	0.93	24.77	0.94	25.19	0.96
20	22.67	0.91	23.02	0.92	23.40	0.94	23.79	0.95	24.20	0.97	24.61	0.98
22	21.63	0.95	21.98	0.97	22.36	0.98	22.75	1.00	23.16	1.02	23.57	1.04
24	20.72	0.99	21.07	1.01	21.45	1.03	21.85	1.05	22.25	1.07	22.66	1.09
26	19.92	1.04	20.27	1.05	20.65	1.07	21.05	1.09	21.45	1.12	21.87	1.14
28	19.21	1.08	19.56	1.10	19.94	1.12	20.33	1.14	20.74	1.16	21.15	1.18
30	18.56	1.11	18.92	1.14	19.30	1.16	19.69	1.18	20.10	1.21	20.51	1.23

续表

U_0	1.0		1.5		2.0		2.5		3.0		3.5	
N_g	U	q	U	q	U	q	U	q	U	q	U	q
32	17.99	1.15	18.34	1.17	18.72	1.20	19.12	1.22	19.52	1.26	19.94	1.28
34	17.46	1.19	17.81	1.21	18.19	1.24	18.59	1.26	18.99	1.29	19.41	1.32
36	16.97	1.22	17.33	1.25	17.71	1.28	18.11	1.30	18.51	1.33	18.93	1.36
38	16.53	1.26	16.89	1.28	17.27	1.31	17.66	1.34	18.07	1.37	18.48	1.40
40	16.12	1.29	16.48	1.32	16.86	1.35	17.25	1.38	17.66	1.41	18.07	1.45
42	15.74	1.32	16.09	1.35	16.47	1.38	16.87	1.42	17.28	1.45	17.69	1.49
44	15.38	1.35	15.74	1.39	16.12	1.42	16.52	1.45	16.92	1.49	17.34	1.53
46	15.05	1.38	15.41	1.42	15.79	1.45	16.18	1.49	16.59	1.53	17.00	1.56
48	14.74	1.42	15.10	1.45	15.48	1.49	15.87	1.52	16.28	1.56	16.69	1.60
50	14.45	1.45	14.81	1.48	15.19	1.52	15.58	1.56	15.99	1.60	16.40	1.64
55	13.79	1.52	14.15	1.56	14.53	1.60	14.92	1.64	15.33	1.69	15.74	1.73
60	13.22	1.59	13.57	1.63	13.95	1.67	14.35	1.72	14.76	1.77	15.17	1.82
65	12.71	1.65	13.07	1.70	13.45	1.75	13.84	1.80	14.25	1.85	14.66	1.91
70	12.26	1.72	12.62	1.77	13.00	1.82	13.39	1.87	13.80	1.93	14.21	1.99
75	11.85	1.78	12.21	1.83	12.59	1.89	12.99	1.95	13.39	2.01	13.81	2.07
80	11.49	1.84	11.84	1.89	12.22	1.96	12.62	2.02	13.02	2.08	13.44	2.15
85	11.15	1.90	11.51	1.96	11.89	2.02	12.28	2.09	12.69	2.16	13.10	2.23
90	10.85	1.95	11.20	2.02	11.58	2.09	11.98	2.16	12.38	2.23	12.80	2.30
95	10.57	2.01	10.92	2.08	11.30	2.15	11.70	2.22	12.10	2.30	12.52	2.38
100	10.31	2.06	10.66	2.13	11.04	2.21	11.44	2.29	11.84	2.37	12.26	2.45
110	9.84	2.17	10.20	2.24	10.58	2.33	10.97	2.41	11.38	2.50	11.79	2.59
120	9.44	2.26	9.79	2.35	10.17	2.44	10.56	2.54	10.97	2.63	11.38	2.73
130	9.08	2.36	9.43	2.45	9.81	2.55	10.21	2.65	10.61	2.76	11.02	2.87
140	8.76	2.45	9.11	2.55	9.49	2.66	9.89	2.77	10.29	2.88	10.70	3.00
150	8.47	2.54	8.83	2.65	9.20	2.76	9.60	2.88	10.00	3.00	10.42	3.12
160	8.21	2.63	8.57	2.74	8.94	2.86	9.34	2.99	9.74	3.12	10.16	3.25
170	7.98	2.71	8.33	2.83	8.71	2.96	9.10	3.09	9.51	3.23	9.92	3.37
180	7.76	2.79	8.11	2.92	8.49	3.06	8.89	3.20	9.29	3.34	9.70	3.49
190	7.56	2.87	7.91	3.01	8.29	3.15	8.69	3.30	9.09	3.45	9.50	3.61
200	7.38	2.95	7.73	3.09	8.11	3.24	8.50	3.40	8.91	3.56	9.32	3.73
220	7.05	3.10	7.40	3.26	7.78	3.42	8.17	3.60	8.57	3.77	8.99	3.95
240	6.76	3.25	7.11	3.41	7.49	3.60	7.88	3.78	8.29	3.98	8.70	4.17
260	6.51	3.28	6.86	3.57	7.24	3.76	7.63	3.97	8.03	4.18	8.44	4.39
280	6.28	3.52	6.63	3.72	7.01	3.93	7.40	4.15	7.81	4.37	8.22	4.60
300	6.08	3.65	6.43	3.86	6.81	4.08	7.20	4.32	7.60	4.56	8.01	4.81
320	5.89	3.77	6.25	4.00	6.62	4.24	7.02	4.49	7.42	4.75	7.83	5.01

给水管段设计秒流量计算表 [$U(\%)$; $q(L/s)$] 附表 1-2

U_0	4.0		4.5		5.0		6.0		7.0		8.0	
N_g	U	q	U	q	U	q	U	q	U	q	U	q
1	100.00	0.20	100.00	0.20	100.00	0.20	100.00	0.20	100.00	0.20	100.00	0.20
2	72.70	0.29	73.02	0.29	73.33	0.29	73.98	0.30	74.64	0.30	75.30	0.30
3	60.02	0.36	60.38	0.36	60.75	0.36	61.49	0.37	62.24	0.37	63.00	0.38
4	52.41	0.42	52.80	0.42	53.18	0.43	53.97	0.43	54.76	0.44	55.56	0.44
5	47.21	0.47	47.60	0.48	48.00	0.48	48.80	0.49	49.62	0.50	50.45	0.50
6	43.35	0.52	43.76	0.53	44.16	0.53	44.98	0.54	45.81	0.55	46.65	0.56
7	40.36	0.57	40.76	0.57	41.17	0.58	42.01	0.59	42.85	0.60	43.70	0.61
8	37.94	0.61	38.35	0.61	38.76	0.62	39.60	0.63	40.45	0.65	41.31	0.66
9	35.93	0.65	36.35	0.65	36.76	0.66	37.61	0.68	38.46	0.69	39.33	0.71
10	34.24	0.68	34.65	0.69	35.07	0.70	35.92	0.72	36.78	0.74	37.65	0.75
11	32.77	0.72	33.19	0.73	33.61	0.74	34.46	0.76	35.33	0.78	36.20	0.80
12	31.50	0.76	31.92	0.77	32.34	0.78	33.19	0.80	34.06	0.82	34.93	0.84
13	30.37	0.79	30.79	0.80	31.22	0.81	32.07	0.83	32.94	0.86	33.82	0.88
14	29.37	0.82	29.79	0.83	30.22	0.85	31.07	0.87	31.94	0.89	32.82	0.92
15	28.47	0.85	28.89	0.87	29.32	0.88	30.18	0.91	31.05	0.93	31.93	0.96
16	27.65	0.88	28.08	0.90	28.50	0.91	29.36	0.94	30.23	0.97	31.12	1.00
17	26.91	0.91	27.33	0.93	27.76	0.94	28.62	0.97	29.50	1.00	30.38	1.03
18	26.23	0.94	26.65	0.96	27.08	0.97	27.94	1.01	28.82	1.04	29.70	1.07
19	25.60	0.97	26.03	0.99	26.45	1.01	27.32	1.04	28.19	1.07	29.08	1.10
20	25.03	1.00	25.45	1.02	25.88	1.04	26.74	1.07	27.62	1.10	28.50	1.14
22	23.99	1.06	24.41	1.07	24.84	1.09	25.71	1.13	26.58	1.17	27.47	1.21
24	23.08	1.11	23.51	1.13	23.94	1.15	24.80	1.19	25.68	1.23	26.57	1.28
26	22.29	1.16	22.71	1.18	23.14	1.20	24.01	1.25	24.98	1.29	25.77	1.34
28	21.57	1.21	22.00	1.23	22.43	1.26	23.30	1.30	24.18	1.35	25.06	1.40
30	20.93	1.26	21.36	1.28	21.79	1.31	22.66	1.36	23.54	1.41	24.43	1.47
32	20.36	1.30	20.78	1.33	21.21	1.36	22.08	1.41	22.96	1.47	23.85	1.53
34	19.83	1.35	20.25	1.38	20.68	1.41	21.55	1.47	22.43	1.53	23.32	1.59
36	19.35	1.39	19.77	1.42	20.20	1.45	21.07	1.52	21.95	1.58	22.84	1.64
38	18.90	1.44	19.33	1.47	19.76	1.50	20.63	1.57	21.51	1.63	22.40	1.70
40	18.49	1.48	18.92	1.51	19.35	1.55	20.22	1.62	21.10	1.69	21.99	1.76
42	18.11	1.52	18.54	1.56	18.97	1.59	19.84	1.67	20.72	1.74	21.61	1.82
44	17.76	1.56	18.18	1.60	18.61	1.64	19.48	1.71	20.36	1.79	21.25	1.87
46	17.43	1.60	17.85	1.64	18.28	1.68	19.15	1.76	20.03	1.84	20.92	1.92
48	17.11	1.64	17.54	1.68	17.97	1.73	18.84	1.81	19.72	1.89	20.61	1.98
50	16.82	1.68	17.25	1.73	17.68	1.77	18.55	1.86	19.43	1.94	20.32	2.03

续表

U_0	4.0		4.5		5.0		6.0		7.0		8.0	
N_g	U	q	U	q	U	q	U	q	U	q	U	q
55	16.17	1.78	16.59	1.82	17.02	1.87	17.89	1.97	18.77	2.07	19.66	2.16
60	15.59	1.87	16.02	1.92	16.45	1.97	17.32	2.08	18.20	2.18	19.08	2.29
65	15.08	1.96	15.51	2.02	15.94	2.07	16.81	2.19	17.69	2.30	18.58	2.42
70	14.63	2.05	15.06	2.11	15.49	2.17	16.36	2.29	17.24	2.41	18.13	2.54
75	14.23	2.13	14.65	2.20	15.08	2.26	15.95	2.39	16.83	2.52	17.72	2.66
80	13.86	2.22	14.28	2.29	14.71	2.35	15.58	2.49	16.46	2.63	17.35	2.78
85	13.52	2.30	13.95	2.37	14.38	2.44	15.25	2.59	16.13	2.74	17.02	2.89
90	13.22	2.38	13.64	2.46	14.07	2.53	14.94	2.69	15.82	2.85	16.71	3.01
95	12.94	2.46	13.36	2.54	13.79	2.62	14.66	2.79	15.54	2.95	16.43	3.12
100	12.68	2.54	13.10	2.62	13.53	2.71	14.40	2.88	15.28	3.06	16.17	3.23
110	12.61	2.69	12.63	2.78	13.06	2.87	13.93	3.06	14.81	3.26	15.70	3.45
120	11.80	2.83	12.23	2.93	12.66	3.04	13.52	3.25	14.40	3.46	15.29	3.67
130	11.44	2.98	11.87	3.09	12.30	3.20	13.16	3.42	14.04	3.65	14.93	3.88
140	11.12	3.11	11.55	3.23	11.97	3.35	12.84	3.60	13.72	3.84	14.61	4.09
150	10.83	3.25	11.26	3.38	11.69	3.51	12.55	3.77	13.43	4.03	14.32	4.30
160	10.57	3.38	11.00	3.52	11.43	3.66	12.29	3.93	13.17	4.21	14.06	4.50
170	10.34	3.51	10.76	3.66	11.19	3.80	12.05	4.10	12.93	4.40	13.82	4.70
180	10.12	3.64	10.54	3.80	10.97	3.95	11.84	4.26	12.71	4.58	13.60	4.90
190	9.92	3.77	10.34	3.93	10.77	4.09	11.64	4.42	12.51	4.75	13.40	5.09
200	9.74	3.89	10.16	4.06	10.59	4.23	11.45	4.58	12.33	4.93	13.21	5.28
220	9.40	4.14	9.83	4.32	10.25	4.51	11.12	4.89	11.99	5.28	12.88	5.67
240	9.12	4.38	9.54	4.58	9.96	4.78	10.83	5.20	11.70	5.62	12.59	6.04
260	8.86	4.61	9.28	4.83	9.71	5.05	10.57	5.50	11.45	5.95	12.33	6.41
280	8.63	4.83	9.06	5.07	9.48	5.31	10.34	5.79	11.22	6.28	12.10	6.78
300	8.43	5.06	8.85	5.31	9.29	5.57	10.14	6.08	11.01	6.61	11.89	7.14
320	8.24	5.28	8.67	5.55	9.09	5.82	9.95	6.37	10.83	6.93	11.71	7.49

附录二 建筑物构件的燃烧性能和耐火极限

建筑物构件的燃烧性能和耐火极限　　　　　　　　　附表 2-1

耐火等级		一级	二级	三级	四级
构件名称		燃烧性能和耐火极限(h)			
墙	防火墙	非燃烧体 4.00	非燃烧体 4.00	非燃烧体 4.00	非燃烧体 4.00
	承重墙、楼梯间、电梯井的墙	非燃烧体 3.00	非燃烧体 2.50	非燃烧体 2.50	难燃烧体 0.50
	非承重外墙、疏散走道两侧的隔墙	非燃烧体 1.00	非燃烧体 1.00	非燃烧体 0.50	难燃烧体 0.25
	房间隔墙	非燃烧体 0.75	非燃烧体 0.50	难燃烧体 0.50	难燃烧体 0.25
柱	支承多层的柱	非燃烧体 3.00	非燃烧体 2.50	非燃烧体 2.50	难燃烧体 0.50
	支承单层的柱	非燃烧体 2.50	非燃烧体 2.00	非燃烧体 2.00	燃烧体
梁		非燃烧体 2.00	非燃烧体 1.50	非燃烧体 1.00	难燃烧体 0.50
楼板		非燃烧体 1.50	非燃烧体 1.00	非燃烧体 0.50	难燃烧体 0.25
屋顶承重构件		非燃烧体 1.50	非燃烧体 0.50	燃烧体	燃烧体
疏散楼梯		非燃烧体 1.50	非燃烧体 1.00	非燃烧体 1.00	燃烧体
吊顶(包括吊顶隔栅)		非燃烧体 0.25	难燃烧体 0.25	难燃烧体 0.15	燃烧体

附录三 生产的火灾危险性分类

生产的火灾危险性分类　　　　　　　　　　　　　　　　　　　附表3-1

生产类别	火灾危险性特征
甲	使用或产生下列物质的生产： 1. 闪点<28℃的液体 2. 爆炸下限<10%的气体 3. 常温下能自行分解或在空气中氧化即能导致迅速自燃或爆炸的物质 4. 常温下受到水或空气中水蒸气的作用，能产生可燃气体并引起燃烧或爆炸的物质 5. 遇酸、受热、撞击、摩擦、催化以及遇有机物或硫酸等易燃的无机物，极易引起燃烧或爆炸的强氧化剂 6. 受撞击、摩擦或与氧化剂、有机物接触时能引起燃烧或爆炸的物质 7. 在密闭设备内操作温度等于或超过物质本身自燃点的生产
乙	使用或产生下列物质的生产： 1. 闪点≥28℃至<60℃的液体 2. 爆炸下限≥10%的气体 3. 不属于甲类的氧化剂 4. 不属于甲类的化学易燃危险固体 5. 助燃气体 6. 能与空气形成爆炸性混合物的浮游状态的粉尘、纤维、闪点≥60℃的液体雾滴
丙	使用或产生下列物质的生产： 1. 闪点≥60℃的液体 2. 可燃固体
丁	具有下列情况的生产： 1. 对非燃烧物质进行加工，并在高热或熔化状态下经常产生强辐射热、火花或火焰的生产 2. 利用气体、液体、固体作为燃料或将气体、液体进行燃烧作其他用的各种生产 3. 常温下使用或加工难燃烧物质的生产
戊	常温下使用或加工非燃烧物质的生产

附录四 室内排水横管的水力计算

室内排水横管的水力计算   附表 4-1

坡度 i (m/m)	(一)工业废水(生产废水和生产污水)									
	$H/D=0.6$				$H/D=0.7$					
	$D=50$		$D=75$		$D=100$		$D=125$		$D=150$	
	q_u	v	q_u	v	q_u	v	q_u	v	q_u	v
0.003										
0.0035										
0.004										
0.005										8.85	0.68
0.066							6.00	0.67	9.70	0.75
0.007							6.50	0.72	10.50	0.81
0.008						3.80	0.66	6.95	9.77	11.20	0.87
0.009						4.02	0.70	7.36	0.82	11.90	0.92
0.01						4.25	0.74	7.80	0.86	12.50	0.97
0.012						4.64	0.81	8.50	0.95	13.70	1.06
0.015			1.95	0.72	5.20	0.90	9.50	1.06	15.40	1.19
0.02	0.79	0.65	2.25	0.83	6.00	1.04	11.00	1.22	17.70	1.37
0.025	0.88	0.72	2.51	0.93	6.70	1.16	12.30	1.36	19.80	1.53
0.03	0.97	0.79	2.76	1.02	7.35	1.28	13.50	1.50	21.70	1.68
0.035	1.05	0.85	2.98	1.10	7.95	1.38	14.60	1.60	23.40	1.81
0.04	1.12	0.91	3.18	1.17	8.50	1.47	15.60	1.73	25.00	1.94
0.045	1.19	0.96	3.88	1.25	9.00	1.56	16.50	1.83	26.60	2.06
0.05	1.25	1.01	3.55	1.31	9.50	1.64	17.40	1.93	28.00	2.17
0.06	1.37	1.11	3.90	1.44	10.40	1.80	19.00	2.11	30.60	2.38
0.07	1.48	1.20	4.20	1.55	11.20	1.95	20.60	2.28	33.10	2.56
0.08	1.58	1.28	4.50	1.66	12.00	2.08	22.00	2.44	35.40	2.74

坡度 i (m/m)	(二)生产废水						(三)生产污水					
	$H/D=1.0$						$H/D=0.8$					
	$D=200$		$D=250$		$D=300$		$D=200$		$D=250$		$D=300$	
	q_u	v	q_u	v	q_u	v	q_u	v	q_u	v	q_u	v
0.003					53.00	0.75					52.50	0.87
0.0035			35.40	0.72	57.30	0.81			35.00	0.83	56.70	0.94
0.004	20.80	0.66	37.80	0.77	61.20	0.87	20.60	0.77	37.40	0.89	60.60	1.01
0.005	23.25	0.74	42.25	0.86	68.50	0.97	23.00	9.86	41.80	1.00	67.90	1.11
0.006	25.50	0.81	46.40	0.94	75.00	1.06	25.20	0.94	46.00	1.09	74.40	1.24
0.007	27.50	0.88	50.00	1.02	81.00	1.15	27.20	1.02	49.50	1.18	80.80	1.33
0.008	29.40	0.94	53.50	1.09	86.50	1.23	29.00	1.09	53.00	1.26	85.80	1.42
0.009	31.20	0.99	56.50	1.15	92.00	1.30	30.80	1.15	56.00	1.33	91.00	1.51
0.01	33.00	1.05	59.70	1.22	97.00	1.37	32.60	1.22	59.20	1.41	96.00	1.59

续表

坡度 i (m/m)	(二)生产废水 H/D=1.0						(三)生产污水 H/D=0.8					
	D=200		D=250		D=300		D=200		D=250		D=300	
	q_u	v	q_u	v	q_u	v	q_u	v	q_u	v	q_u	v
0.012	36.00	1.15	65.30	1.33	106.00	1.50	35.60	1.33	64.70	1.54	105.00	1.74
0.015	40.30	1.28	73.20	1.49	119.00	1.68	40.00	1.49	72.50	1.72	118.00	1.95
0.02	46.50	1.48	84.50	1.72	137.00	1.94	46.00	1.72	83.60	1.99	135.80	2.25
0.025	52.00	1.65	94.40	1.92	153.00	2.17	51.40	1.92	93.50	2.22	151.00	2.51
0.03	57.00	1.82	103.50	2.11	168.00	2.38	56.50	2.11	102.50	2.44	166.00	2.76
0.035	61.50	1.96	112.00	2.28	181.00	2.57	61.00	2.28	111.00	2.64	180.00	2.98
0.04	66.00	2.10	120.00	2.44	194.00	2.75	65.00	2.44	118.00	2.82	192.00	3.18
0.045	70.00	2.22	127.00	2.58	206.00	2.91	69.00	2.58	126.00	3.00	204.00	3.38
0.05	73.50	2.34	134.00	2.72	217.00	3.06	72.60	2.72	132.00	3.15	214.00	3.55
0.06	80.50	2.56	146.00	2.98	238.00	3.36	79.60	2.98	145.00	3.45	235.00	3.90
0.07	87.00	2.77	158.00	3.22	256.00	3.64	86.00	3.22	156.00	3.73	254.00	4.20
0.08	93.00	2.96	169.00	3.44	274.00	3.88	93.40	3.47	165.50	3.94	274.00	4.40

坡度 i (m/m)	(四)生活污水											
	H/D=0.5								H/D=0.6			
	D=50		D=75		D=100		D=125		D=150		D=200	
	q_u	v	q_u	v	q_u	v	q_u	v	q_u	v	q_u	v
0.003												
0.0035												
0.004												
0.005											13.35	0.80
0.006											16.90	0.88
0.007									8.46	0.78	18.20	0.95
0.008									9.04	0.83	19.40	1.01
0.009									9.56	0.89	20.60	1.07
0.010							4.97	0.81	10.10	0.94	21.70	1.13
0.012					2.90	0.72	5.44	0.89	11.10	1.02	23.80	1.24
0.015			1.48	0.67	3.23	0.81	6.08	0.99	12.40	1.14	26.60	1.39
0.02			1.70	0.77	3.72	0.93	7.02	1.15	14.30	1.32	30.70	1.60
0.025	0.65	0.66	1.90	0.86	4.17	1.05	7.85	1.28	16.00	1.47	35.30	1.79
0.03	0.71	0.72	2.08	0.94	4.55	1.14	8.60	1.39	17.50	1.62	37.70	1.96
0.035	0.77	0.78	2.26	1.02	4.94	1.24	9.29	1.51	18.90	1.75	40.60	2.12
0.04	0.81	0.83	2.40	1.09	5.26	1.32	9.93	1.62	20.20	1.87	48.50	2.27
0.045	0.87	0.89	2.56	1.16	5.60	1.40	10.52	1.71	21.50	1.98	46.10	2.40
0.05	0.91	0.93	2.60	1.23	5.88	1.48	11.10	1.89	22.60	2.09	48.50	2.53
0.06	1.00	1.02	2.94	1.33	6.45	1.62	12.14	1.98	24.80	2.29	53.20	2.77
0.07	1.08	1.10	3.18	1.42	6.97	1.75	13.15	2.14	26.80	2.47	57.50	3.00
0.08	1.18	1.16	3.35	1.52	7.50	1.87	14.05	2.28	30.42	2.73	65.40	3.32

注：1. 本表单位：q_u—管内流量(L/s)；v—流速(m/s)；D—管内径(mm)；H—水深(mm)；
2. 工业废水栏内，生产污水仅适用于粗实线以下部分。

塑料排水横管的水力计算表（$n=0.009$）

附表 4-2

坡度	$H/D=0.5$										$H/D=0.6$	
	$D_e=50$		$D_e=75$		$D_e=90$		$D_e=110$		$D_e=125$		$D_e=160$	
	q	v	q	v	q	v	q	v	q	v	q	v
0.001											4.84	0.43
0.0015											5.93	0.52
0.002									2.63	0.48	6.85	0.60
0.0025							2.05	0.49	2.94	0.53	7.65	0.67
0.003					1.27	0.46	2.25	0.53	3.22	0.58	8.39	0.74
0.0035					1.37	0.50	2.43	0.58	3.48	0.63	9.06	0.80
0.004					1.46	0.53	2.59	0.61	3.72	0.67	9.68	0.85
0.0045					1.55	0.56	2.75	0.65	3.94	0.71	10.27	0.90
0.005			1.03	0.53	1.64	0.60	2.90	0.69	4.16	0.75	10.82	0.95
0.006			1.13	0.58	1.79	0.65	3.18	0.75	4.55	0.82	11.86	1.04
0.007	0.39	0.47	1.22	0.63	1.94	0.71	3.43	0.81	4.92	0.89	12.81	1.13
0.008	0.42	0.51	1.31	0.67	2.07	0.75	3.67	0.87	5.26	0.95	13.69	1.20
0.009	0.45	0.54	1.39	0.71	2.19	0.80	3.89	0.92	5.58	1.01	14.52	1.28
0.010	0.47	0.57	1.46	0.75	2.31	0.84	4.10	0.97	5.88	1.06	15.31	1.35
0.012	0.52	0.63	1.60	0.82	2.53	0.92	4.49	1.07	6.44	1.17	16.77	1.48
0.015	0.58	0.70	1.79	0.92	2.83	1.03	5.02	1.19	7.20	1.30	18.75	1.65
0.020	0.67	0.81	2.07	1.06	3.27	1.19	5.80	1.38	8.31	1.50	21.65	1.90
0.025	0.74	0.89	2.31	1.19	3.66	1.33	6.48	1.54	9.30	1.68	24.21	2.13
0.026	0.76	0.91	2.35	1.21	3.74	1.36	6.56	1.56	9.47	1.71	24.66	2.17
0.030	0.81	0.97	2.53	1.30	4.01	1.46	7.10	1.68	10.18	1.84	26.52	2.33
0.035	0.88	1.06	2.74	1.41	4.33	1.59	7.67	1.82	11.00	1.99	28.64	2.52
0.040	0.94	1.13	2.93	1.51	4.63	1.69	8.20	1.95	11.76	2.13	30.62	2.69
0.045	1.00	1.20	3.10	1.59	4.91	1.79	8.70	2.06	12.47	2.26	32.47	2.86
0.050	1.05	1.26	3.27	1.68	5.17	1.88	9.17	2.18	13.15	2.38	34.23	3.01
0.060	1.15	1.38	3.58	1.84	5.67	2.07	10.04	2.38	14.40	2.61	37.50	3.30

注：q—排水流量（L/s）；v—流速（m/s）；D_e—塑料排水管外径（mm）。

附录五 水力计算图表

1. 不满流圆形管道水力计算图表

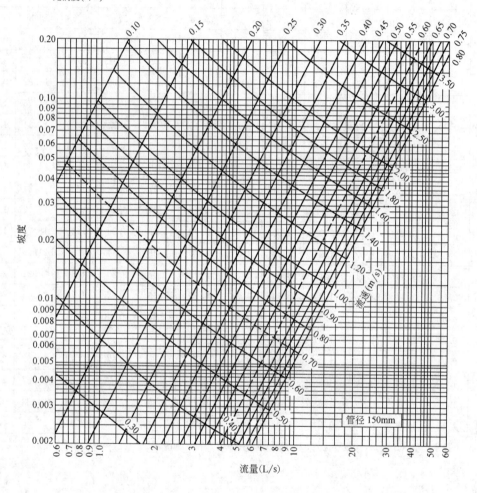

计算圆形水管的图解表　　　　　附表 5-1

计算圆形水管的图解表

附表 5-2

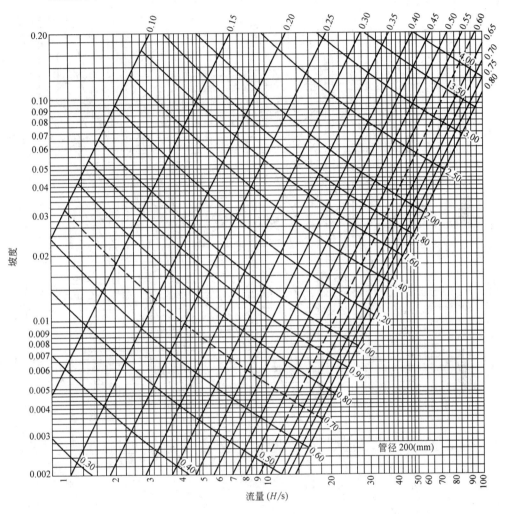

计算圆形水管的图解表

附表 5-3

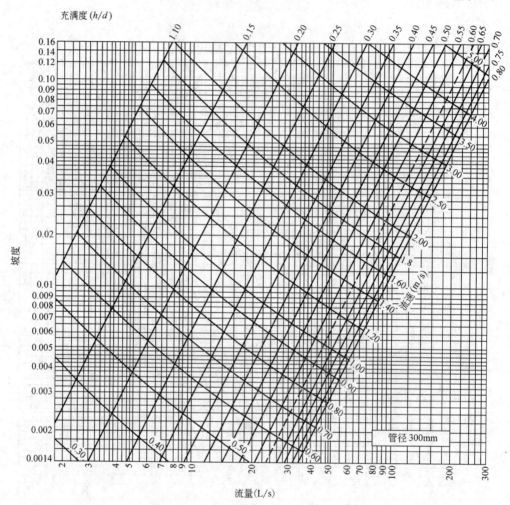

计算圆形水管的图解表　　　　　附表 5-4

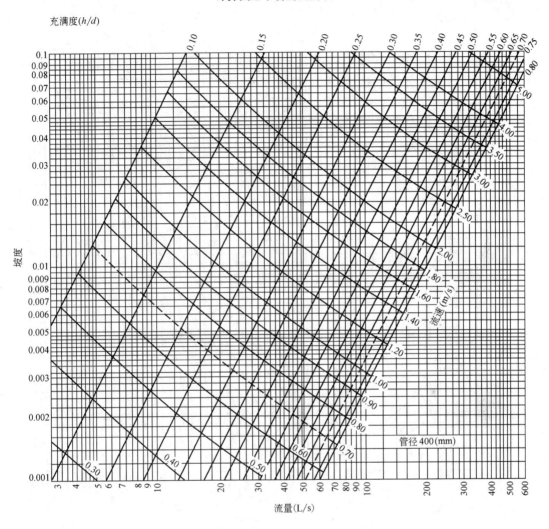

计算圆形水管的图解表

附表 5-5

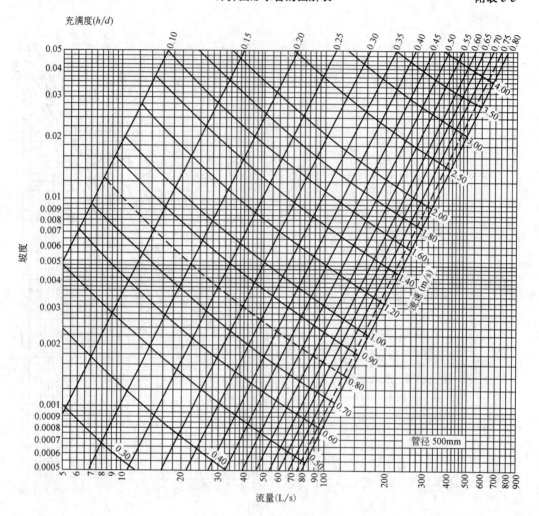

计算圆形水管的图解表 附表 5-6

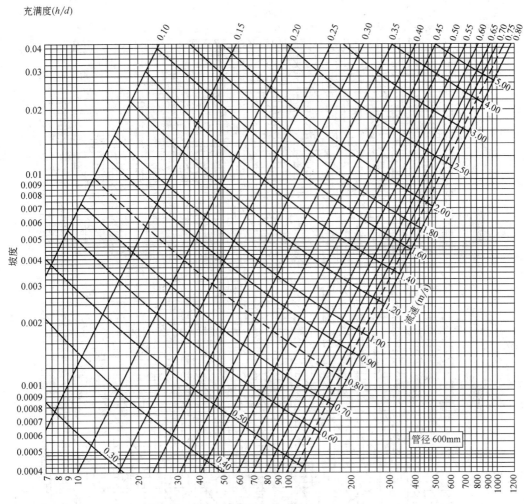

2. 圆形管道满流水力计算图表 ($n=0.014$)

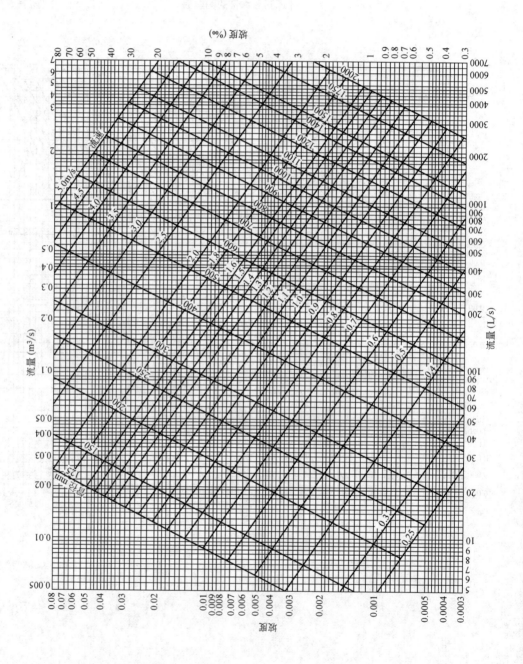

附表 5-7

圆形管道满流水力计算图表

附表 5-8

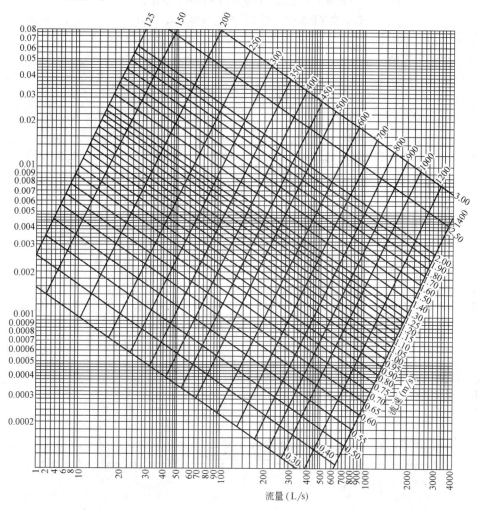

附录六 供热通风部分有关表格

在自然循环上供下回双管热水供暖系统中，
由于水在管路内冷却而产生的附加压力（Pa）　　　　附表 6-1

系统的水平距离(m)	锅炉到散热器的高度(m)	自总立管至计算立管之间的水平距离(m)					
		<10	10~20	20~30	30~50	50~75	75~100
1	2	3	4	5	6	7	8
未保温的明装立管 (1)1层或2层的房屋							
25 以下	7 以下	100	100	150	—	—	—
25~50	7 以下	100	100	150	200	—	—
50~75	7 以下	100	100	150	150	200	—
75~100	7 以下	100	100	150	150	200	250
(2)3层或4层的房屋							
25 以下	15 以下	250	250	250	—	—	—
25~50	15 以下	250	250	300	350	—	—
50~75	15 以下	250	250	250	300	350	—
75~100	15 以下	250	250	250	300	350	400
(3)高于4层的房屋							
25 以下	7 以下	450	500	550	—	—	—
25 以下	大于 7	300	350	450	—	—	—
25~50	7 以下	550	600	650	750	—	—
25~50	大于 7	400	450	500	550	—	—
50~75	7 以下	550	550	600	650	750	—
50~75	大于 7	400	400	450	500	550	—
75~100	7 以下	550	550	550	600	650	700
75~100	大于 7	400	400	400	450	500	650
未保温的暗装立管 (1)1层或2层的房屋							
25 以下	7 以下	80	100	130	—	—	—
25~50	7 以下	80	80	130	150	—	—
50~75	7 以下	80	80	100	130	180	—
75~100	7 以下	80	80	80	130	180	230
(2)3层或4层的房屋							
25 以下	15 以下	180	200	280	—	—	—
25~50	15 以下	180	200	250	300	—	—
50~75	15 以下	150	180	200	250	300	—
75~100	15 以下	150	150	180	230	280	330
(3)高于4层的房屋							
25 以下	7 以下	300	350	380	—	—	—
25 以下	大于 7	200	250	300	—	—	—
25~50	7 以下	350	400	430	530	—	—
25~50	大于 7	250	300	330	380	—	—
50~75	7 以下	350	350	400	430	530	—
50~75	大于 7	250	250	300	330	380	—
75~100	7 以下	350	350	380	400	480	530
75~100	大于 7	250	260	280	300	350	450

注：1. 在下供下回系统中，不计算水在管路中冷却而产生的附加压力值。
　　2. 在单管式系统中，附加值采用本附录所示的相应值的 50%。

某些民用建筑及工业企业辅助用室的冬季室内计算温度 t_n（℃）　　　　附表 6-2

房间名称	一般室温	上下范围	房间名称	一般室温	上下范围
一、居住建筑：			门厅、走廊	14	14～18
饭店宾馆的卧室及起居室	20	18～22	办公室	18	16～18
住宅	18	16～20	厕所	16	14～16
厨房	10	5～15	三、工业企业辅助用室：		
厨房的储藏室	5	可不采暖	厕所、盥洗室	12	12～14
浴室	25	21～25	食堂	14	14～15
盥洗室	18	16～20	办公室	18	16～18
厕所	15	14～16	技术资料室	16	
门厅，走廊	16	14～16	存衣室	16	
楼梯间	14	12～14	哺乳室	20	20～22
二、公共建筑：			淋浴室	25	
影剧院观众厅	16	14～18	淋浴室的换衣室	23	
商店营业室	15	14～16	女工卫生室	23	

工业企业工作地点温度 t_n（℃）　　　　附表 6-3

车 间 性 质	作业分类	工作地点温度
仪表、机械加工、印刷、针织等（能量消耗在 140W 以下的工种）	轻作业	15～18
木工、板金工、焊接等（能量消耗在 140～220W 的工种）	中作业	12～15
大型包装、人力运输（能量消耗在 220～290W 的工种）	重作业	10～12

允许温差 Δt_y 值（℃）　　　　附表 6-4

建筑物及房间类别	外墙	屋顶
居住房屋及要求较高的公共建筑（如办公楼、医院、幼儿园、托儿所等）	6.0	4.5
具有正常温湿度的公共建筑（如影剧院、学校、车站、体育馆、商店等）	7.0	5.5
室内相对湿度小于 50% 的车间	10	8.0
室内相对湿度为 50%～60% 的车间	7.5	70
室内相对湿度大于 60%，同时不允许围护结构内表面结露的车间	$t_n - t_l$	$t_n - t_l - 1$
有余热且室内计算湿度不大于 45% 的车间	12	12
室内相对湿度大于 60%，同时允许墙内表面结露的车间	7.0	$t_n - t_l$
辅助建筑物	7.5	7

注：t_l 为室内空气露点温度。

工业车间采暖热指标 附表 6-5

建筑物名称	建筑物体积 1000m³	采暖热指标 W/(m³·℃)	建筑物名称	建筑物体积 1000m³	采暖热指标 W/(m³·℃)
金工装配车间	10～50	0.52～0.47	油漆车间	50 以下	0.64～0.58
	50～100	0.47～0.44		50～100	0.58～0.52
	100～150	0.44～0.41	木工车间	5 以下	0.70～0.64
	150～200	0.41～0.38		5～10	0.64～0.52
	200 以上	0.38～0.29		10～50	0.52～0.47
焊接车间	50～100	0.44～0.41	工具机修车间	50 以上	0.47～0.41
	100～150	0.41～0.35		10～50	0.5～0.44
	150～250	0.35～0.33		50～100	0.44～0.41
	250 以上	0.33～0.29	生活间及办公室	0.5～1	1.16～0.76
中央实验室	5 以下	0.81～0.70		1～2	0.93～0.52
	5～10	0.70～0.58		2～5	0.87～0.47
	10 以上	0.58～0.47		5～10	0.76～0.41
				10～20	0.64～0.35

一些民用建筑物供暖面积热指标概算值 附表 6-6

建筑物类型	供暖面积热指标 q_f	
	kcal/(m²·h)	W/m²
住宅	40～60	47～70
办公楼、学校	50～70	58～81
医院、幼儿园	55～70	64～81
旅馆	50～60	58～70
图书馆	40～65	47～76
商店	55～75	64～87
单层住宅	70～90	81～105
食堂、餐厅	100～120	116～140
影剧院	80～100	93～116
大礼堂、体育馆	100～140	116～163

注：1. 本表摘自《民用建筑暖通空调设计技术措施》一书，由中国建筑工业出版社出版。
2. 总建筑面积大，外围护结构热工性能好，窗户面积小，采用表中较小的指标；反之，采用表中较大的指标。

国产几种铸铁散热器技术经济指标 附表 6-7

散热器型号		外形尺寸 (mm)	散热面积 (m²/片)	散热量 (W)	传热系数 K (W/(m²·℃))	工作压力 (10^5Pa)	试验压力 (10^5Pa)	金属热强度 q (W/(kg·℃))	单位面积重量 (kg/m²)	水容量 (L/片)
四柱 813		813×164×57	0.28	163	9.07	4	8	0.335	27.1	1.37
M-132		584×132×82	0.24	128	8.26	4	8	0.305	27.1	1.30
长翼型	大 60	280×600×115	1.17	535	7.09	4	5	0.295	24	8.42
	小 60	200×600×115	0.8	349	6.71	4	5	0.281	24	5.66
圆翼型 (D75、单根)		168×168×1000	1.8	675	5.82	4	6	0.274	21.2	4.42

注：附表 6-7、6-8 数据见"建筑科学研究报告 No.4, No.5"及"北京市建筑设计研究院常用散热器计算表"。

国产几种钢制散热器技术经济指标   附表6-8

散热器名称及型号	外形尺寸 (mm)	散热面积 (m²/片)	散热量 (W)	传热系数 K (W/(m²·℃))	工作压力 (10^5Pa)	试验压力 (10^5Pa)	金属热强度 q (W/(kg·℃))	单位面积重量 (kg/m²)	水容量 (L/片)
钢串片（单排平放加罩）$G=50$	150×80×(400~1400)	2.7	858	4.93	10~12	15	0.937	5.26	0.628
钢串片（单排平放不加罩）$G=50$	150×80×(400~1400)	2.7	780	4.48	10~12	15	1.314	3.4	0.628
折边钢串片 $G=250$	240×100×(400~1400)	5.9	1160	3.0	10~12	15	1.017	2.95	1.47
带对流片扁管散热器	416×45×1000	3.5	907	4.01	8	10	0.802	5.0	3.76
416×1000 单板扁管散热器（光板）	416×45×1000	0.911	599	10.18	8	10	0.771	13.2	3.76
板式散热器（带对流片）	600×1000	2.158	1012	7.27	5	7	1.035	7.02	2.3
钢制柱式	640×120	0.17	100	9.07	8	12	0.709	12.88	0.813

计算散热器面积时，考虑水在未保温暗装管道内的冷却应乘的修正系数 β_2 附表6-9

房屋层数	散热器所在的楼层						备注
	一	二	三	四	五	六	
单管式系统（上给式）							
2	1.04	1.00	—	—	—	—	
3	1.05	1.00	1.00	—	—	—	
4	1.05	1.04	1.00	1.00	—	—	
5	1.05	1.04	1.00	1.00	1.00	—	
6	1.06	1.05	1.04	1.00	1.00	1.00	1. 本表适用于机械循环热水供暖系统，对自然循环系统应再各乘以1.4的系数
双管式系统（上给式）							2. 本表适用于暗装情况，若为明装 $\beta_2=1.0$
2	1.05	1.00	—	—	—	—	3. 热媒为蒸汽时 $\beta_2=1.0$
3	1.05	1.05	1.00	—	—	—	4. 上给式指的是热水自上端给入立管。下给式指的是热水自下端给入立管
4	1.05	1.05	1.03	1.00	—	—	
5	1.04	1.05	1.03	1.00	1.00	—	
6	1.04	1.04	1.03	1.00	1.00	1.00	
双管式系统（下给式）							
2	1.00	1.03	—	—	—	—	
3	1.00	1.00	1.03	—	—	—	
4	1.00	1.00	1.03	1.05	—	—	
5	1.00	1.00	1.03	1.03	1.05	—	
6	1.00	1.00	1.00	1.03	1.03	1.05	

散热器安装方式不同的修正系数 β_3 附表6-10

序号	装置示意图	说明	系数	序号	装置示意图	说明	系数
1		敞开装置	$\beta_3=1.0$	5		外加围罩，在罩子前面上下端开孔	$A=130mm$ 孔是敞开的 $\beta_3=1.2$ 孔带有格网的 $\beta_3=1.4$
2		上加盖板	$A=40mm$ $\beta_3=1.05$ $A=80mm$ $\beta_3=1.03$ $A=100mm$ $\beta_3=1.02$	6		外加网格罩，在罩子顶部开孔，宽度 c 不小于散热器宽度，罩子前面下端开孔 A 不小于100mm	$A\geqslant 100mm$ $\beta_3=1.15$
3		装在壁龛内	$A=40mm$ $\beta_3=1.11$ $A=80mm$ $\beta_3=1.07$ $A=100mm$ $\beta_3=1.06$	7		外加围罩，在罩子前面上下两端开孔	$\beta_3=1.0$
4		外加围罩，有罩子顶部和罩子前面下端开孔	$A=150mm$ $\beta_3=1.25$ $A=180mm$ $\beta_3=1.19$ $A=220mm$ $\beta_3=1.13$ $A=260mm$ $\beta_3=1.12$	8		加挡板	$\beta_3=0.9$

几种主要散热器 K 值实验结果   附表6-11

序号	散热器名称及型号	实验规格	$K=A\Delta t_\text{p}^B (W/(m^2\cdot ℃))$	备 注
1	铸铁四柱813	八片	$K=2.047(\Delta t_\text{p})^{0.35}$	"国产现有三种铸铁散热器的试验研究"，建科院
2	铸铁 M-132	八片	$K=1.86(\Delta t_\text{p})^{0.37}$	
3	铸铁长翼型（大60）	四个	$K=1.768(\Delta t_\text{p})^{0.31}$	
4	板式（单板不带对流片）	1000mm×600mm	$K=3.983(\Delta t_\text{p})^{0.23}$	建筑科学研究报告 No.4，建科院
5	板式（单板带对流片）	1000mm×600mm 对流片高16mm	$K=2.64(\Delta t_\text{p})^{0.263}$	
6	扁管式（单板不带对流片）	1000mm×416mm	$K=3.803(\Delta t_\text{p})^{0.235}$	建筑科学研究报告 No.5，建科院
7	扁管式（双板不带对流片）	1000mm×416mm	$K=2.768(\Delta t_\text{p})^{0.276}$	
8	扁管式（单板带对流片）	1000mm×416mm	$K=1.407(\Delta t_\text{p})^{0.2455}$	
9	扁管式（双板带对流片）	1000mm×416mm	$K=1.093(\Delta t_\text{p})^{0.281}$	
10	折边串片式（单排，$G=250L/h$）	240mm×100mm	$K=1.33(\Delta t_\text{p})^{0.2}$	常用热散器计算表，北京市建筑设计研究院83.2
		300mm×80mm	$K=1.64(\Delta t_\text{p})^{0.2}$	
11	钢串片对流型（$G=250L/h$）	单排竖放	$K=2.72(\Delta t_\text{p})^{0.14}$	
		单排平放	$K=2.91(\Delta t_\text{p})^{0.2}$	

主要参考文献

1. 肖正辉等. 建筑卫生技术设备. 北京：中国建筑工业出版社，1990
2. 王继明等. 给水排水管道工程. 北京：清华大学出版社，1989
3. 姜乃昌等. 水泵及水泵站. 北京：中国建筑工业出版社，1993
4. 陈耀宗等. 建筑给水排水设计手册. 北京：中国建筑工业出版社，1992
5. 王继明等. 建筑设备工程. 北京：地震出版社，1995
6. 张自杰等. 排水工程（下）（第三版）. 北京：中国建筑工业出版社，1996
7. 给排水设计编写组. 给水排水设计手册. 北京：中国建筑工业出版社，1986
8. 钱维生. 高层建筑给水排水工程暖通空调. 北京：中国建筑工业出版社，2005
9. 电子工业部第十设计研究院主编. 空气调气设计手册（第二版）. 北京：中国建筑工业出版社，1995
10. 陆耀庆主编. 实用供热空调设计手册. 北京：中国建筑工业出版社，1993
11. 李娥飞编著. 暖通空调设计通病分析手册. 北京：中国建筑工业出版社，1991
12. 赵荣义等. 空气调节（第三版）. 北京：中国建筑工业出版社，1994
13. 高明远，杜一民主编. 建筑设备（第二版）. 北京：中国建筑工业出版社，1989
14. 孙一坚. 工业通风（第三版）. 北京：中国建筑工业出版社，1994
15. 彦启森主编. 空调用制冷技术（第三版）. 北京：中国建筑工业出版社，2004
16. 1996 ASHRAE HANDBOOK. HVAC Systems and Equipment. SI Edition
17. 陆亚俊主编. 暖通空调. 北京：中国建筑工业出版社，2002
18. 万建武主编. 建筑设备工程. 北京：中国建筑工业出版社，2000
19. 高明远，岳秀萍主编. 建筑设备工程（第三版）. 北京：中国建筑工业出版社，2005
20. 朱颖心主编. 建筑环境学（第二版）. 北京：中国建筑工业出版社，2005
21. 建设部工程质量安全监督与行业发展司，中国建筑标准设计研究所编. 暖通空调·动力. 北京：中国计划出版社，2003
22. 徐勇主编. 通风与空气调节工程. 北京：机械工业出版社，2005
23. 苏德权主编. 通风与空气调节. 哈尔滨：哈尔滨工业大学出版社，2002
24. 北京市建筑设计标准化办公室. 2005北京市建筑设计技术细则 电气专业. 2005
25. 北京市建筑设计研究院《建筑电气专业设计技术措施》编制组. 建筑电气专业设计技术措施. 北京：中国建筑工业出版社，1998
26. 建设部工程质量安全监督与行业发展司，中国建筑标准设计研究所. 2003全国民用建筑工程设计技术措施 电气. 北京：中国计划出版社，2003
27. 中国建筑标准设计研究所，全国工程建设标准设计弱电专业专家委员会. 住宅智能化电气设计手册. 北京：中国建筑工业出版社，2001
28. 贺平等编. 供热工程（第三版）. 北京：中国建筑工业出版社，1993
29. 聂梅生等. 水工业工程设计手册——建筑与小区给水排水. 北京：中国建筑工业出版社，2000
30. 刘传聚主编. 建筑设备. 上海：同济大学出版社，2001
31. 高明远. 建筑设备技术. 北京：中国建筑工业出版社，1998
32. 俞科，蒋红波. 浅谈住宅卫生间同层排水设计. 给水排水，2004年9月
33. 徐庚章. 也谈下沉式卫生间. 给水排水，2005年2月
34. 王丽，温薇，任伯帜. 住宅卫生间同层排水设计新尝试. 给水排水，2005年9月
35. 王宗平，叶艳平，李东生. 同层排水专用卫生间检查井排水方式探讨. 给水排水，2006年6月
36. 建设部工程质量安全监督与行业发展司，中国建筑标准设计研究所. 2003全国民用建筑工程设计技术措施 给排水. 北京：中国计划出版社，2003
37. 茅清希主编. 工业通风. 上海：同济大学出版社